高等学校电子信息类系列教材

随机信号分析

宋骊平　刘聪锋　李林　主编

西安电子科技大学出版社

内 容 简 介

本书主要介绍随机信号的基本概念、原理及其分析处理方法。全书共分六章，首先从概率论基础知识入手，由随机变量引出随机过程，介绍了随机过程的定义、基本特性和描述方法，详细讨论了随机过程的线性变换及其分析方法；然后介绍了平稳窄带随机过程，重点分析了窄带正态过程，探讨了其包络和相位的概率分布等，并介绍了平稳随机过程的非线性变换方法；最后介绍了在工程实践中估计自相关函数和功率谱密度的问题，并给出了功率谱估计的实例。

本书可作为高等院校工科电子信息类专业的高年级本科生和研究生的专业基础课教材，也可作为相关领域工程技术人员的参考书。

图书在版编目(CIP)数据

随机信号分析/宋骊平，刘聪锋，李林主编. —西安：西安电子科技大学出版社，2020.6

ISBN 978-7-5606-5675-5

Ⅰ.①随… Ⅱ.①宋… ②刘… ③李… Ⅲ.①随机信号—信号分析
Ⅳ.①TN911.6

中国版本图书馆CIP数据核字(2020)第085065号

策划编辑 陈婷 刘玉芳
责任编辑 闫彬
出版发行 西安电子科技大学出版社(西安市太白南路2号)
电　　话 (029)88242885 88201467　　邮　　编 710071
网　　址 www.xduph.com　　电子邮箱 xdupfxb001@163.com
经　　销 新华书店
印刷单位 咸阳华盛印务有限责任公司
版　　次 2020年6月第1版 2020年6月第1次印刷
开　　本 787毫米×1092毫米 1/16 印张 17
字　　数 399千字
印　　数 1～3000册
定　　价 40.00元
ISBN 978-7-5606-5675-5/TN

XDUP 5977001-1

前　言

“随机信号分析”是电子信息类专业的重要基础课程，其核心是采用概率和统计的方法研究随机信号也即随机过程的基本概念及其分析处理方法，透过随机过程表面的偶然性研究其背后的必然性，探究随机现象随时间演变的概率规律性及统计规律性。随机过程理论在诸如天气预报、地震预测、机器人以及金融学、经济学等很多领域都得到了极其广泛的应用。

“随机信号分析”作为电子信息类专业的重要基础课程，要求学生理解随机信号的基本概念，掌握随机信号的基本理论、统计特性及分析处理方法，为学习“统计信号处理”“信号检测与估值”“雷达原理”等后续课程奠定坚实的理论基础。

本书是在课程组前期使用的由高新波、刘聪锋、宋骊平、牛振兴老师编写的教材《随机信号分析》的基础上编写而成的，原教材偏重理论知识讲授，在实验和实践方面的内容有所欠缺，因此我们在保留原教材理论知识框架的基础上，吸取兄弟院校同类教材的经验，增加了平稳随机过程谱估计的内容，介绍了在工程实践中如何估计自相关函数和功率谱密度，提供了相应的应用实例，并补充了上机实验，有助于培养学生运用所学理论知识解决实际问题的能力。

全书共分6章，第1章概率论基础，复习概率论基础知识，同时补充了随机变量的数字特征和特征函数等知识点；第2章随机过程，介绍了随机信号的定义、基本特性和描述方法，并介绍了正态随机过程和白噪声过程；第3章随机过程的线性变换，介绍了冲激响应法和频谱法，并分析了白噪声通过线性系统的问题；第4章平稳窄带随机过程，介绍了解析信号和希尔伯特(Hilbert)变换、解析复随机过程、窄带正态过程包络和相位的概率分布及其包络平方的概率分布等；第5章平稳随机过程的非线性变换，探讨了平稳随机过程的非线性变换方法，包括直接法、变换法和缓变包络法等，分析了随机过程通过限幅器以及无线电系统输出端信噪比的计算等问题；第6章平稳随机过程的谱估计，介绍了在工程实践中估计自相关函数和功率谱密度的方法，并给出了功率谱估计的两个实例。

本书由宋骊平编写第1、2章，刘聪锋编写第3、4、5章，李林编写第6章，全书由宋骊平统编、定稿。

本书在编写过程中得到了西安电子科技大学随机信号分析课程组同仁的帮助和支持，尤其是李琦老师做了大量的校对工作，本书的出版还得到了西安电子科技大学出版社的大力支持，在此一并表示衷心的感谢。

限于编者水平，书中疏漏在所难免，敬请广大读者批评指正。

编　者

2019年12月于西安电子科技大学

目　录

第 1 章　概率论基础

读者已经学习过概率论的基本知识，由于它们是随机信号分析的理论基础，因此本章对概率论基础知识，尤其是随机变量及其数字特征等作一简明的复习和总结。

1.1　概率空间

在工程数学中的概率论部分，已经对古典概型和几何概型这两种特殊类型定义了概率。在古典概型中，要求试验的可能结果是有限个且具有等可能性；对于几何概型，虽然试验的可能结果是无穷多个，但仍要求具有某种等可能性。然而，实际问题中大量的随机试验结果并不属于这两种类型，因此有必要对一般的随机现象给出一个明确的概率定义。1933 年苏联数学家柯尔莫戈洛夫综合前人的研究成果，给出了概率论的公理化体系，明确了事件、概率等基本概念，从而使概率论成为一个严谨的数学分支。

1.1.1　随机试验

在概率论中，随机试验是指在一定条件下出现的结果带有随机性的试验。一般用 E 表示随机试验。下面举几个随机试验的例子。

E_1：抛一枚硬币，观察正面 H、反面 T 出现的情况；

E_2：抛一颗骰子，观察出现的点数；

E_3：向实数轴的(0，1)区间上随意地投掷一个点；

E_4：在一批灯泡中任意抽取一只，测试它的寿命。

在上面四个试验的例子中，存在共同的特点。试验 E_1 有两种可能结果，出现 H 或者出现 T，但在抛掷之前不能确定出现 H 还是出现 T，这个试验可以在相同条件下重复进行。试验 E_2 有六种可能结果，但在抛掷之前不能确定究竟会出现哪一种结果，这一试验也可在相同条件下重复进行。试验 E_3 有无数种可能结果，但在投掷之前不能确定会出现哪一种结果，也即不能确定它会落在(0，1)区间上的哪一点，这一试验也可以在相同条件下重复进行。对于试验 E_4，我们知道灯泡的寿命(以小时计)$t\geqslant 0$，但在测试之前并不能确定它的寿命有多长，这一试验也可以在相同的条件下重复进行。概括起来，这些试验具有以下特点：

(1) 可以在相同的条件下重复进行；

(2) 每次试验的可能结果不止一个，并且能事先明确试验的所有可能结果；

(3) 每次试验之前不能确定哪一个结果会出现。

在概率论中，我们将具有上述三个特点的试验称为随机试验。

1.1.2　样本空间

对于随机试验，尽管在每次试验之前不能预知试验的结果，但试验的所有可能结果组成的集合是已知的。我们将随机试验 E 的所有可能结果组成的集合称为随机试验 E 的样本空间，把每一个可能出现的试验结果称为一个基本事件，因此样本空间由随机试验 E 的所有基本事件构成。

例如，在随机试验 E_1 中，出现"正面 H""反面 T"都是基本事件。这两个基本事件构成一个样本空间。

在随机试验 E_2 中，分别出现"1 点""2 点""3 点""4 点""5 点""6 点"都是基本事件。这六个基本事件构成一个样本空间。

在随机试验 E_3 中，在(0, 1)区间中的每一个点是一个基本事件，而所有点的集合(即(0, 1)区间)构成一个样本空间。

抽象地说，样本空间是一个点的集合，此集合中的每个点都称为样本点。样本空间记为 $\Omega=\{\omega\}$，其中 ω 表示样本点。有如下定义。

定义　设样本空间 $\Omega=\{\omega\}$ 的某些子集构成的集合记为 F，如果 F 满足下列性质：

(1) $\Omega\in F$；

(2) 若 $A\in F$，则 $\bar{A}=\Omega-A\in F$；

(3) 若 $A_k\in F$，$k=1, 2, \cdots$，则 $\bigcup\limits_{k=1}^{\infty}A_k\in F$，

那么称 F 是一个波雷尔(Borel)事件域，或 σ 事件域。波雷尔事件域中每一个样本空间 Ω 的子集称为一个事件。

特别指出，样本空间 Ω 称为必然事件，而空集 $\varnothing$ 称为不可能事件。

在上面三个样本空间的例子中，每一个样本点都是基本事件。但是，一般并不要求样本点必须是基本事件。

1.1.3　概率空间

在概率论中曾提及概率的统计定义和古典概率定义。下面介绍概率的公理化定义。这种定义是从上述具体的概率定义抽象出来的，同时又保留了具体概率定义中的一些特征。事件的概率是对应于波雷尔事件域 F 中每一个 Ω 的子集的一个数，即可以看成集合函数。

概率的公理化定义　设 $P(A)$ 是定义在样本空间 Ω 中波雷尔事件域 F 上的集合函数。如果 $P(A)$ 满足以下条件：

(1) 非负性：$\forall A\in F$，有 $P(A)\geqslant 0$；

(2) 归一性：$P(\Omega)=1$；

(3) 可列可加性：若对 $\forall n=1, 2, \cdots$，$A_n\in F$，且对 $\forall i\neq j$，$A_iA_j=\varnothing$，则有

$$P(\bigcup_{n=1}^{\infty}A_n)=\sum_{n=1}^{\infty}P(A_n)$$

则称 P 是定义在波雷尔事件域上的概率，而称 $P(A)$ 为事件 A 的概率。

至此，我们引进了概率论中的三个基本概念：样本空间 Ω、事件域 F 和概率 P。它们是描述一个随机试验的三个基本组成部分。对随机试验 E 而言，样本空间 Ω 给出它的所有可能的试验结果，F 给出了由这些可能结果组成的各种各样的事件，而 P 则给出了每一个事件发生的概率。将这三者结合起来，我们称这三元有序总体(Ω, F, P)为概率空间。

1.2　条件概率空间

1.2.1　条件概率

条件概率是概率论中的一个重要而实用的概念。因为在许多实际问题中，除了要求事件 A 发生的概率，有时还需要求在“事件 B 已发生”的条件下事件 A 发生的概率，这就是条件概率，记为 $P(A|B)$。先看一个例子。

例 1.2-1　将一枚硬币抛掷两次，观察正反面出现的情况。设事件 B 为“至少有一次为正面”，事件 A 为“两次掷出为同一面”。现在来求在“事件 B 已发生”的条件下事件 A 发生的条件概率。

解　容易看出本题中样本空间为 $\Omega=\{\mathrm{HH}, \mathrm{HT}, \mathrm{TH}, \mathrm{TT}\}$，含有四个样本点，$B=\{\mathrm{HH}, \mathrm{HT}, \mathrm{TH}\}$，$A=\{\mathrm{HH}, \mathrm{TT}\}$，已知事件 B 已发生，那么也就是说已知试验所有可能结果所组成的集合应为 B，B 中一共有 3 个元素，其中只有 $\mathrm{HH}\in A$，故由等可能性知$P(A|B)=\dfrac{1}{3}$。

另外，易知 $P(A)=\dfrac{2}{4}$，显然与 $P(A|B)$不等。

此外，还可发现 $P(AB)=\dfrac{1}{4}$，$P(B)=\dfrac{3}{4}$，即 $P(A|B)$恰好等于 $P(AB)$与 $P(B)$之比。

下面我们给出条件概率的一般性定义。

定义　设 $A, B\in F$，且 $P(A)>0$，记

$$P(B|A)=\frac{P(AB)}{P(A)} \tag{1.2-1}$$

称其为在已知事件 A 发生条件下，事件 B 发生的条件概率。

记 $P_A(B)\triangleq P(B|A)$，称(Ω, F, P_A)为给定事件 A 的条件概率空间，简称为条件概率空间。

1.2.2　乘法公式

由式(1.2-1)，有

$$P(AB)=P(A)P(B|A),\ P(A)>0 \tag{1.2-2}$$

称其为条件概率的乘法公式。

若 $P(B)>0$，与上面类似可定义已知 B 发生条件下事件 A 发生的条件概率

$$P(A|B)=\frac{P(AB)}{P(B)},\ P(B)>0 \tag{1.2-3}$$

及相应的乘法公式

$$P(AB)=P(B)P(A|B),\ P(B)>0 \tag{1.2-4}$$

乘法公式可推广到 n 个事件的情形。

一般乘法公式　设 $A_i\in F$，$i=1, 2, \cdots, n$，且 $P(A_1A_2\cdots A_{n-1})>0$，则

$$P(A_1A_2\cdots A_n)=P(A_1)P(A_2|A_1)P(A_3|A_1A_2)\cdots P(A_n|A_1A_2\cdots A_{n-1}) \tag{1.2-5}$$

1.2.3 全概率公式

全概率公式是用来计算概率的一个重要公式。在介绍全概率公式之前，先介绍样本空间划分的概念。

定义 设Ω为试验E的样本空间，B_1，B_2，…，B_n为E的一组事件。若

(1) $B_iB_j=\varnothing$，$i\neq j$，i，$j=1$，2，…，n；

(2) $B_1\cup B_2\cup\cdots\cup B_n=\Omega$，

则称B_1，B_2，…，B_n为样本空间Ω的一个划分。

若B_1，B_2，…，B_n是样本空间的一个划分，那么，对每次试验，事件B_1，B_2，…，B_n中必有一个且仅有一个发生。

例如，设试验E为“掷一颗骰子观察其点数”。它的样本空间$\Omega=\{1, 2, 3, 4, 5, 6\}$。$E$的一组事件$B_1=\{1, 2, 3\}$，$B_2=\{4, 5\}$，$B_3=\{6\}$是$\Omega$的一个划分；而事件组$C_1=\{1, 2, 3\}$，$C_2=\{3, 4\}$，$C_3=\{5, 6\}$不是$\Omega$的划分。

定理 设试验E的样本空间为Ω，B_i为Ω的一个划分，$B_i\in F$，且$P(B_i)>0$，$i=1$，2，…，n。设$A\in F$，则

$$P(A)=\sum_{i=1}^{n}P(B_i)P(A\mid B_i) \tag{1.2-6}$$

称为全概率公式。

在很多实际问题中$P(A)$不易直接求得，但却容易找到Ω的一个划分B_1，B_2，…，B_n，且$P(B_i)$和$P(A|B_i)$或为已知，或容易求得，那么就可以根据式(1.2-6)求出$P(A)$。

1.2.4 贝叶斯公式

由条件概率的定义、乘法公式及全概率公式，可以得到贝叶斯公式。

定理 设试验E的样本空间为Ω，B_i为Ω的一个划分，$B_i\in F$，且$P(B_i)>0$，$i=1$，2，…，n。设$A\in F$且$P(A)>0$，则

$$P(B_i\mid A)=\frac{P(A\mid B_i)P(B_i)}{\sum_{j=1}^{n}P(A\mid B_j)P(B_j)},\ i,\ j=1,\ 2,\ \cdots,\ n \tag{1.2-7}$$

称为贝叶斯(Bayes)公式。

在式(1.2-6)、式(1.2-7)中取$n=2$，并将B_1记为B，此时B_2就是$\overline{B}$，那么，全概率公式和贝叶斯公式分别成为

$$P(A)=P(A|B)P(B)+P(A|\overline{B})P(\overline{B}) \tag{1.2-8}$$

$$P(B|A)=\frac{P(AB)}{P(A)}=\frac{P(A|B)P(B)}{P(A|B)P(B)+P(A|\overline{B})P(\overline{B})} \tag{1.2-9}$$

这两个公式是常用的。

例 1.2-2 对以往数据的分析结果表明，当机器调整良好时，产品的合格率为98%，而当机器发生某种故障时，其合格率为55%。每天早上机器开动时，机器调整良好的概率

为 95%。试求已知某日早上第一件产品是合格品时，机器调整良好的概率。

解　设 A 为事件“产品合格”，B 为事件“机器调整良好”。由题意可知 $P(A|B)=0.98$，$P(A|\overline{B})=0.55$，$P(B)=0.95$，$P(\overline{B})=0.05$。所需求的概率为 $P(B|A)$。由贝叶斯公式得

$$P(B|A)=\frac{P(A|B)P(B)}{P(A|B)P(B)+P(A|\overline{B})P(\overline{B})}=\frac{0.98\times0.95}{0.98\times0.95+0.55\times0.05}=0.97$$

这就是说，当生产出的第一件产品是合格品时，机器调整良好的概率为 0.97。这里，概率 0.95 是由以往的数据分析得到的，叫作先验概率。而在得到信息(即生产出的第一件产品是合格品)之后再重新加以修正的概率(即 0.97)叫作后验概率。有了后验概率我们就能对机器的情况有进一步的了解。

1.3　随机变量

1.3.1　随机变量的概念

概率论中另一个重要概念就是随机变量的概念。随机变量就是在试验的结果中能取得不同数值的量，其数值随试验结果而定，由于试验的结果是随机的，所以它的取值具有随机性。

随机变量定义如下：

定义　给定概率空间(Ω, F, P)。设 $X=X(\omega)$是定义域为 Ω 的一个函数。如果对任意一个实数 x，Ω 的子集

$$\{\omega: X(\omega)\leqslant x\}\in F$$

那么，称 $X(\omega)$为随机变量，简写为 X。

以抛掷一枚硬币为例，$\Omega=\{\omega\}=\{$正面，反面$\}$为这一随机试验的样本空间，规定函数 $X(\omega)$的值：$X($正面$)=1$，$X($反面$)=0$。这样，$X(\omega)$即为随机变量。

再以掷骰子为例，$\Omega=\{1$ 点，2 点，3 点，4 点，5 点，6 点$\}$，规定函数 $X(k$ 点$)=k$，$k=1, 2, 3, 4, 5, 6$，即 $X(\omega)=\omega$，则 $X(\omega)$为随机变量。

按照随机变量可能取得的值，可以把它们分为两种基本类型，即离散随机变量及连续随机变量。

离散随机变量仅可能取得有限个或可数无穷多个数值，即这样的数的集合：其中所有的数可按一定的顺序排列，从而可以表示为数列 $x_1, x_2, \cdots, x_n, \cdots$。在工程技术中常常遇到只能取得非负整数值的随机变量。例如，一批产品中的次品数，电话用户在某一段时间内对电话站的呼叫次数等。

连续随机变量可以取得某一区间内的任何数值。例如，车床加工的零件尺寸与规定尺寸的偏差，射击时击中点与目标中心的偏差等。

1.3.2　离散随机变量

离散随机变量的概率分布一般采用概率分布表来描述。

设离散随机变量 X 取得的一切可能值为 $x_1, x_2, \cdots, x_n, \cdots$，而取得这些值的概率分

别为 $p(x_1)$，$p(x_2)$，…，$p(x_n)$，…，则可以列出概率分布表如表 1.3-1 所示。

表 1.3-1 概率分布表

X	x_1	x_2	…	x_n	…
P	$p(x_1)$	$p(x_2)$	…	$p(x_n)$	…

通常把函数

$$p(x_i)=P(X=x_i),\ i=1,\ 2,\ \cdots,\ n,\ \cdots$$

称为离散随机变量 X 的概率函数。概率函数 $p(x_i)$具有下列性质：

(1) 概率函数是非负函数，即

$$p(x_i)\geqslant 0,\ i=1,\ 2,\ \cdots,\ n,\ \cdots$$

(2) 随机变量 X 取得一切可能值的概率的和等于 1，即

$$\sum_{i=1}^{n} p(x_i)=1 \tag{1.3-1}$$

如果随机变量 X 可能取得可数无穷多个值，则式(1.3-1)成为

$$\sum_{i=1}^{\infty} p(x_i)=1 \tag{1.3-2}$$

有时，概率的分布情况也可直接用一系列等式

$$p(x_i)=P(X=x_i),\ i=1,\ 2,\ \cdots,\ n,\ \cdots \tag{1.3-3}$$

表示。上式称为 X 的概率分布。

常见的离散型随机变量有以下几种：

(1) 0-1 分布。若随机变量只可能取 0 或 1 两个值，其分布律为

$$\begin{cases} P\{X=1\}=p \\ P\{X=0\}=1-p \end{cases},\quad 0\leqslant p\leqslant 1 \tag{1.3-4}$$

则称 X 服从 0-1 分布。

许多物理现象，如抛硬币试验、产品的质量是否合格等，都可以用 0-1 分布来描述。

(2) 二项分布。若进行 n 次独立试验，每次试验中观察事件 B 出现与否，设定事件 B 出现的概率为 p，不出现的概率为 $q=1-p$，n 次独立试验中，事件 B 出现的次数 K 是随机的，其值 k 可以是 0，1，…，n 中的任何一个，$K=k$ 的概率 $P_n(k)$为

$$P_n(k)=\mathrm{C}_n^k p^k q^{n-k}=\frac{n!}{k!\ (n-k)!}p^k q^{n-k} \tag{1.3-5}$$

式(1.3-5)给出的分布 $P_n(k)$称为二项分布，如图 1.3-1(a)所示。

典型的二项分布有：连续 n 次抛硬币试验后出现正面的总数目，n 次独立二元检验中总的吻合次数，长为 n 的独立二进制数据串中 1 的总数等。

(3) 泊松分布。当二项分布的 n 很大而 p 很小时，泊松分布可作为二项分布的近似，其中 λ 为 np。若随机变量 X 只取非负整数值，则取 k 值的概率为

$$P(x=k)=\frac{\lambda^k}{k!}\mathrm{e}^{-\lambda} \tag{1.3-6}$$

则随机变量 X 的分布称为泊松分布，记作 $P(\lambda)$，如图 1.3-1(b)所示。这个分布是泊松研究二项分布的渐近公式时提出来的。泊松分布 $P(\lambda)$中只有一个参数 λ，它既是泊松分布的

均值，也是泊松分布的方差。在实际事例中，当一个随机事件，例如某电话交换台收到的呼叫、到达某公共汽车站的乘客、某放射性物质发射出的粒子等，以固定的平均瞬时速率 λ（或称密度）随机且独立地出现时，那么这个事件在单位时间（面积或体积）内出现的次数或个数就近似地服从泊松分布。

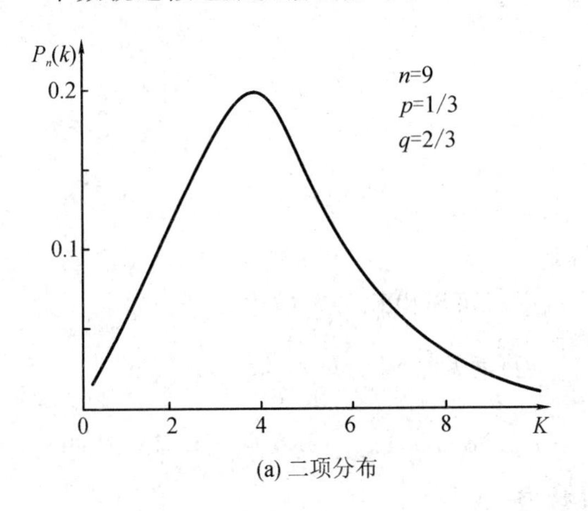

(a) 二项分布

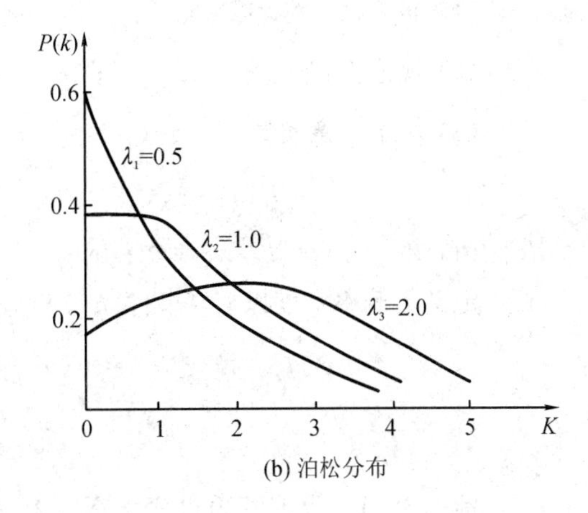

(b) 泊松分布

图 1.3－1　二项分布与泊松分布

1.3.3　连续随机变量

连续随机变量的特点是它可能取某一区间内的所有值，例如，炮击中弹着点与目标的距离可以是$[0, +\infty)$中的任意一个值。对于连续随机变量，列举出它的所有取值及其相应的概率是不可能也是没有意义的，通常对连续随机变量 X 只考虑事件"$a<X\leqslant b$"发生的概率。为此引入随机变量的分布函数的概念。

定义　设有随机变量 X，对任意的实数 $x\in(-\infty, +\infty)$，称 $F(x)=P\{X\leqslant x\}$为随机变量 X 的分布函数。

考虑上述事件"$a<X\leqslant b$"发生的概率，有

$$P\{a<X\leqslant b\}=P\{X\leqslant b\}-P\{X\leqslant a\}=F(b)-F(a) \tag{1.3-7}$$

如图 1.3－2 所示。因此，若已知 X 的分布函数，我们就可以知道随机变量 X 落入任一区间$(a, b]$内的概率，从这个意义上说，分布函数完整地描述了随机变量的统计规律性。

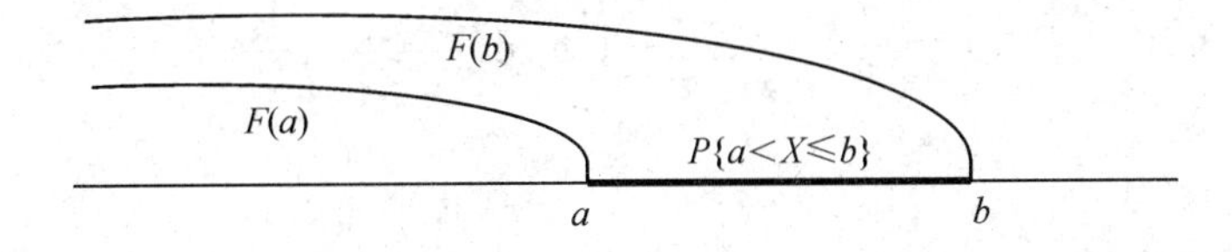

图 1.3－2　随机变量落入区间$(a, b]$的概率

正是通过分布函数，我们才可以用数学分析的方法来研究随机变量。如果将 X 看成是数轴上的随机点的坐标，那么，分布函数 $F(x)$在 x 处的函数值就表示 X 落入区间$(-\infty, x]$上的概率。

定义　如果对于随机变量 X 的分布函数 $F(x)$，存在非负函数 $f(x)$，使对于任意实数 x 有

$$F(x) = \int_{-\infty}^{x} f(t)\mathrm{d}t \tag{1.3-8}$$

则称 X 为连续随机变量，其中函数 $f(x)$称为 X 的概率密度函数，简称概率密度。

由定义可知，概率密度 $f(x)$具有以下性质：

(1) 非负性：$f(x)\geqslant 0$；

(2) 规范性：$\int_{-\infty}^{+\infty} f(x)\mathrm{d}x = 1$；

(3) 对于任意实数 x_1，$x_2(x_1\leqslant x_2)$，有

$$P\{x_1 < X \leqslant x_2\} = F(x_2) - F(x_1) = \int_{x_1}^{x_2} f(x)\mathrm{d}x$$

(4) 若 $f(x)$在点 x 处连续，则有 $F'(x)=f(x)$。

定义了概率密度以后，事件“$a<X\leqslant b$”发生的概率就可以由积分来描述：

$$\begin{aligned} P\{a < X \leqslant b\} = F(b) - F(a) &= \int_{-\infty}^{b} f(x)\mathrm{d}x - \int_{-\infty}^{a} f(x)\mathrm{d}x \\ &= \int_{a}^{b} f(x)\mathrm{d}x \end{aligned} \tag{1.3-9}$$

例 1.3-1 设连续随机变量 X 的概率密度函数为

$$f(x)=A\mathrm{e}^{-|x|}, \quad -\infty<x<+\infty$$

求：(1) 系数 A；(2) $P\{x\in(0, 1)\}$；(3) X 的分布函数 $F(x)$。

解 (1) 由概率密度的基本性质 $\int_{-\infty}^{+\infty} f(x)\mathrm{d}x = 1$，得

$$A\left[\int_{-\infty}^{0} \mathrm{e}^{x}\mathrm{d}x + \int_{0}^{+\infty} \mathrm{e}^{-x}\mathrm{d}x\right] = 1$$

解之得 $A=\dfrac{1}{2}$。

(2) $P\{x \in (0, 1)\} = P\{0 < x < 1\} = \int_{0}^{1} \dfrac{1}{2}\mathrm{e}^{-x}\mathrm{d}x = \dfrac{1}{2}\left(1-\dfrac{1}{\mathrm{e}}\right)$。

(3) $F(x) = \int_{-\infty}^{x} f(t)\mathrm{d}t$，所以当 $x < 0$ 时，

$$F(x) = \frac{1}{2}\int_{-\infty}^{x} \mathrm{e}^{t}\mathrm{d}t = \frac{1}{2}\mathrm{e}^{x}$$

当 $x\geqslant 0$ 时，

$$F(x) = \frac{1}{2}\left[\int_{-\infty}^{0} \mathrm{e}^{t}\mathrm{d}t + \int_{0}^{x} \mathrm{e}^{-t}\mathrm{d}t\right] = 1 - \frac{1}{2}\mathrm{e}^{-x}$$

从而有

$$F(x)=\begin{cases} \dfrac{1}{2}\mathrm{e}^{x}, & x<0 \\ 1-\dfrac{1}{2}\mathrm{e}^{-x}, & x\geqslant 0 \end{cases}$$

常见的连续型随机变量包括高斯分布、均匀分布、指数分布等。

(1) 高斯(或正态)分布。若连续型随机变量 X 的概率密度函数为

$$f(x)=\frac{1}{\sqrt{2\pi}\sigma}\exp\left[-\frac{(x-m)^2}{2\sigma^2}\right] \tag{1.3-10}$$

其中 m、$\sigma(\sigma>0)$均为常数，则称 X 服从参数为 m 和 σ 的高斯分布，一般记为 $X\sim N(m, \sigma^2)$。

高斯概率密度函数如图 1.3-3 所示，其为关于参数 m 对称的钟形曲线。

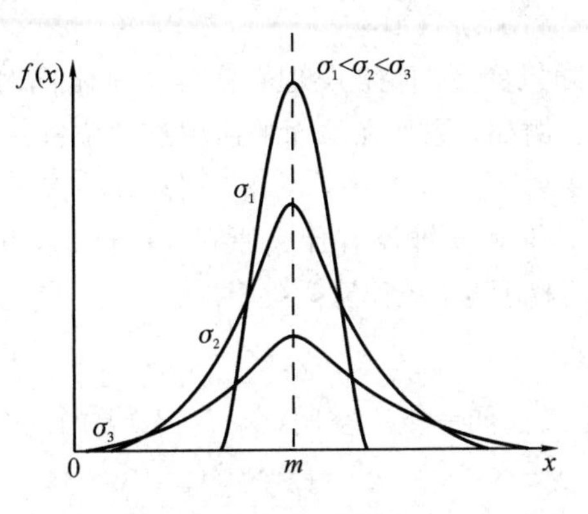

图 1.3-3　高斯分布

当 $m=0$、$\sigma^2=1$ 时，称 X 服从标准正态(高斯)分布，其概率密度函数为

$$f(x)=\frac{1}{\sqrt{2\pi}}\exp\left[-\frac{x^2}{2}\right]$$

高斯分布是概率论与统计学中最重要的分布之一。

(2) 均匀分布。若连续型随机变量 X 的概率密度函数为

$$f(x)=\begin{cases}\dfrac{1}{b-a}, & x\in(a, b)\\ 0, & \text{其他}\end{cases} \tag{1.3-11}$$

则称 X 在区间(a, b)上服从均匀分布，记为 $X\sim U(a, b)$，如图 1.3-4(a)所示。

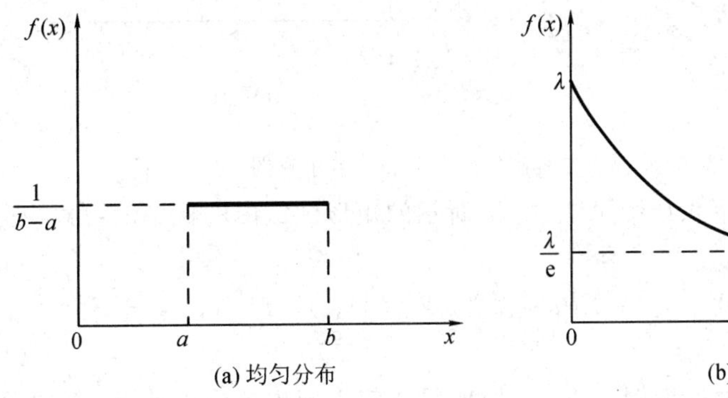

(a) 均匀分布

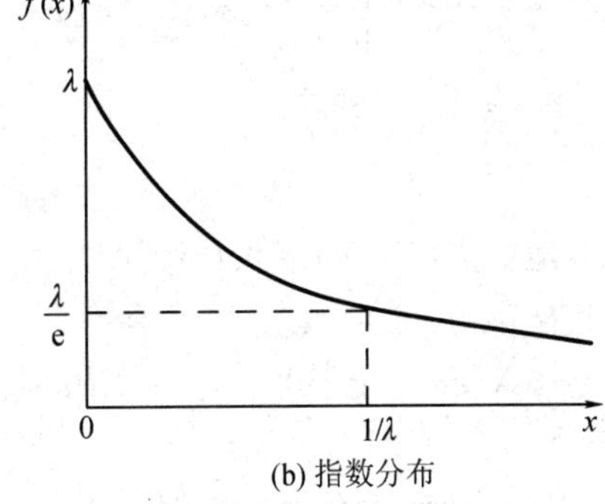

(b) 指数分布

图 1.3-4　均匀分布和指数分布

实际应用中，均匀的或没有明确偏向性的物理特性导致均匀分布特性。

(3) 指数分布。若连续型随机变量 X 的概率密度函数为

$$f(x)=\begin{cases}\lambda e^{-\lambda x}, & x>0, \lambda>0\\ 0, & x\leqslant 0\end{cases} \tag{1.3-12}$$

则称 X 服从参数为 λ 的指数分布，如图 1.3-4(b)所示。

如果在互不相交的区间上事件的发生是相互独立的，如电话呼叫的到达时间、公共汽

车到达车站的时间，那么这些事件的等待时间可以用指数分布描述。

1.3.4 多维随机变量

前面讨论的仅是单个随机变量的情况，但在实际中常常同时需要几个随机变量才能较好地描述某一实验或现象。例如，炮弹在地面的命中点的位置是由一对随机变量(X, Y)所构成的。我们称n个随机变量$X_1, X_2, \cdots, X_n$的总体$X=(X_1, X_2, \cdots, X_n)$为$n$维随机变量或$n$维随机向量。由于二维和$n$维没有什么原则性的区别，因此，为了简单和容易理解起见，我们着重讨论二维随机变量的情况。

1. 联合分布函数

定义 设X和Y为定义在同一概率空间(Ω, F, P)上的两个随机变量，则(X, Y)称为二维随机变量，对任意$x, y\in R$，令

$$F(x, y)=P\{X\leqslant x, Y\leqslant y\} \tag{1.3-13}$$

称$F(x, y)$为(X, Y)的联合分布函数，或称二维分布函数。

如果将二维随机变量(X, Y)看成是平面上随机点的坐标，那么分布函数$F(x, y)$在(x, y)处的函数值就是随机点(X, Y)落入如图 1.3-5(a)所示的以点(x, y)为顶点的无限矩形区域内的概率。

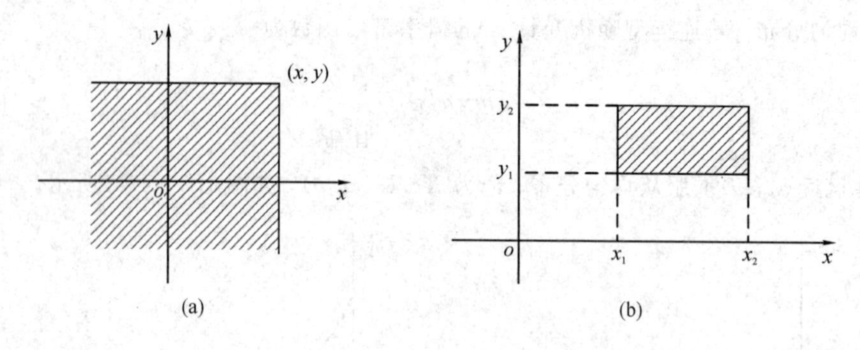

图 1.3-5 二维随机变量分布函数示意图

那么，随机点(X, Y)落入如图 1.3-5(b)所示的矩形区域内的概率就可以由分布函数给出了。其概率为

$$P\{x_1<X\leqslant x_2, y_1<Y\leqslant y_2\}=F(x_2, y_2)-F(x_2, y_1)-F(x_1, y_2)+F(x_1, y_1) \tag{1.3-14}$$

仍以炮弹在地面的命中点为例，显然，如果炮弹落入预先给定的区域(例如图 1.3-5(b)所示的矩形区域)内的概率越大，我们就认为炮弹打得越准，因此，这个概率就是我们关心的实际问题，由图 1.3-5 (b)可知，这个概率可以由以上定义的二维分布函数$F(x, y)$来计算。可见，定义分布函数可以很好地解决现实问题。

分布函数$F(x, y)$具有以下几个基本性质：

(1) $0\leqslant F(x, y)\leqslant 1$。

(2) $F(x, y)$关于x和y均单调非降、右连续。

(3) $F(-\infty, y)=\lim\limits_{x\to-\infty}F(x, y)=0$；

$F(x, -\infty) = \lim\limits_{y \to -\infty} F(x, y) = 0$；

$F(-\infty, -\infty) = \lim\limits_{(x, y) \to (-\infty, -\infty)} F(x, y) = 0$；

$F(+\infty, +\infty) = \lim\limits_{(x, y) \to (+\infty, +\infty)} F(x, y) = 1$。

此外，如果(X, Y)的分布函数$F(x, y)$已知，则由$F(x, y)$可导出X和Y各自的分布函数$F_X(x)$和$F_Y(y)$。

$$F_X(x) = P\{X \leqslant x\} = P\{X \leqslant x, Y \leqslant +\infty\} = F(x, +\infty) \tag{1.3-15}$$

同理，

$$F_Y(y) = P\{Y \leqslant y\} = P\{X \leqslant +\infty, Y \leqslant y\} = F(+\infty, y) \tag{1.3-16}$$

通常称$F_X(x)$和$F_Y(y)$为联合分布函数$F(x, y)$的边缘分布函数。

2. 离散型随机变量的联合概率分布

定义　当随机变量X和Y只能取有限个或可列个值时，称(X, Y)为二维离散型随机变量(向量)。设(X, Y)的所有可能取值为(x_i, y_j)，$i, j = 1, 2, \cdots$，如果已知

$$P\{X = x_i, Y = y_j\} = p_{ij}, \ i, j = 1, 2, \cdots \tag{1.3-17}$$

则称上式为二维离散型随机变量(X, Y)的概率分布，或X和Y的联合概率分布。

容易看出p_{ij}满足下列性质：

(1) $p_{ij} \geqslant 0$, $i, j = 1, 2, \cdots$；

(2) $\sum\limits_i \sum\limits_j p_{ij} = 1$。

为了直观，有时也将联合概率分布用表格形式表示，并称之为联合概率分布表，见表1.3-2。

表 1.3-2　联合概率分布表

X \ Y	y_1	y_2	$\cdots$	y_j	$\cdots$	$P\{X=x_i\}$
x_1	p_{11}	p_{12}	$\cdots$	p_{1j}	$\cdots$	$\sum\limits_j p_{1j}$
x_2	p_{21}	p_{22}	$\cdots$	p_{2j}	$\cdots$	$\sum\limits_j p_{2j}$
$\vdots$	$\vdots$	$\vdots$		$\vdots$		$\vdots$
x_i	p_{i1}	p_{i2}	$\cdots$	p_{ij}	$\cdots$	$\sum\limits_j p_{ij}$
$\vdots$	$\vdots$	$\vdots$		$\vdots$		$\vdots$
$P\{Y=y_j\}$	$\sum\limits_i p_{i1}$	$\sum\limits_i p_{i2}$	$\cdots$	$\sum\limits_i p_{ij}$	$\cdots$	

由X和Y的联合概率的分布，可以求出X和Y各自的概率分布：p_i^X，$i = 1, 2, \cdots$；p_j^Y，$j = 1, 2, \cdots$。

$$\begin{aligned} p_i^X = P\{X = x_i\} &= \sum_j P\{X = x_i, Y = y_j\} \\ &= \sum_j p_{ij}, \quad i = 1, 2, \cdots \end{aligned} \tag{1.3-18}$$

$$p_j^Y = P\{Y=y_j\} = \sum_i P\{X=x_i, Y=y_j\}$$
$$= \sum_i p_{ij}, \quad j=1, 2, \cdots \tag{1.3-19}$$

通常称 p_i^X 和 p_j^Y 为联合概率分布 $P\{X=x_i, Y=y_j, \}=p_{ij}(i, j=1, 2, \cdots)$ 的边缘概率分布。在联合概率分布表中，边缘分布分别列在表中的最后一行和最后一列，它们分别等于联合概率分布的行与列和。

例 1.3-2 将两封信随意投入三个邮筒，设 X 和 Y 分别表示投入第 1，2 号邮筒中信的数目，求 X 和 Y 的联合概率分布及边缘概率分布。

解 X 和 Y 各自的可能取值显然均为 0，1，2，由题设知，(X, Y) 取 $(1, 2)$，$(2, 1)$，$(2, 2)$ 均不可能，因而相应的概率均为 0，将其标在联合概率分布表中相应位置。(X, Y) 取其他值的概率可由古典概型计算，由于对称性，我们实际上只需计算下列概率：

$$P\{X=0, Y=0\}=\frac{1}{3^2}=\frac{1}{9}$$

$$P\{X=0, Y=1\}=\frac{2}{3^2}=\frac{2}{9}$$

$$P\{X=1, Y=1\}=\frac{2}{3^2}=\frac{2}{9}$$

边缘概率分布可直接在联合概率分布表中计算，其中 X 的概率分布由行和得到，Y 的概率分布由列和得到，见表 1.3-3。

表 1.3-3 联合概率分布表示例

$X \backslash Y$	0	1	2	p_i^X
0	$\frac{1}{9}$	$\frac{2}{9}$	$\frac{1}{9}$	$\frac{4}{9}$
1	$\frac{2}{9}$	$\frac{2}{9}$	0	$\frac{4}{9}$
2	$\frac{1}{9}$	0	0	$\frac{1}{9}$
p_j^Y	$\frac{4}{9}$	$\frac{4}{9}$	$\frac{1}{9}$	

对离散型随机变量而言，联合概率分布能够方便地确定 (X, Y) 取值于任何区域 D 上的概率，事实上，有

$$P\{(X, Y)\in D\} = \sum_{(x_i, y_j)\in D} p_{ij} \tag{1.3-20}$$

特别地，由联合概率分布可以确定联合分布函数：

$$F(x, y) = P\{X\leqslant x, Y\leqslant y\} = \sum_{x_i\leqslant x, y_j\leqslant y} p_{ij} \tag{1.3-21}$$

3. 连续型随机变量的联合概率密度

定义 对于二维随机变量 (X, Y) 的分布函数 $F(x, y)$，如果存在非负的函数 $f(x, y)$，使得对于任意实数 x，y 有

$$F(x, y) = \int_{-\infty}^{y}\int_{-\infty}^{x} f(u, v)\mathrm{d}u\mathrm{d}v \tag{1.3-22}$$

则称(X, Y)为二维连续型随机变量(向量)，函数 $f(x, y)$称为二维随机变量(X, Y)的概率密度，或称为随机变量 X 和 Y 的联合概率密度。

定义了联合概率密度以后，前面讨论的炮弹落入预先给定的如图 1.3-5(b)所示的矩形区域的概率就可以由积分来描述如下：

$$P\{x_1 < X \leqslant x_2, y_1 < Y \leqslant y_2\} = \int_{x_1}^{x_2}\int_{y_1}^{y_2} f(x, y)\mathrm{d}x\mathrm{d}y$$

既然像炮弹落入给定区域的概率这样的实际问题通过分布函数就可以来求解，为什么还要定义概率密度呢？实际上，如果区域不是如图 1.3-5(b)那样的矩形，而是一个任意的不规则区域 D，就无法用分布函数计算，但仍然可以由概率密度来计算，即

$$P\{(x, y) \in D\} = \iint_D f(x, y)\mathrm{d}x\mathrm{d}y$$

按定义，概率密度函数 $f(x, y)$具有以下性质：

(1) $f(x, y) \geqslant 0$；

(2) $\int_{-\infty}^{+\infty}\int_{-\infty}^{+\infty} f(x, y)\mathrm{d}x\mathrm{d}y = 1$；

(3) 若 D 是平面上的一个区域，则 $P\{(X, Y) \in D\} = \iint_D f(x, y)\mathrm{d}x\mathrm{d}y$；

(4) 若 $f(x, y)$在点(x, y)连续，则有

$$\frac{\partial^2 F(x, y)}{\partial x \partial y} = f(x, y)$$

特别地，边缘分布函数 $F_X(x)$可表示为

$$F_X(x) = P\{X \leqslant x\} = P\{X \leqslant x, Y \leqslant +\infty\} = \int_{-\infty}^{x}\int_{-\infty}^{+\infty} f(u, v)\mathrm{d}u\mathrm{d}v$$

$$= \int_{-\infty}^{x}\left[\int_{-\infty}^{+\infty} f(u, v)\mathrm{d}v\right]\mathrm{d}u$$

由上式可知，X 是连续型随机变量，且其密度函数为

$$f_X(x) = \int_{-\infty}^{+\infty} f(x, y)\mathrm{d}y \tag{1.3-23}$$

同理，Y 也是连续型随机变量，其密度函数为

$$f_Y(y) = \int_{-\infty}^{+\infty} f(x, y)\mathrm{d}x \tag{1.3-24}$$

通常称 $f_X(x)$和 $f_Y(y)$为(X, Y)的联合密度函数 $f(x, y)$的边缘密度函数。

例如常见的二维正态随机变量 X，Y 的联合概率密度为

$$f_{XY}(x, y) = \frac{1}{2\pi\sigma_X\sigma_Y\sqrt{1-r^2}}\exp\left\{-\frac{1}{2(1-r^2)}\left[\frac{(x-m_X)^2}{\sigma_X^2} - 2r\frac{(x-m_X)(y-m_Y)}{\sigma_X\sigma_Y} + \frac{(y-m_Y)^2}{\sigma_Y^2}\right]\right\}$$

其中 m_X、m_Y、σ_X^2、σ_Y^2 和 r 为常数。可见二维联合概率密度由上述参数确定，称(X, Y)服从参数为 m_X、m_Y、σ_X^2、σ_Y^2、r 的二维正态分布，记作$(X, Y) \sim N(m_X, m_Y, \sigma_X^2, \sigma_Y^2, r)$，这一二维联合概率密度的图形如图 1.3-6 所示，为一钟形曲面。

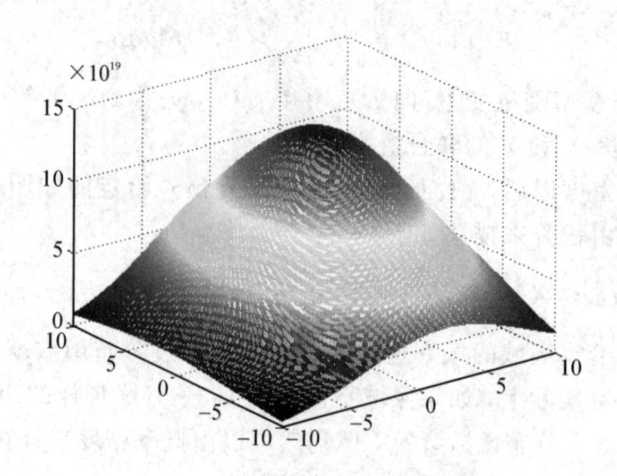

图 1.3－6　二维正态概率密度函数曲线

可以证明，如果(X, Y)是联合正态的，则 X 和 Y 的边缘分布也是正态的，分别为

$$f_X(x)=\frac{1}{\sqrt{2\pi}\sigma_X}\exp\left[-\frac{(x-m_X)^2}{2\sigma_X^2}\right]$$

$$f_Y(y)=\frac{1}{\sqrt{2\pi}\sigma_Y}\exp\left[-\frac{(y-m_Y)^2}{2\sigma_Y^2}\right]$$

4. 多维随机变量的独立性

定义　设随机变量 X 和 Y 的联合分布函数为 $F(x, y)$，边缘分布函数分别为 $F_X(x)$和 $F_Y(y)$，如果对于任意实数 x 和 y，恒有

$$F(x, y)=F_X(x)F_Y(y) \tag{1.3-25}$$

则称随机变量 X 与 Y 相互独立。

对于离散型随机变量，如果下列关系对一切 i，j 成立：

$$P\{X=x_i, Y=y_j\}=P\{X=x_i\}P\{Y=y_j\} \tag{1.3-26}$$

则 X 和 Y 为相互独立的随机变量。

若(X, Y)为连续型随机变量，对于密度函数 $f(x, y)$、$f_X(x)$和 $f_Y(y)$都连续，则在点(x, y)处有

$$f(x, y)=f_X(x)f_Y(y) \tag{1.3-27}$$

则 X 和 Y 为相互独立的随机变量。

上述定义可进一步推广到 n 维情况。

设有 n 个随机变量 X_1，X_2，…，X_n，其联合分布函数为 $F(x_1, x_2, \cdots, x_n)$，边缘分布函数为 $F_i(x_i)$，$i=1, 2, \cdots, n$，如果对任意实数 x_1，x_2，…，x_n 恒有

$$F(x_1, x_2, \cdots, x_n)=F_1(x_1)F_2(x_2)\cdots F_n(x_n) \tag{1.3-28}$$

则称 X_1，X_2，…，X_n 相互独立。

1.4　随机变量函数的分布

设 $g(x)$是定义在随机变量 X 的一切可能值 x 的集合上的函数。随机变量 X 的函数是

指这样的随机变量 Y：每当变量 X 取值 x 时，它取值 $y=g(x)$，记作

$$Y=g(X)$$

在实际问题中，我们往往需要讨论随机变量函数的分布。这是因为，在某些试验中，我们关心的随机变量不能通过直接观测得到，然而它却是另一个能直接观测的随机变量的函数。因此，我们有必要讨论如何根据已知的随机变量 X 的分布寻求随机变量函数 $Y=g(X)$ 的分布。

1.4.1　离散随机变量函数的分布

在 $Y=g(X)$ 中，若 X 是一个离散随机变量，则 Y 也是一个离散随机变量，其分布律可由 X 的分布律得到。

例 1.4-1　设 X 的分布律如表 1.4-1 所示。

表 1.4-1　X 的分布律

X	-2	-1	0	1	2	3
P	0.1	0.15	0.2	0.25	0.21	0.09

求 $Y=X^2$ 的分布律。

解　当 $X=-2$ 与 $X=2$ 时，都有 $Y=X^2=4$，根据概率的可加性得

$$P\{Y=4\}=P\{X=-2\}+P\{X=2\}=0.1+0.21=0.31$$

同理有

$$P\{Y=1\}=P\{X=-1\}+P\{X=1\}=0.15+0.25=0.4$$

因此，$Y=X^2$ 的分布律如表 1.4-2 所示。

表 1.4-2　Y 的分布律

Y	0	1	4	9
P	0.2	0.4	0.31	0.09

1.4.2　连续随机变量函数的分布

在 $Y=g(X)$ 中，若 X 是一个连续随机变量，则 Y 即为一个连续随机变量。对于连续随机变量函数的分布，有以下定理。

定理　设连续随机变量 X 的概率密度函数为 $f_X(x)$，函数 $y=g(x)$ 严格单调，其反函数 $g^{-1}(y)$ 有连续导数，则 $Y=g(X)$ 也是一个连续随机变量，且其概率密度为

$$f_Y(y)=\begin{cases} f_X[g^{-1}(y)]\,|[g^{-1}(y)]'|, & \alpha<y<\beta \\ 0, & \text{其他} \end{cases} \tag{1.4-1}$$

其中 $\alpha=\min[g(-\infty),\ g(+\infty)]$，$\beta=\max[g(-\infty),\ g(+\infty)]$。

例 1.4-2　设随机变量 $X\sim N(\mu,\ \sigma^2)$，求 $Y=aX+b$（a、b 为常数，且 $a\neq 0$）的概率密度函数。

解　X 的概率密度为

$$f_X(x)=\frac{1}{\sqrt{2\pi}\sigma}\mathrm{e}^{-\frac{(x-\mu)^2}{2\sigma^2}},\ -\infty<x<+\infty$$

由 $y=g(x)=ax+b$，可得其反函数为

$$x=g^{-1}(y)=\frac{y-b}{a}$$

则

$$[g^{-1}(y)]'=\frac{1}{a}$$

由定理可知，$Y=aX+b$ 的概率密度为

$$f_Y(y)=\frac{1}{|a|}f_X\left(\frac{y-b}{a}\right),\ -\infty<y<+\infty$$

即

$$f_Y(y)=\frac{1}{|a|}\frac{1}{\sqrt{2\pi}\sigma}\mathrm{e}^{-\frac{\left(\frac{y-b}{a}-\mu\right)^2}{2\sigma^2}}=\frac{1}{\sqrt{2\pi}|a|\sigma}\mathrm{e}^{-\frac{[y-(a\mu+b)]^2}{2(a\sigma)^2}},\ -\infty<y<+\infty$$

由本例的结果可见，正态随机变量 X 的线性函数 $Y=aX+b$ 仍为正态随机变量，$Y\sim N(a\mu+b,\ a^2\sigma^2)$。

例 1.4-3　设电压 $V=A\sin\theta$，其中 A 是一个已知的正常数，相角 θ 是一个随机变量，且有 $\theta\sim U\left(-\frac{\pi}{2},\ \frac{\pi}{2}\right)$，试求电压 V 的概率密度。

解　$v=g(\theta)=A\sin\theta$ 在 $\left(-\frac{\pi}{2},\ \frac{\pi}{2}\right)$ 上严格单调，且有反函数

$$\theta=h(v)=\arcsin\frac{v}{A}$$

反函数的导数为

$$h'(v)=\frac{1}{\sqrt{A^2-v^2}}$$

又，θ 的概率密度为

$$f(\theta)=\begin{cases}\dfrac{1}{\pi}, & -\dfrac{\pi}{2}<\theta<\dfrac{\pi}{2}\\ 0, & \text{其他}\end{cases}$$

由式(1.4-1)可得 $V=A\sin\theta$ 的概率密度为

$$f_V(v)=\begin{cases}\dfrac{1}{\pi}\cdot\dfrac{1}{\sqrt{A^2-v^2}}, & -A<v<A\\ 0, & \text{其他}\end{cases}$$

若在上题中 $\theta\sim U(0,\ \pi)$，此时 $v=g(\theta)=A\sin\theta$ 在 $(0,\ \pi)$ 上不是单调函数，上述定理失效。

1.4.3　多维随机变量函数的分布

可以把上述一维随机变量函数的分布推广到二维及多维随机变量函数的情况。

设有二维随机变量 $(X_1,\ X_2)$，其概率密度为 $f_{X_1X_2}(x_1,\ x_2)$，与二维随机变量 $(Y_1,\ Y_2)$ 的关系为

$$\begin{cases}Y_1=g_1(X_1,\ X_2)\\ Y_2=g_2(X_1,\ X_2)\end{cases}$$

那么如何确定二维随机变量(Y_1, Y_2)的概率密度？

由于二维变换比一维变换要复杂得多，所以这里只考虑 g_1、g_2 为单值函数的情况，可以看作是将式(1.4－1)推广到二维的情况，则有

$$f_{Y_1Y_2}(y_1, y_2)=f_{X_1X_2}(x_1, x_2)|J|$$

其中

$$J=\frac{\partial(x_1, x_2)}{\partial(y_1, y_2)}=\begin{vmatrix}\dfrac{\partial x_1}{\partial y_1} & \dfrac{\partial x_1}{\partial y_2}\\ \dfrac{\partial x_2}{\partial y_1} & \dfrac{\partial x_2}{\partial y_2}\end{vmatrix}$$

同理，对于多维随机变量函数，有

$$\begin{cases}Y_1=g_1(X_1, X_2, \cdots, X_n)\\ Y_2=g_2(X_1, X_2, \cdots, X_n)\\ \qquad\vdots\\ Y_n=g_n(X_1, X_2, \cdots, X_n)\end{cases}$$

则

$$f_{Y_1Y_2\cdots Y_n}(y_1, y_2, \cdots, y_n)=f_{X_1X_2\cdots X_n}(x_1, x_2, \cdots x_n)|J|$$

其中

$$J=\frac{\partial(x_1, x_2, \cdots, x_n)}{\partial(y_1, y_2, \cdots, y_n)}=\begin{vmatrix}\dfrac{\partial x_1}{\partial y_1} & \cdots & \dfrac{\partial x_1}{\partial y_n}\\ \vdots & & \vdots\\ \dfrac{\partial x_n}{\partial y_1} & \cdots & \dfrac{\partial x_n}{\partial y_n}\end{vmatrix}$$

例 1.4－4　设有两个随机变量 X_1 与 X_2，求它们的和、差的概率密度。

解　设

$$\begin{cases}Y_1=X_1+X_2\\ Y_2=X_1-X_2\end{cases}$$

对应的反函数关系为

$$\begin{cases}x_1=\dfrac{y_1+y_2}{2}\\ x_2=\dfrac{y_1-y_2}{2}\end{cases}$$

则

$$J=\frac{\partial(x_1, x_2)}{\partial(y_1, y_2)}=\begin{vmatrix}\dfrac{\partial x_1}{\partial y_1} & \dfrac{\partial x_1}{\partial y_2}\\ \dfrac{\partial x_2}{\partial y_1} & \dfrac{\partial x_2}{\partial y_2}\end{vmatrix}=\begin{vmatrix}\dfrac{1}{2} & \dfrac{1}{2}\\ \dfrac{1}{2} & -\dfrac{1}{2}\end{vmatrix}=-\frac{1}{2}$$

$$f_{Y_1Y_2}(y_1, y_2)=f_{X_1X_2}(x_1, x_2)|J|=\frac{1}{2}f_{X_1X_2}\left[\frac{y_1+y_2}{2}, \frac{y_1-y_2}{2}\right]$$

$$f_{Y_1}(y_1)=\int_{-\infty}^{\infty}f_{Y_1Y_2}(y_1, y_2)\mathrm{d}y_2=\frac{1}{2}\int_{-\infty}^{\infty}f_{X_1X_2}\left[\frac{y_1+y_2}{2}, \frac{y_1-y_2}{2}\right]\mathrm{d}y_2$$

在上式中做变量代换，令 $u=(y_1+y_2)/2$，那么两个随机变量之和的概率密度为

$$f_{Y_1}(y_1)=\int_{-\infty}^{\infty} f_{X_1X_2}[u,\ y_1-u]\mathrm{d}u$$

同理可得

$$f_{Y_2}(y_2)=\int_{-\infty}^{\infty} f_{Y_1Y_2}(y_1,\ y_2)\mathrm{d}y_1=\frac{1}{2}\int_{-\infty}^{\infty} f_{X_1X_2}\left[\frac{y_1+y_2}{2},\ \frac{y_1-y_2}{2}\right]\mathrm{d}y_1$$

做变量替换经整理后可得两个随机变量之差的概率密度为

$$f_{Y_2}(y_2)=\int_{-\infty}^{\infty} f_{X_1X_2}[u,\ u-y_2]\mathrm{d}u$$

1.5　随机变量的数字特征

虽然分布函数能够完整地描述随机变量的统计特性，但有时随机变量的分布函数并不容易求得，事实上，在一些实际问题中，也并不需要去全面考察随机变量的变化情况，只需知道随机变量的某些特征即可。例如，在评定某一地区粮食产量的水平时，在许多场合只要知道该地区的平均产量；又如，检查一批棉花的质量时，一方面需要注意纤维的平均长度，另一方面需要注意纤维长度与平均长度的偏离程度，平均长度较大，偏离程度较小，质量就较好。从上面的例子可以看到，与随机变量有关的某些数值，虽然不能完整地描述随机变量，但能描述随机变量在某些方面的重要特征。这些数字特征在理论和实践中都具有重要的意义。

1.5.1　数学期望

定义　设离散型随机变量 X 的分布律为

$$P\{X=x_k\}=p_k,\ k=1,\ 2,\ \cdots$$

若级数

$$\sum_{k=1}^{\infty} x_k p_k$$

绝对收敛，则称该级数的和为随机变量 X 的数学期望，记为 $E(X)$，即

$$E(X)=\sum_{k=1}^{\infty} x_k p_k \tag{1.5-1}$$

设连续型随机变量 X 的概率密度为 $f(x)$，若积分

$$\int_{-\infty}^{\infty} xf(x)\mathrm{d}x$$

绝对收敛，则称该积分的值为随机变量 X 的数学期望，记为 $E(X)$，即

$$E(X)=\int_{-\infty}^{\infty} xf(x)\mathrm{d}x \tag{1.5-2}$$

数学期望简称期望，又称为均值。直观上说，随机变量的数学期望反映了随机变量的平均取值大小。

数学期望具有下列性质：

(1) $E(c)=c$（c 为常数）；

(2) $E(kX)=kE(X)$(k 为常数)；

(3) $E(X\pm Y)=E(X)\pm E(Y)$；

(4) 当 X 与 Y 相互独立时，$E(XY)=E(X)E(Y)$。

对于 n 维随机变量$(X_1, X_2, \cdots, X_n)$，称$(EX_1, EX_2, \cdots, EX_n)$为$(X_1, X_2, \cdots, X_n)$的数学期望向量(或均值向量)。

有时我们还需要求随机变量函数的数学期望，例如飞机机翼受到的压力 W 是风速 V 的函数 $W=kV^2$($k>0$ 常数)，通过下面的定理即可求得 W 的数学期望。

定理　设 Y 是随机变量 X 的函数：

$$Y=g(X)$$

设 X 是离散型随机变量，其分布律为 $P\{X=x_k\}=p_k$，$k=1, 2, \cdots$，若 $\sum_{k=1}^{\infty} g(x_k)p_k$ 绝对收敛，则有

$$E(Y)=E[g(X)]=\sum_{k=1}^{\infty} g(x_k)p_k \tag{1.5-3}$$

设 X 是连续型随机变量，其概率密度为 $f(x)$。若 $\int_{-\infty}^{\infty} g(x)f(x)\mathrm{d}x$ 绝对收敛，则有

$$E(Y)=E[g(X)]=\int_{-\infty}^{\infty} g(x)f(x)\mathrm{d}x \tag{1.5-4}$$

1.5.2　方差与标准差

直观上说，随机变量的方差与标准差反映随机变量取值相对于其数学期望的平均离散程度。

定义　随机变量 X 的函数 $g(X)=(X-EX)^2$ 的数学期望称为随机变量 X 的方差，记为 $D(X)$，即

$$D(X)=E(X-EX)^2 \tag{1.5-5}$$

X 的方差 $D(X)$的算术平方根 $\sqrt{D(X)}$称为随机变量 X 的标准差(或根方差)。

计算方差常用下列公式：

$$D(X)=E(X^2)-(EX)^2 \tag{1.5-6}$$

方差具有下列性质：

(1) $D(X)\geqslant 0$

(2) $D(c)=0$(c 为常数)

(3) $D(kX)=k^2D(X)$(k 为常数)

(4) 当 X 与 Y 相互独立时，$D(X\pm Y)=D(X)+D(Y)$。

1.5.3　协方差与相关系数

直观上说，协方差与相关系数反映两个随机变量之间线性联系的紧密程度。

定义　给定二维随机变量(X, Y)，称

$$\mathrm{cov}(X, Y)=E[(X-EX)(Y-EY)] \tag{1.5-7}$$

为随机变量 X 与 Y 的协方差，称

$$\rho(X, Y)=\frac{\operatorname{cov}(X, Y)}{\sqrt{D(X)D(Y)}} \tag{1.5-8}$$

为随机变量 X 与 Y 的相关系数。

计算协方差常用下列公式

$$\operatorname{cov}(X, Y)=E(XY)-E(X)E(Y) \tag{1.5-9}$$

协方差具有下列性质：

(1) $\operatorname{cov}(X, X)=D(X)$；

(2) $\operatorname{cov}(X, Y)=\operatorname{cov}(Y, X)$；

(3) $\operatorname{cov}(X, c)=0$（$c$ 为常数）；

(4) $\operatorname{cov}(kX, lY)=kl\operatorname{cov}(X, Y)$（$k$，$l$ 为常数）；

(5) $\operatorname{cov}(X, Y\pm Z)=\operatorname{cov}(X, Y)\pm\operatorname{cov}(X, Z)$。

相关系数具有下列性质：

(1) $\rho(X, X)=1$；

(2) $\rho(X, Y)=\rho(Y, X)$；

(3) $|\rho(X, Y)|\leqslant 1$；

(4) 当 X 与 Y 相互独立时，$\rho(X, Y)=0$。当 $\rho(X, Y)=0$ 时，称 X 与 Y 不相关。

(5) 当 $\rho(X, Y)=1$ 时，称 X 与 Y 正线性相关；当 $\rho(X, Y)=-1$ 时，称 X 与 Y 负线性相关。

1.5.4 随机变量的矩

直观上说，矩是数学期望、方差等数字特征的一般形式。

设 X 是随机变量，称矩 $E(X^k)$ 为随机变量 X 的 k 阶原点矩；称 $E(X-EX)^k$ 为随机变量 X 的 k 阶中心矩。容易看出，数学期望是一阶原点矩，方差是二阶中心矩。

设(X, Y)为二维随机变量，称 $E(X^kY^l)$为随机变量 X 与 Y 的 $k+l$ 阶混合原点矩；称 $E[(X-EX)^k(Y-EY)^l]$为随机变量 X 与 Y 的 $k+l$ 阶混合中心矩。显然，协方差 $\operatorname{cov}(X, Y)$是 X 与 Y 的二阶混合中心矩。

由上述概念可知，二维随机变量(X_1, X_2)有四个二阶中心矩，分别记为

$$\begin{aligned}
c_{11}&=E[(X_1-EX_1)^2]\\
c_{12}&=E[(X_1-EX_1)(X_2-EX_2)]\\
c_{21}&=E[(X_2-EX_2)(X_1-EX_1)]\\
c_{22}&=E[(X_2-EX_2)^2]
\end{aligned}$$

将它们排成矩阵的形式：

$$\begin{bmatrix} c_{11} & c_{12} \\ c_{21} & c_{22} \end{bmatrix}$$

这个矩阵称为随机变量(X_1, X_2)的协方差矩阵。

实际上，c_{11}为随机变量 X_1 的二阶中心矩，即随机变量 X_1 的方差 $D(X_1)$；c_{22}为随机变量 X_2 的方差 $D(X_2)$；c_{12}与 c_{21}为两个随机变量的协方差，由于 $c_{12}=c_{21}$，因此上述协方差矩阵实际上为对称矩阵。

在上述二维随机变量协方差矩阵的基础上，我们可以将其进一步推广到 n 维随机变量的情况。设 n 维随机变量$(X_1, X_2, \cdots, X_n)$的二阶混合中心矩

$$c_{ij}=\mathrm{cov}(X_i, X_j)-E[(X_i-EX_i)(X_j-EX_j)], \ i, j=1, 2, \cdots, n$$

都存在，则称矩阵

$$\boldsymbol{C}=\begin{bmatrix} c_{11} & c_{12}\cdots & c_{1n} \\ c_{21} & c_{22}\cdots & c_{2n} \\ \vdots & \vdots & \vdots \\ c_{n1} & c_{n2}\cdots & c_{nn} \end{bmatrix}$$

为 n 维随机变量$(X_1, X_2, \cdots, X_n)$的协方差矩阵。由于 $c_{ij}=c_{ji}$，$(i\neq j, i, j=1, 2, \cdots, n)$，因而上述矩阵为对称矩阵。

一般情况下，n 维随机变量的分布难以求得，或者是太复杂，以致在数学上不易处理，因此在实际应用中协方差矩阵就显得尤为重要了。

例 1.5-1　设二维随机变量(X_1, X_2)的均值向量为$(0, 1)$，协方差矩阵为

$$\boldsymbol{C}=\begin{bmatrix} 1 & 0.5 \\ 0.5 & 1 \end{bmatrix}$$

试计算：

(1) $D(2X_1-X_2)$；

(2) $E(X_1^2-X_1X_2+X_2^2)$。

解　由均值向量的定义知，$E(X_1)=0$，$E(X_2)=1$；由协方差矩阵的定义知，$DX_1=DX_2=1$，$\mathrm{cov}(X_1, X_2)=\mathrm{cov}(X_2, X_1)=0.5$，则有：

(1)
$$\begin{aligned} D(2X_1-X_2)&=D(2X_1)+DX_2-2\mathrm{cov}(2X_1, X_2) \\ &=4DX_1+DX_2-4\mathrm{cov}(X_1, X_2)=3 \end{aligned}$$

(2)
$$EX_1^2=DX_1+(EX_1)^2=1$$
$$EX_2^2=DX_2+(EX_2)^2=2$$
$$E(X_1X_2)=\mathrm{cov}(X_1, X_2)+EX_1EX_2=0.5$$

故 $E(X_1^2-X_1X_2+X_2^2)=2.5$。

最后，我们介绍随机过程中经常用到的 n 维正态随机变量的概率密度的表示式。利用 n 维随机变量的协方差矩阵，可以使其大为简化。下面先从二维正态随机变量的概率密度入手，之后将其推广到 n 维正态随机变量的场合中去。

二维正态随机变量(X_1, X_2)的概率密度为

$$f(x_1, x_2)=\frac{1}{2\pi\sigma_1\sigma_2\sqrt{1-\rho^2}}\exp\left\{\frac{-1}{2(1-\rho^2)}\left[\frac{(x_1-\mu_1)^2}{\sigma_1^2}-2\rho\frac{(x_1-\mu_1)(x_2-\mu_2)}{\sigma_1\sigma_2}+\frac{(x_2-\mu_2)^2}{\sigma_2^2}\right]\right\}$$

将上式中花括号内的部分用矩阵表示，为此引入下面的列矩阵：

$$\boldsymbol{X}=\begin{bmatrix} x_1 \\ x_2 \end{bmatrix}, \ \boldsymbol{\mu}=\begin{bmatrix} \mu_1 \\ \mu_2 \end{bmatrix}$$

(X_1, X_2)的协方差矩阵为

$$\boldsymbol{C}=\begin{bmatrix} c_{11} & c_{12} \\ c_{21} & c_{22} \end{bmatrix}=\begin{bmatrix} \sigma_1^2 & \rho\sigma_1\sigma_2 \\ \rho\sigma_1\sigma_2 & \sigma_2^2 \end{bmatrix}$$

其行列式为 $\det\boldsymbol{C}=\sigma_1^2\sigma_2^2(1-\rho^2)$，故 $\boldsymbol{C}$ 的逆阵为

$$\boldsymbol{C}^{-1}=\frac{1}{\det\boldsymbol{C}}\begin{bmatrix}\sigma_2^2 & -\rho\sigma_1\sigma_2\\ -\rho\sigma_1\sigma_2 & \sigma_1^2\end{bmatrix}$$

计算可知：

$$\begin{aligned}&(\boldsymbol{X}-\boldsymbol{\mu})^{\mathrm{T}}\boldsymbol{C}^{-1}(\boldsymbol{X}-\boldsymbol{\mu})\\&=\frac{1}{\det\boldsymbol{C}}(x_1-\mu_1\quad x_2-\mu_2)\begin{bmatrix}\sigma_2^2 & -\rho\sigma_1\sigma_2\\ -\rho\sigma_1\sigma_2 & \sigma_1^2\end{bmatrix}\begin{bmatrix}x_1-\mu_1\\ x_2-\mu_2\end{bmatrix}\\&=\frac{1}{1-\rho^2}\left[\frac{(x_1-\mu_1)^2}{\sigma_1^2}-2\rho\frac{(x_1-\mu_1)(x_2-\mu_2)}{\sigma_1\sigma_2}+\frac{(x_2-\mu_2)^2}{\sigma_2^2}\right]\end{aligned}$$

于是，(X_1, X_2)的概率密度可写为

$$f(x_1, x_2)=\frac{1}{2\pi(\det\boldsymbol{C})^{1/2}}\exp\left\{-\frac{1}{2}(\boldsymbol{X}-\boldsymbol{\mu})^{\mathrm{T}}\boldsymbol{C}^{-1}(\boldsymbol{X}-\boldsymbol{\mu})\right\}$$

上式容易推广到 n 维正态随机变量$(X_1, X_2, \cdots, X_n)$的情况。

引入列矩阵

$$\boldsymbol{X}=\begin{bmatrix}x_1\\ x_2\\ \vdots\\ x_n\end{bmatrix},\ \boldsymbol{\mu}=\begin{bmatrix}\mu_1\\ \mu_2\\ \vdots\\ \mu_n\end{bmatrix}=\begin{bmatrix}EX_1\\ EX_2\\ \vdots\\ EX_n\end{bmatrix}$$

则 n 维正态随机变量$(X_1, X_2, \cdots, X_n)$的概率密度为

$$f(x_1, x_2, \cdots, x_n)=\frac{1}{(2\pi)^{n/2}(\det\boldsymbol{C})^{1/2}}\exp\left\{-\frac{1}{2}(\boldsymbol{X}-\boldsymbol{\mu})^{\mathrm{T}}\boldsymbol{C}^{-1}(\boldsymbol{X}-\boldsymbol{\mu})\right\}$$

其中 $\boldsymbol{C}$ 是$(X_1, X_2, \cdots, X_n)$的协方差矩阵。

n 维正态随机变量具有下列四条重要性质：

(1) n 维正态随机变量$(X_1, X_2, \cdots, X_n)$的每一个分量 $X_i(i=1, 2, \cdots, n)$都是正态随机变量；反之，若 $X_1, X_2, \cdots, X_n$ 都是正态变量，且相互独立，则$(X_1, X_2, \cdots, X_n)$为 n 维正态随机变量。

(2) n 维随机变量$(X_1, X_2, \cdots, X_n)$服从 n 维正态分布的充要条件是 $X_1, X_2, \cdots, X_n$ 的任意线性组合 $l_1X_1+l_2X_2+\cdots+l_nX_n$ 服从一维正态分布(其中 $l_1, l_2, \cdots, l_n$ 不全为零)。

(3) 若$(X_1, X_2, \cdots, X_n)$服从 n 维正态分布，设 $Y_1, Y_2, \cdots, Y_k$ 是 $X_i(i=1, 2, \cdots, n)$ 的线性函数，则$(Y_1, Y_2, \cdots, Y_k)$也服从多维正态分布。这一性质称为正态变量的线性变换不变性。

(4) 设$(X_1, X_2, \cdots, X_n)$服从 n 维正态分布，则"$X_1, X_2, \cdots, X_n$ 相互独立"与"$X_1, X_2, \cdots, X_n$两两不相关"是等价的。

1.6 随机变量的特征函数

特征函数是刻画随机变量分布的另一种重要形式。它对随机变量(特别是多维随机变量)的研究带来了不少方便。为了定义特征函数，先引入复随机变量的概念。

1.6.1　复随机变量

定义　设 X 和 Y 均为概率空间(Ω, F, P)上的实值随机变量，则称

$$Z=X+\mathrm{j}Y$$

为复随机变量，其中 $\mathrm{j}=\sqrt{-1}$为虚数单位。Z 的分布函数定义为(X, Y)的联合分布函数。

由上面的定义可知，对于复随机变量 $Z=X+\mathrm{j}Y$ 的研究，本质上是对实二维随机向量(X, Y)的研究。

将实随机变量的数学期望、方差和协方差等矩推广至复随机变量时，要求：当变量 $Y=0$（即 Z 为实随机变量）时，复随机变量 Z 的矩应该等于实随机变量 X 的矩；应该保持随机变量矩的特性，例如方差应为非负实值。

(1) 定义复随机变量 Z 的数学期望为

$$m_Z=E[Z]=E[X]+\mathrm{j}E[Y]=m_X+\mathrm{j}m_Y \tag{1.6-1}$$

若 $Y=0$，则得 $m_Z=m_X$，符合前述要求。

(2) 定义复随机变量 Z 的方差为

$$\sigma_Z^2=D[Z]=E[|\mathring{Z}|^2] \tag{1.6-2}$$

式中：$\mathring{Z}=Z-m_Z$，为中心化复随机变量。

因为

$$\mathring{Z}=X+\mathrm{j}Y-(m_X+\mathrm{j}m_Y)=\mathring{X}+\mathrm{j}\mathring{Y}$$

所以

$$D[Z]=E[\mathring{Z}^*\mathring{Z}]=E[\mathring{X}^2+\mathring{Y}^2]=E[\mathring{X}^2]+E[\mathring{Y}^2]=D[X]+D[Y]$$

式中$\mathring{Z}^*$为 $\mathring{Z}$ 的复共轭。若 $Y=0$，则得 $D[Z]=D[X]$，符合前述要求。但若定义 $D[Z]=E[\mathring{Z}^2]$，则方差将为复量，不符合其特性要求。

(3) 若有两个复随机变量：$Z_1=X_1+\mathrm{j}Y_1$，$Z_2=X_2+\mathrm{j}Y_2$，则定义复随机变量 Z_1 和 Z_2 的协方差为

$$C_{Z_1Z_2}=E[\mathring{Z}_1^*\mathring{Z}_2] \tag{1.6-3}$$

式中：$\mathring{Z}_1{}^*$为$\mathring{Z}_1$的复共轭。因而

$$C_{Z_1Z_2}=E[(\mathring{X}_1-\mathrm{j}\mathring{Y}_1)(\mathring{X}_2+\mathrm{j}\mathring{Y}_2)]=C_{X_1X_2}+C_{Y_1Y_2}+\mathrm{j}[C_{X_1Y_2}-C_{Y_1X_2}]$$

若 $Y_1=Y_2=0$，则 $C_{Z_1Z_2}=C_{X_1X_2}$，符合前述要求。但若定义 $C_{Z_1Z_2}=E[\mathring{Z}_1\mathring{Z}_2]$，则当 $Z_1=Z_2=Z$ 时，方差将为复量，不符合其特性要求。

下面我们介绍两个复随机变量的不相关、正交和统计独立。

(1) 若复随机变量 Z_1 和 Z_2 的协方差有

$$C_{Z_1Z_2}=E[\mathring{Z}_1^*\mathring{Z}_2]=0$$

则称复变量 Z_1 和 Z_2 不相关。

(2) 若复随机变量 Z_1 和 Z_2 有

$$E[Z_1{}^*Z_2]=0$$

则称复变量 Z_1 和 Z_2 正交。

(3) 若对于复随机变量：$Z_1=X_1+\mathrm{j}Y_1$，$Z_2=X_2+\mathrm{j}Y_2$，有

$$p(x_1, y_1; x_2, y_2)=p(x_1, y_1)p(x_2, y_2)$$

则称复变量 Z_1 和 Z_2 统计独立。

1.6.2 随机变量的特征函数

借助于复随机变量的概念，我们引入随机变量的特征函数。

定义 给定概率空间(Ω, F, P)及随机变量 X，称

$$\Phi(\lambda)\triangleq E(e^{j\lambda X}), \quad -\infty<\lambda<+\infty \tag{1.6-4}$$

为随机变量 X 的特征函数。

特征函数 $\Phi(\lambda)$是实变量 λ 的复值函数，由于$|e^{j\lambda x}|=1$，故随机变量的特征函数必然存在。

对于离散随机变量 X，当概率函数为 $P\{X=x_k\}=p_k(k=1, 2, \cdots)$时，$X$ 的特征函数为

$$\Phi(\lambda)=\sum_k p_k e^{j\lambda x_k} \tag{1.6-5}$$

对于连续随机变量 X，当密度函数为 $f(x)$时，X 的特征函数为

$$\Phi(\lambda)=\int_{-\infty}^{\infty} f(x)e^{j\lambda x}\,dx \tag{1.6-6}$$

熟悉傅里叶(Fourier)变换的读者不难发现，特征函数的引入，本质上是对概率密度函数作傅里叶变换。值得注意的是：特征函数与概率密度之间的关系与傅里叶变换略有不同，即指数项差一个负号，也可以看作是其傅里叶变换的共轭复数。因此已知特征函数时，可以运用傅里叶反变换求得概率密度函数，即

$$f(x)=\frac{1}{2\pi}\int_{-\infty}^{\infty}\Phi(\lambda)e^{-j\lambda x}\,d\lambda \tag{1.6-7}$$

可见，特征函数与概率密度函数存在着一一对应关系，因而特征函数也是刻画随机变量分布的一种形式。

例 1.6-1 设随机变量服从标准正态分布，求它的特征函数。

解

$$\Phi(\lambda)=\int_{-\infty}^{\infty} f(x)e^{j\lambda x}\,dx=\int_{-\infty}^{\infty}\frac{1}{\sqrt{2\pi}}e^{-\frac{x^2}{2}}e^{j\lambda x}\,dx$$

$$=\frac{1}{\sqrt{2\pi}}\int_{-\infty}^{\infty}e^{-\frac{x^2}{2}+j\lambda x}\,dx=\frac{1}{\sqrt{2\pi}}e^{-\frac{\lambda^2}{2}}\int_{-\infty}^{\infty}e^{-\frac{(x-j\lambda)^2}{2}}\,dx$$

由于

$$\int_{-\infty}^{\infty}e^{-\frac{(x-j\lambda)^2}{2}}\,dx=\sqrt{2\pi}$$

于是有

$$\Phi(\lambda)=e^{-\frac{\lambda^2}{2}}$$

1.6.3 特征函数的性质

(1) 随机变量 X 的特征函数 $\Phi(\lambda)$满足

$$\Phi(0)=1, \quad |\Phi(\lambda)|\leqslant 1, \quad \Phi(-\lambda)=\overline{\Phi(\lambda)}$$

证明：由特征函数定义可得：

$$\Phi(0)=E[e^{j0X}]=E(1)=1$$

$$|\Phi(\lambda)|=|E[e^{j\lambda X}]|\leqslant E[|e^{j\lambda X}|]=1$$

$$\Phi(-\lambda)=E[e^{j(-\lambda)X}]=E[e^{-j\lambda X}]=E[\overline{e^{j\lambda X}}]=\overline{E[e^{j\lambda X}]}=\overline{\Phi(\lambda)}$$

(2) 设随机变量 X 的特征函数为 $\Phi_X(\lambda)$，则 $Y=aX+b$ 的特征函数 $\Phi_Y(\lambda)$ 为

$$\Phi_Y(\lambda)=e^{jb\lambda}\Phi_X(a\lambda)$$

其中 a，b 为常数。

证明： $\Phi_Y(\lambda)=E[e^{j\lambda Y}]=E[e^{j\lambda(aX+b)}]=e^{jb\lambda}E[e^{ja\lambda X}]=e^{jb\lambda}\Phi_X(a\lambda)$

例 1.6.2　设 X 服从 $N(\mu,\sigma^2)$，求其特征函数。

解　令 $Y=\dfrac{X-\mu}{\sigma}$，则 $Y\sim N(0,1)$，且 $X=\sigma Y+\mu$，故

$$\Phi_X(\lambda)=e^{j\mu\lambda}\Phi_Y(\sigma\lambda)=e^{j\mu\lambda}e^{-\frac{\sigma^2\lambda^2}{2}}=e^{j\mu\lambda-\frac{\sigma^2\lambda^2}{2}}$$

(3) 若随机变量 X 与 Y 相互独立，则

$$\Phi_{X+Y}(\lambda)=\Phi_X(\lambda)\Phi_Y(\lambda)$$

即独立随机变量和的特征函数等于各特征函数之积。

证明： 由于 X 与 Y 相互独立，因此随机变量 $e^{j\lambda X}$ 与 $e^{j\lambda Y}$ 也相互独立，故

$$\Phi_{X+Y}(\lambda)=E[e^{j\lambda(X+Y)}]=E[e^{j\lambda X}e^{j\lambda Y}]=E[e^{j\lambda X}]E[e^{j\lambda Y}]=\Phi_X(\lambda)\Phi_Y(\lambda)$$

1.6.4　特征函数与矩的关系

设随机变量 X 的概率密度为 $f(x)$，其特征函数为

$$\Phi(\lambda)=\int_{-\infty}^{\infty}f(x)e^{j\lambda x}\,dx$$

将上式两边对 λ 求导可得

$$\frac{d\Phi(\lambda)}{d\lambda}=\int_{-\infty}^{\infty}jxf(x)e^{j\lambda x}\,dx$$

在上式中，令 $\lambda=0$，则有

$$\left.\frac{d\Phi(\lambda)}{d\lambda}\right|_{\lambda=0}=j\int_{-\infty}^{\infty}xf(x)\,dx=jE[X]$$

进一步，求导 n 次，则有

$$\left.\frac{d^n\Phi(\lambda)}{d\lambda^n}\right|_{\lambda=0}=j^n\int_{-\infty}^{\infty}x^nf(x)\,dx=j^nE[X^n]$$

因此得

$$E[X^n]=j^{-n}\left.\frac{d^n\Phi(\lambda)}{d\lambda^n}\right|_{\lambda=0}\tag{1.6-8}$$

可以看到，求随机变量 X 的各阶矩，可以通过对特征函数求导的方法来得到，而无需作繁杂的积分运算。

1.6.5　多维随机变量的特征函数

定义　设 $\boldsymbol{X}=(X_1,X_2,\cdots,X_n)$ 是概率空间 (Ω,F,P) 上的 n 维随机变量，其分布函数为 $F(x_1,x_2,\cdots,x_n)$，则称

$$\Phi(\lambda_1, \lambda_2, \cdots, \lambda_n) = E[e^{j(\lambda_1 X_1 + \lambda_2 X_2 + \cdots + \lambda_n X_n)}]$$
$$= \int_{-\infty}^{+\infty} \underset{n重}{\cdots} \int_{-\infty}^{+\infty} e^{j(\lambda_1 x_1 + \lambda_2 x_2 + \cdots + \lambda_n x_n)} dF(x_1, x_2, \cdots, x_n) \quad (1.6-9)$$

为 $\boldsymbol{X}$ 的特征函数。

用向量表示可以得到一个紧凑的形式。记 $\boldsymbol{x}=(x_1, \cdots, x_n)$，$\boldsymbol{\lambda}=(\lambda_1, \cdots, \lambda_n)$，则上式可以表示为

$$\Phi(\boldsymbol{\lambda}) = E[e^{j\boldsymbol{\lambda}\boldsymbol{X}^T}] = \int_{-\infty}^{+\infty} \underset{n重}{\cdots} \int_{-\infty}^{+\infty} e^{j\boldsymbol{\lambda}\boldsymbol{x}^T} dF(\boldsymbol{x}) \quad (1.6-10)$$

如果 $\boldsymbol{X}$ 为离散型随机变量，其分布律为

$$\begin{bmatrix} x_1 & x_2 & \cdots & x_n & \cdots \\ p_1 & p_2 & \cdots & p_n & \cdots \end{bmatrix}$$

则 $\boldsymbol{X}$ 的特征函数为

$$\Phi(\boldsymbol{\lambda}) = \sum_k e^{j\boldsymbol{\lambda}\boldsymbol{x}_k^T} p_k \quad (1.6-11)$$

如果 $\boldsymbol{X}$ 为连续型随机变量，分布密度为 $f(\boldsymbol{x})$，则 $\boldsymbol{X}$ 的特征函数为

$$\Phi(\boldsymbol{\lambda}) = \int_{-\infty}^{+\infty} \underset{n重}{\cdots} \int_{-\infty}^{+\infty} e^{j\boldsymbol{\lambda}\boldsymbol{x}^T} f(\boldsymbol{x}) dx_1 \cdots dx_n \quad (1.6-12)$$

n 维随机变量的特征函数的性质与一维随机变量的特征函数的性质类似。下面不加证明地简要给出几个较为重要的性质。

(1) 若 $E[X_1^{k_1} X_2^{k_2} \cdots X_n^{k_n}]$存在，则有

$$E[X_1^{k_1} X_2^{k_2} \cdots X_n^{k_n}] = j^{-\sum_{i=1}^{n} k_i} \left[\frac{\partial^{k_1+\cdots+k_n} \Phi(\lambda_1, \cdots, \lambda_n)}{\partial \lambda_1^{k_1} \cdots \partial \lambda_n^{k_n}}\right]_{\lambda_1=\cdots=\lambda_n=0}$$

(2) 设 a_i，b_i 为常数($i=1, 2, \cdots, n$)，则 n 维随机变量 $Y=(a_1 X_1+b_1, \cdots, a_n X_n+b_n)$ 的特征函数为

$$\Phi_Y(\boldsymbol{\lambda}) = e^{j\sum_{i=1}^{n} b_i \lambda_i} \Phi_X(a_1\lambda_1, \cdots, a_n\lambda_n)$$

(3) 设$(X_1, X_2, \cdots, X_n)$的特征函数为 $\Phi(\lambda_1, \lambda_2, \cdots, \lambda_n)$，而 X_i 的特征函数为 $\Phi_{X_i}(\lambda_i)$，则 $X_1, X_2, \cdots, X_n$ 相互独立的充要条件为

$$\Phi(\lambda_1, \lambda_2, \cdots, \lambda_n) = \prod_{i=1}^{n} \Phi_{X_i}(\lambda_i)$$

例 1.6-3 设随机变量 X、Y 相互独立，且 $X \sim N(\mu_1, \sigma_1^2)$，$Y \sim N(\mu_2, \sigma_2^2)$。完成：

(1) 利用 X 的特征函数求 $E[X^4]$；

(2) 求出 $Z=a_1 X+a_2 Y$ 的特征函数。

解 (1) 由前例知，X 的特征函数为

$$\Phi_X(\lambda) = e^{j\mu_1\lambda - \frac{\sigma_1^2\lambda^2}{2}}$$

故由性质(1)得

$$E[X^4] = j^{-4} \Phi_X^{(4)}(0) = 3\sigma_1^4$$

(2) 因为 X、Y 相互独立，故由性质(2)、(3)可得 Z 的特征函数为

$$\Phi_Z(\lambda) = \Phi_{(X,Y)}(a_1\lambda, a_2\lambda) = \Phi_X(a_1\lambda)\Phi_Y(a_2\lambda)$$
$$= \exp\left[j(a_1\mu_1 + a_2\mu_2)\lambda - \frac{(a_1^2\sigma_1^2 + a_2^2\sigma_2^2)\lambda^2}{2}\right]$$

1.7　极 限 定 理

1.7.1　切比雪夫不等式

设随机变量 X 具有有限的二阶矩，即 $E[|X^2|]<+\infty$，则有如下的切比雪夫不等式：

$$P\{|X-EX|\geqslant\varepsilon\}\leqslant\frac{DX}{\varepsilon^2} \tag{1.7-1}$$

对于任意 $\varepsilon>0$ 均成立。

证明： 若 X 为离散型随机变量，其分布律为

$$P\{X=x_i\}=p_i,\ i=1,\ 2,\ \cdots$$

则有

$$P\{|X-EX|\geqslant\varepsilon\}=\sum_{|x_i-EX|\geqslant\varepsilon}P\{X=x_i\}\leqslant\sum_{|x_i-EX|\geqslant\varepsilon}\frac{(x_i-EX)^2}{\varepsilon^2}P\{X=x_i\}$$

$$\leqslant\frac{1}{\varepsilon^2}\sum_i(x_i-EX)^2P\{X=x_i\}=\frac{DX}{\varepsilon^2}$$

若 X 为连续型随机变量，其分布密度为 $f(x)$，则有

$$P\{|X-EX|\geqslant\varepsilon\}=\int_{|x-EX|\geqslant\varepsilon}f(x)\mathrm{d}x\leqslant\int_{|x-EX|\geqslant\varepsilon}\frac{(x-EX)^2}{\varepsilon^2}f(x)\mathrm{d}x$$

$$\leqslant\frac{1}{\varepsilon^2}\int_{-\infty}^{+\infty}(x-EX)^2f(x)\mathrm{d}x=\frac{DX}{\varepsilon^2}$$

当仅知道随机变量的数学期望与方差，而不知道其概率分布时，切比雪夫不等式给出了事件的概率的估计。

1.7.2　中心极限定理

在客观实际中有许多随机变量，它们是由大量的相互独立的随机因素的综合影响所形成的。而其中每一因素在总的影响中所起的作用都是微小的，这种随机变量往往近似服从正态分布。中心极限定理为这一现象提供了理论依据。

中心极限定理指出，若有大量统计独立的随机变量的和

$$Y=\sum_{i=1}^{n}X_i$$

其中每个随机变量 X_i 对总的变量 Y 的影响足够小时，则在一定条件下，当 $n\to\infty$时，随机变量 Y 服从正态分布，其与每个随机变量的分布律无关。在电子技术中常常会遇到这种随机现象。例如复杂雷达目标(飞机、舰船等)可以看成是由许多独立散射体所组成的，任一时刻雷达的回波信号都是反射信号叠加的结果。当目标运动时，各散射体相对雷达的距离和角度都在变化，因而各散射体的反射信号的幅度和相位都在随机变化，由它们叠加而成的回波信号也是随机变化的。由于各散射体是相互独立的，每个散射体对总的回波信号影响很小，因此，根据中心极限定理可以断定：这类目标的回波信号的瞬时值服从正态分布。

下面介绍三个常用的中心极限定理。

独立同分布的中心极限定理 (也称为林德伯格-莱维(Lindeberg-levy)中心极限定理) 设随机变量 X_1, X_2, …, X_n, …相互独立，服从同一分布，且具有数学期望和方差：$EX_k=\mu$, $DX_k=\sigma^2>0(k=1, 2, \cdots)$，则随机变量之和 $\sum\limits_{k=1}^{n}X_k$ 的标准化变量

$$Y_n=\frac{\sum\limits_{k=1}^{n}X_k-E(\sum\limits_{k=1}^{n}X_k)}{\sqrt{D(\sum\limits_{k=1}^{n}X_k)}}=\frac{\sum\limits_{k=1}^{n}X_k-n\mu}{\sqrt{n}\sigma}$$

的分布函数 $F_n(x)$对于任意 x 满足

$$\lim_{n\to\infty}F_n(x)=\lim_{n\to\infty}P\left\{\frac{\sum\limits_{k=1}^{n}X_k-n\mu}{\sqrt{n}\sigma}\leqslant x\right\}=\int_{-\infty}^{x}\frac{1}{\sqrt{2\pi}}e^{-\frac{t^2}{2}}dt=\Phi(x)$$

证明略。

这就是说，均值为 μ，方差为 $\sigma^2>0$ 的独立同分布的随机变量 X_1, X_2, …, X_n 之和 $\sum\limits_{k=1}^{n}X_k$ 的标准化变量$\dfrac{\sum\limits_{k=1}^{n}X_k-n\mu}{\sqrt{n}\sigma}$，在 n 充分大时，近似服从标准正态分布 $N(0, 1)$。

将上述标准化变量变形为 $\dfrac{\frac{1}{n}\sum\limits_{k=1}^{n}X_k-\mu}{\sigma/\sqrt{n}}$，考虑到$\frac{1}{n}\sum\limits_{k=1}^{n}X_k$ 即为随机变量 X_1, X_2, …, X_n 的算术平均 $\overline{X}$，则当 n 充分大时，近似地有

$$\frac{\overline{X}-\mu}{\sigma/\sqrt{n}}\sim N(0, 1)$$

即

$$\overline{X}\sim N\left(\mu, \frac{\sigma^2}{n}\right)$$

这是独立同分布中心极限定理的另一个形式。

李雅普诺夫(Liapunov)定理 设随机变量 X_1, X_2, …, X_n, …相互独立，它们具有数学期望和方差：

$$EX_k=\mu, DX_k=\sigma^2>0, k=1, 2, \cdots$$

记 $B_n^2=\sum\limits_{k=1}^{n}\sigma_k^2$，若存在正数 δ，使得当 $n\to\infty$时，

$$\frac{1}{B_n^{2+\delta}}\sum_{k=1}^{n}E\{|X_k-\mu_k|^{2+\delta}\}\to 0$$

则随机变量之和 $\sum\limits_{k=1}^{n}X_k$ 的标准化变量

$$Z_n=\frac{\sum\limits_{k=1}^{n}X_k-E(\sum\limits_{k=1}^{n}X_k)}{\sqrt{D(\sum\limits_{k=1}^{n}X_k)}}=\frac{\sum\limits_{k=1}^{n}X_k-\sum\limits_{k=1}^{n}\mu_k}{B_n}$$

的分布函数 $F_n(x)$ 对于任意 x，满足

$$\lim_{n\to\infty}F_n(x)=\lim_{n\to\infty}P\left\{\frac{\sum_{k=1}^{n}X_k-\sum_{k=1}^{n}\mu_k}{B_n}\leqslant x\right\}=\int_{-\infty}^{x}\frac{1}{\sqrt{2\pi}}\mathrm{e}^{-\frac{t^2}{2}}\mathrm{d}t=\Phi(x)$$

证明略。

棣莫弗-拉普拉斯(De Moiver-Laplace)定理　设随机变量 $\eta_n(n=1,2,\cdots)$ 服从参数为 n，$p(0<p<1)$ 的二项分布，则对于任意 x，有

$$\lim_{n\to\infty}P\left\{\frac{\eta_n-np}{\sqrt{np(1-p)}}\leqslant x\right\}=\int_{-\infty}^{x}\frac{1}{\sqrt{2\pi}}\mathrm{e}^{-\frac{t^2}{2}}\mathrm{d}t=\Phi(x)$$

习　题　1

1.1　设随机试验是将一颗骰子连掷两次，观察两次所得到的点数，试写出样本空间 Ω。如果事件 A 表示两次出现的点数相同，事件 B 表示两次出现的点数之和大于 5，事件 C 表示至少有一次点数不大于 3。试用 Ω 的子集表示事件 A、B、C。

1.2　设随机变量 X 具有概率密度

$$f(x)=\begin{cases}kx, & 0\leqslant x<3\\ 2-\dfrac{x}{2}, & 3\leqslant x\leqslant 4\\ 0, & \text{其他}\end{cases}$$

(1) 确定常数 k；

(2) 求 X 的分布函数 $F(x)$；

(3) 求 $P\{1<X\leqslant\frac{7}{2}\}$。

1.3　已知随机变量 X 的概率分布函数为

$$F(x)=\begin{cases}0, & x<0\\ kx^2, & 0\leqslant x\leqslant 1\\ 1, & x>1\end{cases}$$

(1) 求系数 k；

(2) 求 X 落在区间(0.3，0.7)内的概率；

(3) 求随机变量 X 的概率密度函数。

1.4　已知随机变量 X 的概率密度函数为 $f(x)=k\mathrm{e}^{-|x|}$ $(x\in(-\infty,+\infty))$(拉普拉斯分布)。

(1) 求系数 k；

(2) 求 X 落在区间(0，1)内的概率；

(3) 求随机变量 X 的概率分布函数。

1.5　设随机变量 X 服从瑞利分布，其概率密度为

$$p(x)=\begin{cases}\dfrac{x}{\sigma^2}\mathrm{e}^{-\frac{x^2}{2\sigma^2}}, & x\geqslant 0\\ 0, & x<0\end{cases}$$

其中常数$\sigma>0$。求$E[X]$和$D[X]$。

1.6 设(X, Y)的分布律为

X \ Y	1	2	3
−1	0.2	0.1	0.0
0	0.1	0.0	0.3
1	0.1	0.1	0.1

(1) 求$E[X]$, $E[Y]$;

(2) 设$Z=\dfrac{Y}{X}$, 求$E[Z]$;

(3) 设$Z=(X-Y)^2$, 求$E[Z]$。

1.7 已知随机变量X服从正态分布$N(m, \sigma^2)$, 设随机变量$Y=e^X$, 求Y的概率密度$f(y)$。

1.8 已知随机变量X的概率密度为$f(x)$, 设随机变量$Y=3X$, 求联合概率密度$f(x, y)$。

1.9 设随机变量(X, Y)的概率密度为

$$f(x, y)=\begin{cases} b e^{-(x+y)}, & 0<x<1, 0<y<\infty \\ 0, & \text{其他} \end{cases}$$

(1) 试确定常数b;

(2) 求边缘密度函数。

1.10 设随机变量(X, Y)的概率密度为

$$f(x, y)=\begin{cases} \dfrac{1}{2}(x+y)e^{-(x+y)}, & x>0, y>0 \\ 0, & \text{其他} \end{cases}$$

(1) X和Y是否统计独立?

(2) 求$Z=X+Y$的概率密度。

1.11 设随机变量X服从几何分布, 其分布列为

$$P\{X=k\}=q^{k-1}p, k=1, 2, \cdots$$

其中$0<p<1$, $q=1-p$。试求X的特征函数, 并利用特征函数求数学期望和方差。

1.12 若随机变量X的概率密度函数$f(x)$如下, 求其相应的特征函数。

(1) 均匀分布

$$f(x)=\begin{cases} \dfrac{1}{10}, & x\in[1, 11] \\ 0, & \text{其他} \end{cases}$$

(2)(0, 1)伯努利随机变量分布

$$f(x)=0.3\delta(x-1)+0.7\delta(x)$$

(3) 指数分布

$$f(x)=\begin{cases}3\mathrm{e}^{-3x}, & x\geqslant 0\\ 0, & x<0\end{cases}$$

1.13　随机变量 X_1，X_2 与 X_3 彼此独立，且特征函数分别为 $\Phi_1(\lambda)$，$\Phi_2(\lambda)$ 和 $\Phi_3(\lambda)$，求下述随机变量的特征函数：

(1) $X=X_1+X_2$；　　(2) $X=X_1+X_2+X_3$；

(3) $X=X_1+2X_2+3X_3$；　　(4) $X=2X_1+X_2+4X_3+10$。

1.14　设 $(X, Y)^{\mathrm{T}}$ 是二维正态矢量。它的数学期望矢量和协方差矩阵分别为 $(0, 1)^{\mathrm{T}}$ 与 $\begin{bmatrix}4 & 3\\ 3 & 9\end{bmatrix}$。试写出 $(X, Y)^{\mathrm{T}}$ 的二维分布密度。

1.15　设随机矢量 X_1，X_2，…，X_n 相互独立，分别具有相同的正态分布 $N(m, \sigma^2)$，试求随机矢量 $\boldsymbol{X}=(X_1, X_2, \cdots, X_n)^{\mathrm{T}}$ 的 n 维分布密度，并写出它的数学期望矢量和协方差矩阵；再求 $\boldsymbol{X}=\dfrac{1}{n}\sum\limits_{i=1}^{n}X_i$ 的概率分布密度。

1.16　已知随机变量 X 的概率密度为

$$p(x)=\frac{1}{\sqrt{2\pi}\sigma}\mathrm{e}^{-\frac{x^2}{2\sigma^2}},\qquad -\infty<x<\infty$$

试用特征函数与矩的关系，求 X 的数学期望和方差。

1.17　已知随机变量 Y 与 X 的关系为 $Y=2X+1$，X 服从正态分布 $N(m, \sigma^2)$。求随机变量 Y 的特征函数 $\Phi_Y(\lambda)$ 和概率密度 $f(y)$。

1.18　若有随机变量 X 的特征函数 $\Phi_X(\lambda)=\exp\left(\mathrm{j}a\lambda-\dfrac{b^2\lambda^2}{2}\right)$，$a$，$b$ 为确定的数，试求 $E[X]$，$E[X^2]$，$E[X^3]$ 和 $E[X^4]$ 及其概率密度函数。

1.19　编写 MATLAB 程序，绘出均值为 0，方差为 0.25 的正态分布的概率密度和概率分布函数的图形。

第 2 章　随 机 过 程

上一章我们回顾了概率论的基础知识，重点复习了随机变量的定义、随机变量的概率密度、随机变量的数字特征等，从概率和统计两个角度分析了随机变量的基本理论。本章将要介绍的随机过程实质上是随机变量的推广，研究的是随机现象随时间演变的概率规律性及统计规律性。

2.1　随机过程的基本概念

2.1.1　随机过程的定义

自然界中的事物变化过程可以分成两大类——确知过程和随机过程。前者具有确定的变化规律，后者则无确定的变化规律。若每次试验所得的变化过程相同，都是时间 t 的同一个函数，则为确知过程。若每次试验所得的变化过程不同，是时间 t 的不同函数，则为随机过程。电信号是电压或电流随时间变化的过程，我们通常不把它称为过程，而称为信号，它据此分成两类——确知信号和随机信号。下面先来看两个例子。

例 2.1-1　正弦(型)确知信号：

$$s(t)=A\cos(\omega_0 t+\varphi_0) \tag{2.1-1}$$

式中：振幅 A、角频率 ω_0 和相位 φ_0 都是已知的常量。

每次对高频振荡器作定相激励时，其稳态部分就是这种信号。每次激励相当于一次试验，由于每次试验时，信号 $s(t)$ 都相同地随时间 t 按上式所示确知函数而变化，因而这种信号是确知信号。

例 2.1-2　正弦(型)随机初相信号：

$$X(t)=A\cos(\omega_0 t+\varphi) \tag{2.1-2}$$

式中：振幅 A 和角频率 ω_0 都是常量，而相位 φ 是在区间 $(0, 2\pi)$ 上均匀分布的随机变量。

由于相位 φ 是连续随机变量，故在区间 $(0, 2\pi)$ 上有无数多个取值，即可取 $(0, 2\pi)$ 中的任一值 φ_i，$0<\varphi_i<2\pi$。这时相应有不同的函数式：

$$x_i(t)=A\cos(\omega_0 t+\varphi_i),\ \varphi_i\in(0, 2\pi) \tag{2.1-3}$$

可见式(2.1-2)实际上表示一族不同的时间函数，如图 2.1-1 所示(图中只画出其中的三条函数曲线)。因此这种信号是随机信号。

对没有采用定相措施的一般高频振荡器作开机激励时，其稳态部分就是这种信号。每次开机作激励时，由于振荡器的起振相位受偶然因素影响而每次有所不同，因而高频振荡信号的相位作随机变化，这是最常遇见的一种随机信号。同理，在信号式

$$X(t)=A\cos(\omega t+\varphi) \tag{2.1-4}$$

中，若仅振幅 A 是随机变量，则为随机振幅信号；若仅角频率 ω 是随机变量，则为随机频

率信号。

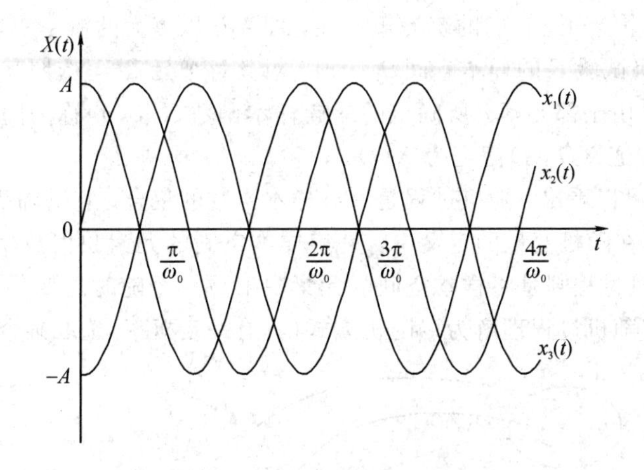

图 2.1-1 正弦(型)随机初相信号

例 2.1-3 接收机噪声

设有多部相同的接收机，输出端各接一个记录器，记录输出的电压(或电流)波形，如图 2.1-2 所示。

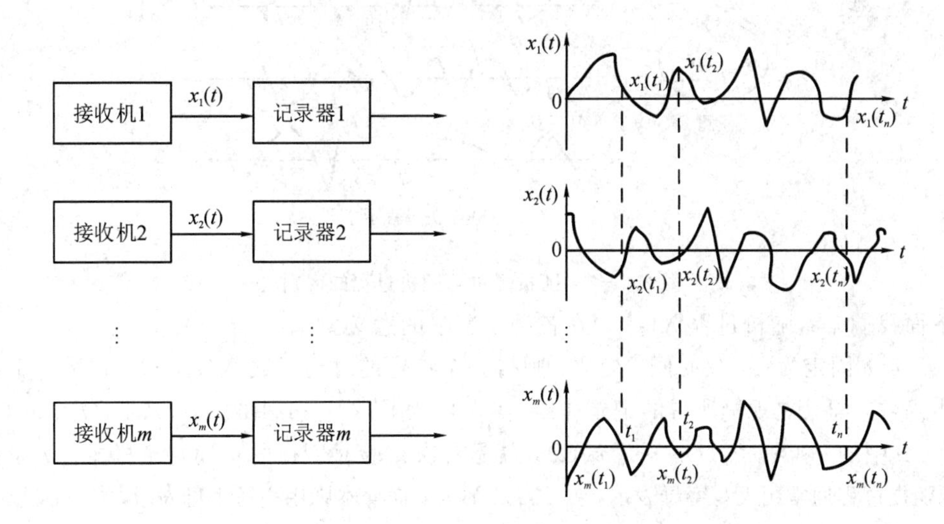

图 2.1-2 接收机噪声

当各接收机都不加入信号(例如将输入端短路)时，由于接收机中的元器件会产生电噪声，因而经放大输出后，各个记录器都会记录下对应接收机的噪声波形，如图 2.1-2 所示。从图中可以看出，各个噪声波形 $x_1(t)$，$x_2(t)$，…，$x_m(t)$杂乱无章，而且相互不同，显然每个噪声波形都是一个确定的时间函数，只是无法预知它。可见接收机噪声也是一种随机过程，这种随机过程会对有用信号的接收造成干扰，为了抑制这种干扰，我们需要着重研究这种随机过程。

例 2.1-2 中对高频振荡器每次开机作观测，例 2.1-3 中对某部接收机的噪声做记录，都相当于作一次随机试验。每次试验所得的观测、记录结果 $x_i(t)$都是一个确定的时间函数，称为样本函数，简称样本或实现。所有这些样本函数的总体或集合就构成随机过程

$X(t)$。在每次试验之前，我们无法确知这次试验的结果应该选取这个集合中的哪一个样本，只有在大量观测后才能知道它们的统计规律性，即究竟以多大的概率实现某一样本。

定义 1 设随机试验 E 的样本空间 $S=\{e\}$，对其每个元素 e，依照某个规则确定出一个样本函数 $X(e, t)$，由全部元素 e 所确定的一族样本函数 $X(e, t)$ 称为随机过程。通常按惯例省写随机因素 e，把 $X(e, t)$ 简记为 $X(t)$。

从上面的定义可以看出，随机过程是一族样本函数的集合，它是随机变量定义的推广。如图 2.1－3 所示，在随机变量的定义中，是将样本空间的元素映射成实轴上的一个点(如图(a)所示)，而随机过程则是将样本空间的元素映射成一个随时间变化的函数(如图(b)所示)。这种定义是把随机过程理解为以随机方式(具有一定概率)选取某个特定的样本函数。

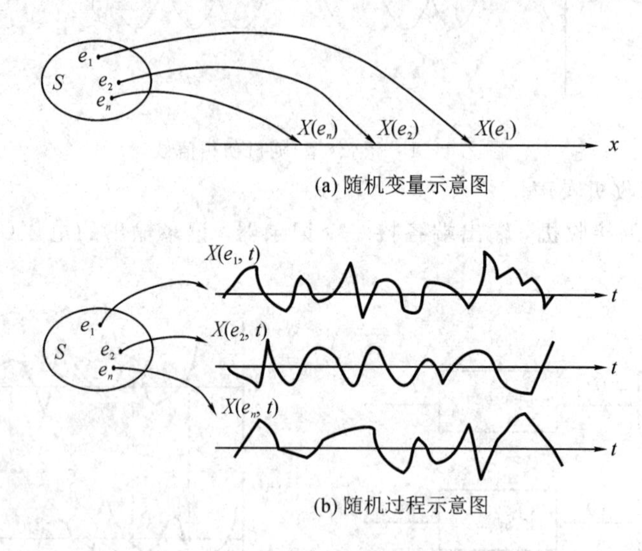

图 2.1－3 随机变量与随机过程的区别

下面我们来看随机过程 $X(e, t)$ 在各种情况下的意义。

(1) 若 e 固定为 e_i，仅时间 t 变化，则得一个特定的时间函数 $X(e_i, t)$，它是一个确定的样本函数，即某次观测所得的记录曲线(实现)。如图 2.1－1 中的 $x_1(t)$、$x_2(t)$、$x_3(t)$ 及图 2.1－2 中的 $x_1(t)$，$x_2(t)$，…，$x_m(t)$，就是各次试验时所得的不同特定样本。为了防止混淆，随机过程通常用大写字母表示，如 $X(t)$、$Y(t)$，而样本则用小写字母表示，如 $x(t)$、$y(t)$。

(2) 若 t 固定为 t_j，仅随机因素 e 变化，则 $X(e, t_j)$ 蜕化为一个随机变量，简记为 $X(t_j)$。随机变量 $X(t_j)$ 又称为随机过程 $X(t)$ 在 $t=t_j$ 时的状态。

(3) 若 e 固定为 e_i，且 t 固定为 t_j，则 $X(e_i, t_j)$ 为一个确定值，简记为 $x_i(t_j)$。例如图 2.1－2 中的 $x_1(t_1)$，$x_1(t_2)$，…，$x_m(t_n)$，都是在特定样本上再取特定时刻的值。

(4) 若 e 和 t 均为变量，则 $\{X(e, t)\}$ 为所有样本的集合或所有随机变量的总体。这才是随机过程 $X(t)$。

定义 1 就是根据上述情况(1)作定义的，我们也可以根据上述情况(2)作定义。

定义 2 若对于每个固定的时刻 $t_j(j=1, 2, \cdots)$，$X(t_j)$ 都是随机变量，则称 $X(t)$ 为随机过程。

这种定义是把随机过程理解为随时间而变化的一族随机变量。

上述两种不同定义是用不同方法描述同一事物，从不同角度来理解随机过程，因而两种定义实质上一致，相互起补充作用。作实际观测时通常采用定义 1，作理论分析时通常采用定义 2，据此定义可把随机过程看成是随机变量的推广(是 n 维随机变量)。若时间分割越细，即维数 n 越大，则越能细致描述该随机过程的统计规律性。

应该指出，在一般随机试验的过程中，随机变量将随某个参数(如时间 t 或高度 h 等)而变化。通常，把随某个参变量变化的随机变量统称为随机函数，其中参变量为时间 t 的随机函数才称为随机过程。

随机过程 $X(t)$可以按其状态的不同，分成连续型和离散型，也可以按其时间参量 t 的不同，分成连续参量随机过程(简称随机过程)和离散参量随机过程(简称随机序列)。因此，合起来可以分成四类，如图 2.1－4 所示(图中仅示出其一个样本，且为按常用的等间隔取样画出)。

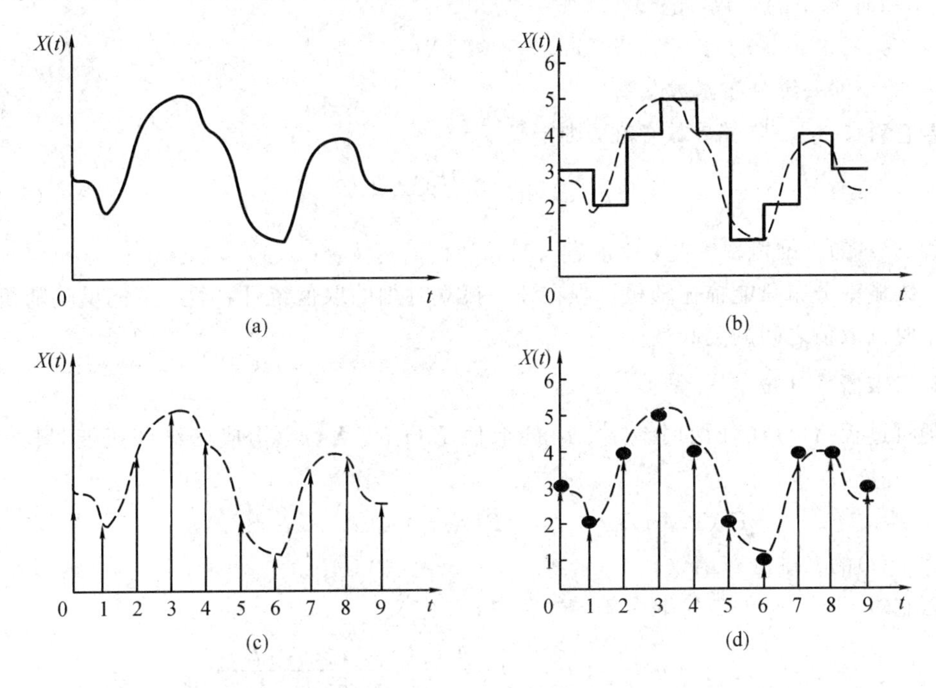

图 2.1－4　随机过程的常用分类

(1) 连续型随机过程：其状态 $X(t_j)$和时间 t 都连续，如图(a)所示。

(2) 离散型随机过程：其状态 $X(t_j)$离散，而时间 t 连续，如图(b)所示。对连续型随机过程进行随机取样，并经量化后保持各取样值，即得这类随机过程。

(3) 连续随机序列：其状态 $X(t_j)$连续，而时间 t 离散，如图(c)所示。对连续型随机过程进行等间隔取样，即得这类随机过程。

(4) 离散随机序列：其状态 $X(t_j)$和时间 t 都离散，如图(d)所示。对连续型随机过程进行等间隔取样，并将取样值量化成若干个固定的离散值，例如二进制中的 0、1，或十进制中的 0～9，即得这类随机过程，实际上即为数字序列或数字信号。

由以上内容可知，最基本的是连续型随机过程，其他三类只是对它作离散处理而得，因此本书重点介绍连续型随机过程。

随机过程根据其分布函数或概率密度进行分类，可以分成独立随机过程、马尔可夫

(Markov)过程、独立增量过程、正态(Normal)随机过程、瑞利(Rayleigh)随机过程等。此外，根据功率谱特性，随机过程可以分成宽带的或窄带的，白色的或有色的。在工程技术中，还可根据随机过程有无平稳性，分成平稳的和非平稳的。

2.1.2 随机过程的概率分布

既然随机过程能够看成是随时间 t 而变化的一族随机变量，故可将随机变量的概率分布概念推广用于随机过程，求得随机过程的概率分布。

1. 一维概率分布

随机过程 $X(t)$在任一特定时刻 t_1 取值为一维随机变量 $X(t_1)$。概率 $P\{X(t_1)\leqslant x_1\}$是取值 x_1 和时刻 t_1 的函数，记

$$F_1(x_1, t_1)=P\{X(t_1)\leqslant x_1\} \tag{2.1-5}$$

为过程 $X(t)$的一维分布函数。

若它对 x_1 的一阶偏导数存在，则定义

$$p_1(x_1, t_1)=\frac{\partial F_1(x_1, t_1)}{\partial x_1} \tag{2.1-6}$$

为过程 $X(t)$的一维概率密度，一般省写其脚注而简记为 $p(x, t)$。

一维概率分布只能描述随机过程在任一孤立时刻的取值统计特性，不能反映随机过程在各个时刻取值之间的关联性。

2. 二维概率分布

随机过程 $X(t)$在任两时刻 t_1、t_2 的取值 $X(t_1)$、$X(t_2)$构成二维随机变量$[X(t_1), X(t_2)]$，记

$$F_2(x_1, x_2; t_1, t_2)=P\{X(t_1)\leqslant x_1, X(t_2)\leqslant x_2\} \tag{2.1-7}$$

为过程 $X(t)$的二维分布函数。

若它对 x_1 和 x_2 的二阶混合偏导数存在，则定义

$$p_2(x_1, x_2; t_1, t_2)=\frac{\partial^2 F_2(x_1, x_2; t_1, t_2)}{\partial x_1 \partial x_2} \tag{2.1-8}$$

为过程 $X(t)$的二维概率密度。

二维概率分布可以描述随机过程在任两时刻取值之间的关联性，且通过积分可以求得两个一维概率密度 $p(x_1, t_1)$和 $p(x_2, t_2)$，可见二维概率分布比其一维概率分布含有更多的统计信息，对随机过程的描述更细致，但它还不能反映随机过程在两个以上时刻取值之间的关联性。

3. n 维概率分布

随机过程 $X(t)$在任意 n 个时刻 $t_1, t_2, \cdots, t_n$ 的取值 $X(t_1), X(t_2), \cdots, X(t_n)$构成 n 维随机变量$[X(t_1), X(t_2), \cdots, X(t_n)]$，即 n 维空间中的随机矢量 $\boldsymbol{X}$。同上可得过程 $X(t)$的 n 维分布函数为

$$F_n(x_1, x_2, \cdots, x_n; t_1, t_2, \cdots, t_n)=P\{X(t_1)\leqslant x_1, X(t_2)\leqslant x_2, \cdots, X(t_n)\leqslant x_n\} \tag{2.1-9}$$

过程 $X(t)$ 的 n 维概率密度为

$$p_n(x_1, x_2, \cdots, x_n; t_1, t_2, \cdots, t_n)=\frac{\partial^n F_2(x_1, x_2, \cdots, x_n; t_1, t_2, \cdots, t_n)}{\partial x_1 \partial x_2 \cdots \partial x_n} \tag{2.1-10}$$

n 维概率分布可以描述任意 n 个时刻的取值之间的关联性，比其低维概率分布含有更多的统计特性，对随机过程的描述更细致些。故若随机过程的观测时刻点数取得越多(即维数 n 越大)，则随机过程的统计特性可以描述得越细致。从理论上来说，要完全描述一个随机过程的统计特性，需要维数 $n\to\infty$，但对工程实际来说，在许多场合仅取二维即可。

根据第 1 章中多维随机变量的概率分布内容可知，随机过程 $X(t)$ 的 n 维概率分布具有下列主要性质：

(1) $F_n(x_1, x_2, \cdots -\infty, \cdots, x_n; t_1, t_2, \cdots, t_i, \cdots, t_n)=0$；

(2) $F_n(\infty, \infty, \cdots, \infty; t_1, t_2, \cdots, t_n)=1$；

(3) $p_n(x_1, x_2, \cdots, x_n; t_1, t_2, \cdots, t_n)\geqslant 0$；

(4) $\underbrace{\int_{-\infty}^{\infty}\cdots\int_{-\infty}^{\infty}}_{n\text{重}} p_n(x_1, x_2, \cdots, x_n; t_1, t_2, \cdots, t_n)\mathrm{d}x_1\mathrm{d}x_2\cdots\mathrm{d}x_n = 1$；

(5) $\underbrace{\int_{-\infty}^{\infty}\cdots\int_{-\infty}^{\infty}}_{(n-m)\text{重}} p_n(x_1, x_2, \cdots, x_n; t_1, t_2, \cdots, t_n)\mathrm{d}x_{m+1}\mathrm{d}x_{m+2}\cdots\mathrm{d}x_n = p_m(x_1, x_2, \cdots, x_m; t_1, t_2, \cdots, t_m)$；

(6) 若 $X(t_1)$，$X(t_2)$，…，$X(t_n)$ 统计独立，则得

$$p_n(x_1, x_2, \cdots, x_n; t_1, t_2, \cdots, t_n)=p(x_1, t_1)p(x_2, t_2)\cdots p(x_n, t_n)$$

例 2.1-4　设随机振幅信号 $X(t)=X\cos(\omega_0 t)$，式中：ω_0 为常量，X 为标准正态随机变量。试求时刻：$t=0$、$t=\frac{\pi}{3\omega_0}$、$t=\frac{\pi}{2\omega_0}$ 时 $X(t)$ 的一维概率密度。

解　标准正态随机变量 X 的一维概率密度为

$$p(x)=\frac{1}{\sqrt{2\pi}}\exp\left[-\frac{x^2}{2}\right], \quad -\infty<x<\infty$$

$X(t)$ 在任一时刻 t 的取值为

$$x_t=x\cos(\omega_0 t)$$

由随机变量的概率密度变换，可以求得 $X(t)$ 的一维概率密度为

$$\begin{aligned} p(x_t, t)&=p(x, t)\left|\frac{\mathrm{d}x}{\mathrm{d}x_t}\right|=p\left(\frac{x_t}{\cos\omega_0 t}, t\right)\left|\frac{1}{\cos\omega_0 t}\right| \\ &=\frac{1}{\sqrt{2\pi}\,|\cos\omega_0 t|}\exp\left[-\frac{x_t^2}{2\cos^2\omega_0 t}\right], \quad -\infty<x_t<\infty \end{aligned}$$

故得 $t=t_1=0$ 时，

$$p(x_1, t_1)=\frac{1}{\sqrt{2\pi}}\exp\left[-\frac{x_1^2}{2}\right]$$

$t=t_2=\frac{\pi}{3\omega_0}$ 时，

$$p(x_2, t_2)=\frac{1}{\sqrt{2\pi}0.5}\exp[-2x_2^2]$$

$t=t_3=\dfrac{\pi}{2\omega_0}$时，

$$p(x_3,\ t_3)=\lim_{t\to t_3}\frac{1}{\sqrt{2\pi}\,|\cos\omega_0 t_3|}\exp\left[-\frac{x_3^2}{2\cos^2\omega_0 t_3}\right]=\delta(x_3)$$

上述结果示于图 2.1-5。由图可知，随机过程 $X(t)$的一维概率密度随时间 t 变化，任一时刻的取值都是正态分布，但各个时刻的方差有所不同。随机振幅信号的八条样本曲线如图(d)所示。

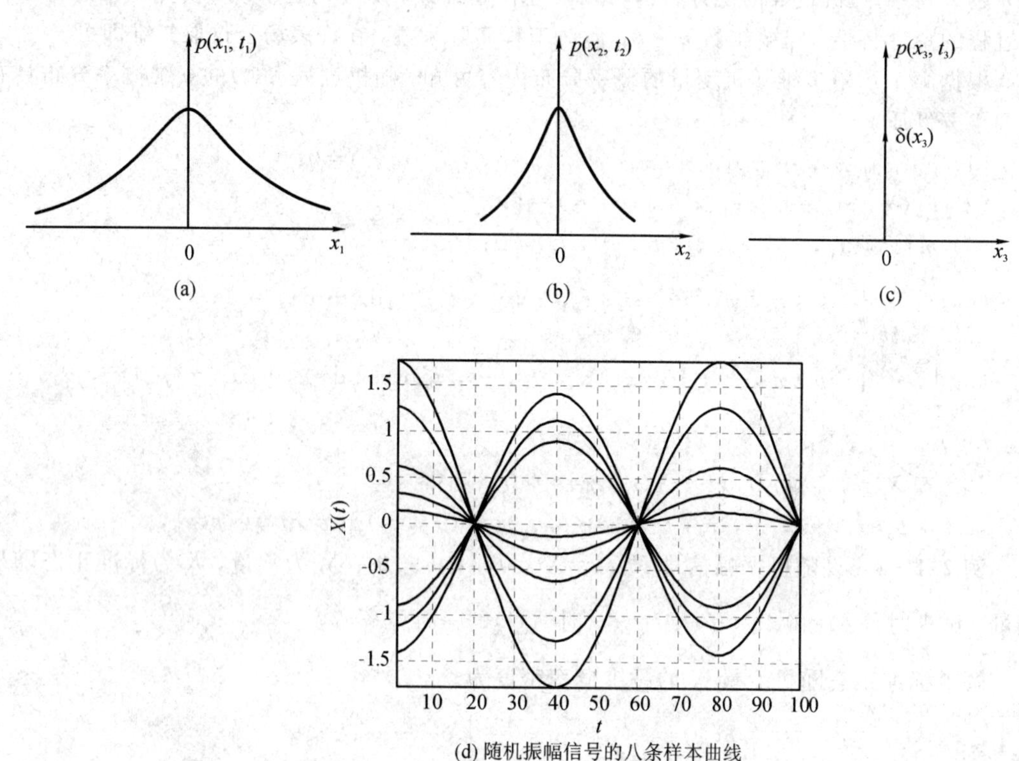

图 2.1-5　随机振幅信号及其概率密度

例 2.1-5　试写出确知信号 $s(t)=A\cos(\omega_0 t+\varphi_0)$的一维概率密度。

解　从分类来说，确知信号 $s(t)$不是随机过程，但可看成是一种特殊的随机过程$X(t)$。对于任一时刻 t，过程 $X(t)$的取值只能是 $s(t)$，因而确知信号 $s(t)$的一维概率密度可以写为

$$p(x,\ t)=\delta[x-s(t)]$$

2.1.3　随机过程的矩函数

描述随机变量的平均统计参量是数学期望、方差、协方差、相关矩等数字特征，最一般的数字特征为矩。随机过程可看成是随时间而变化的一族随机变量，因此将随机变量的数字特征概念推广应用于随机过程，可以得到描述随机过程的平均统计函数(不再是确定的数，而是确定的时间函数)，统称它们为矩函数。随机过程的分布函数和概率密度是其一般统计特性，它们能够对随机过程作完整的描述，但却不够简明，而且常常难以求得。在工程技术中，一般只需采用描述随机过程主要平均统计特性的几个矩函数就够了。下面来介绍

这些矩函数。显然，它们的定义和意义只是随机变量矩的推广。

1. 数学期望

随机过程 $X(t)$ 在某一特定时刻 t_1 的取值为一维随机变量 $X(t_1)$，其数学期望是一个确定值。随机过程 $X(t)$ 在任一时刻 t 的取值仍为一维随机变量 $X(t)$（注意此处 t 已固定，故 $X(t)$ 已非随机过程），将其任一取值 $x(t)$ 简记为 x，根据随机变量的数学期望定义，可得

$$E[X(t)] = \int_{-\infty}^{\infty} xp(x, t)\mathrm{d}x = m_X(t) \tag{2.1-11}$$

它是时间 t 的确定函数，是过程 $X(t)$ 在任一时刻 t 的数学期望或统计平均，称为随机过程 $X(t)$ 的数学期望或统计均值，常以专用符号 $m_X(t)$ 记之（下标 X 在不致混淆时可以省去不写）。

统计均值是对随机过程 $X(t)$ 中的所有样本在任一时刻 t 的取值进行平均，因而统计均值又称集合均值（在不致混淆时可以简称均值）。

随机过程 $X(t)$ 的数学期望 $m_X(t)$ 如图 2.1-6 中的粗实线所示，它表示随机过程中的所有样本在任一时刻 t 的取值（随机变量）之分布中心。

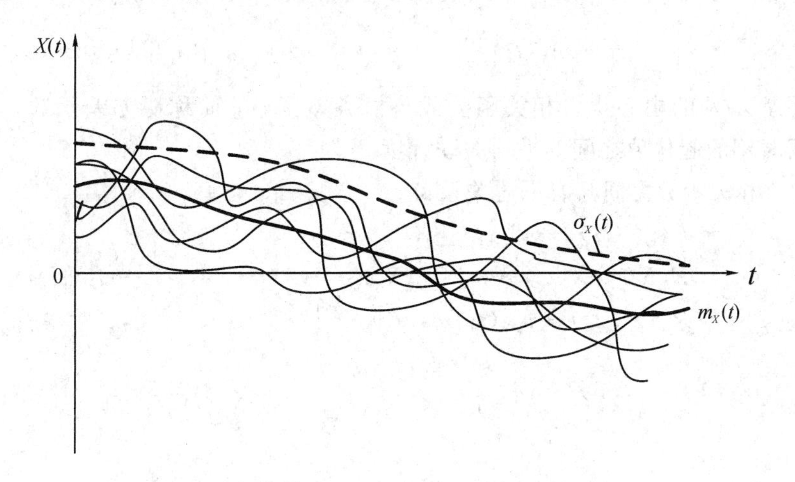

图 2.1-6　随机过程的数学期望与标准差

2. 方差

随机过程 $X(t)$ 的数学期望 $m_X(t)$ 是确定的时间函数，因而 $\mathring{X}(t)=X(t)-m_X(t)$ 仍为随机过程，称为中心化随机过程，简称为过程 $X(t)$ 的起伏。起伏 $\mathring{X}(t)$ 在任一时刻 t 的取值仍为一维随机变量，故按随机变量的方差定义，可得

$$\begin{aligned} D[X(t)] &= E\{[\mathring{X}(t)]^2\} = E\{[X(t) - m_X(t)]^2\} \\ &= \int_{-\infty}^{\infty} [x - m_X(t)]^2 p(x, t)\mathrm{d}x = \sigma_X^2(t) \end{aligned} \tag{2.1-12}$$

它也是时间 t 的确定函数，称为随机过程 $X(t)$ 的方差，常以专用符号 $\sigma_X^2(t)$ 记之。

方差 $\sigma_X^2(t)$ 必为非负函数，其平方根 $\sigma_X(t)$ 称为随机过程 $X(t)$ 的标准差或方差根，在图 2.1-6 中以虚线表示。

方差 $\sigma_X^2(t)$ 表示随机过程 $X(t)$ 中的所有样本在任一时刻 t 的取值（随机变量）对其分布

中心的平均离散程度。

3. 自相关函数

数学期望和方差分别为一维随机变量的一阶原点矩和二阶中心矩，它们只能表示随机过程在各个孤立时刻的平均统计特性，不能反映随机过程在任两时刻的取值之间的关联性。为了表示随机过程在任两时刻的取值之间的关联程度，需用二维随机变量的二阶原点矩或中心矩，这就是随机过程的自相关函数和中心化自相关函数。

随机过程 $X(t)$在任两时刻 t_1，t_2 的取值构成二维随机变量，将变量 $X(t_1)$和 $X(t_2)$在任两时刻的取值 $x(t_1)$和 $x(t_2)$简记为 x_1 和 x_2，记二阶混合原点矩为

$$R_X(t_1, t_2) = E[X(t_1)X(t_2)] = \int_{-\infty}^{\infty}\int_{-\infty}^{\infty} x_1 x_2 p_2(x_1, x_2; t_1, t_2)\mathrm{d}x_1\mathrm{d}x_2 \quad (2.1-13)$$

称为随机过程 $X(t)$的自相关函数，在不致混淆时可以简称相关函数。它表示过程 $X(t)$在任两时刻的取值之间的平均关联程度。

同理，记变量 $X(t_1)$和 $X(t_2)$的二阶混合中心矩为

$$\begin{aligned}C_X(t_1, t_2) &= E[\mathring{X}(t_1)\mathring{X}(t_2)] = E\{[X(t_1)-m_X(t_1)][X(t_2)-m_X(t_2)]\}\\ &= \int_{-\infty}^{\infty}\int_{-\infty}^{\infty}[x_1-m_X(t_1)][x_2-m_X(t_2)]p_2(x_1, x_2; t_1, t_2)\mathrm{d}x_1\mathrm{d}x_2 \quad (2.1-14)\end{aligned}$$

称为随机过程 $X(t)$的中心化自相关函数或自协方差函数，简称协方差函数。它表示过程 $X(t)$在任两时刻的起伏值之间的平均关联程度。

这两种自相关函数之间具有下述关系：

$$\begin{aligned}C_X(t_1, t_2) &= E\{[X(t_1)-m_X(t_1)][X(t_2)-m_X(t_2)]\}\\ &= E\{X(t_1)X(t_2)-m_X(t_1)X(t_2)-X(t_1)m_X(t_2)+m_X(t_1)m_X(t_2)\}\\ &= R_X(t_1, t_2)-m_X(t_1)m_X(t_2) \quad (2.1-15)\end{aligned}$$

因为当 $t_1=t_2=t$ 时，有

$$R_X(t, t) = E[X(t)X(t)] = E[X^2(t)] \quad (2.1-16)$$

和

$$C_X(t, t) = E\{[X(t)-m_X(t)]^2\} = \sigma_X^2(t) \quad (2.1-17)$$

因此，可得

$$\sigma_X^2(t) = E[X^2(t)] - m_X^2(t) \quad (2.1-18)$$

可见当 $t_1=t_2=t$ 时，自协方差函数即方差，而相关函数即一维随机变量的二阶原点矩 $E[X^2(t)]$,称为随机过程 $X(t)$的均方值。

例 2.1-6　设随机振幅信号 $X(t)=X\cos(\omega_0 t)$，式中：ω_0 为常量，X 为标准正态随机变量。求随机过程 $X(t)$的数学期望、方差、相关函数、协方差函数。

解　因为 X 是标准正态随机变量，故其数学期望 $E[X]=0$，方差 $D[X]=1$，从而均方值

$$E[X^2]=D[X]+E^2[X]=1$$

根据随机过程的矩函数定义，并利用数字特征的性质，求得

$$m_X(t)=E[X(t)]=E[X\cos\omega_0 t]=\cos\omega_0 t\cdot E[X]=0$$

$$\sigma_X^2(t)=D[X(t)]=D[X\cos\omega_0 t]=\cos^2\omega_0 t\cdot D[X]=\cos^2\omega_0 t$$

$$R_X(t_1, t_2) = E[X(t_1)X(t_2)] = E[X^2\cos\omega_0 t_1 \cos\omega_0 t_2]$$
$$= \cos\omega_0 t_1 \cos\omega_0 t_2 \cdot E[X^2] = \cos\omega_0 t_1 \cos\omega_0 t_2$$
$$C_X(t_1, t_2) = E[\mathring{X}(t_1)\mathring{X}(t_2)] = E\{[X(t_1) - m_X(t_1)][X(t_2) - m_X(t_2)]\}$$
$$= E[X(t_1)X(t_2)] = R_X(t_1, t_2) = \cos\omega_0 t_1 \cos\omega_0 t_2$$

2.1.4 随机过程的特征函数

我们知道，随机变量的概率密度与特征函数是一对傅里叶(Fourier)变换，且随机变量的矩唯一地被特征函数所确定。因此求正态分布等随机变量的概率密度和数字特征时，利用特征函数可以显著简化运算。同样，求随机过程的概率密度和矩函数时，利用特征函数也是如此。

随机过程 $X(t)$的一维特征函数被定义为

$$\Phi_X(\lambda, t) = E[\mathrm{e}^{\mathrm{j}\lambda X(t)}] = \int_{-\infty}^{\infty} \mathrm{e}^{\mathrm{j}\lambda x} p(x, t)\mathrm{d}x \tag{2.1-19}$$

式中 x 为随机变量 $X(t)$的取值，$p(x, t)$是过程 $X(t)$的一维概率密度，它与一维特征函数 $\Phi_X(\lambda, t)$构成一对傅里叶变换，即有

$$p(x, t) = \frac{1}{2\pi}\int_{-\infty}^{\infty} \Phi_X(\lambda, t)\mathrm{e}^{-\mathrm{j}\lambda x}\,\mathrm{d}\lambda \tag{2.1-20}$$

将式(2.1-19)两端各对变量 λ 求偏导 n 次，得

$$\frac{\partial^n}{\partial\lambda^n}\Phi_X(\lambda, t) = \mathrm{j}^n\int_{-\infty}^{\infty} x^n \mathrm{e}^{\mathrm{j}\lambda x} p(x, t)\mathrm{d}x \tag{2.1-21}$$

因而过程 $X(t)$的 n 阶原点矩函数为

$$E[X^n(t)] = \int_{-\infty}^{\infty} x^n p(x, t)\mathrm{d}x = \mathrm{j}^{-n}\left[\frac{\partial^n}{\partial\lambda^n}\Phi_X(\lambda, t)\right]_{\lambda=0} \tag{2.1-22}$$

利用该式即可以求得随机过程的数学期望和均方值。

随机过程 $X(t)$的二维特征函数被定义为

$$\Phi_X(\lambda_1, \lambda_2; t_1, t_2) = E[\mathrm{e}^{\mathrm{j}\lambda_1 X(t_1)+\mathrm{j}\lambda_2 X(t_2)}]$$
$$= \int_{-\infty}^{\infty}\int_{-\infty}^{\infty} \mathrm{e}^{\mathrm{j}\lambda_1 x_1+\mathrm{j}\lambda_2 x_2} p_2(x_1, x_2; t_1, t_2)\mathrm{d}x_1\mathrm{d}x_2 \tag{2.1-23}$$

式中：$x_1 = X(t_1)$，$x_2 = X(t_2)$，$p_2(x_1, x_2; t_1, t_2)$是过程 $X(t)$的二维概率密度，它与 $\Phi_X(\lambda_1, \lambda_2; t_1, t_2)$构成二重傅里叶变换对，即有

$$p_2(x_1, x_2; t_1, t_2) = \frac{1}{(2\pi)^2}\int_{-\infty}^{\infty}\int_{-\infty}^{\infty} \Phi_X(\lambda_1, \lambda_2; t_1, t_2)\mathrm{e}^{-\mathrm{j}\lambda_1 x_1-\mathrm{j}\lambda_2 x_2}\mathrm{d}\lambda_1\mathrm{d}\lambda_2 \tag{2.1-24}$$

将式(2.1-23)的两端各对变量 λ_1 和 λ_2 求一次偏导，得

$$\frac{\partial^2}{\partial\lambda_1\partial\lambda_2}\Phi_X(\lambda_1, \lambda_2; t_1, t_2) = -\int_{-\infty}^{\infty}\int_{-\infty}^{\infty} x_1 x_2 \mathrm{e}^{\mathrm{j}\lambda_1 x_1+\mathrm{j}\lambda_2 x_2} p_2(x_1, x_2; t_1, t_2)\mathrm{d}x_1\mathrm{d}x_2 \tag{2.1-25}$$

因而过程 $X(t)$的相关函数为

$$R_X(t_1, t_2) = \int_{-\infty}^{\infty}\int_{-\infty}^{\infty} x_1 x_2 p_2(x_1, x_2; t_1, t_2)\mathrm{d}x_1\mathrm{d}x_2$$
$$= -\left[\frac{\partial^2}{\partial\lambda_1\partial\lambda_2}\Phi_X(\lambda_1, \lambda_2; t_1, t_2)\right]_{\lambda_1=\lambda_2=0} \tag{2.1-26}$$

利用特征函数的性质，还可求得过程 $X(t)$ 的方差和协方差函数分别为

$$D[X(t)]=-\left\{\frac{\partial^2}{\partial\lambda^2}\mathrm{e}^{-\mathrm{j}\lambda E[X(t)]}\Phi_X(\lambda,t)\right\}_{\lambda=0} \tag{2.1-27}$$

$$C_X(t_1,t_2)=-\left\{\frac{\partial^2}{\partial\lambda_1\partial\lambda_2}\mathrm{e}^{-\mathrm{j}\lambda_1 E[X(t_1)]-\mathrm{j}\lambda_2 E[X(t_2)]}\Phi_X(\lambda_1,\lambda_2;t_1,t_2)\right\}_{\lambda_1=\lambda_2=0} \tag{2.1-28}$$

例 2.1-7　已知随机过程 $X(t)$ 在 t 时刻的取值服从正态分布，其一维概率密度为

$$p(x,t)=\frac{1}{\sqrt{2\pi}\sigma}\exp\left[-\frac{(x-m)^2}{2\sigma^2}\right]$$

试求这时随机过程 $X(t)$ 的特征函数，并求此时的数学期望、方差、均方值。

解　由一维特征函数的定义式可得

$$\begin{aligned}\Phi_X(\lambda,t)&=E[\mathrm{e}^{\mathrm{j}\lambda X(t)}]=\int_{-\infty}^{\infty}\mathrm{e}^{\mathrm{j}\lambda x}p(x,t)\mathrm{d}x\\&=\frac{1}{\sqrt{2\pi}\sigma}\int_{-\infty}^{\infty}\exp\left[j\lambda x-\frac{(x-m)^2}{2\sigma^2}\right]\mathrm{d}x\end{aligned}$$

作变量代换：$y=\dfrac{x-m}{\sigma}$，得

$$\Phi_X(\lambda,t)=\frac{1}{\sqrt{2\pi}}\mathrm{e}^{\mathrm{j}\lambda m}\int_{-\infty}^{\infty}\exp\left[-\frac{y^2}{2}+\mathrm{j}\lambda\sigma y\right]dy=\exp\left[\mathrm{j}\lambda m-\frac{1}{2}\lambda^2\sigma^2\right]$$

由式(2.1-22)可以求得数学期望和均方值分别为

$$E[X(t)]=\mathrm{j}^{-1}\left[\frac{\partial}{\partial\lambda}\Phi_X(\lambda,t)\right]_{\lambda=0}=m$$

$$E[X^2(t)]=\mathrm{j}^{-2}\left[\frac{\partial^2}{\partial\lambda^2}\Phi_X(\lambda,t)\right]_{\lambda=0}=\sigma^2+m^2$$

因而方差为

$$D[X(t)]=E[X^2(t)]-E^2[X(t)]=\sigma^2$$

2.2　平稳随机过程

随机过程可以分成平稳和非平稳两大类，但是严格来说，所有随机过程都是非平稳的，但平稳随机过程的分析要容易得多，而无线电技术中通常遇见的随机过程，大多接近于平稳，因此我们讨论的重点为平稳随机过程。

2.2.1　特点和分类

平稳随机过程的主要特点是其统计特性不随时间的平移而变化，即其概率分布或矩函数与观察的计时起点无关，可以任意选择观测的计时起点。

若随机过程不具有上述平稳性，则为非平稳随机过程。

根据对平稳性条件的要求程度不同，一般把平稳随机过程分成两类：严格平稳（又称狭义平稳）和宽平稳（又称广义平稳）。

1. 严格平稳过程

若随机过程 $X(t)$ 的任意 n 维概率分布不随计时起点的选择不同而变化，即当时间平移

任一常数 ε 时，其 n 维概率密度(或分布函数)不变化，则称 $X(t)$ 为严格平稳过程，即应满足下述关系式：

$$p_n(x_1, x_2, \cdots, x_n; t_1, t_2, \cdots, t_n) = p_n(x_1, x_2, \cdots, x_n; t_1+\varepsilon, t_2+\varepsilon, \cdots, t_n+\varepsilon) \tag{2.2-1}$$

下面来看严格平稳过程的一、二维概率密度和矩函数有什么特点。

将式(2.2-1)用于一维时，令 $\varepsilon=-t_1$，则得

$$p_1(x_1, t_1) = p_1(x_1, 0) \tag{2.2-2}$$

这表明一维概率密度与时间 t 无关，故可简记为 $p(x)$。由此可得数学期望和方差也都是与时间无关的常量，即有

$$E[X(t)] = \int_{-\infty}^{\infty} xp(x, t)\mathrm{d}x = \int_{-\infty}^{\infty} xp(x)\mathrm{d}x = m_X \tag{2.2-3}$$

$$D[X(t)] = \int_{-\infty}^{\infty} [x - m_X(t)]^2 p(x, t)\mathrm{d}x = \int_{-\infty}^{\infty} [x - m_X]^2 p(x)\mathrm{d}x = \sigma_X^2 \tag{2.2-4}$$

将式(2.2-1)用于二维时，令 $\varepsilon=-t_1$，并记 $\tau=t_2-t_1$，得

$$p_2(x_1, x_2; t_1, t_2) = p_2(x_1, x_2; 0, \tau) \tag{2.2-5}$$

这表明二维概率密度仅与时间间隔 $\tau=t_2-t_1$ 有关，而与时刻 t_1 或 t_2 无关，故可简记为 $p_2(x_1, x_2; \tau)$。由此可得相关函数仅为单变量 τ 的函数，即

$$R_X(t_1, t_2) = \int_{-\infty}^{\infty}\int_{-\infty}^{\infty} x_1 x_2 p_2(x_1, x_2; \tau)\mathrm{d}x_1\mathrm{d}x_2 = R_X(\tau) \tag{2.2-6}$$

同理可得协方差函数为

$$C_X(t_1, t_2) = C_X(\tau) = R_X(\tau) - m_X^2 \tag{2.2-7}$$

故当 $t_1=t_2=t$，即 $\tau=0$ 时，有

$$\sigma_X^2 = R_X(0) - m_X^2 \tag{2.2-8}$$

2. 广义平稳过程

若随机过程 $X(t)$ 的数学期望是与时间 t 无关的常量，相关函数仅与时间间隔 $\tau=t_2-t_1$ 有关，即

$$\begin{cases} E[X(t)] = m_X \\ R_X(t_1, t_2) = R_X(\tau) \end{cases} \tag{2.2-9}$$

则称 $X(t)$ 为广义平稳过程。

从上面讨论严格平稳过程的矩函数可知，广义平稳过程只是严格平稳过程在平稳性条件放宽要求时的一个特例，因而广义平稳过程不一定是严格平稳的。

比较两种平稳性条件可知，若狭义平稳的二阶矩存在，则必然广义平稳。反之，若广义平稳，则不一定狭义平稳。在电子信息技术中，一般只研究适于工程应用的广义平稳过程，因此，除非特别声明，下面凡是谈到平稳过程，均指广义平稳过程。

例 2.2-1　设随机初相信号 $X(t)=A\cos(\omega_0 t+\varphi)$，其中 A 和 ω_0 都是常量，φ 是在 $(0, 2\pi)$ 上均匀分布的随机变量。试问 $X(t)$ 是否平稳过程。

解　随机变量 φ 的概率密度为

$$p(\varphi)=\begin{cases} \dfrac{1}{2\pi}, & 0<\varphi<2\pi \\ 0, & \text{其他} \end{cases}$$

因对任一时刻 t，$X(t)$ 都是同一随机变量 φ 的函数，故可对此函数求统计均值，得数学期望为

$$m_X(t)=E[X(t)]=\int_{-\infty}^{\infty}x(t)p(\varphi)\mathrm{d}\varphi=\int_{0}^{2\pi}A\cos(\omega_0 t+\varphi)\frac{1}{2\pi}\mathrm{d}\varphi=0$$

同理，变量 $X(t_1)X(t_2)$ 也是同一随机变量 φ 的函数，故得相关函数为

$$\begin{aligned}R_X(t_1,t_2)&=E[X(t_1)X(t_2)]=\int_{-\infty}^{\infty}x(t_1)x(t_2)p(\varphi)\mathrm{d}\varphi\\&=\int_{0}^{2\pi}A^2\cos(\omega_0 t_1+\varphi)\cos(\omega_0 t_2+\varphi)\frac{1}{2\pi}\mathrm{d}\varphi\\&=\frac{A^2}{4\pi}\int_{0}^{2\pi}\{\cos[\omega_0(t_2-t_1)]+\cos[\omega_0(t_1+t_2)+2\varphi]\}\mathrm{d}\varphi\\&=\frac{A^2}{2}\cos\omega_0\tau\end{aligned}$$

式中：$\tau=t_2-t_1$。

因为求得的数学期望 $m_X(t)$ 与时间 t 无关，相关函数 $R_X(t_1,t_2)$ 仅与时间间隔 τ 有关，故知 $X(t)$ 至少是广义平稳过程。

仿以上方法可知，随机振幅信号 $X(t)=X\cos\omega_0 t$ 不是平稳过程，而振幅 X 与相位 φ 不相关的随机振幅、初相信号 $X(t)=X\cos(\omega_0 t+\varphi)$ 则是平稳过程。

例 2.2-2　随机电报信号 $X(t)$ 的典型样本如图 2.2-1 所示，在任一时刻 t，$X(t)$ 仅能取值为 0 或 1，其概率均为 1/2。两值之间的变换时刻是随机的，设在单位时间内变换的平均次数为 λ，在任一时间间隔 $|\tau|=|t_2-t_1|$ 内，变换 λ 次的概率服从泊松(Poisson)分布，即

$$P_k(\lambda|\tau|)=\frac{(\lambda|\tau|)^k}{k!}\mathrm{e}^{-\lambda|\tau|}$$

式中：λ 是单位时间内变换数值的平均次数。试问 $X(t)$ 是否平稳过程。

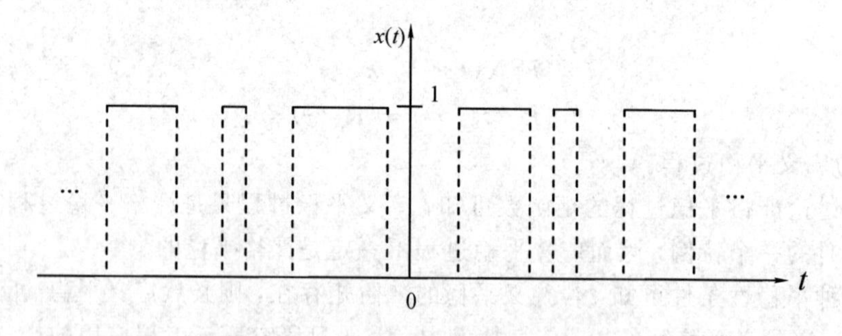

图 2.2-1　随机电报信号的典型样本

解　$X(t)$ 的均值为

$$m_X(t)=1\cdot P[X(t)=1]+0\cdot P[X(t)=0]=\frac{1}{2}$$

求相关函数时，若在时间间隔 $|\tau|$ 内变换偶数次，则 $X(t_1)$ 与 $X(t_2)$ 必为同值，且乘积为 1 或 0；若在 $|\tau|$ 内变换奇数次，则两值不同，其乘积必为 0。而 $X(t_1)$ 与 $X(t_2)$ 同取 1(或同取 0)的概率为

$$P_1 = \frac{1}{2}\sum_{k=0}^{\infty} P_k(\lambda|\tau|), \qquad k = 0, 2, 4, \cdots$$

故得

$$\begin{aligned} R_X(t_1, t_2) &= E[X(t_1)X(t_2)] = 1 \cdot P_1 \\ &= \frac{1}{2}e^{-\lambda|\tau|}\left[1 + \frac{(\lambda|\tau|)^2}{2!} + \frac{(\lambda|\tau|)^4}{4!} + \cdots\right] \\ &= \frac{1}{4}e^{-\lambda|\tau|}\left[e^{\lambda|\tau|} + e^{-\lambda|\tau|}\right] \\ &= \frac{1}{4} + \frac{1}{4}e^{-2\lambda|\tau|} \end{aligned}$$

因为符合广义平稳过程的条件，故知 $X(t)$是平稳过程。

2.2.2　各态历经过程

随机过程 $X(t)$实质上是 $X(e, t)$，有两个变量，故能采用两种平均方法——统计平均和时间平均。下面先介绍这两种平均方法。

1. 统计平均

对集合中的所有样本在同一(或同一些)时刻的取值用统计方法求其平均，称为统计平均或集合平均，记为 $E[\cdot]$或$\overline{\cdot}$。前面讨论矩函数时所用的平均都是统计平均，这些矩函数都是平均统计参量。例如，对于平稳过程 $X(t)$，其集合均值为

$$E[X(t)] = \overline{X(t)} = \int_{-\infty}^{\infty} xp(x)\mathrm{d}x = m_X \tag{2.2-10}$$

其集合相关函数为

$$R_X(t_1, t_2) = \overline{X(t_1)X(t_2)} = \int_{-\infty}^{\infty}\int_{-\infty}^{\infty} x_1x_2p_2(x_1, x_2; \tau)\mathrm{d}x_1\mathrm{d}x_2 = R_X(\tau) \tag{2.2-11}$$

式中：$\tau = t_2 - t_1$。

用式(2.2-10)和式(2.2-11)求统计平均时，首先需要取得过程 $X(t)$的一族 n 个样本(理论上需要 $n\to\infty$)，然后将同一时刻或同两时刻的取值用统计方法求出一、二维概率密度，才能利用这两式作计算。可见这样求解非常繁难。通常的做法是先经过实验，取得数量相当多的有限个样本，然后求其算术均值，并近似将它当作统计均值。例如当精度要求不高时，可以采用下列近似算式：

$$m_X(t) \approx \frac{1}{n}\sum_{i=1}^{n} x_i(t) \tag{2.2-12}$$

$$R_X(t, t+\tau) \approx \frac{1}{n}\sum_{i=1}^{n} x_i(t)x_i(t+\tau) \tag{2.2-13}$$

式中：n 为样本总数。但是即使如此，仍需对随机过程 $X(t)$作大量的重复观测，才能取得足够多的样本 $x_i(t)$，可见这种统计平均方法的实验工作量很大，数据处理也很麻烦，因而人们自然会想：能否用时间平均来代替统计平均呢？若能代替，需要什么条件？

2. 时间平均

前已指出，随机过程 $X(t)$是一族时间函数的集合，这集合中的每个样本都是时间的确

定函数。对集合中的某个特定样本在各个时刻的值用一般数学方法求其平均，称为时间平均，记为⟨ · ⟩。

据此可以定义某一样本 $x_i(t)$ 的时间均值为

$$\langle x_i(t)\rangle = \lim_{T\to\infty}\frac{1}{2T}\int_{-T}^{T}x_i(t)\mathrm{d}t \tag{2.2-14}$$

而样本 $x_i(t)$ 的时间自相关函数为

$$\langle x_i(t)x_i(t+\tau)\rangle = \lim_{T\to\infty}\frac{1}{2T}\int_{-T}^{T}x_i(t)x_i(t+\tau)\mathrm{d}t \tag{2.2-15}$$

式中：$\tau=t_2-t_1$。可见，求时间平均只需有一个样本，对这个确定的时间函数，可用一般数学方法作计算，即使时间函数复杂难算，还可用积分平均器来作测量(应该保持测试条件不变)。理论上需要平均时间 $T\to\infty$，即样本应该持续无限长，但实际上只需足够长，能够满足工程上的一定精度要求(估计方差足够小)即可。

时间平均与统计平均相比，要简易实用得多，因此它是实际测量随机过程的主要方法。

例 2.2-3　设 $x_i(t)=A\cos(\omega_0 t+\varphi_i)$ 是例 2.2-1 所示随机初相信号 $X(t)=A\cos(\omega_0 t+\varphi)$ 中的任一样本，试求 $x_i(t)$ 的时间均值和时间自相关函数，并与例 2.2-1 所得结果作比较。

解

$$\begin{aligned}\langle x_i(t)\rangle &= \lim_{T\to\infty}\frac{1}{2T}\int_{-T}^{T}A\cos(\omega_0 t+\varphi_i)\mathrm{d}t\\ &= \lim_{T\to\infty}\frac{A\cos\varphi_i}{2T}\int_{-T}^{T}\cos\omega_0 t\mathrm{d}t\\ &= \lim_{T\to\infty}\frac{A\cos\varphi_i\sin\omega_0 T}{\omega_0 T}=0\end{aligned}$$

$$\begin{aligned}\langle x_i(t)x_i(t+\tau)\rangle &= \lim_{T\to\infty}\frac{1}{2T}\int_{-T}^{T}A^2\cos(\omega_0 t+\varphi_i)\cos[\omega_0(t+\tau)+\varphi_i]\mathrm{d}t\\ &\approx \lim_{T\to\infty}\frac{A^2}{4T}\int_{-T}^{T}\cos\omega_0\tau\mathrm{d}t=\frac{A^2}{2}\cos\omega_0\tau\end{aligned}$$

与例 2.2-1 所得结果作比较，可知有关系式：

$$E[X(t)]=\langle x_i(t)\rangle$$

$$E[X(t)X(t+\tau)]=\langle x_i(t)x_i(t+\tau)\rangle$$

可见对于这种随机初相信号，其任一样本的时间平均都等于集合的统计平均，故能允许用简易的时间平均来代替繁难的统计平均。

3. 各态历经性

若由随机过程 $X(t)$ 的每个样本 $x_i(t)$ 求得的时间平均从概率意义上(概率 1)等于集合的统计平均，或者确切些说，此时间平均依概率(概率 1)收敛于集合的统计平均，则称过程 $X(t)$ 具有各态历经性(Ergodicity)，简称遍历性。

若有

$$\langle X(t)\rangle \overset{P}{=} E[X(t)] \tag{2.2-16}$$

则称过程 $X(t)$ 的均值具有遍历性。式中等号上面的字母 P 表示的是概率意义上的相等(概率 1)。

同理，若有

$$\langle X(t)X(t+\tau)\rangle \overset{P}{=} E[X(t)X(t+\tau)] \tag{2.2-17}$$

则称过程 $X(t)$ 的相关函数具有遍历性。

同法，还可对方差、均方值等矩函数作出遍历性定义。

若随机过程 $X(t)$ 的均值和相关函数都具有遍历性，则称 $X(t)$ 为广义各态历经过程，简称遍历过程。

各态历经性的物理意义是：随机过程的任一样本在足够长的时间内，都先后经历了这个随机过程的各种可能状态。故对遍历过程来说，其任一样本都可作为有充分代表性的典型样本，对它求得的时间平均，也就从概率意义上等于集合的统计平均，从而可以简化计算或测量。

如图 2.2-2(a)所示，随机初相信号具有各态历经性，因为它的每一个样本都先后经历了这个随机过程的各种可能状态，而图(b)所示的随机信号就不具有各态历经性。

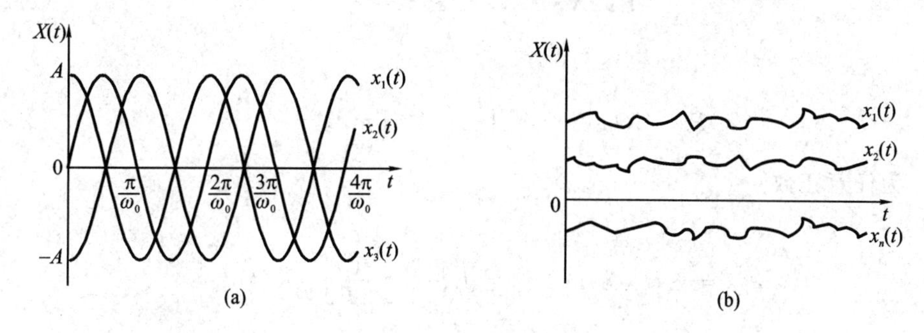

图 2.2-2　各态历经性图示

4. 各态历经性的条件

由式(2.2-14)和式(2.2-15)可知，时间平均的结果为：时间均值必定是与时间 t 无关的常量，而时间自相关函数必定只是时间间隔 τ 的单值函数，可见，遍历过程必定是平稳过程，但反之，并非所有的平稳过程都是遍历过程。例如图 2.2-2(b)所示的平稳过程，虽然各个时刻的集合均值相同，但各个样本的时间均值不同，它随样本不同而变化，可见这种随机过程不具有遍历性，不是遍历过程。因此：平稳过程只是遍历过程的必要条件，并非充分条件。平稳过程与遍历过程的关系如图 2.2-3 所示。

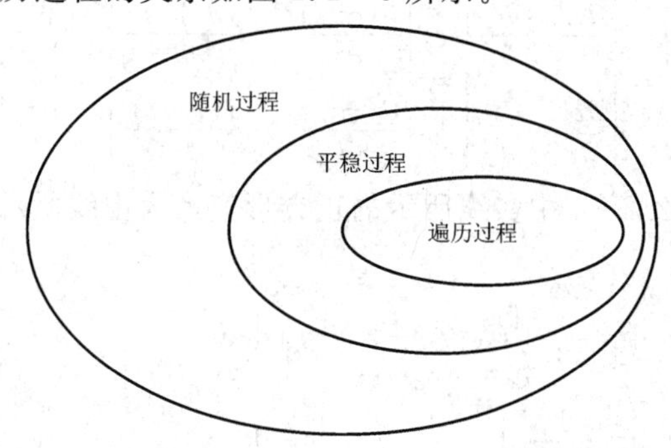

图 2.2-3　平稳过程与遍历过程的关系

下面来讨论遍历性的充要条件。

(1)平稳过程 $X(t)$的均值 m_X 具有遍历性的充要条件为

$$\lim_{T\to\infty}\frac{1}{2T}\int_{-2T}^{2T}\left(1-\frac{|\tau|}{2T}\right)C_X(\tau)\mathrm{d}\tau=0 \tag{2.2-18}$$

式中：$C_X(\tau)=R_X(\tau)-m_X^2$ 为协方差函数。

证明　由于 $X(t)$的各个样本是不同的时间函数，因而过程的时间均值$\langle X(t)\rangle$是随样本不同而变化的随机变量，再求其数学期望才是一个确定值，即

$$E[\langle X(t)\rangle]=E\left[\lim_{T\to\infty}\frac{1}{2T}\int_{-T}^{T}X(t)\mathrm{d}t\right]=\lim_{T\to\infty}\frac{1}{2T}\int_{-T}^{T}E[X(t)]\mathrm{d}t=m_X \tag{2.2-19}$$

式中已利用了性质——求统计均值与求积分可以互换次序，且此处的积分实际上已非一般积分(详见 3.2 节)。

根据切比雪夫不等式

$$P\{|X-m_X|<\varepsilon\}\geqslant 1-\frac{\sigma_X^2}{\varepsilon^2} \tag{2.2-20}$$

可得

$$P\{|\langle X(t)\rangle-m_X|<\varepsilon\}\geqslant\lim_{T\to\infty}\left[1-\frac{\sigma_{XT}^2}{\varepsilon^2}\right] \tag{2.2-21}$$

式中：ε 为任意正数。

方差：

$$\begin{aligned}\sigma_{XT}^2&=E\{[\langle \mathring{X}(t)\rangle]^2\}=E\left\{\left[\lim_{T\to\infty}\frac{1}{2T}\int_{-T}^{T}\mathring{X}(t)\mathrm{d}t\right]^2\right\}\\&=E\left\{\lim_{T\to\infty}\frac{1}{4T^2}\int_{-T}^{T}\mathring{X}(t_1)\mathrm{d}t_1\int_{-T}^{T}\mathring{X}(t_2)\mathrm{d}t_2\right\}\\&=\lim_{T\to\infty}\frac{1}{4T^2}\int_{-T}^{T}\int_{-T}^{T}E[\mathring{X}(t_1)\mathring{X}(t_2)]\mathrm{d}t_1\mathrm{d}t_2\end{aligned}$$

即

$$\sigma_{XT}^2=\lim_{T\to\infty}\frac{1}{4T^2}\int_{-T}^{T}\int_{-T}^{T}C_X(t_1-t_2)\mathrm{d}t_1\mathrm{d}t_2 \tag{2.2-22}$$

将上式中的变量 t_1、t_2 代换为 t、τ。令 $t=-t_1$，$\tau=t_2-t_1$，得变换的雅可比(Jacobian)行列式为

$$J=\frac{\partial(t_1,t_2)}{\partial(t,\tau)}=\begin{vmatrix}\dfrac{\partial t_1}{\partial t}&\dfrac{\partial t_1}{\partial\tau}\\\dfrac{\partial t_2}{\partial t}&\dfrac{\partial t_2}{\partial\tau}\end{vmatrix}=\begin{vmatrix}\dfrac{\partial(-t)}{\partial t}&\dfrac{\partial(-t)}{\partial\tau}\\\dfrac{\partial(\tau-t)}{\partial t}&\dfrac{\partial(\tau-t)}{\partial\tau}\end{vmatrix}=\begin{vmatrix}-1&0\\-1&1\end{vmatrix}=-1$$

这时积分范围由图 2.2-4 中实线所示的正方形变换为虚线所示的平行四边形，故上式可以改写为

$$\begin{aligned}\sigma_{XT}^2&=\lim_{T\to\infty}\frac{1}{4T^2}\iint_{\diamond}C_X(t_2-t_1)|J|\mathrm{d}\tau\mathrm{d}t\\&=\lim_{T\to\infty}\frac{1}{4T^2}\left[\int_0^{2T}C_X(\tau)\mathrm{d}\tau\int_{\tau-T}^{T}\mathrm{d}t+\int_{-2T}^{0}C_X(\tau)\mathrm{d}\tau\int_{-T}^{\tau+T}\mathrm{d}t\right]\\&=\lim_{T\to\infty}\frac{1}{4T^2}\left[\int_0^{2T}(2T-\tau)C_X(\tau)\mathrm{d}\tau+\int_{-2T}^{0}(2T+\tau)C_X(\tau)\mathrm{d}\tau\right]\end{aligned}$$

或

$$\sigma_{XT}^2 = \lim_{T\to\infty} \frac{1}{2T}\int_{-2T}^{2T}\left(1-\frac{|\tau|}{2T}\right)C_X(\tau)\mathrm{d}\tau \tag{2.2-23}$$

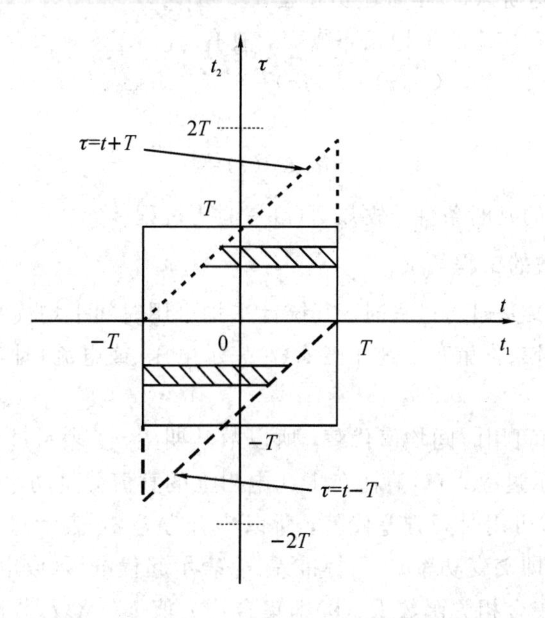

图 2.2-4　积分范围的变换

若有$\lim\limits_{T\to\infty}\sigma_{XT}^2\to 0$，则由式(2.2-21)可得

$$P\{|\langle X(t)\rangle - m_X| < \varepsilon\} = 1 \tag{2.2-24}$$

即有：$\langle X(t)\rangle \overset{P}{=} E[X(t)]$。故当式(2.2-23)等于零时，即可求得所要证明的结论，从而得证。

(2) 平稳过程 $X(t)$的相关函数 $R_X(\tau)$具有遍历性的充要条件为

$$\lim_{T\to\infty}\frac{1}{2T}\int_{-2T}^{2T}\left(1-\frac{|\alpha|}{2T}\right)C_\phi(\alpha)\mathrm{d}\alpha = 0 \tag{2.2-25}$$

式中：

$$C_\phi(\alpha) = R_\phi(\alpha) - E^2[\phi(t)] = R_\phi(\alpha) - R_X^2(\tau)$$

$$R_\phi(\alpha) = E[\phi(t)\phi(t+\alpha)] = E[X(t)X(t+\tau)X(t+\alpha)X(t+\tau+\alpha)]$$

在上述(1)的证明中，用 $\phi(t)=X(t)X(t+\tau)$代替 $X(t)$即可求得此式。

(3) 对于最常见的零均值平稳正态随机过程 $X(t)$，可以证明过程遍历的充要条件为

$$\lim_{T\to\infty}\frac{1}{T}\int_0^T |C_X(\alpha)|^2\mathrm{d}\alpha = 0 \tag{2.2-26}$$

或即

$$\lim_{|\tau|\to\infty} C_X(\tau) = 0 \tag{2.2-27}$$

可见当 $C_X(\tau)$中含有周期性分量时，式(2.2-26)和式(2.2-27)将不成立。

由上可知，要严格检验一个随机过程的均值和相关函数是否具有遍历性，一般应该分别求得其二阶和四阶矩函数，这将非常繁难。因而通常是先凭经验，把平稳过程假设为遍历过程，然后根据实验结果，对这种假设进行检验。应该指出，遍历性的条件要求比较宽，

实际工程中遇见的平稳过程大多是遍历过程。

例 2.2-4 已知平稳正态噪声 $X(t)$ 的均值为零，相关函数为 $R_X(\tau)=\sigma^2 e^{-\tau^2}\cos\omega_0\tau$，其中 σ 和 ω_0 为常量，试判断 $X(t)$ 是否遍历过程。

解 因为 $X(t)$ 是零均值的平稳正态噪声，故有

$$C_X(\tau)=R_X(\tau)=\sigma^2 e^{-\tau^2}\cos\omega_0\tau$$

由于

$$\lim_{|\tau|\to\infty} C_X(\tau)=0$$

满足式(2.2-27)所示的判断条件，故知 $X(t)$ 是遍历过程。

5. 遍历过程矩函数的工程意义

当平稳过程 $X(t)$ 又是遍历过程时，其统计平均可用时间平均代替，因而各个矩函数可用相应的时间平均参量来作解释。例如当 $X(t)$ 表示电压(或电流)时，各个矩函数在工程上有如下意义：

(1) 因为集合均值可用时间均值代替，所以数学期望 m_X 表示过程 $X(t)$ 的直流电压(或电流)分量，而 m_X^2 表示过程 $X(t)$ 消耗在 1 Ω 电阻上的直流分量功率。

(2) 因为集合方差可用时间方差代替，所以集合方差 σ_X^2 表示过程 $X(t)$ 消耗在 1 Ω 电阻上的平均起伏功率(即交变功率)，而标准差 σ_X 表示起伏电压(或电流)的有效值。

(3) 当 $\tau=0$ 时，集合相关函数 $R_X(0)$ 即集合均方值 $E\{[X(t)]^2\}$，由式(2.1-18)可得

$$R_X(0)=\sigma_X^2+m_X^2 \tag{2.2-28}$$

可见集合均方值表示过程 $X(t)$ 消耗在 1 Ω 电阻上的总平均功率，它是直流分量功率与平均起伏功率之和。

2.2.3 相关函数的性质

为了使讨论具有一般性，设随机过程有非零均值。平稳实随机过程 $X(t)$ 的相关函数 $R_X(\tau)$ 具有下列性质：

(1) $R_X(\tau)=R_X(-\tau)$ (2.2-29)

即相关函数是变量 τ 的偶函数，如图 2.2-5(a)所示。

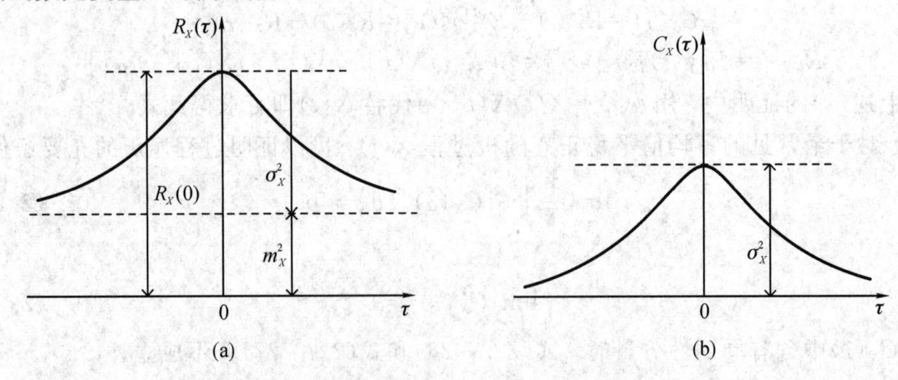

图 2.2-5 平稳随机过程的相关函数和协方差函数

证明 $R_X(\tau)=E[X(t)X(t+\tau)]=E[X(t+\tau)X(t)]=R_X(-\tau)$。

同理，有

$$C_X(\tau) = C_X(-\tau) \tag{2.2-30}$$

如图 2.2-5(b)所示。

(2) $R_X(0)\geqslant 0$ (2.2-31)

即相关函数在 $\tau=0$ 时为非负值，如图 2.2-5(a)所示。

证 当 $\tau=0$ 时，由式(2.2-28)可得：

$$R_X(0)=\sigma_X^2+m_X^2\geqslant 0$$

同理，有

$$C_X(0) = \sigma_X^2 \geqslant 0 \tag{2.2-32}$$

(3) $R_X(0)\geqslant|R_X(\tau)|$ (2.2-33)

即相关函数在 $\tau=0$ 时具有最大值，如图 2.2-5(a)所示，这表明过程 $X(t)$在间隔为零时的两个随机变量的统计关联程度最大。

证明 任何正函数的数学期望恒为非负值，故有

$$E\{[X(t)\pm X(t+\tau)]^2\}\geqslant 0$$

或

$$E\{X^2(t)\pm 2X(t)X(t+\tau)+X^2(t+\tau)\}\geqslant 0$$

今过程平稳，有

$$E[X^2(t)]=E[X^2(t+\tau)]=R_X(0)$$

因而

$$2R_X(0)\pm 2R_X(\tau)\geqslant 0$$

或

$$R_X(0)\geqslant|R_X(\tau)|$$

同理，有

$$C_X(0)\geqslant|C_X(\tau)|$$

(4) 若平稳随机过程中不含周期分量，则有

$$R_X(\infty) = \lim_{|\tau|\to\infty} R_X(\tau) = m_X^2 \tag{2.2-34}$$

证明 对于这类随机过程，当$|\tau|$增大时，变量 $X(t)$与 $X(t+\tau)$之间的关联程度便会减小。在$|\tau|\to\infty$的极限情况下，两个随机变量将呈现独立性，故有

$$\lim_{|\tau|\to\infty} R_X(\tau)=\lim_{|\tau|\to\infty} E[X(t)X(t+\tau)]=\lim_{|\tau|\to\infty} E[X(t)]\cdot E[X(t+\tau)]=m_X^2$$

同理，不难求得

$$C_X(\infty) = \lim_{|\tau|\to\infty} C_X(\tau) = 0 \tag{2.2-35}$$

对于这类随机过程，其均值和方差可用相关函数表示如下：

$$\begin{cases} m_X = \pm\sqrt{R_X(\infty)} \\ \sigma_X^2 = C_X(0) = R_X(0) - R_X(\infty) \end{cases} \tag{2.2-36}$$

(5) 对于周期性随机过程，有

$$R_X(\tau) = R_X(\tau + T) \tag{2.2-37}$$

即相关函数同样也具有周期性，且周期 T 仍然保持不变。

证明　周期性过程具有性质 $X(t)=X(t+T)$，故有

$$R_X(\tau)=E[X(t)X(t+\tau)]=E[X(t)X(t+\tau+T)]=R_X(\tau+T)$$

(6) $R_X(\tau)$为非负定函数，即对任意数组 $t_1, t_2, \cdots, t_n$ 和任意函数 $f(t)$，均有

$$\sum_{i,j=1}^{n} R_X(t_i-t_j)f(t_i)f(t_j) \geqslant 0 \tag{2.2-38}$$

证明

$$\begin{aligned}\sum_{i,j=1}^{n} R_X(t_i-t_j)f(t_i)f(t_j) &= \sum_{i,j=1}^{n} E[X(t_i)X(t_j)]f(t_i)f(t_j)\\ &= E\left\{\sum_{i,j=1}^{n} X(t_i)X(t_j)f(t_i)f(t_j)\right\}\\ &= E\left\{\left[\sum_{i=1}^{n} X(t_i)f(t_i)\right]^2\right\} \geqslant 0\end{aligned}$$

注意：这是相关函数的一条重要性质，它保证了功率谱密度 $G(\omega)$是 ω 的非负函数，表明并非任意函数都能成为相关函数。

例 2.2-5　假设几种平稳随机过程的相关函数分别如图 2.2-6 所示。试判断它们能否成立，并说明这些过程各有何特点(有无直流分量，有无周期性，波形起伏是快是慢)。

解　图(a)违反性质(3)，故不能成立；

图(b)能成立，有直流分量，无周期性，过程的波形起伏较慢；

图(c)能成立，无直流分量，有周期性，过程的波形起伏极快(是宽度极窄的 δ 函数)。

图(d)能成立，无直流分量和周期性，过程的波形起伏较快(指其载波波形，而包络波形的起伏较慢)，且正负交替变化。

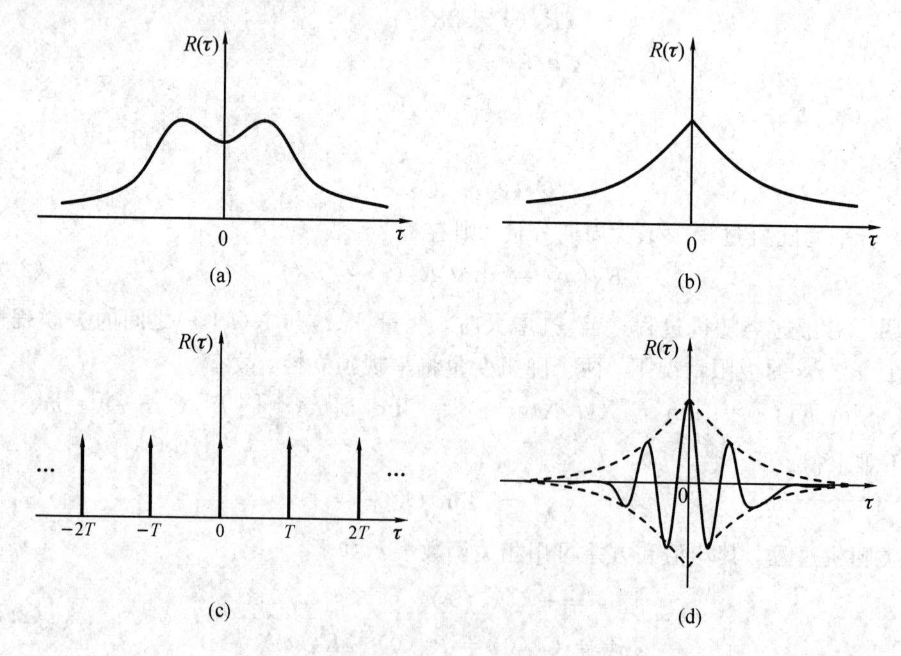

图 2.2-6　几种平稳过程的相关函数假设图形

例 2.2-6　工程应用中某一平稳信号 $X(t)$的自相关函数为

$$R_X(\tau)=100\mathrm{e}^{-10|\tau|}+100\cos10\tau+100$$

试估计其均值、均方值和方差。

解　实际应用中，具有这类自相关函数的信号 $X(t)$，通常可以被视为两个平稳随机信号 $U(t)$ 与 $V(t)$ 的和，而 $U(t)$ 与 $V(t)$ 的自相关函数分别为

$$R_U(\tau)=100\mathrm{e}^{-10|\tau|}+100,\ R_V(\tau)=100\cos10\tau$$

$U(t)$ 是 $X(t)$ 的非周期分量，利用相关函数的性质(4)可得

$$m_U=\pm\sqrt{R_U(\infty)}=\pm\sqrt{10}$$

$V(t)$ 是 $X(t)$ 的周期分量，很可能是具有随机相位的正弦信号的相关函数，可以认为此分量的均值 $m_V=0$，于是可求得 $X(t)$ 的均值、均方值和方差分别为

$$m_X=m_U+m_V=\pm10,\ E[X^2(t)]=R_X(0)=300,\ \sigma_X^2=R_X(0)-m_X^2=200$$

本例说明了一种在已知条件不够充分时的工程分析方法，尽管从理论上讲，其中有的假设是不够严格的，但它们适合大多数的实际场合，因此是很有用的。

2.2.4　相关系数和相关时间

1. 相关系数

对于平稳过程 $X(t)$，间隔 τ 的两个起伏量(变量 $\mathring{X}(t)$ 和 $\mathring{X}(t+\tau)$)之间的关联程度，可用协方差函数 $C_X(\tau)=E[\mathring{X}(t)\mathring{X}(t+\tau)]$ 表示。但是 $C_X(\tau)$ 还与两个起伏量的强度有关，如果 $\mathring{X}(t)$ 和 $\mathring{X}(t+\tau)$ 很小，即使关联程度较强(即 τ 较小)，这时 $C_X(\tau)$ 也不会大，可见协方差函数并不能确切表示关联程度的大小。为了确切表示关联程度的大小，应该去除起伏强度的影响，即对协方差函数作归一化处理，因而引入无量纲的比值：

$$r_X(\tau)=\frac{C_X(\tau)}{C_X(0)}=\frac{C_X(\tau)}{\sigma_X^2}\tag{2.2-39}$$

此比值称为随机过程 $X(t)$ 的自相关系数(又称归一化相关函数或标准协方差函数)，简称相关系数。它能确切地表示随机过程中两个起伏量之间的(线性)相关程度。

显然，相关系数同样具有与相关函数相似的那些主要性质。图 2.2-7 示出了 $r_X(\tau)$ 的两种典型曲线。图中表明，$r_X(\tau)$ 可能为正值、零值、负值。正号表示正相关，说明变量 $\mathring{X}(t)$ 和 $\mathring{X}(t+\tau)$ 符号相同的可能性大；负号表示负相关，说明符号相反的可能性大。图(b)的波形呈正负交替变化，说明此过程的载波波形变化较快。绝对值 $|r_X(\tau)|$ 表示(线性)相关程度的大小。$r_X(\tau)=1$ 表示完全相关，$r_X(\tau)=0$ 表示不相关。

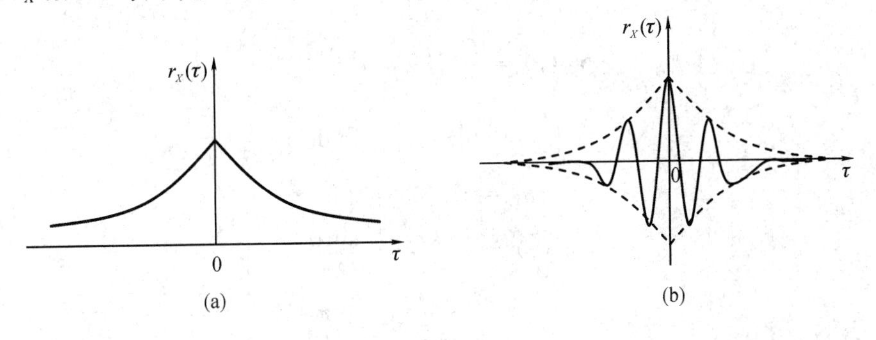

图 2.2-7　两种典型的相关系数曲线

2. 相关时间

对于一般随机过程，随着间隔 τ 的增大，$\mathring{X}(t)$ 和 $\mathring{X}(t+\tau)$ 的相关程度将减小。当 $\tau\to\infty$ 时，有 $r_X(\tau)\to 0$，这时 $\mathring{X}(t)$ 与 $\mathring{X}(t+\tau)$ 不再相关。实际上，只要 $r_X(\tau)$ 小于某个近似的零值，在工程技术上就可认为已不相关。因此，常把当 $r_X(\tau)$ 从其最大值 $r_X(\tau)=1$ 下降到某个近似的零值(一般取为 0.05)所经历的时间间隔称为相关时间，记为 τ'_0。当 $\tau\geqslant\tau'_0$ 时，就可认为 $\mathring{X}(t)$ 与 $\mathring{X}(t+\tau)$ 已不相关。

通常，把 $r_X(\tau)$ 曲线与横轴 τ 所围成的面积等效成矩形面积(见图 2.2－8 中阴影部分)，其高为 $r_X(0)$，而底的宽度 τ_0 则称为相关时间，即

$$\tau_0=\int_0^\infty r_X(\tau)\,\mathrm{d}\tau \tag{2.2-40}$$

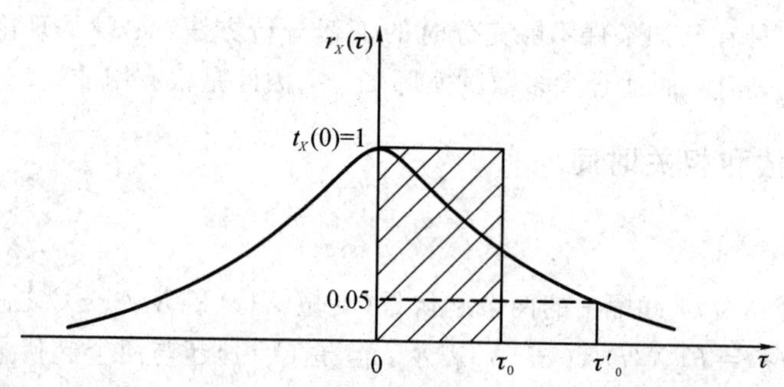

图 2.2－8　相关系数的两种定义

相关时间 τ_0(或 τ'_0)只与 $r_X(\tau)$ 曲线的下降快慢有关，是与时间间隔 τ 无关的一个总体参量，它可以简明地反映出随机过程的平均起伏速度快慢。相关时间 τ_0 小，表示过程的平均起伏速度快；τ_0 大，则表示平均起伏速度慢。

例 2.2－7　已知随机过程 $X(t)$ 和 $Y(t)$ 的协方差函数分别为 $C_X(\tau)=\dfrac{1}{4}\mathrm{e}^{-2\lambda|\tau|}$ 和 $C_Y(\tau)=\dfrac{\sin\lambda\tau}{\lambda\tau}$，其中 $\lambda>0$。

(1) 比较两个过程的起伏速度；

(2) 比较当 $\tau=\pi/\lambda$ 时两个过程的相关程度；

(3) 比较过程 $Y(t)$ 在 $\tau=0$ 和 $\tau=\pi/\lambda$ 时的相关程度。

解　(1)

$$\sigma_X^2=C_X(0)=\frac{1}{4}$$

$$r_X(\tau)=\frac{C_X(\tau)}{\sigma_X^2}=\mathrm{e}^{-2\lambda|\tau|}$$

$$\tau_{0X}=\int_0^\infty r_X(\tau)\,\mathrm{d}\tau=\int_0^\infty \mathrm{e}^{-2\lambda\tau}\,\mathrm{d}\tau=\frac{1}{2\lambda}$$

$$\sigma_Y^2=C_Y(0)=1$$

$$r_Y(\tau)=\frac{C_Y(\tau)}{\sigma_Y^2}=\frac{\sin\lambda\tau}{\lambda\tau}$$

$$\tau_{0Y}=\int_0^\infty \frac{\sin\lambda\tau}{\lambda\tau}\,\mathrm{d}\tau=\frac{\pi}{2\lambda}$$

由于 $\tau_{0X}<\tau_{0Y}$，故知过程 $X(t)$ 比 $Y(t)$ 的起伏速度快。

(2) 当 $\tau=\pi/\lambda$ 时，有

$$r_X\left(\frac{\pi}{\lambda}\right)=\mathrm{e}^{-2\lambda\left|\frac{\pi}{\lambda}\right|}=\mathrm{e}^{-2\pi}$$

$$r_Y\left(\frac{\pi}{\lambda}\right)=\frac{\sin\pi}{\pi}=0$$

可见这时过程 $X(t)$ 是相关的，而过程 $Y(t)$ 却不相关。

(3)当 $\tau=0$ 时，有 $r_Y(0)=1$，即这时过程 $Y(t)$ 是完全相关的，而当 $\tau=\pi/\lambda$ 时却不相关。

在此例中，随机过程 $Y(t)$ 之所以有时相关，有时又不相关，是由于 $\sin\lambda\tau/\lambda\tau$ 为正交函数。

此例说明，相关系数 $r(\tau)$ 既可用来表示一个过程在间隔 τ 时两个起伏量之间的相关程度，也可用来比较两个过程在间隔 τ 时两个起伏量之间的相关程度，而相关时间 τ_0 则只能用来比较两个过程的起伏速度。

2.3 联合平稳随机过程

至此，我们只讨论了单个随机过程的统计特性，而实际工作中往往需要同时考虑两个或多个随机过程的统计特性，例如从噪声背景中检测信号时，就需要同时研究信号与噪声这两个随机过程。下面介绍两个随机过程的联合概率分布和互相关函数等概念。

2.3.1 两个随机过程的联合概率分布和矩函数

设有两个随机过程 $X(t)$ 和 $Y(t)$，它们的概率密度分别为

$$p_n(x_1, x_2, \cdots, x_n; t_1, t_2, \cdots, t_n)$$

$$p_m(y_1, y_2, \cdots, y_m; t'_1, t'_2, \cdots, t'_m)$$

定义这两个过程的 $n+m$ 维联合分布函数为

$$\begin{aligned}&F_{n+m}(x_1, x_2, \cdots, x_n; y_1, y_2, \cdots, y_m; t_1, t_2, \cdots, t_n; t'_1, t'_2, \cdots, t'_m)\\&=P\{X(t_1)\leqslant x_1, X(t_2)\leqslant x_2, \cdots, X(t_n)\leqslant x_n; Y(t'_1)\leqslant y_1, Y(t'_2)\leqslant y_2, \cdots, Y(t'_m)\leqslant y_m\}\end{aligned} \tag{2.3-1}$$

定义这两个过程的 $n+m$ 维联合概率密度为

$$\begin{aligned}&p_{n+m}(x_1, x_2, \cdots, x_n; y_1, y_2, \cdots, y_m; t_1, t_2, \cdots, t_n; t'_1, t'_2, \cdots, t'_m)\\&=\frac{\partial^{n+m}F_{n+m}(x_1, x_2, \cdots, x_n; y_1, y_2, \cdots, y_m; t_1, t_2, \cdots, t_n; t'_1, t'_2, \cdots, t'_m)}{\partial x_1\partial x_2\cdots\partial x_n\partial y_1\partial y_2\cdots\partial y_m}\end{aligned} \tag{2.3-2}$$

若有

$$\begin{aligned}&p_{n+m}(x_1, x_2, \cdots, x_n; y_1, y_2, \cdots, y_m; t_1, t_2, \cdots, t_n; t'_1, t'_2, \cdots, t'_m)\\&=p_n(x_1, x_2, \cdots, x_n; t_1, t_2, \cdots, t_n)p_m(y_1, y_2, \cdots, y_m; t'_1, t'_2, \cdots, t'_m)\end{aligned} \tag{2.3-3}$$

则称过程 $X(t)$ 与 $Y(t)$ 统计独立。

若对任意 $n+m$ 维，p_{n+m}（或 F_{n+m}）都不随计时起点的选择不同而变化，即当时间平移

任一常数 ε 时，任意 $n+m$ 维概率密度(或分布函数)不变化，则称过程 $X(t)$ 与 $Y(t)$ 平稳相依。

同时分析两个随机过程时，最重要的矩函数是互相关函数。设有随机过程 $X(t)$ 和 $Y(t)$，它们在任两时刻 t_1、t_2 的值为随机变量 $X(t_1)$、$Y(t_2)$，定义它们的互相关函数为

$$R_{XY}(t_1, t_2) = E[X(t_1)Y(t_2)] = \int_{-\infty}^{\infty}\int_{-\infty}^{\infty} xyp_2(x, y; t_1, t_2)\mathrm{d}x\mathrm{d}y \tag{2.3-4}$$

式中：$p_2(x, y; t_1, t_2)$ 是 $X(t)$ 和 $Y(t)$ 的二维联合概率密度。

同理，定义中心化互相关函数(常称为互协方差函数)为

$$C_{XY}(t_1, t_2) = E\{[X(t_1) - m_X(t_1)][Y(t_2) - m_Y(t_2)]\} \tag{2.3-5}$$

式中：$m_X(t_1)$ 和 $m_Y(t_2)$ 分别是变量 $X(t_1)$ 和 $Y(t_2)$ 的均值。

若 $X(t)$ 和 $Y(t)$ 各自是广义平稳过程，且它们的互相关函数仅是时间间隔 $\tau=t_2-t_1$ 的单变量函数，即有

$$R_{XY}(t_1, t_2) = R_{XY}(\tau) \tag{2.3-6}$$

则称过程 $X(t)$ 和 $Y(t)$ 宽平稳相关(简称联合平稳)。

当过程 $X(t)$ 和 $Y(t)$ 联合平稳时，定义它们的时间互相关函数为

$$\langle X(t)Y(t+\tau)\rangle = \lim_{T\to\infty}\frac{1}{2T}\int_{-T}^{T} x(t)y(t+\tau)\mathrm{d}t \tag{2.3-7}$$

若它依概率(概率 1)收敛于集合互相关函数 $R_{XY}(\tau)$，即它们在概率意义上相等，有

$$\langle X(t)Y(t+\tau)\rangle \overset{P}{=} \overline{X(t)Y(t+\tau)} \tag{2.3-8}$$

则称过程 $X(t)$ 与 $Y(t)$ 具有联合各态历经性。

例 2.3-1　随机过程 $X(t)$ 与 $Y(t)$ 统计独立，求它们的互相关函数和互协方差函数。

解　因为 $X(t)$ 与 $Y(t)$ 统计独立，故由式(2.3-3)可得

$$p_2(x_1, y_2; t_1, t_2) = p(x_1, t_1)p(y_2, t_2)$$

因而互相关函数为

$$\begin{aligned}R_{XY}(t_1, t_2) &= E[X(t_1)Y(t_2)]\\ &= \int_{-\infty}^{\infty}\int_{-\infty}^{\infty} x_1y_2p_2(x_1, y_2; t_1, t_2)\mathrm{d}x_1\mathrm{d}y_2\\ &= \int_{-\infty}^{\infty} x_1p(x_1, t_1)\mathrm{d}x_1\int_{-\infty}^{\infty} y_2p(y_2, t_2)\mathrm{d}y_2\\ &= m_X(t_1)m_Y(t_2)\end{aligned}$$

互协方差函数为

$$\begin{aligned}C_{XY}(t_1, t_2) &= E\{[X(t_1) - m_X(t_1)][Y(t_2) - m_Y(t_2)]\}\\ &= \int_{-\infty}^{\infty}\int_{-\infty}^{\infty}[x_1 - m_X(t_1)][y_2 - m_Y(t_2)]p_2(x_1, y_2; t_1, t_2)\mathrm{d}x_1\mathrm{d}y_2\\ &= \int_{-\infty}^{\infty}[x_1 - m_X(t_1)]p(x_1, t_1)\mathrm{d}x_1\int_{-\infty}^{\infty}[y_2 - m_Y(t_2)]p(y_2, t_2)\mathrm{d}y_2\\ &= [m_X(t_1) - m_X(t_1)][m_Y(t_2) - m_Y(t_2)]\\ &= 0\end{aligned}$$

2.3.2 联合平稳随机过程的矩函数

随机过程 $X(t)$ 与 $Y(t)$ 联合平稳时，它们的互相关函数见式(2.3-6)。同理，它们的互协方差函数为

$$C_{XY}(t_1, t_2) = C_{XY}(\tau) \tag{2.3-9}$$

式中 $\tau=t_2-t_1$。

若随机过程 $X(t)$ 与 $Y(t)$ 联合平稳，则定义它们的互相关系数为

$$r_{XY}(\tau) = \frac{C_{XY}(\tau)}{\sigma_X\sigma_Y} \tag{2.3-10}$$

式中：σ_X、σ_Y 分别是两个随机过程的标准差。

若对任意 τ 值，都有

$$r_{XY}(\tau)=0 \quad 或 \quad C_{XY}(\tau)=0$$

则称过程 $X(t)$ 与 $Y(t)$ 不相关(指线性不相关)。上式可以等价如下：

$$R_{XY}(\tau)=m_X(t)m_Y(t+\tau)$$

或

$$E[X(t)Y(t+\tau)]=E[X(t)]E[Y(t+\tau)]$$

若对任意 τ 值，都有

$$E[X(t)Y(t+\tau)] = 0 \tag{2.3-11}$$

则称过程 $X(t)$ 与 $Y(t)$ 正交。

与两个随机变量的关系一样，若两个随机过程统计独立，则它们必不相关；反之，若两个随机过程不相关，却不一定统计独立。

例 2.3-2　设有两个平稳过程

$$X(t)=\cos(\omega_0 t+\varphi), \quad Y(t)=\sin(\omega_0 t+\varphi)$$

式中：ω_0 为常量，φ 是在$(0, 2\pi)$上均匀分布的随机变量。问这两过程是否联合平稳，它们是否相关、正交、统计独立。

解　它们的互相关函数为

$$\begin{aligned}
R_{XY}(t, t+\tau) &= E[X(t)Y(t+\tau)] \\
&= E\{\cos(\omega_0 t+\varphi)\sin[\omega_0(t+\tau)+\varphi]\} \\
&= \frac{1}{2}E\{\sin[\omega_0(2t+\tau)+2\varphi]+\sin\omega_0\tau\} \\
&= \frac{1}{2}\sin\omega_0\tau
\end{aligned}$$

因为 $X(t)$ 与 $Y(t)$ 各自平稳，互相关函数又仅为时刻间隔 τ 的单值函数，所以过程 $X(t)$ 与 $Y(t)$ 联合平稳。

因为

$$m_X(t)=E[X(t)]=E[\cos(\omega_0 t+\varphi)]=0$$
$$m_Y(t+\tau)=E[Y(t+\tau)]=E\{\sin[\omega_0(t+\tau)+\varphi]\}=0$$

故得互协方差函数为

$$\begin{aligned}C_{XY}(t, t+\tau) &= E\{[X(t)-m_X(t)][Y(t+\tau)-m_Y(t+\tau)]\}\\ &= E\{X(t)Y(t+\tau)\}\\ &= R_{XY}(t, t+\tau)\\ &= R_{XY}(\tau)\end{aligned}$$

即有

$$C_{XY}(\tau)=\frac{1}{2}\sin\omega_0\tau$$

由于仅对局部τ值，才有$C_{XY}(\tau)=0$，不能使任意τ值都满足此条件，故知过程$X(t)$与$Y(t)$是相关的(仅在局部τ值时，它们的取值(随机变量)才不相关)，因而它们统计不独立。实际上，从给定条件可知，它们存在着非线性关系：$X^2(t)+Y^2(t)=1$。

由于$E[X(t)Y(t+\tau)]=\dfrac{\sin\omega_0\tau}{2}$仅对局部$\tau$值才等于零，不能使任意$\tau$值都满足条件式(2.3-11)，因而过程$X(t)$与$Y(t)$不正交(仅在局部$\tau$值时，它们的取值(随机变量)才是正交的)。

例 2.3-3 设$X(t)$为雷达发射信号，遇到目标后返回接收机的微弱信号为$\alpha X(t-\tau_0)$，其中α为常数且$\alpha\ll 1$，常数τ_0为时延。接收到的信号伴有噪声$N(t)$，故接收到的信号为$Y(t)=\alpha X(t-\tau_0)+N(t)$。若$X(t)$与$N(t)$都是零均值广义平稳随机信号，且相互独立，其自相关函数分别为$R_X(\tau)$和$R_N(\tau)$。

(1) 求接收到的信号$Y(t)$的均值与自相关函数，并判断$Y(t)$是否广义平稳。

(2) 判断发射信号$X(t)$与接收信号$Y(t)$是否联合平稳。

解 (1)$X(t)$与$N(t)$都是零均值广义平稳随机信号，且相互独立，因此有

$$E[X(t-\tau_0)]=E[X(t)]=0$$

$$E[N(t)]=0$$

$$R_{XN}(t, t+\tau)=E[X(t)N(t+\tau)]=E[X(t)]E[N(t+\tau)]=0$$

故$X(t)$与$N(t)$联合平稳。

接收到的信号$Y(t)$的均值为

$$E[Y(t)]=E[\alpha X(t-\tau_0)+N(t)]=\alpha E[X(t-\tau_0)]+E[N(t)]=0$$

$Y(t)$的自相关函数为

$$\begin{aligned}R_Y(t, t+\tau)&=E[Y(t)Y(t+\tau)]\\&=E[(\alpha X(t-\tau_0)+N(t))(\alpha X(t+\tau-\tau_0)+N(t+\tau))]\\&=\alpha^2E[X(t-\tau_0)X(t+\tau-\tau_0)]+\alpha E[X(t-\tau_0)N(t+\tau)]+\\&\quad\alpha E[N(t)X(t+\tau-\tau_0)]+E[N(t)N(t+\tau)]\\&=\alpha^2R_X(\tau)+R_N(\tau)\\&=R_Y(\tau)\end{aligned}$$

$Y(t)$的均值为常数，自相关函数只与时间间隔τ有关，故$Y(t)$广义平稳。

(2) 发射信号$X(t)$与接收信号$Y(t)$的互相关函数为

$$\begin{aligned}R_{XY}(t, t+\tau)&=E[X(t)Y(t+\tau)]=E[X(t)(\alpha X(t+\tau-\tau_0)+N(t+\tau))]\\&=\alpha E[X(t)X(t+\tau-\tau_0)]+E[X(t)N(t+\tau)]\\&=\alpha R_X(\tau-\tau_0)\end{aligned}$$

可见，相关函数只与时间间隔 τ 有关（τ_0 为常数），且 $X(t)$ 与 $Y(t)$ 各自广义平稳，故 $X(t)$ 与 $Y(t)$ 联合平稳。

需要注意，互相关函数的性质与自相关函数的性质有所不同。当 $X(t)$ 与 $Y(t)$ 为联合平稳的实随机过程时，有下列性质：

(1) $R_{XY}(\tau)=R_{YX}(-\tau)$ (2.3-12)

可见互相关函数一般既非奇函数（$R_{XY}(\tau)\neq -R_{XY}(-\tau)$），又非偶函数（$R_{XY}(\tau)\neq R_{XY}(-\tau)$），而是具有如图 2.3-1 所示的影像关系。这是由于：

$$R_{XY}(\tau)=E[X(t)Y(t+\tau)]=E[X(t'-\tau)Y(t')]=E[Y(t')X(t'-\tau)]=R_{YX}(-\tau)$$

同理，有 $C_{XY}(\tau)=C_{YX}(-\tau)$。

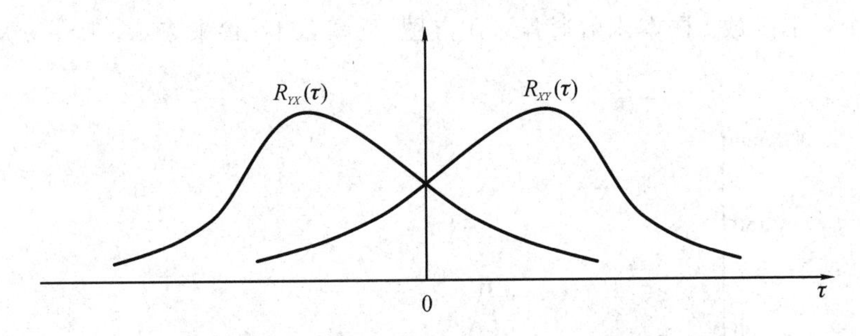

图 2.3-1 互相关函数的影像关系

(2) $|R_{XY}(\tau)|^2\leqslant R_X(0)R_Y(0)$ (2.3-13)

同理，有

$$|C_{XY}(\tau)|^2\leqslant C_X(0)C_Y(0) \tag{2.3-14}$$

注意：互相关函数不具有像式(2.2-31)和式(2.2-33)那样的性质，即在 $\tau=0$ 时互相关函数有可能是负值，这时它不一定具有最大值。

2.4 离散时间随机过程

前面几节，我们着重介绍了连续时间随机过程，本节着重讨论离散时间随机过程。所谓离散时间随机过程，就是我们在随机过程的分类中提到的连续随机序列和离散随机序列的总称，如果状态是连续的，称为连续随机序列，如果状态是离散的，则称为离散随机序列。下面，首先介绍离散时间随机过程的一般概念，然后再介绍离散时间随机过程的概率分布及其数字特征。

2.4.1 离散时间随机过程的定义

如前所述，连续时间随机过程既是时间 t 的函数，也是随机因素 e 的函数，所以随机过程兼有随机变量与时间函数的特点，可记作 $X(e, t)$，一般简记为 $X(t)$。

如果参量 t 取离散值 t_1，t_2，…，t_n，则这种随机过程就称为离散时间随机过程。这时，$X(t)$ 是一串随机变量 $X(t_1)$，$X(t_2)$，…，$X(t_n)$ 所构成的序列，即随机序列。随机序列也可以用 X_1，X_2，…，X_n 来表示，或者用 $X(n)(n=1, 2, \cdots, N)$ 来表示。另外，由于随机序列

$X(n)$的整数变量 n 代表了等间隔的时刻增长量，故人们常称随机序列为时间序列。可以说，时间序列是随时间改变而随机变化的序列。

在数据处理时获取离散时间信号或者说时间序列的方法通常有两种。一种是直接获取离散时间信号，例如，如果 $X(n)$表示的是一年中每月的降水量，那么 $X(n)$本身就是离散时间信号，如例 2.4-1 所示。另一种是连续时间信号的离散化，即根据抽样定理对连续时间信号进行均匀时间间隔抽样，使连续信号在不失去有用信息的条件下转变为离散时间信号。

例 2.4-1 某地区从1950年元月开始每月月降水量数据为19，23，0，47，0，0，123，…(单位：毫米)。每月降水量 $X(1)$，$X(2)$，…构成一个时间序列。上面的数据就是这个时间序列的一个样本函数。样本函数通常可用点图(见图 2.4-1)来表示，其中 n 从1950年元月起算。

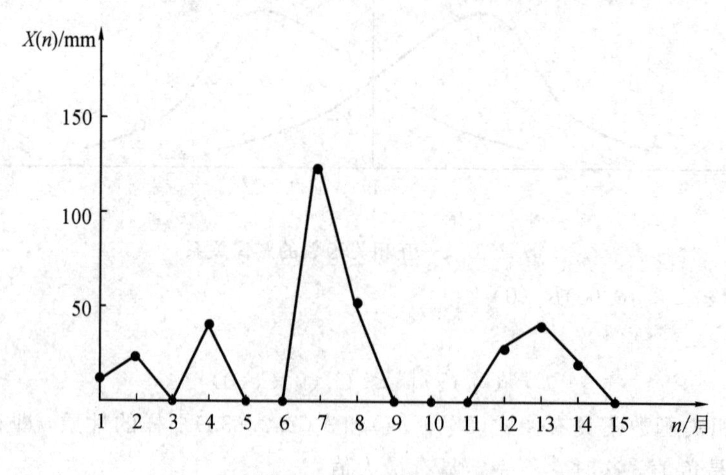

图 2.4-1 月降水量

2.4.2 离散时间随机过程的概率分布

离散时间随机过程是随 n 而变化的随机序列 $X(n)$。因随机变量可用概率分布函数来描述，故随机变量序列 $X(n)$的概率分布可以构成对离散时间随机过程的刻画。对于单独一个随机变量 $X(n)$，可用下列概率分布函数来描述：

$$F_X(x, n) = P\{X(n) \leqslant x\} \tag{2.4-1}$$

称为随机变量序列 $X(n)$的一维概率分布函数。式中，x 是随机变量 $X(n)$的一个可能取值。如果 $X(n)$在连续的值域上取值，且 $F_X(x, n)$对 x 的偏导数存在，则有

$$f_X(x, n) = \frac{\partial F_X(x, n)}{\partial x} \tag{2.4-2}$$

或

$$F_X(x, n) = \int_{-\infty}^{x} f_X(x, n)\mathrm{d}x \tag{2.4-3}$$

称 $f_X(x, n)$为随机变量序列 $X(n)$的一维概率密度函数。

对于两个不同参量 n_1 和 n_2，随机变量序列 $X(n)$对应两个不同的随机变量 $X(n_1)$和

$X(n_2)$，则用下列联合概率分布函数来描述：

$$F_X(x_1, x_2; n_1, n_2) = P\{X(n_1) \leqslant x_1, X(n_2) \leqslant x_2\} \tag{2.4-4}$$

称为随机变量序列 $X(n)$ 的二维概率分布函数。若 $X(n_1)$ 和 $X(n_2)$ 为连续随机变量，且 $F_X(x_1, x_2; n_1, n_2)$ 对 x_1、x_2 的二阶混合偏导数存在，则有

$$f_X(x_1, x_2; n_1, n_2) = \frac{\partial^2 F_X(x_1, x_2; n_1, n_2)}{\partial x_1 \partial x_2} \tag{2.4-5}$$

称为随机变量序列 $X(n)$ 的二维概率密度函数。

依此类推，对于 N 个参量所对应的 N 个随机变量 $X(n_1)$，$X(n_2)$，…，$X(n_N)$，有

$$F_X(x_1, x_2, \cdots, x_N; n_1, n_2, \cdots, n_N) = P\{X(n_1) \leqslant x_1, X(n_2) \leqslant x_2, \cdots, X(n_N) \leqslant x_N\} \tag{2.4-6}$$

$$f_X(x_1, x_2, \cdots, x_N; n_1, n_2, \cdots, n_N) = \frac{\partial^N F_X(x_1, x_2, \cdots, x_N; n_1, n_2, \cdots, n_N)}{\partial x_1 \partial x_2 \cdots \partial x_N} \tag{2.4-7}$$

分别称 $F_X(x_1, x_2, \cdots, x_N; n_1, n_2, \cdots, n_N)$ 和 $f_X(x_1, x_2, \cdots, x_N; n_1, n_2, \cdots, n_N)$ 为随机变量序列 $X(n)$ 的 N 维概率分布函数和 N 维概率密度函数。

如果一个离散时间随机过程经时间平移 K（K 为整数）后，其概率分布函数保持不变，即

$$F_X(x_1, x_2, \cdots, x_N; n_1+K, n_2+K, \cdots, n_N+K) = F_X(x_1, x_2, \cdots, x_N; n_1, n_2, \cdots, n_N) \tag{2.4-8}$$

则称该离散时间随机过程严格平稳。由此可知，平稳离散时间随机过程的一维概率分布函数与时间无关，即

$$F_X(x, n) = F_X(x) \tag{2.4-9}$$

而二维概率分布函数只与时间差有关，即

$$F_X(x_1, x_2; n_1, n_2) = F_X(x_1, x_2; n_2 - n_1) \tag{2.4-10}$$

2.4.3　离散时间随机过程的数字特征

1. 数学期望

离散时间随机过程 $X(n)$ 的均值或数学期望定义为

$$m_X(n) = E[X(n)] = \int_{-\infty}^{\infty} x f_X(x, n) \mathrm{d}x \tag{2.4-11}$$

若 $g[\cdot]$ 是单值函数，则 $g[X(n)]$ 构成一个新的离散时间随机过程，其数学期望可定义为

$$E\{g[X(n)]\} = \int_{-\infty}^{\infty} g(x) f_X(x, n) \mathrm{d}x \tag{2.4-12}$$

数学期望具有下列性质：

(1) $E[X(n)+Y(m)]=E[X(n)]+E[Y(m)]$，即和的均值等于均值的和。

(2) $E[aX(n)]=aE[X(n)]$，即离散时间随机过程 $X(n)$ 乘以一个常数的均值等于 $X(n)$ 的均值乘以此常数。

(3) 若 $E[X(n)Y(m)]=E[X(n)]E[Y(m)]$，则称 $X(n)$ 与 $Y(m)$ 线性独立，其充分条

件是

$$f_{XY}(x, y; n, m) = f_X(x, n) f_Y(y, m) \tag{2.4-13}$$

即 $X(n)$ 与 $Y(m)$ 统计独立。统计独立的随机过程必定是线性独立的，而线性独立并不一定统计独立。

2. 均方值与方差

离散时间随机过程的均方值定义为

$$\psi_X^2(n) = E[X^2(n)] = \int_{-\infty}^{\infty} x^2 f_X(x, n) \mathrm{d}x \tag{2.4-14}$$

离散时间随机过程的方差定义为

$$\sigma_X^2(n) = D[X(n)] = E\{[X(n) - m_X(n)]^2\} \tag{2.4-15}$$

由数学期望的性质，可以证明式(2.4-15)可写成

$$\sigma_X^2(n) = E[X^2(n)] - E^2[X(n)] = \psi_X^2(n) - m_X^2(n) \tag{2.4-16}$$

方差的平方根称作离散时间随机过程的标准差或根方差，即

$$\sigma_X(n) = \sqrt{\sigma_X^2(n)} = \sqrt{D[X(n)]} \tag{2.4-17}$$

一般来说，均值、均方值和方差都是 n 的函数，但对严格平稳离散时间随机过程来说，它们与 n 无关，都是常数，即

$$m_X = E[X(n)] \tag{2.4-18}$$

$$\psi_X^2 = E[X^2(n)] \tag{2.4-19}$$

$$\sigma_X^2 = E[(X(n) - m_X)^2] \tag{2.4-20}$$

3. 相关函数与协方差函数

1）自相关函数与自协方差函数

自相关函数是描述随机过程在不同时刻的值与值之间依赖程度的一个度量，它定义为

$$R_X(n_1, n_2) = E[X(n_1)X(n_2)] = \int_{-\infty}^{\infty}\int_{-\infty}^{\infty} x_1 x_2 f_X(x_1, x_2; n_1, n_2) \mathrm{d}x_1 \mathrm{d}x_2 \tag{2.4-21}$$

随机过程的自协方差函数定义为

$$C_X(n_1, n_2) = E[(X(n_1) - m_X(n_1))(X(n_2) - m_X(n_2))] \tag{2.4-22}$$

上式经简单推导，可以写为

$$C_X(n_1, n_2) = R_X(n_1, n_2) - m_X(n_1) m_X(n_2) \tag{2.4-23}$$

对于零均值的随机过程，$m_X(n_1) = m_X(n_2) = 0$，则

$$C_X(n_1, n_2) = R_X(n_1, n_2) \tag{2.4-24}$$

即自协方差函数与其自相关函数相同。

平稳离散时间随机过程，与平稳连续随机过程类似，其自相关函数只与时间间隔有关，即

$$R_X(m) = R_X(n_1, n_2) = R_X(n_1, n_1 + m) \tag{2.4-25}$$

式中，m 表示时间间隔，$m = n_2 - n_1$。

与平稳连续随机过程类似，若离散时间随机过程的均值为一常数，其自相关函数只与

时间间隔 $m=n_2-n_1$ 有关，且其均方值有限，即满足

$$\begin{cases} m_X(n)=E[X(n)]=m_X \\ R_X(n_1, n_2)=E[X(n_1)X(n_2)]=R_X(m) \\ \psi_X^2(n)=E[X^2(n)]=\psi_X^2<\infty \end{cases} \tag{2.4-26}$$

则称这样的离散时间随机过程为广义平稳的，也可简称为平稳的。均值与方差均存在的严格平稳随机过程，必然也是广义平稳随机过程，但反之则不一定成立。

2) *互相关函数与互协方差函数*

互相关函数是描述两个不同的随机过程之间的依赖程度的一个度量，它定义为

$$R_{XY}(n_1, n_2)=E[X(n_1)Y(n_2)]=\int_{-\infty}^{\infty}\int_{-\infty}^{\infty}xyf_{XY}(x, y; n_1, n_2)\mathrm{d}x\mathrm{d}y \tag{2.4-27}$$

互协方差函数定义为

$$\begin{aligned} C_{XY}(n_1, n_2)&=E[(X(n_1)-m_X(n_1))(Y(n_2)-m_Y(n_2))] \\ &=R_{XY}(n_1, n_2)-m_X(n_1)m_Y(n_2) \end{aligned} \tag{2.4-28}$$

当 $m_X(n_1)=m_Y(n_2)=0$ 时，则有

$$C_{XY}(n_1, n_2)=R_{XY}(n_1, n_2) \tag{2.4-29}$$

对于两个各自平稳且联合平稳的随机过程，其互相关函数定义为

$$R_{XY}(m)=R_{XY}(n_1, n_2)=R_{XY}(n_1, n_1+m) \tag{2.4-30}$$

其互协方差函数为

$$C_{XY}(m)=C_{XY}(n_1, n_2)=E[(X(n_1)-m_X)(Y(n_2)-m_Y)] \tag{2.4-31}$$

上式可以写为

$$C_{XY}(m)=R_{XY}(m)-m_Xm_Y \tag{2.4-32}$$

若对所有 m，有

$$R_{XY}(m)=0$$

则称随机序列 $X(n)$、$Y(n)$互为正交序列。

若有

$$C_{XY}(m)=0$$

或

$$R_{XY}(m)=m_Xm_Y$$

则称随机序列 $X(n)$与 $Y(n)$互不相关。统计独立的两个随机过程必然是不相关的，但不相关的两个随机过程不一定统计独立。

例 2.4-2　我们研究一个以掷硬币为例的贝努利(Bernoulli)型随机过程 $X(n)$，$n=1$，2，…。设每隔单位时间投掷一次硬币，观察它出现的结果。在时刻 n 投掷一枚硬币，若出现正面，记其结果 $X(n)=+1$；若出现反面，记其结果 $X(n)=-1$。将硬币一直投掷下去，便可得到一个无穷序列：$X(1)$，$X(2)$，$X(3)$，…。因为每次投掷结果 $X(n)$都是一个随机变量(其取值为$+1$ 或-1)，所以无数次投掷的结果是一个随机变量的无穷序列，根据定义，称之为离散随机序列。每次投掷的结果与前后各次投掷的结果是相互独立的，并且 $X(n)$出现$+1$ 或-1 的概率与投掷时刻 n 无关。设第 n 次投掷出现正面的概率为

$$P\{X(n)=+1\}=p$$

第 n 次投掷出现反面的概率为

$$P\{X(n)=-1\}=1-p$$

其中 $P\{X(n)=+1\}=p$ 与 n 无关，且 $X(i)$ 与 $X(j)(i\neq j)$ 是相互独立的随机变量。上述的贝努利过程是平稳随机过程。求过程的均值、均方值、方差和自相关函数。

解 求得 $X(n)$ 的均值为

$$m_X=(+1)P\{X(n)=+1\}+(-1)P\{X(n)=-1\}=1\cdot p+(-1)\cdot(1-p)=2p-1$$

其均方值为

$$\psi_X^2=(+1)^2P\{X(n)=+1\}+(-1)^2P\{X(n)=-1\}=1\cdot p+1\cdot(1-p)=1$$

于是，方差为

$$\sigma_X^2=\psi_X^2-m_X^2=1-(2p-1)^2=4p(1-p)$$

因为我们假设了随机变量 $X(i)$ 与 $X(j)(i\neq j)$ 是相互独立的，故 $X(n)$ 的自相关函数为

$$R_X(m)=E[X(n)X(n+m)]=\begin{cases}E[X^2(n)]=1, & m=0\\ E[X(n)]E[X(n+m)]=m_X^2=(2p-1)2, & m\neq 0\end{cases}$$

尤其是在 $p=\dfrac{1}{2}$（即掷硬币出现正面与反面的概率相等）时，有

$$m_X=0,\ \psi_X^2=1,\ \sigma_X^2=1,\ R_X(m)=\delta(m)$$

一般而言，每当平稳随机序列的全体随机变量互为不相关（即线性独立）时，总会得到 δ 函数形式的自相关函数。类似于这样的随机过程（即所谓的白噪声过程），在许多信号处理问题中起着重要的作用。

例 2.4-3 已知随机相位序列 $X(n)=6\cos(\omega_0 n+\phi)$，其中随机变量 ϕ 在 $[0, 2\pi]$ 上均匀分布，求其数学期望和协方差，并判断 $X(n)$ 是否为平稳序列。

解 随机序列的数学期望与随机过程的数学期望的求法相似，有

$$E[X(n)]=\int_0^{2\pi}6\cos(\omega_0 n+\varphi)\frac{1}{2\pi}\mathrm{d}\phi=m_X=0$$

可见数学期望与时间 n 无关。自相关函数为

$$\begin{aligned}R_X(n,\ n+m)&=E[X(n)X(n+m)]\\&=E\{6\cos(\omega_0 n+\phi)\cdot 6\cos[\omega_0(n+m)+\phi]\}\\&=\frac{36}{2}E[\cos(2\omega_0 n+\omega_0 m+2\phi)+\cos(\omega_0 m)]\\&=18\cos(\omega_0 m)=R_X(m)\end{aligned}$$

与时间 n 无关，只与时间间隔 m 有关，因此 $X(n)$ 为平稳序列。由于数学期望为零，因此其协方差函数与自相关函数相同：

$$C_X(n,\ n+m)=C_X(m)=R_X(m)=18\cos(\omega_0 m)$$

4. 遍历性与时间平均量

同样，与前面讨论的连续时间随机过程类似，对于离散时间随机过程，我们希望能通过对一个随机序列的研究来替代对经过许多次观测得到的多个随机序列的研究。

如果一个随机序列 $X(n)$，它的各种时间平均(时间足够长)依概率1收敛于相应的集合平均，则称序列 $X(n)$ 具有严格(或狭义)遍历性，并简称此序列为严遍历序列。

实离散时间随机过程 $X(n)$ 的时间均值定义为

$$\overline{X(n)} = \lim_{N\to\infty} \frac{1}{2N+1} \sum_{n=-N}^{N} X(n) \tag{2.4-33}$$

类似地，随机序列 $X(n)$ 的时间自相关函数定义为

$$\overline{X(n)X(n+m)} = \lim_{N\to\infty} \frac{1}{2N+1} \sum_{n=-N}^{N} X(n)X(n+m) \tag{2.4-34}$$

由上两式定义的这两个时间平均量一般都是随机变量。

同样，我们要引入宽遍历序列的概念。设 $X(n)$ 是一个平稳随机序列，如果

$$\overline{X(n)} = E[X(n)] = m_X \tag{2.4-35}$$

$$\overline{X(n)X(n+m)} = E[X(n)X(n+m)] = R_X(m) \tag{2.4-36}$$

两式皆依概率1收敛，则称 $X(n)$ 为宽(或广义)遍历序列，简称遍历序列。

今后，我们提到“平稳随机序列”或“遍历序列”术语时，除特别指明外，通常都指宽平稳随机序列或宽遍历序列。

对于遍历序列，由时间均值和时间自相关函数的定义求得的时间平均趋于一个非随机的确定量，其含义为几乎所有可能的取样序列的时间平均量都是相同的，故遍历序列的时间平均就可以由它的任一取样序列的时间平均来表示。这样，我们可以直接用遍历序列的任一取样序列的时间平均，来代替对整个序列统计平均的研究，即有

$$E[X(n)] = \lim_{N\to\infty} \frac{1}{2N+1} \sum_{n=-N}^{N} x(n) \tag{2.4-37}$$

$$R_X(m) = \lim_{N\to\infty} \frac{1}{2N+1} \sum_{n=-N}^{N} x(n)x(n+m) \tag{2.4-38}$$

实际上，通常都假设已知的序列是遍历随机序列的一个取样序列。于是，我们可以根据上两式求出整个序列的均值和相关函数。然而，在实际问题中，这两式中的极限难以求得，因此一般只用有限的 N 进行估计：

$$\hat{m}_X = \overline{[X(n)]_N} = \frac{1}{2N+1} \sum_{n=-N}^{N} x(n) \tag{2.4-39}$$

$$\hat{R}_X(m) = \overline{[x(n)x(n+m)]_N} = \frac{1}{2N+1} \sum_{n=-N}^{N} x(n)x(n+m) \tag{2.4-40}$$

在实际中，我们往往把这些量作为遍历随机序列的均值和自相关函数的估计(或估值)。

另外，我们考虑两个随机序列 $X(n)$ 和 $Y(n)$，当它们联合平稳时，定义它们的时间互相关函数为

$$\overline{X(n)Y(n+m)} = \lim_{N\to\infty} \frac{1}{2N+1} \sum_{n=-N}^{N} X(n)Y(n+m) \tag{2.4-41}$$

若它们依概率1收敛于集合互相关函数 $R_{XY}(m)$，即

$$\overline{X(n)Y(n+m)} = E[X(n)Y(n+m)] = R_{XY}(m) \tag{2.4-42}$$

则称序列 $X(n)$ 和 $Y(n)$ 具有联合宽遍历性。

2.4.4 平稳离散时间随机过程相关函数的性质

对于两个实平稳随机序列 $X(n)$和 $Y(n)$，它们的自相关函数、自协方差函数、互相关函数和互协方差函数分别为

$$R_X(m)=E[X(n)X(n+m)]$$
$$C_X(m)=E\{[X(n)-m_X][X(n+m)-m_X]\}$$
$$R_{XY}(m)=E[X(n)Y(n+m)]$$
$$C_{XY}(m)=E\{[X(n)-m_X][Y(n+m)-m_Y]\}$$

式中，m_X 和 m_Y 分别为两个序列的均值。根据定义，经过简单运算，容易推导出如下性质：

(1) $C_X(m)=R_X(m)-m_X^2$，$C_{XY}(m)=R_{XY}(m)-m_Xm_Y$

(2) $R_X(0)=E[X^2(n)]=\psi_X^2\geqslant 0$，$C_X(0)=E[(X(n)-m_X)^2]=\sigma_X^2\geqslant 0$

(3) $R_X(m)=R_X(-m)$，$C_X(m)=C_X(-m)$

$R_{XY}(m)=R_{YX}(-m)$，$C_{XY}(m)=C_{YX}(-m)$

(4) $R_X(0)\geqslant|R_X(m)|$，$C_X(0)\geqslant|C_X(m)|$

$R_X(0)R_Y(0)\geqslant|R_{XY}(m)|^2$，$C_X(0)C_Y(0)\geqslant|C_{XY}(m)|^2$

(5) 如果 $Y(n)=X(n-n_0)$，其中 n_0 为某一个固定的离散时刻，则有

$$R_Y(m)=R_X(m),\ C_Y(m)=C_X(m)$$

(6) 若平稳随机序列中不含任何周期分量，则有

$$\lim_{|m|\to\infty} R_X(m)=R_X(\infty)=m_X^2,\quad \lim_{|m|\to\infty} C_X(m)=C_X(\infty)=0$$

同样，为了确切地表征实平稳随机序列 $X(n)$和 $Y(n)$在两个不同离散时刻的起伏值之间的线性相关程度，我们引入了自相关系数和互相关系数。定义自相关系数为

$$r_X(m)=\frac{C_X(m)}{C_X(0)}=\frac{R_X(m)-m_X^2}{\sigma_X^2} \tag{2.4-43}$$

$r_X(m)$具有与 $C_X(m)$相同的性质，且有 $r_X(0)=1$ 及$|r_X(m)|\leqslant 1$。定义互相关系数为

$$r_{XY}(m)=\frac{C_{XY}(m)}{\sqrt{C_X(0)C_Y(0)}}=\frac{R_{XY}(m)-m_Xm_Y}{\sigma_X\sigma_Y} \tag{2.4-44}$$

且有$|r_{XY}(m)|\leqslant 1$。在 $r_{XY}(m)=0$ 时，两个平稳序列 $X(n)$和 $Y(n)$互不相关。

2.5 正态随机过程

正态分布是在实际工作中最常遇见的一种分布，是因为中心极限定理已经证明，大量独立随机变量之和的极限分布服从正态分布。同理，在电子信息技术中，最常遇见的是正态随机过程。正态随机过程具有一些特点，例如它的任意 n 维分布只取决于其一、二阶矩函数，又如正态随机过程经过线性变换后仍然是正态分布。这些特点使它成为便于作数学分析的一种随机过程。

2.5.1 一般正态随机过程

我们知道，随机过程 $X(t)$是由一族随机变量 $X(t_1)$，$X(t_2)$，…，$X(t_n)$组成的，把它们

简记为 X_1，X_2，…，X_n。显然，$(X_1, X_2, \cdots, X_n)$是 n 维随机变量，有其 n 维概率分布。

若随机过程 $X(t)$的任意 n 维联合概率分布都是正态分布，则称 $X(t)$为正态随机过程或高斯(Gauss)随机过程，简称正态过程或高斯过程。正态过程 $X(t)$的 n 维联合概率密度应该满足下式：

$$p_n(x_1, x_2, \cdots, x_n; t_1, t_2, \cdots, t_n)$$
$$= \frac{1}{\sqrt{(2\pi)^n D} \cdot \sigma_1 \sigma_2 \cdots \sigma_n} \exp\left[-\frac{1}{2D}\sum_{i=1}^{n}\sum_{j=1}^{n} D_{ij} \frac{x_i - m_i}{\sigma_i} \cdot \frac{x_j - m_j}{\sigma_j}\right] \tag{2.5-1}$$

式中：$m_i = E(X_i)$，为随机变量 X_i 的均值；$\sigma_i^2 = D(X_i)$，为随机变量 X_i 的方差；D 为由相关系数 r_{ij} 所构成的下述行列式：

$$D = \begin{vmatrix} r_{11} & r_{12} & \cdots r_{1n} \\ r_{21} & r_{22} & \cdots r_{2n} \\ \vdots & \vdots & \vdots \\ r_{n1} & r_{n2} & \cdots r_{nn} \end{vmatrix}$$

其中 $r_{ij} = \dfrac{E[(X_i - m_i)(X_j - m_j)]}{\sigma_i \sigma_j}$，且有 $r_{ii} = 1$，$r_{ij} = r_{ji}$。D_{ij} 为行列式 D 中元素 r_{ij} 的代数余子式。

式(2.5-1)表明，正态过程的 n 维联合概率分布只取决于其一、二阶矩函数，仅由均值 m_i、方差 σ_i^2 和相关系数 r_{ij} 所决定。故对于正态过程来说，只需运用相关理论就能解决问题。

与式(2.5-1)n 维联合概率密度相对应的 n 维特征函数为

$$\Phi_X(\lambda_1, \lambda_2, \cdots, \lambda_n; t_1, t_2, \cdots, t_n) = \exp\left[\mathrm{j}\sum_{i=1}^{n} m_i \lambda_i - \frac{1}{2}\sum_{i=1}^{n}\sum_{j=1}^{n} C_X(t_i, t_j)\lambda_i \lambda_j\right] \tag{2.5-2}$$

式中：$C_X(t_i, t_j) = \sigma_i \sigma_j r_{ij}$，为随机变量 X_i 与 X_j 的互协方差。

例 2.5-1　试用正态过程 $X(t)$的定义式(2.5-1)，求其二维概率密度的表达式。

解　以 $n=2$ 代入式(2.5-1)，得二维概率密度为

$$p_2(x_1, x_2; t_1, t_2) = \frac{1}{2\pi\sqrt{D}\sigma_1\sigma_2}\exp\left\{-\frac{1}{2D}\cdot\left[D_{11}\frac{(x_1 - m_1)^2}{\sigma_1^2} + D_{12}\frac{(x_1 - m_1)(x_2 - m_2)}{\sigma_1\sigma_2} + D_{21}\frac{(x_2 - m_2)(x_1 - m_1)}{\sigma_2\sigma_1} + D_{22}\frac{(x_2 - m_2)^2}{\sigma_2^2}\right]\right\}$$

今有 $r_{11} = r_{22} = 1$，$r_{12} = r_{21} = r$，所以

$$D = \begin{vmatrix} 1 & r \\ r & 1 \end{vmatrix} = 1 - r^2$$

从而算得 $D_{11} = D_{22} = 1$，$D_{12} = D_{21} = -r$，最后求得表达式为

$$p_2(x_1, x_2; t_1, t_2) = \frac{1}{2\pi\sigma_1\sigma_2\sqrt{1-r^2}}\exp\left\{-\frac{1}{2(1-r^2)}\cdot\left[\frac{(x_1 - m_1)^2}{\sigma_1^2} - 2r\frac{(x_1 - m_1)(x_2 - m_2)}{\sigma_1\sigma_2} + \frac{(x_2 - m_2)^2}{\sigma_2^2}\right]\right\}$$

例 2.5-2　试用特征函数法求正态过程 $X(t)$ 的一维概率和不相关时的二维概率密度。

解　以 $n=1$ 代入式(2.5-2)，得一维特征函数为

$$\Phi_X(\lambda_1, t_1)=\exp\left[\mathrm{j}m_1\lambda_1-\frac{1}{2}\sigma_1^2\lambda_1^2\right]$$

利用式(2.1-20)，即可求得一维概率密度为

$$\begin{aligned} p_1(x_1, t_1) &= \frac{1}{2\pi}\int_{-\infty}^{\infty}\exp\left[-\mathrm{j}(x_1-m_1)\lambda_1-\frac{1}{2}\sigma_1^2\lambda_1^2\right]\mathrm{d}\lambda_1 \\ &= \frac{1}{\sqrt{2\pi}\sigma_1}\exp\left[-\frac{(x_1-m_1)^2}{2\sigma_1^2}\right] \end{aligned} \tag{2.5-3}$$

以 $n=2$ 代入式(2.5-2)，因为不相关时有 $r_{11}=r_{22}=1$，$r_{12}=r_{21}=0$，故得二维特征函数为

$$\Phi_X(\lambda_1, \lambda_2; t_1, t_2)=\exp\left[\mathrm{j}(m_1\lambda_1+m_2\lambda_2)-\frac{1}{2}(\sigma_1^2\lambda_1^2+\sigma_2^2\lambda_2^2)\right]$$

利用式(2.1-24)，即可求得二维概率密度为

$$\begin{aligned} p_2(x_1, x_2; t_1, t_2) &= \frac{1}{2\pi}\int_{-\infty}^{\infty}\exp\left[-\mathrm{j}(x_1-m_1)\lambda_1-\frac{1}{2}\sigma_1^2\lambda_1^2\right]\mathrm{d}\lambda_1\cdot \\ &\quad \frac{1}{2\pi}\int_{-\infty}^{\infty}\exp\left[-\mathrm{j}(x_2-m_2)\lambda_2-\frac{1}{2}\sigma_2^2\lambda_2^2\right]\mathrm{d}\lambda_2 \\ &= \frac{1}{\sqrt{2\pi}\sigma_1}\exp\left[-\frac{(x_1-m_1)^2}{2\sigma_1^2}\right]\cdot\frac{1}{\sqrt{2\pi}\sigma_2}\exp\left[-\frac{(x_2-m_2)^2}{2\sigma_2^2}\right] \\ &= p_1(x_1, t_1)p_1(x_2, t_2) \end{aligned}$$

注意：此处利用了积分 $\int_{-\infty}^{\infty}\mathrm{e}^{-x^2}\mathrm{d}x=\sqrt{\pi}\left(\int_0^{\infty}\mathrm{e}^{-x^2}\mathrm{d}x=\frac{\sqrt{\pi}}{2}\right)$。

对于一般随机过程来说，不相关与统计独立并不等价，但从此例可以看出，对于正态过程来说，不相关与统计独立是等价的，这是正态随机过程的一个良好性质。

2.5.2　平稳正态随机过程

若正态过程 $X(t)$ 的数学期望是与时间无关的常量，相关函数仅取决于时间间隔，即有

$$m_i=m,\ \sigma_i^2=\sigma^2,\ R(t_i, t_j)=R(\tau_{j-i})$$

其中 $\tau_{j-i}=t_j-t_i$，$i, j=1, 2, \cdots, n$，则根据广义平稳的定义可知，这种正态过程是广义平稳的，称为平稳正态过程。

将上面的条件代入式(2.5-1)，即可求得平稳正态过程 $X(t)$ 的 n 维概率密度为

$$\begin{aligned} &p_n(x_1, x_2, \cdots, x_n; \tau_1, \tau_2, \cdots, \tau_{n-1}) \\ &= \frac{1}{\sqrt{(2\pi)^n D}\cdot\sigma^n}\exp\left[-\frac{1}{2D\sigma^2}\sum_{i=1}^{n}\sum_{j=1}^{n}D_{ij}(x_i-m)(x_j-m)\right] \end{aligned} \tag{2.5-4}$$

此式表明，n 维概率密度仅取决于时间间隔 $\tau_1, \tau_2, \cdots, \tau_{n-1}$，而与计时起点的选择不同无关，可见过程 $X(t)$ 符合严格平稳条件。故知对于正态过程来说，广义平稳与严格平稳是等价的。

与式(2.5-4) n 维概率密度相对应的 n 维特征函数为

$$\Phi_X(\lambda_1, \lambda_2, \cdots, \lambda_n; \tau_1, \tau_2, \cdots, \tau_{n-1})=\exp\left[\mathrm{j}m\sum_{i=1}^{n}\lambda_i-\frac{1}{2}\sum_{i=1}^{n}\sum_{j=1}^{n}C_X(\tau_{j-i})\lambda_i\lambda_j\right] \tag{2.5-5}$$

式中：$C_X(\tau_{j-i})=\sigma^2 r(\tau_{j-i})$，为随机变量 X_i 与 X_j 的协方差。

利用例 2.5-1 的结果，可得平稳正态过程 $X(t)$的二维概率密度为

$$p_2(x_1, x_2; \tau) = \frac{1}{2\pi\sigma^2\sqrt{1-r^2}}\exp\left[-\frac{(x_1-m)^2-2r(x_1-m)(x_2-m)+(x_2-m)^2}{2\sigma^2(1-r^2)}\right] \tag{2.5-6}$$

式中：$r=r(\tau)$。

由式(2.1-23)可以求得平稳正态过程 $X(t)$的二维特征函数为

$$\Phi_X(\lambda_1, \lambda_2; \tau) = \exp\left[\mathrm{j}m(\lambda_1+\lambda_2)-\frac{1}{2}\sigma^2(\lambda_1^2+\lambda_2^2+2\lambda_1\lambda_2 r)\right] \tag{2.5-7}$$

需要指出，从噪声背景中检测有用信号时，一般认为噪声服从正态分布且具有平稳性，即假设此噪声是平稳正态过程。但当有用信号为确知信号时，它们的合成随机过程一般不具有平稳性，如下例所示。

例 2.5-3　设接收机中频放大器的输出随机过程为 $X(t)=s(t)+n(t)$，其中 $n(t)$是均值为零、方差为 σ^2 的平稳正态噪声，而 $s(t)=\cos(\omega_0 t+\varphi_0)$为确知信号。求随机过程 $X(t)$在任一时刻 t_1 的一维概率密度，并判别 $X(t)$是否平稳。

解　随机过程 $X(t)$在任一时刻 t_1 的值为一维随机变量 $X(t_1)=s(t_1)+n(t_1)$，其中 $s(t_1)=\cos(\omega_0 t_1+\varphi_0)$为确定值，因而 $X(t_1)$仍然是正态分布，其均值和方差分别为

$$E[X(t_1)]=E[s(t_1)+n(t_1)]=s(t_1)$$

$$D[X(t_1)]=D[s(t_1)+n(t_1)]=\sigma^2$$

再由式(2.5-3)即可得过程 $X(t)$的一维概率密度为

$$p_1(x_1, t)=\frac{1}{\sqrt{2\pi}\sigma}\exp\left\{-\frac{[x_1-s(t_1)]^2}{2\sigma^2}\right\}$$

此式表明，一维概率密度与时刻 t_1 有关，故知合成随机过程 $X(t)$已经不再平稳。

2.5.3　正态随机过程的矢量矩阵表示

上面介绍的正态过程的多维概率分布表达式比较复杂，若用矢量矩阵表示，则可简化。

今将 n 维随机变量 $\boldsymbol{X}=(X_1, X_2, \cdots, X_n)$的随机取值$(x_1, x_2, \cdots, x_n)$及其均值$(m_1, m_2, \cdots, m_n)$写为列矩阵：

$$\boldsymbol{X}=\begin{pmatrix} x_1 \\ x_2 \\ \vdots \\ x_n \end{pmatrix}, \quad \boldsymbol{m}=\begin{pmatrix} m_1 \\ m_2 \\ \vdots \\ m_n \end{pmatrix}$$

将所有的协方差合写成协方差矩阵：

$$\boldsymbol{C}=\begin{pmatrix} C_{11} & C_{12} & \cdots & C_{1n} \\ C_{21} & C_{22} & \cdots & C_{2n} \\ \vdots & \vdots & & \vdots \\ C_{n1} & C_{n2} & \cdots & C_{nn} \end{pmatrix}=\begin{pmatrix} \sigma_1^2 & r_{12}\sigma_1\sigma_2 & \cdots & r_{1n}\sigma_1\sigma_n \\ r_{21}\sigma_2\sigma_1 & \sigma_2^2 & \cdots & r_{2n}\sigma_2\sigma_n \\ \vdots & \vdots & & \vdots \\ r_{n1}\sigma_n\sigma_1 & r_{n2}\sigma_n\sigma_2 & \cdots & \sigma_n^2 \end{pmatrix}$$

不难将式(2.5-1)的 n 维联合概率密度改写为

$$p_n(\boldsymbol{X}) = \frac{1}{\sqrt{(2\pi)^n |\boldsymbol{C}|}}\exp\left[-\frac{1}{2|\boldsymbol{C}|}\sum_{i=1}^{n}\sum_{j=1}^{n}|C_{ij}|(x_i - m_i)(x_j - m_j)\right] \quad (2.5-8)$$

或

$$p_n(\boldsymbol{X}) = \frac{1}{\sqrt{(2\pi)^n |\boldsymbol{C}|}}\exp\left\{-\frac{1}{2}[\boldsymbol{X}-\boldsymbol{m}]^{\mathrm{T}}\boldsymbol{C}^{-1}[\boldsymbol{X}-\boldsymbol{m}]\right\} \quad (2.5-9)$$

式中：$[\boldsymbol{X}-\boldsymbol{m}]^{\mathrm{T}}$ 表示列矩阵$[\boldsymbol{X}-\boldsymbol{m}]$的转置矩阵；$\boldsymbol{C}^{-1}$表示协方差矩阵 $\boldsymbol{C}$ 的逆矩阵；$|\boldsymbol{C}|$表示由协方差矩阵$\boldsymbol{C}$决定的行列式，而$|C_{ij}|$表示其代数余子式。

同理，可将式(2.5-2)的 n 维联合特征函数改写为

$$\Phi_X(\boldsymbol{\lambda}) = \exp\left[\mathrm{j}\,\boldsymbol{m}^{\mathrm{T}}\boldsymbol{\lambda} - \frac{1}{2}\boldsymbol{\lambda}^{\mathrm{T}}\boldsymbol{C}\boldsymbol{\lambda}\right] \quad (2.5-10)$$

式中：$\boldsymbol{m}^{\mathrm{T}} = [m_1, m_2, \cdots, m_n]$，$\boldsymbol{\lambda}^{\mathrm{T}} = [\lambda_1, \lambda_2, \cdots, \lambda_n]$，$\boldsymbol{\lambda} = \begin{bmatrix}\lambda_1\\ \lambda_2\\ \vdots\\ \lambda_n\end{bmatrix}$。

若随机过程 $X(t)$在不同时刻的取值不相关，即 $i\neq j$ 时有 $r_{ij}=0$，则协方差矩阵可以简化成

$$\boldsymbol{C} = \begin{bmatrix}\sigma_1^2 & 0 & \cdots & 0\\ 0 & \sigma_2^2 & \cdots & 0\\ \vdots & \vdots & & \vdots\\ 0 & 0 & \cdots & \sigma_n^2\end{bmatrix}$$

可求得其行列式的值：

$$|\boldsymbol{C}| = \prod_{i=1}^{n}\sigma_i^2$$

故有

$$\exp\left\{-\frac{1}{2}[\boldsymbol{X}-\boldsymbol{m}]^{\mathrm{T}}\boldsymbol{C}^{-1}[\boldsymbol{X}-\boldsymbol{m}]\right\} = \exp\left\{-\sum_{i=1}^{n}\frac{(x_i-m_i)^2}{2\sigma_i^2}\right\} = \prod_{i=1}^{n}\exp\left\{-\frac{(x_i-m_i)^2}{2\sigma_i^2}\right\}$$

因而求得在这种情况下的 n 维联合概率密度为

$$p_n(\boldsymbol{X}) = \prod_{i=1}^{n}\frac{1}{\sqrt{2\pi}\sigma_i}\exp\left\{-\frac{(x_i-m_i)^2}{2\sigma_i^2}\right\} \quad (2.5-11)$$

平稳正态过程 $X(t)$的 n 维联合概率密度还可以用矩阵表示为

$$p_n(\boldsymbol{X}) = \frac{1}{\sqrt{(2\pi\sigma^2)^n |\boldsymbol{r}|}}\exp\left\{-\frac{1}{2\sigma^2}[\boldsymbol{X}-\boldsymbol{m}]^{\mathrm{T}}\boldsymbol{r}^{-1}[\boldsymbol{X}-\boldsymbol{m}]\right\} \quad (2.5-12)$$

式中：

$$\boldsymbol{r} = \boldsymbol{r}(\tau) = \begin{bmatrix}1 & r_{12}(\tau_1) & \cdots & r_{1n}(\tau_{n-1})\\ r_{21}(-\tau_1) & 1 & \cdots & r_{2n}(\tau_{n-2})\\ \vdots & \vdots & & \vdots\\ r_{n1}(-\tau_{n-1}) & r_{n2}(-\tau_{n-2}) & \cdots & 1\end{bmatrix} = \frac{\boldsymbol{C}}{\sigma^{2n}}$$

为标准化协方差矩阵；$\boldsymbol{r}^{-1}$为矩阵 $\boldsymbol{r}$ 的逆矩阵。

同理，n 维特征函数可用矩阵表示为

$$\Phi_X(\boldsymbol{\lambda}) = \exp\left\{\mathrm{j}\,\boldsymbol{m}^{\mathrm{T}}\boldsymbol{\lambda} - \frac{1}{2}\sigma^2\,\boldsymbol{\lambda}^{\mathrm{T}}\boldsymbol{r}\boldsymbol{\lambda}\right\} \tag{2.5-13}$$

例 2.5-4　设有零均值的正态实随机变量 X_1，X_2，X_3，X_4，求$\overline{X_1X_2X_3X_4}$。

解　今均值为零，根据式(2.5-10)，取 $n=4$，可得四维特征函数为

$$\Phi_X(\boldsymbol{\lambda}) = \exp\left\{-\frac{1}{2}\boldsymbol{\lambda}^{\mathrm{T}}\boldsymbol{C}\boldsymbol{\lambda}\right\} = \exp\left\{-\frac{1}{2}\sum_{i=1}^{4}\sum_{j=1}^{4}\lambda_i\lambda_jC_{ij}\right\}$$

式中：$C_{ij}=R_{ij}-m_im_j=R_{ij}$，即

$$\Phi_X(\lambda_1, \lambda_2, \lambda_3, \lambda_4) = \exp\left\{-\frac{1}{2}\sum_{i=1}^{4}\sum_{j=1}^{4}\lambda_i\lambda_jR_{ij}\right\}$$

而四维混合矩为

$$\overline{X_1X_2X_3X_4} = \mathrm{j}^{-4}\frac{\partial^4}{\partial\lambda_1\partial\lambda_2\partial\lambda_3\partial\lambda_4}\Phi_X(\lambda_1, \lambda_2, \lambda_3, \lambda_4)\Big|_{\lambda_k=0}, \quad k=1, 2, 3, 4 \tag{2.5-14}$$

由于

$$\mathrm{e}^{-x} = 1-x+\frac{x^2}{2!}-\frac{x^3}{3!}+\cdots = \sum_{L=0}^{\infty}(-1)^L\frac{x^L}{L!}$$

故得

$$\Phi_X(\lambda_1, \lambda_2, \lambda_3, \lambda_4) = \sum_{L=0}^{\infty}\frac{(-1)^L}{L!}\frac{1}{2^L}\left[\sum_{i=1}^{4}\sum_{j=1}^{4}\lambda_i\lambda_jR_{ij}\right]^L \tag{2.5-15}$$

此式中方括号内共有 16 项，但由上面的式(2.5-14)可知，只有方幂恰好各为 1 的项(即 $\lambda_1\lambda_2\lambda_3\lambda_4$)才会有贡献。而由式(2.5-15)可知，仅当 $L=2$ 时才会出现 $\lambda_1\lambda_2\lambda_3\lambda_4$ 项，所以式(2.5-14)可以改写为

$$\overline{X_1X_2X_3X_4} = \frac{\partial^4}{\partial\lambda_1\partial\lambda_2\partial\lambda_3\partial\lambda_4}\left[\frac{1}{8}\left(\sum_{i=1}^{4}\sum_{j=1}^{4}\lambda_i\lambda_jR_{ij}\right)^2\right]\Bigg|_{\lambda_k=0}, \quad k=1, 2, 3, 4$$

此式中括号内用二项式公式展开后共有 256 项，但根据上述同样理由，其中仅含有下列参量的项才会有贡献：

$$2\lambda_1\lambda_2\lambda_3\lambda_4\big|_{i\neq j\neq k\neq l}, \quad i, j, k, l=1, 2, 3, 4$$

可见有贡献的仅 12 项：$R_{12}R_{34}$，$R_{12}R_{43}$，$R_{21}R_{34}$，$R_{21}R_{43}$；$R_{13}R_{24}$，$R_{13}R_{42}$，$R_{31}R_{24}$，$R_{31}R_{42}$；$R_{14}R_{23}$，$R_{14}R_{32}$，$R_{41}R_{23}$，$R_{41}R_{32}$。由于 $R_{ij}=R_{ji}$，此 12 项可以合写为 $4[R_{12}R_{34}+R_{13}R_{24}+R_{14}R_{23}]$，从而求得

$$\begin{aligned}\overline{X_1X_2X_3X_4} &= \frac{1}{8}\times 2\times 4[R_{12}R_{34}+R_{13}R_{24}+R_{14}R_{23}] \\ &= \overline{X_1X_2}\cdot\overline{X_3X_4}+\overline{X_1X_3}\cdot\overline{X_2X_4}+\overline{X_1X_4}\cdot\overline{X_2X_3}\end{aligned} \tag{2.5-16}$$

2.6　平稳随机过程的谱分析

2.6.1　频谱密度的概念

我们知道，对于确知信号，既可采用时域分析，也可采用频域分析，两者之间存在着确

定的关系。周期性信号可以展开成傅里叶级数，非周期性信号可以表示成傅里叶积分。例如对于非周期性信号 $s(t)$，其傅里叶正变换为

$$S(\omega)=\int_{-\infty}^{\infty} s(t)\mathrm{e}^{-\mathrm{j}\omega t}\,\mathrm{d}t \tag{2.6-1}$$

$S(\omega)$称为信号 $s(t)$的频谱密度(简称频谱)，它表示信号的各个复振幅分量在频域上的分布。

$S(\omega)=|S(\omega)|\cdot \mathrm{e}^{\mathrm{j}\varphi_S(\omega)}$，其中$|S(\omega)|$称为振幅谱密度，$\varphi_S(\omega)$称为相位谱密度。

若已知频谱密度 $S(\omega)$，则其傅里叶反变换就是此信号的时间函数，即

$$s(t)=\frac{1}{2\pi}\int_{-\infty}^{\infty} S(\omega)\mathrm{e}^{\mathrm{j}\omega t}\,\mathrm{d}\omega \tag{2.6-2}$$

$s(t)$与 $S(\omega)$是一对傅里叶变换，可以简记为：$s(t)\leftrightarrow S(\omega)$。

频谱密度存在的条件为

$$\int_{-\infty}^{\infty} |s(t)|\,\mathrm{d}t<\infty \tag{2.6-3}$$

即信号 $s(t)$的持续时间必须有限。

帕塞瓦尔(Parseval)定理表明，信号的总能量等于各个频谱分量的能量之和，即

$$E=\int_{-\infty}^{\infty} |s(t)|^2\mathrm{d}t=\frac{1}{2\pi}\int_{-\infty}^{\infty} |S(\omega)|^2\mathrm{d}\omega=\int_{-\infty}^{\infty} |S(2\pi f)|^2\mathrm{d}f \tag{2.6-4}$$

式中：$|S(\omega)|^2=S(\omega)\cdot S^*(\omega)$，“*”号表示共轭。

由式(2.6-4)可知，各个频谱分量的能量为

$$\mathrm{d}E=\frac{1}{2\pi}|S(\omega)|^2\mathrm{d}\omega=|S(2\pi f)|^2\mathrm{d}f \tag{2.6-5}$$

或

$$|S(\omega)|^2=2\pi\frac{\mathrm{d}E}{\mathrm{d}\omega}=\frac{\mathrm{d}E}{\mathrm{d}f}=|S(2\pi f)|^2\quad (\mathrm{J/Hz}) \tag{2.6-6}$$

$|S(\omega)|^2$ 或$|S(2\pi f)|^2$ 称为信号 $s(t)$的能量频谱密度，简称能谱密度，它是单位频带内的信号分量能量，表示信号的各个分量能量在频域上的分布。

能谱密度存在的条件为

$$\int_{-\infty}^{\infty} |s(t)|^2\mathrm{d}t<\infty \tag{2.6-7}$$

即信号 $s(t)$的总能量必须有限。

由于一般随机过程 $X(t)$的持续时间无限长，总能量为无限大，其任一样本 $x_i(t)$的持续时间也就无限长，过程的总能量为无限大，不满足条件式(2.6-3)和式(2.6-7)，故其频谱密度和能谱密度都不存在。但是，对于实际能够产生的随机过程来说，其平均功率却总是有限的，即有

$$P=\lim_{T\to\infty}\frac{1}{2T}\int_{-T}^{T} |x(t)|^2\mathrm{d}t<\infty \tag{2.6-8}$$

因而可以采用拓广的频谱分析法，引出功率谱密度的概念。

2.6.2　功率谱密度的定义

图 2.6-1 示出随机过程 $X(t)$的一个样本曲线 $x_i(t)$，从中截取 $2T$ 长的一段，称为截

段函数，其表达式为

$$x_{Ti}(t)=\begin{cases}x_i(t), & |t|<T\\ 0, & |t|\geqslant T\end{cases} \tag{2.6-9}$$

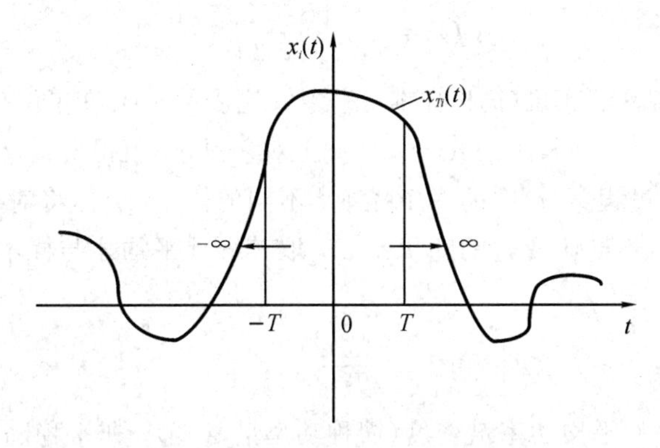

图 2.6－1　样本 $x_i(t)$及其截段函数 $x_{Ti}(t)$

由于 $x_{Ti}(t)$的持续时间有限，故其傅里叶变换 $X_{Ti}(\omega)$存在，有

$$X_{Ti}(\omega)=\int_{-\infty}^{\infty}x_{Ti}(t)\mathrm{e}^{-\mathrm{j}\omega t}\,\mathrm{d}t=\int_{-T}^{T}x_{Ti}(t)\mathrm{e}^{-\mathrm{j}\omega t}\,\mathrm{d}t \tag{2.6-10}$$

$$x_{Ti}(t)=\frac{1}{2\pi}\int_{-\infty}^{\infty}X_{Ti}(\omega)\mathrm{e}^{\mathrm{j}\omega t}\,\mathrm{d}\omega \tag{2.6-11}$$

设 $x_{Ti}(t)$是实时间函数，有 $x_{Ti}^{*}(t)=x_{Ti}(t)$，故对式(2.6－10)取共轭，得

$$X_{Ti}^{*}(\omega)=\int_{-T}^{T}x_{Ti}(t)\mathrm{e}^{\mathrm{j}\omega t}\,\mathrm{d}t \tag{2.6-12}$$

当$|t|<T$ 时，有 $x_{Ti}(t)=x_i(t)$，得样本的平均功率为

$$P_i=\lim_{T\to\infty}\frac{1}{2T}\int_{-T}^{T}|x_i(t)|^2\,\mathrm{d}t=\lim_{T\to\infty}\frac{1}{2T}\int_{-T}^{T}|x_{Ti}(t)|^2\,\mathrm{d}t \tag{2.6-13}$$

其中：

$$\begin{aligned}\int_{-T}^{T}|x_{Ti}(t)|^2\,\mathrm{d}t&=\int_{-T}^{T}x_{Ti}^2(t)\,\mathrm{d}t=\int_{-T}^{T}x_{Ti}(t)\left[\frac{1}{2\pi}\int_{-\infty}^{\infty}X_{Ti}(\omega)\mathrm{e}^{\mathrm{j}\omega t}\,\mathrm{d}\omega\right]\mathrm{d}t\\&=\frac{1}{2\pi}\int_{-\infty}^{\infty}X_{Ti}(\omega)\left[\int_{-T}^{T}x_{Ti}(t)\mathrm{e}^{\mathrm{j}\omega t}\,\mathrm{d}t\right]\mathrm{d}\omega\\&=\frac{1}{2\pi}\int_{-\infty}^{\infty}|X_{Ti}(\omega)|^2\,\mathrm{d}\omega\end{aligned} \tag{2.6-14}$$

因而式(2.6－13)可以改写为

$$P_i=\lim_{T\to\infty}\frac{1}{2T}\int_{-\infty}^{\infty}\frac{|X_{Ti}(\omega)|^2}{2\pi}\,\mathrm{d}\omega=\frac{1}{2\pi}\int_{-\infty}^{\infty}\left[\lim_{T\to\infty}\frac{|X_{Ti}(\omega)|^2}{2T}\right]\mathrm{d}\omega \tag{2.6-15}$$

或

$$P_i=\int_{-\infty}^{\infty}\left[\lim_{T\to\infty}\frac{|X_{Ti}(2\pi f)|^2}{2T}\right]\mathrm{d}f \tag{2.6-16}$$

若 $X(t)$表示电压(V)或电流(A)，则上两式方括号内的量除以(乘以)单位电阻(1 Ω)，具有功率量纲(W/Hz)，故令

$$G_i(\omega)=\lim_{T\to\infty}\frac{|X_{Ti}(\omega)|^2}{2T} \qquad (2.6-17)$$

或

$$G_i(f)=\lim_{T\to\infty}\frac{|X_{Ti}(2\pi f)|^2}{2T} \qquad (2.6-18)$$

称为某个样本 $x_i(t)$的功率谱密度(简称样本功率谱)，它表示 $x_i(t)$在单位频带内的频谱分量消耗在 1 Ω 电阻上的平均功率。在整个频域(−∞，∞)上对它积分，就得出 $x_i(t)$的平均功率。

$x_i(t)$是平稳随机过程 $X(t)$中的一个样本，不同的样本 $x_i(t)$将对应有不同的功率谱密度 $G_i(\omega)$，它是随样本不同而变化的随机函数，取其统计平均才与样本编号 i 无关，变成只是频率的确定函数，故定义

$$G_X(\omega)=E\left[\lim_{T\to\infty}\frac{|X_{Ti}(\omega)|^2}{2T}\right], \qquad -\infty<\omega<\infty \qquad (2.6-19)$$

为平稳随机过程 $X(t)$的平均功率谱密度(简称功率谱密度)。非平稳随机过程的功率谱密度定义见附录 1。

功率谱密度 $G_X(\omega)$是过程 $X(t)$的各个样本在单位频带内的频谱分量消耗在 1 Ω 电阻上的平均功率之统计均值，是从频域描述随机过程 $X(t)$的平均统计参量，表示 $X(t)$的平均功率在频域上的分布。应该注意，如同一般的功率值一样，它只反映随机过程的振幅信息，没有反映相位信息。

2.6.3 功率谱密度与相关函数的关系

前面已经讲过，确知的时间函数 $s(t)$与其频谱密度 $S(\omega)$是一对傅里叶变换，即 $s(t)\leftrightarrow S(\omega)$。实际上，对随机的时间函数(随机过程 $X(t)$)，在平稳条件下，相关函数 $R_X(\tau)$与功率谱密度 $G_X(\omega)$也是一对傅里叶变换，即有 $R_X(\tau)\leftrightarrow G_X(\omega)$。它们分别从时域和频域来描述随机过程 $X(t)$的平均统计特性，是随机过程最主要的两个统计参量，只要知道其中一个，即可完全确定另一个。下面就来证明这个重要关系。

设 $X(t)$为实平稳过程，将式(2.6－10)、式(2.6－12)代入式(2.6－19)中，可得

$$\begin{aligned}G_X(\omega)&=E\left[\lim_{T\to\infty}\frac{1}{2T}\int_{-T}^{T}x_{Ti}(t_2)e^{-j\omega t_2}dt_2\int_{-T}^{T}x_{Ti}(t_1)e^{j\omega t_1}dt_1\right]\\&=\lim_{T\to\infty}\frac{1}{2T}\int_{-T}^{T}\int_{-T}^{T}E[x_{Ti}(t_2)x_{Ti}(t_1)]e^{-j\omega(t_2-t_1)}dt_1dt_2\end{aligned} \qquad (2.6-20)$$

式中：$x_{Ti}(t_2)$和 $x_{Ti}(t_1)$是随样本不同而变化的随机变量。

$$E[x_{Ti}(t_2)x_{Ti}(t_1)]=R_{XT}(t_2,t_1) \qquad (2.6-21)$$

且 $X(t)$是平稳过程，有

$$R_X(t_2,t_1)=R_X(-\tau)=R_X(\tau) \qquad (2.6-22)$$

式中：$\tau=t_2-t_1$。所以有

$$G_X(\omega)=\lim_{T\to\infty}\frac{1}{2T}\int_{-T}^{T}\int_{-T}^{T}R_{XT}(\tau)e^{-j\omega\tau}dt_1dt_2 \qquad (2.6-23)$$

采用如图 2.2－4 所示的变量代换方法，将上式中的变量 t_1、t_2 代换为 t、τ。令 $t=-t_1$，$\tau=t_2-t_1$，可以求得

$$\int_{-T}^{T}\int_{-T}^{T}R_{XT}(\tau)\mathrm{e}^{-\mathrm{j}\omega\tau}\mathrm{d}t_1\mathrm{d}t_2=\iint_{\diamond}R_{XT}(\tau)\mathrm{e}^{-\mathrm{j}\omega\tau}\mathrm{d}\tau\mathrm{d}t$$

$$=\int_{0}^{2T}R_{XT}(\tau)\mathrm{e}^{-\mathrm{j}\omega\tau}\mathrm{d}\tau\int_{\tau-T}^{T}\mathrm{d}t+\int_{-2T}^{0}R_{XT}(\tau)\mathrm{e}^{-\mathrm{j}\omega\tau}\mathrm{d}\tau\int_{-T}^{\tau+T}\mathrm{d}t$$

$$=\int_{0}^{2T}(2T-\tau)R_{XT}(\tau)\mathrm{e}^{-\mathrm{j}\omega\tau}\mathrm{d}\tau+\int_{-2T}^{0}(2T+\tau)R_{XT}(\tau)\mathrm{e}^{-\mathrm{j}\omega\tau}\mathrm{d}\tau$$

$$=2T\int_{-2T}^{2T}\left(1-\frac{|\tau|}{2T}\right)R_{XT}(\tau)\mathrm{e}^{-\mathrm{j}\omega\tau}\mathrm{d}\tau \qquad (2.6-24)$$

代入上面的式(2.6－23)中，即得

$$G_X(\omega)=\int_{-\infty}^{\infty}R_X(\tau)\mathrm{e}^{-\mathrm{j}\omega\tau}\mathrm{d}\tau \qquad (2.6-25)$$

上式表明，平稳过程的功率谱密度是相关函数的傅里叶正变换。故知相关函数是功率谱密度的傅里叶反变换，即有

$$R_X(\tau)=\frac{1}{2\pi}\int_{-\infty}^{\infty}G_X(\omega)\mathrm{e}^{\mathrm{j}\omega\tau}\mathrm{d}\omega \qquad (2.6-26)$$

上面两式给出了平稳随机过程的功率谱密度与相关函数之间的重要关系：$R_X(\tau)\leftrightarrow G_X(\omega)$，表明从频域或时域描述平稳随机过程统计特性之间的等效关系，在工程技术中得到广泛运用。这个关系式是由维纳(Wiener)和辛钦(Khinchin)同时提出的，故又称为维纳-辛钦定理。

根据傅里叶变换的存在条件可知，上两式成立的条件是 $G_X(\omega)$ 和 $R_X(\tau)$ 必须分别绝对可积，即

$$\int_{-\infty}^{\infty}G_X(\omega)\mathrm{d}\omega<\infty \qquad (2.6-27)$$

$$\int_{-\infty}^{\infty}|\tau R_X(\tau)|\mathrm{d}\tau<\infty \qquad (2.6-28)$$

条件式(2.6－27)说明：随机过程 $X(t)$ 的总平均功率必须有限。一般的随机过程都能满足该条件。但是要满足条件式(2.6－28)，却必须要求随机过程 $X(t)$ 的数学期望为零(即不能含有直流分量，因而式中的 $R_X(\tau)$ 实际上应为 $C_X(\tau)$)，且随机过程中不能含有周期性分量。与确知信号的傅里叶变换一样，如果引入δ函数(广义函数)，则随机过程中即使含有确定的直流分量或周期性分量，傅里叶变换仍然存在。对于常见的相关函数与功率谱密度，其对应关系见表 2.6－1。

表 2.6－1　常见的相关函数与功率谱密度对应关系

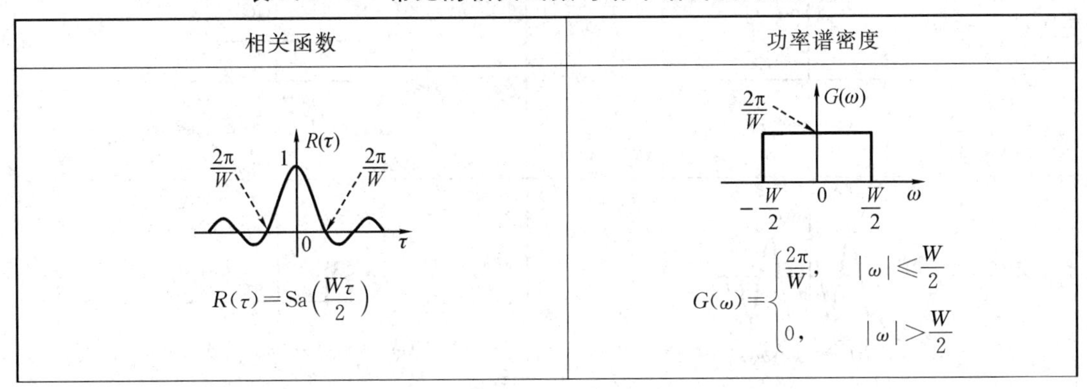

续表

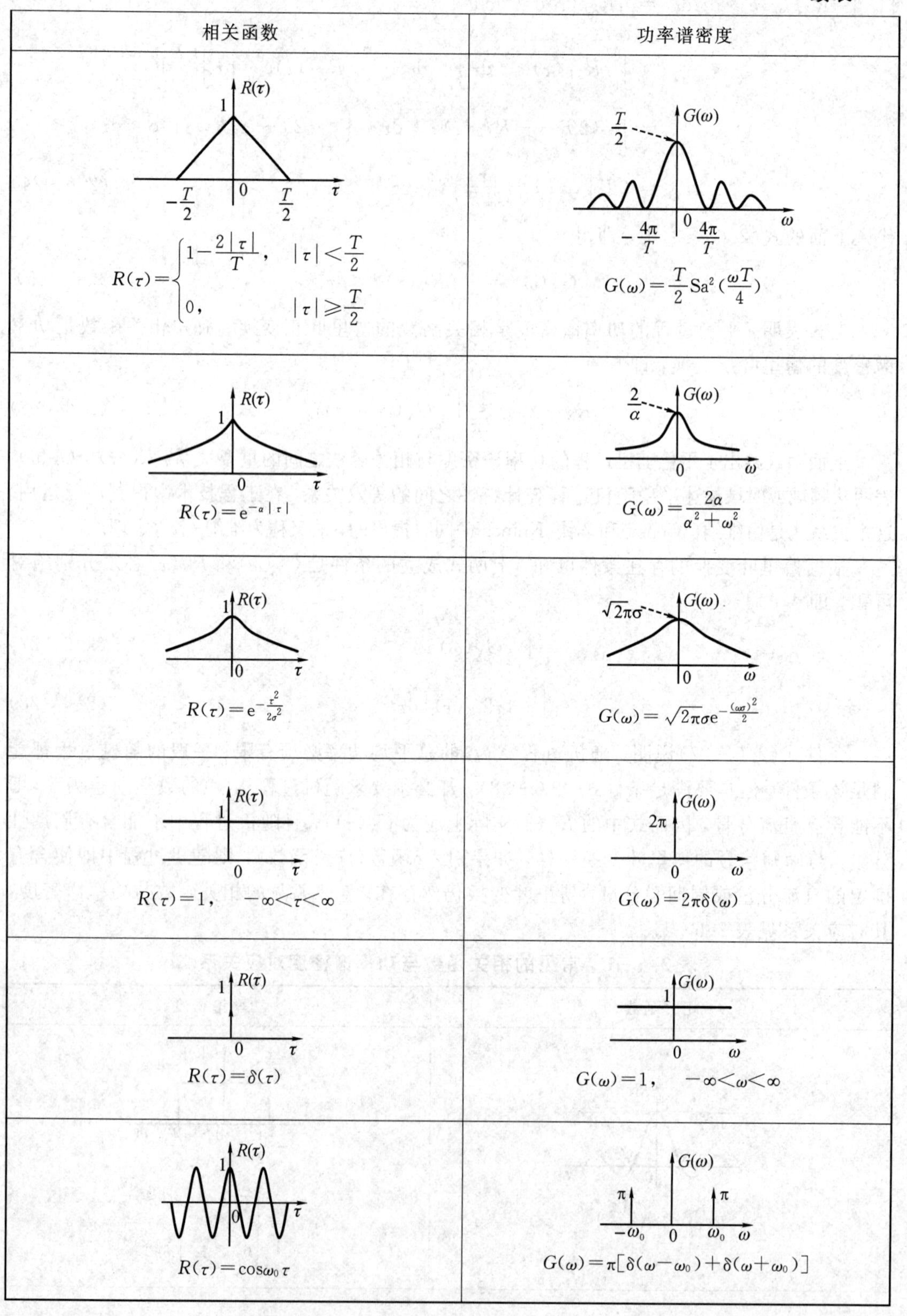

相关函数	功率谱密度
$R(\tau)=\begin{cases}1-\dfrac{2\lvert\tau\rvert}{T}, & \lvert\tau\rvert<\dfrac{T}{2}\\ 0, & \lvert\tau\rvert\geqslant\dfrac{T}{2}\end{cases}$	$G(\omega)=\dfrac{T}{2}\mathrm{Sa}^2\left(\dfrac{\omega T}{4}\right)$
$R(\tau)=\mathrm{e}^{-\alpha\lvert\tau\rvert}$	$G(\omega)=\dfrac{2\alpha}{\alpha^2+\omega^2}$
$R(\tau)=\mathrm{e}^{-\frac{\tau^2}{2\sigma^2}}$	$G(\omega)=\sqrt{2\pi}\sigma\mathrm{e}^{-\frac{(\omega\sigma)^2}{2}}$
$R(\tau)=1,\quad -\infty<\tau<\infty$	$G(\omega)=2\pi\delta(\omega)$
$R(\tau)=\delta(\tau)$	$G(\omega)=1,\quad -\infty<\omega<\infty$
$R(\tau)=\cos\omega_0\tau$	$G(\omega)=\pi[\delta(\omega-\omega_0)+\delta(\omega+\omega_0)]$

2.6.4　功率谱密度的性质

$X(t)$为平稳实随机过程时，$G_X(\omega)$有下列性质：

(1)
$$G_X(\omega)=G_X(-\omega)\geqslant 0 \tag{2.6-29}$$

即功率谱密度是 ω 的非负实偶函数，这可从定义式(2.6－19)直接看出，乃因有$|X_{Ti}(\omega)|^2\geqslant 0$，且

$$|X_{Ti}(\omega)|^2 = X_{Ti}(\omega)X_{Ti}^*(\omega) = X_{Ti}(\omega)X_{Ti}(-\omega) = X_{Ti}(-\omega)X_{Ti}(\omega) \tag{2.6-30}$$

因为平稳实随机过程的相关函数 $R_X(\tau)$是实偶函数，故由式(2.6－25)可知 $G_X(\omega)$也必为实偶函数。

(2)
$$G_X(\omega)\leftrightarrow R_X(\tau)$$

即它们是一对傅里叶变换，有关系式：

$$\begin{cases} G_X(\omega) = \int_{-\infty}^{\infty} R_X(\tau)\mathrm{e}^{-\mathrm{j}\omega\tau}\,\mathrm{d}\tau \\ R_X(\tau) = \dfrac{1}{2\pi}\int_{-\infty}^{\infty} G_X(\omega)\mathrm{e}^{\mathrm{j}\omega\tau}\,\mathrm{d}\omega \end{cases} \tag{2.6-31}$$

对于最常见的平稳实随机过程，因为相关函数是 τ 的实偶函数，故有 $R_X(\tau)=R_X(-\tau)$；功率谱密度是 ω 的实偶函数，故有 $G_X(\omega)=G_X(-\omega)$；而

$$\mathrm{e}^{\pm \mathrm{j}\omega\tau} = \cos\omega\tau \pm \mathrm{j}\sin\omega\tau \tag{2.6-32}$$

所以维纳-辛钦定理又有下列形式：

$$\begin{cases} G_X(\omega) = 2\int_{0}^{\infty} R_X(\tau)\cos\omega\tau\,\mathrm{d}\tau \\ R_X(\tau) = \dfrac{1}{\pi}\int_{0}^{\infty} G_X(\omega)\cos\omega\tau\,\mathrm{d}\omega \end{cases} \tag{2.6-33}$$

$G_X(\omega)$是定义在$-\infty<\omega<\infty$上的，即功率分布在从$-\infty$至$+\infty$的整个频域上，但是实际上负频率并不存在，实际功率只会由正频率分量所产生。在此采用负频率的概念，认为负频率分量与正频率分量同样地产生功率，是为了便于数学分析，因此 $G_X(\omega)$称为数学功率谱密度或双边功率谱密度。实际测量得到的功率谱密度都只会分布在从 0 至$+\infty$的正频率域上，这种功率谱密度称为物理功率谱密度或单边功率谱密度，今以 $F_X(\omega)$记之。

因为 $G_X(\omega)$是 ω 的实偶函数，故有关系式：

$$F_X(\omega) = 2G_X(\omega),\quad \omega > 0 \tag{2.6-34}$$

如图 2.6－2 所示。

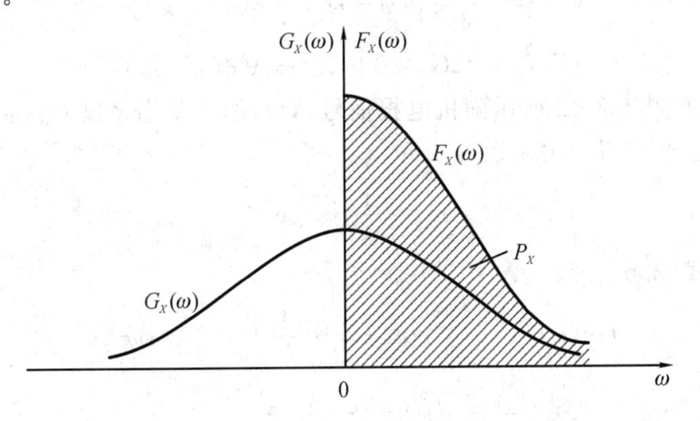

图 2.6－2　功率谱密度 $G_X(\omega)$和 $F_X(\omega)$的曲线

因此可以得到维纳-辛钦定理的又一种表达式：

$$\begin{cases} F_X(\omega) = 4\int_0^{\infty} R_X(\tau)\cos\omega\tau \mathrm{d}\tau \\ R_X(\tau) = \dfrac{1}{2\pi}\int_0^{\infty} F_X(\omega)\cos\omega\tau \mathrm{d}\omega \end{cases} \tag{2.6-35}$$

或

$$\begin{cases} F_X(f) = 4\int_0^{\infty} R_X(\tau)\cos 2\pi f\tau \mathrm{d}\tau \\ R_X(\tau) = \int_0^{\infty} F_X(f)\cos 2\pi f\tau \mathrm{d}f \end{cases} \tag{2.6-36}$$

功率谱密度 $G_X(\omega)$ 或 $F_X(\omega)$ 是从频域来表示统计特性的重要参量。知道它之后，即可求出平稳过程 $X(t)$ 消耗在 1 Ω 电阻上的总平均功率为

$$P_X = R_X(0) = \frac{1}{2\pi}\int_{-\infty}^{\infty} G_X(\omega)\mathrm{d}\omega = \frac{1}{2\pi}\int_0^{\infty} F_X(\omega)\mathrm{d}\omega \tag{2.6-37}$$

如图 2.6-2 中的阴影面积所示。同理，还可求出在任何特定频率区间 (ω_1, ω_2) 上的平均功率为

$$P_X = \frac{1}{2\pi}\int_{\omega_1}^{\omega_2} F_X(\omega)\mathrm{d}\omega \tag{2.6-38}$$

例 2.6-1　求例 2.2-1 所示随机初相信号 $X(t)$ 的功率谱密度 $G_X(\omega)$、$F_X(\omega)$。

解　由该例已经求得相关函数为

$$R_X(\tau) = \frac{A^2}{2}\cos\omega_0\tau$$

此式可以改写为

$$R_X(\tau) = \frac{A^2}{4}[\mathrm{e}^{\mathrm{j}\omega_0\tau} + \mathrm{e}^{-\mathrm{j}\omega_0\tau}]$$

将上式代入式(2.6-31)，得

$$\begin{aligned} G_X(\omega) &= \int_{-\infty}^{\infty} \frac{A^2}{4}[\mathrm{e}^{-\mathrm{j}(\omega-\omega_0)\tau} + \mathrm{e}^{-\mathrm{j}(\omega+\omega_0)\tau}]\mathrm{d}\tau \\ &= \frac{A^2}{4}[2\pi\delta(\omega-\omega_0) + 2\pi\delta(\omega+\omega_0)] \\ &= \frac{\pi A^2}{2}[\delta(\omega-\omega_0) + \delta(\omega+\omega_0)] \end{aligned}$$

$$F_X(\omega) = 2G_X(\omega)\big|_{\omega>0} = \pi A^2\delta(\omega-\omega_0)$$

例 2.6-2　求例 2.2-2 所示随机电报信号 $X(t)$ 的功率谱密度 $G_X(\omega)$。

解　由该例已经求得相关函数为

$$R_X(\tau) = \frac{1}{4} + \frac{1}{4}\mathrm{e}^{-2\lambda|\tau|}$$

将上式代入式(2.6-33)，得

$$\begin{aligned} G_X(\omega) &= \frac{1}{2}\int_0^{\infty}\cos\omega\tau \mathrm{d}\tau + \frac{1}{2}\int_0^{\infty}\mathrm{e}^{-2\lambda\tau}\cos\omega\tau \mathrm{d}\tau \\ &= \frac{\pi}{2}\delta(\omega) + \frac{\lambda}{4\lambda^2+\omega^2} \end{aligned}$$

如图 2.6-3 所示。上式右端第一项表示直流分量，它是一离散线谱 $\delta(\omega)$，强度为 $\pi/2$。第二项表示起伏分量，它是连续谱。

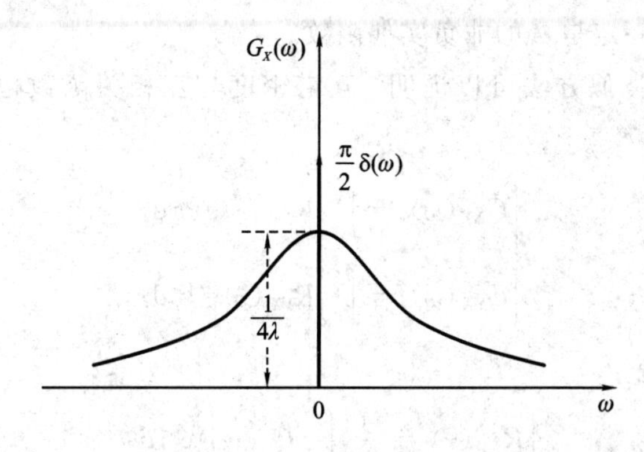

图 2.6-3　随机电报信号的功率谱

例 2.6-3　已知平稳随机过程的功率谱密度为

$$G_X(\omega)=\frac{\omega^2+4}{\omega^4+10\omega^2+9}$$

求自相关函数。

解　采用因式分解，得

$$G_X(\omega)=\frac{\omega^2+4}{\omega^4+10\omega^2+9}=\frac{\omega^2+4}{(\omega^2+9)(\omega^2+1)}=\frac{1}{8}\left(\frac{3}{\omega^2+1}+\frac{5}{\omega^2+9}\right)$$

$$=\frac{1}{8}\left(\frac{3}{2}\cdot\frac{2\cdot 1}{\omega^2+1^2}+\frac{5}{6}\cdot\frac{2\cdot 3}{\omega^2+3^2}\right)$$

由傅里叶变换关系

$$\mathrm{e}^{-\alpha|\tau|}\leftrightarrow\frac{2\alpha}{\omega^2+\alpha^2}$$

可得

$$R_X(\tau)=\frac{1}{48}(9\mathrm{e}^{-|\tau|}+5\mathrm{e}^{-3|\tau|})$$

2.6.5　联合平稳随机过程的互谱密度

类似于单个随机过程功率谱密度的讨论，设有两个联合平稳的随机过程 $X(t)$和 $Y(t)$，其任一样本的截段函数分别为 $x_{Ti}(t)$和 $y_{Ti}(t)$，它们的频谱密度随样本编号 i 的不同而分别为随机变量 $X_{Ti}(\omega)$和 $Y_{Ti}(\omega)$，故仿照式(2.6-19)，定义：

$$G_{XY}(\omega)=E\left[\lim_{T\to\infty}\frac{X_T^*(\omega)Y_T(\omega)}{2T}\right] \tag{2.6-39}$$

或

$$G_{YX}(\omega)=E\left[\lim_{T\to\infty}\frac{Y_T^*(\omega)X_T(\omega)}{2T}\right] \tag{2.6-40}$$

式中：$X_T^*(\omega)$和 $Y_T^*(\omega)$分别为 $X_T(\omega)$和 $Y_T(\omega)$的复共轭，$G_{XY}(\omega)$或 $G_{YX}(\omega)$称为随机过程

$X(t)$与$Y(t)$的互谱密度。

式(2.6-39)和式(2.6-40)表明，互谱密度与单个平稳实随机过程的功率谱密度(又称自谱密度)不同，它不一定是ω的非负实偶函数。

用2.6.2节中的类似方法可以证明，互谱密度与互相关函数也是一对傅里叶变换，即有

$$\begin{cases} G_{XY}(\omega) = \int_{-\infty}^{\infty} R_{XY}(\tau)\mathrm{e}^{-\mathrm{j}\omega\tau}\mathrm{d}\tau \\ G_{YX}(\omega) = \int_{-\infty}^{\infty} R_{YX}(\tau)\mathrm{e}^{-\mathrm{j}\omega\tau}\mathrm{d}\tau \end{cases} \tag{2.6-41}$$

和

$$\begin{cases} R_{XY}(\tau) = \frac{1}{2\pi}\int_{-\infty}^{\infty} G_{XY}(\omega)\mathrm{e}^{\mathrm{j}\omega\tau}\mathrm{d}\omega \\ R_{YX}(\tau) = \frac{1}{2\pi}\int_{-\infty}^{\infty} G_{YX}(\omega)\mathrm{e}^{\mathrm{j}\omega\tau}\mathrm{d}\omega \end{cases} \tag{2.6-42}$$

这两个傅里叶变换对与自相关函数和自谱密度的关系式十分相似，但应注意，互相关函数不是偶函数，互谱密度也不一定是偶函数，因而互相关函数与互谱密度的傅里叶变换对不能写成类似式(2.6-33)和式(2.6-35)那样的形式。

互谱密度具有下列性质：

(1)
$$G_{XY}(\omega)=G_{YX}^{*}(\omega) \tag{2.6-43}$$

即$G_{XY}(\omega)$与$G_{YX}(\omega)$互为共轭函数。

(2) 若$G_{XY}(\omega)=a(\omega)+\mathrm{j}b(\omega)$，则其实部为$\omega$的偶函数，有$a(\omega)=a(-\omega)$，而其虚部为$\omega$的奇函数，有$b(\omega)=-b(-\omega)$。

(3) 若过程$X(t)$与$Y(t)$正交，则有

$$G_{XY}(\omega) = G_{YX}(\omega) = 0 \tag{2.6-44}$$

例2.6-4 已知实随机过程$X(t)$与$Y(t)$联合平稳且正交，试求过程$Z(t)=X(t)+Y(t)$的自相关函数和自谱密度表达式。

解 $Z(t)$的自相关函数为

$$\begin{aligned} R_Z(t, t+\tau) &= E[Z(t)Z(t+\tau)] \\ &= E\{[X(t)+Y(t)][X(t+\tau)+Y(t+\tau)]\} \\ &= R_X(t, t+\tau)+R_Y(t, t+\tau)+R_{XY}(t, t+\tau)+R_{YX}(t, t+\tau) \end{aligned}$$

因为过程$X(t)$与$Y(t)$联合平稳，故有

$$R_Z(t, t+\tau)=R_X(\tau)+R_Y(\tau)+R_{XY}(\tau)+R_{YX}(\tau)=R_Z(\tau)$$

又因为过程$X(t)$与$Y(t)$正交，有$R_{XY}(\tau)=R_{YX}(\tau)=0$，故有

$$R_Z(\tau)=R_X(\tau)+R_Y(\tau)$$

由于$R(\tau)\leftrightarrow G(\omega)$，因而求得$Z(t)$的自谱密度为

$$G_Z(\omega)=G_X(\omega)+G_Y(\omega)$$

2.6.6　离散时间随机过程的功率谱密度

前面几节我们讨论了连续时间随机过程的功率谱密度及其性质，并推导了一个非常重要的关系式——维纳-辛钦定理。随着数字技术的迅速发展，在电子工程领域中对离散时间随机过程的分析越来越重要。本节，我们将把功率谱密度的概念推广到离散时间随机过程。

设 $X(n)$为广义平稳离散时间随机过程，或简称为广义平稳随机序列，具有零均值，其自相关函数为

$$R_X(m) = E[X(n)X(n+m)] \tag{2.6-45}$$

当 $R_X(m)$满足条件 $\sum\limits_{m=-\infty}^{\infty}|R_X(m)|<\infty$时，我们定义 $X(n)$的功率谱密度为自相关函数 $R_X(m)$的离散傅里叶变换：

$$G_X(\mathrm{e}^{\mathrm{j}\omega}) = \sum_{m=-\infty}^{\infty} R_X(m)\mathrm{e}^{-\mathrm{j}m\omega} \tag{2.6-46}$$

对于功率有限的平稳随机序列，它的自相关函数可以用功率谱表示为

$$R_X(m) = \frac{1}{2\pi}\int_{-\pi}^{\pi} G_X(\mathrm{e}^{\mathrm{j}\omega})\mathrm{e}^{\mathrm{j}m\omega}\,\mathrm{d}\omega \tag{2.6-47}$$

为了表示简单起见，把 $G_X(\mathrm{e}^{\mathrm{j}\omega})$简记为 $G_X(\omega)$。显然，功率谱密度 $G_X(\omega)$是周期为 2π 的周期函数。

当 $m=0$ 时，有

$$E[|X(n)|^2] = R_X(0) = \frac{1}{2\pi}\int_{-\pi}^{\pi} G_X(\omega)\,\mathrm{d}\omega \tag{2.6-48}$$

在离散时间系统的分析中，有时用 Z 变换更为方便，所以也常把广义平稳离散时间随机过程的功率谱密度定义为 $R_X(m)$的 Z 变换，并记为 $G_X(z)$，即

$$G_X(z) = \sum_{m=-\infty}^{\infty} R_X(m) z^{-m} \tag{2.6-49}$$

显然有

$$G_X(\omega) = G_X(z)\big|_{z=\mathrm{e}^{\mathrm{j}\omega}}$$

$R_X(m)$则为 $G_X(z)$的逆 Z 变换，即

$$R_X(m) = \frac{1}{2\pi\mathrm{j}}\oint_C G_X(z) z^{m-1}\,\mathrm{d}z \tag{2.6-50}$$

式中，C 为在 $G_X(z)$的收敛域内环绕 z 平面原点逆时针方向的一条闭合围线。

根据平稳随机过程自相关函数的对称性，即 $R_X(m)=R_X(-m)$，可以立即得到功率谱密度的一个性质：

$$G_X(z) = G_X(z^{-1}) \tag{2.6-51}$$

平稳离散时间随机过程，即平稳随机序列的功率谱具有如下性质：

(1) 功率谱是实的偶函数，即

$$G_X(\omega) = G_X(-\omega),\quad G_X^*(\omega) = G_X(\omega)$$

由于自相关函数是偶函数，因此用 Z 变换表示的功率谱满足式(2.6-51)。

(2) 功率谱是非负函数，即

$$G_X(\omega)\geqslant 0$$

(3) 如果随机序列的功率谱具有有理谱的形式，那么功率谱可以进行谱分解，即

$$G_X(z)=G_X^+(z)G_X^-(z) \tag{2.6-52}$$

式中，$G_X^+(z)$表示功率谱中所有零极点在单位圆内的那一部分，而$G_X^-(z)$表示功率谱中所有零极点在单位圆外的那一部分，且

$$G_X^+(z^{-1})=G_X^-(z),\ G_X^-(z^{-1})=G_X^+(z) \tag{2.6-53}$$

根据以上性质，功率谱中z和z^{-1}总是成对出现的，即$G_X(z)$可表示为$G_X(z+z^{-1})$。由于$G_X(z+z^{-1})\big|_{z=e^{j\omega}}=G_X(2\cos\omega)$，所以用离散傅里叶变换表示的功率谱是$\cos\omega$的函数，即功率谱可表示为$G_X(\cos\omega)$。

例 2.6-5 设随机序列$X(n)$为$X(n)=W(n)+W(n-1)$，其中$W(n)$是高斯随机序列，均值为零，自相关函数为$R_W(m)=\sigma^2\delta(m)$，求$X(n)$的自相关函数和功率谱。其中$\delta(m)$为单位冲激函数：

$$\delta(m)=\begin{cases}1, & m=0\\ 0, & m\neq 0\end{cases}$$

解 $X(n)$的均值为

$$E[X(n)]=E[W(n)+W(n-1)]=0$$

$X(n)$的相关函数为

$$\begin{aligned}R_X(m)&=E[X(n)X(n+m)]\\&=E\{[W(n)+W(n-1)][W(n+m)+W(n+m-1)]\}\\&=\sigma^2[2\delta(m)+\delta(m+1)+\delta(m-1)]\end{aligned}$$

$X(n)$的功率谱为

$$G_X(z)=\sum_{m=-\infty}^{\infty}R_X(m)z^{-m}=\sigma^2(2+z+z^{-1})$$

$$G_X(\omega)=G_X(z)\big|_{z=e^{j\omega}}=\sigma^2(2+e^{j\omega}+e^{-j\omega})=2\sigma^2(1+\cos\omega)$$

例 2.6-6 设$R_X(m)=a^{|m|}$，$|a|<1$，求$G_X(z)$和$G_X(\omega)$。

解 将$R_X(m)$代入定义式，可以得到

$$G_X(z)=\sum_{m=-\infty}^{-1}a^{-m}z^{-m}+\sum_{m=0}^{\infty}a^m z^{-m}=\frac{az}{1-az}+\frac{z}{z-a}=\frac{(1-a^2)z}{(z-a)(1-az)}$$

经整理后，可得

$$G_X(z)=\frac{(1-a^2)}{(1-az^{-1})(1-az)}=\frac{a^{-1}-a}{(a^{-1}+a)-(z^{-1}+z)}$$

将$z=e^{j\omega}$代入上式，即可求得

$$G_X(\omega)=\frac{a^{-1}-a}{a^{-1}+a-2\cos\omega}$$

2.7 白噪声

噪声也是随机过程，可按其概率分布分成正态噪声、瑞利噪声等；还可按其功率谱特

性分成白色噪声或有色噪声，有色噪声还可分成宽带噪声或窄带噪声。若噪声功率谱分布在宽广的频带内，则为宽带噪声；若分布在狭窄的频带内，则为窄带噪声。

若平稳随机过程 $n(t)$ 的均值为零，且功率谱密度在无限宽的频域内为非零的常量（记为 N_0），即

$$G(\omega)=\frac{N_0}{2},\qquad -\infty<\omega<\infty \tag{2.7-1}$$

或

$$F(\omega)=N_0,\qquad 0<\omega<\infty \tag{2.7-2}$$

则称过程 $n(t)$ 为白（色）噪声。“白”字系借用白色光具有均匀光谱的概念而来。非白噪声称为（有）色噪声。

利用功率谱与相关函数之间的关系，可得白噪声的相关函数为

$$R(\tau)=\frac{1}{2\pi}\int_{-\infty}^{\infty}G(\omega)\mathrm{e}^{\mathrm{j}\omega\tau}\,\mathrm{d}\omega=\frac{N_0}{2}\left[\frac{1}{2\pi}\int_{-\infty}^{\infty}\mathrm{e}^{\mathrm{j}\omega\tau}\,\mathrm{d}\omega\right]=\frac{N_0}{2}\delta(\tau) \tag{2.7-3}$$

白噪声的功率谱密度和相关函数分别如图 2.7-1 和图 2.7-2 所示。

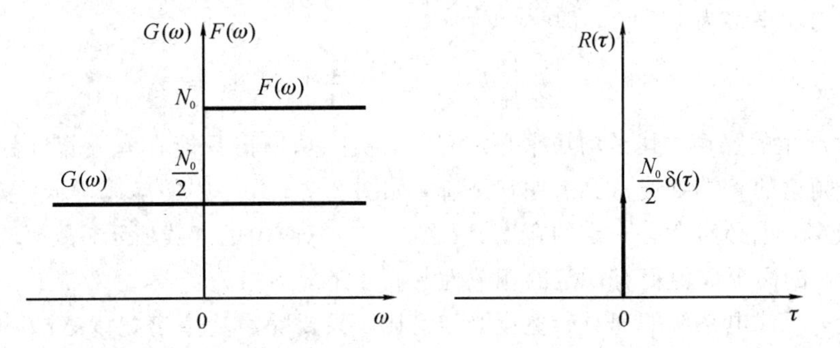

图 2.7-1　白噪声的功率谱密度　　　图 2.7-2　白噪声的相关函数

由于白噪声中不含直流等确定分量，符合相关函数的性质(4)：$R_X(\infty)=m_X^2$，故当 $\tau=\infty$ 时，有

$$m^2=R(\infty)=\frac{N_0}{2}\delta(\infty)=0 \tag{2.7-4}$$

得

$$C(\tau)=R(\tau)-m^2=\frac{N_0}{2}\delta(\tau) \tag{2.7-5}$$

$$\sigma^2=C(0)=\frac{N_0}{2}\delta(0) \tag{2.7-6}$$

因而白噪声的相关系数为

$$r(\tau)=\frac{C(\tau)}{\sigma^2}=\begin{cases}1, & \tau=0\\ 0, & \tau\neq 0\end{cases} \tag{2.7-7}$$

而相关时间为

$$\tau_0=\int_0^{\infty}r(\tau)\,\mathrm{d}\tau=0 \tag{2.7-8}$$

上面两式表明，白噪声仅在 $\tau=0$ 时才有相关性，只要时间间隔不为零，两个取值之间

就不相关。故知白噪声波形是起伏变化极快的一串随机脉冲，它具有无限窄的脉冲宽度。图 2.7-3 中用实线画出了白噪声的一个样本波形和功率谱。

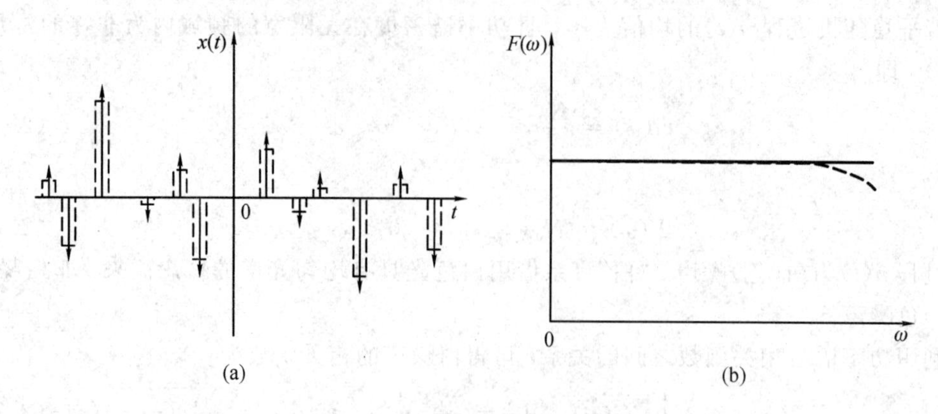

图 2.7-3　白噪声的样本波形和功率谱

白噪声只是一种理想化的模型，实际并不存在，乃因若功率谱在无限宽的频域内为常量，则其平均功率将为无限大，即

$$R(0)=\frac{1}{2\pi}\int_0^{\infty}F(\omega)\mathrm{d}\omega=\frac{1}{2\pi}\int_0^{\infty}N_0\,\mathrm{d}\omega=\infty \tag{2.7-9}$$

而任何实际产生的噪声，其平均功率必定有限，实际功率谱只能在有限宽度的频域内近似为常量，在频谱的高端处通常会有明显下降，如图 2.7-3(b)中的虚线所示。实际噪声脉冲波形即使极窄，也必然会有一定的宽度，如图 2.7-3(a)中的虚线所示。故当时间间隔 τ 极小时，间隔 τ 的两个取值仍有一定的相关性，不会完全不相关。

实际上，无线电系统的通频带宽度必定有限，只要噪声功率谱宽度 Δf_n 约为系统通频带 Δf 的 2～3 倍，且在系统通频带内的功率谱密度比较均匀，那么这种宽带噪声就可当作白噪声来处理。这种在有限频带范围内具有均匀功率谱密度的噪声，称为限带白噪声。换句话说，若噪声在一个有限频带上有非零的常数功率谱，而在频带之外为零，则被称为限带白噪声。图 2.7-4 示出了一个这样的低通功率谱限带白噪声。其功率谱密度为

$$G_N(\omega)=\begin{cases}\dfrac{\pi W}{\Omega}, & -\Omega<\omega<\Omega\\ 0, & \text{其他}\end{cases}$$

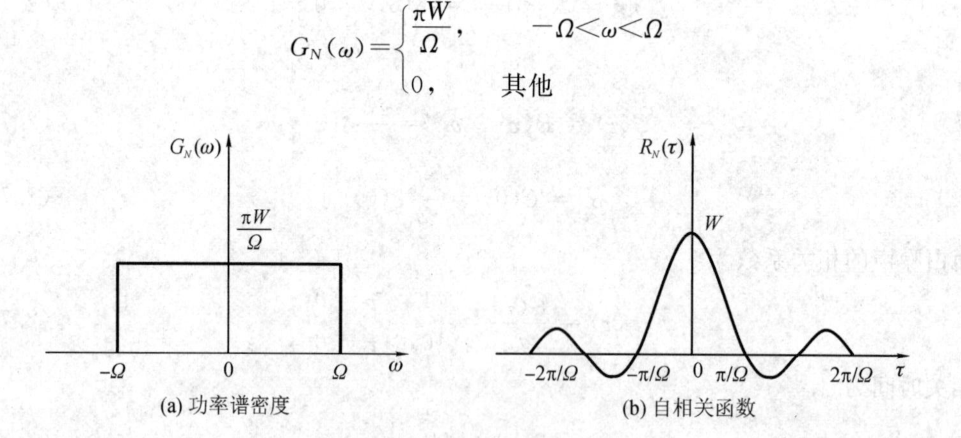

图 2.7-4　低通功率谱限带白噪声

求 $G_N(\omega)$的傅里叶反变换，可得自相关函数为

$$R_N(\tau)=W\frac{\sin\Omega\tau}{\Omega\tau}$$

$R_N(\tau)$如图 2.7－4(b)所示，常数 W 等于噪声功率。

限带白噪声也可以是带通的，如图 2.7－5 所示，其功率谱密度与自相关函数为

$$G_N(\omega)=\begin{cases}\dfrac{\pi W}{\Omega}, & \omega_0-\dfrac{\Omega}{2}<|\omega|<\omega_0+\dfrac{\Omega}{2}\\ 0, & \text{其他}\end{cases}$$

$$R_N(\tau)=W\frac{\sin\left(\dfrac{\Omega\tau}{2}\right)}{\dfrac{\Omega\tau}{2}}\cos\omega_0\tau$$

式中，ω_0 和 Ω 是常数，W 是噪声功率。

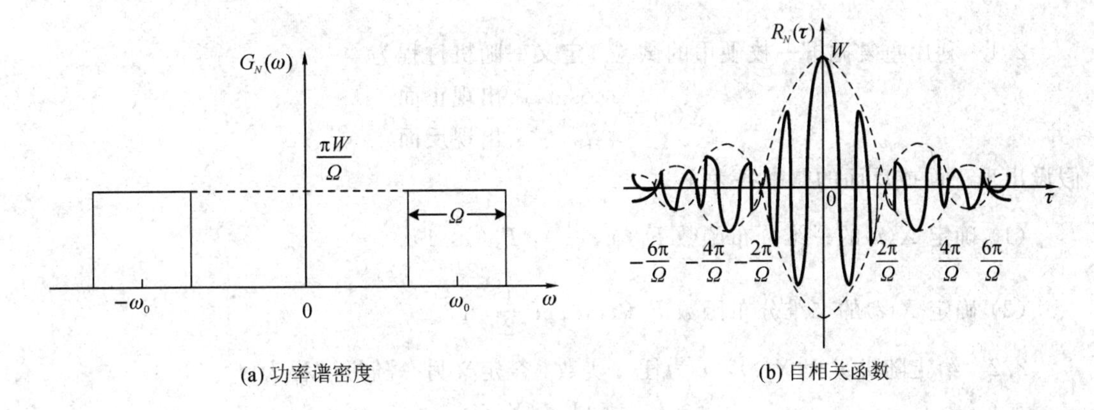

图 2.7－5　带通限带白噪声

任意的非白噪声定义为有色噪声(或称色噪声)。下面给出一个色噪声的例子。

例 2.7－1　设 $N(t)$为平稳过程，其自相关函数为

$$R_N(\tau)=W\mathrm{e}^{-2|\tau|}$$

式中，W 为常数。求 $N(t)$的功率谱密度 $G_N(\omega)$。

解　$N(t)$的功率谱密度 $G_N(\omega)$为

$$\begin{aligned}G_N(\omega)&=\int_{-\infty}^{+\infty}W\mathrm{e}^{-2|\tau|}\mathrm{e}^{-\mathrm{j}\omega\tau}\,\mathrm{d}\tau\\&=W\left[\int_0^{+\infty}\mathrm{e}^{-(2+\mathrm{j}\omega)\tau}\,\mathrm{d}\tau+\int_{-\infty}^{0}\mathrm{e}^{(2-\mathrm{j}\omega)\tau}\,\mathrm{d}\tau\right]\\&=\frac{4W}{4+\omega^2}\end{aligned}$$

$N(t)$的功率谱密度和自相关函数如图 2.7－6 所示。

应该指出，白噪声是按功率谱特性分类得到的，但噪声的主要分类方法应根据其概率分布，分成正态噪声和瑞利噪声等。

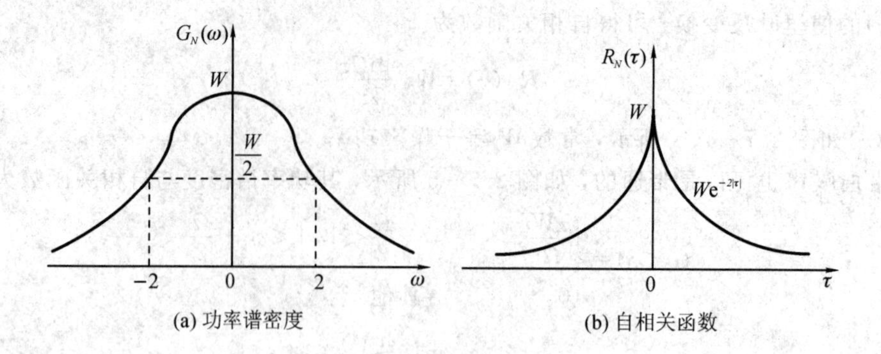

(a) 功率谱密度　　(b) 自相关函数

图 2.7-6　色噪声举例

习　题　2

2.1　利用重复抛掷一枚硬币的试验，定义一随机过程为

$$X(t)=\begin{cases}\cos\pi t, & \text{出现正面}\\ 2t, & \text{出现反面}\end{cases}$$

假设出现正面或反面的概率各为1/2。

(1) 确定 $X(t)$的一维分布函数 $F_1(x, \frac{1}{2})$，$F_1(x, 1)$。

(2) 确定 $X(t)$的二维分布函数 $F_2(x_1, x_2; \frac{1}{2}, 1)$。

2.2　给定随机过程 $X(t)$，x 为任一实数，今定义另一随机过程为

$$Y(t)=\begin{cases}1, & X(t)\leqslant x\\ 0, & X(t)>x\end{cases}$$

证明：$Y(t)$的均值和自相关函数分别为 $X(t)$的一维和二维分布函数。

2.3　设有随机信号 $X(t)=X\cos\omega t$，其中 ω 为常量，X 为在区间(0, 1)上均匀分布的随机变量。试求时刻 $t=0$、$\pi/(4\omega)$、$\pi/(2\omega)$时 $X(t)$的一维概率密度。

2.4　已知随机过程 $X(t)$的均值 $m_X(t)$和协方差函数 $C_X(t_1, t_2)$，$s(t)$为确知函数。试求随机过程 $Y(t)=X(t)+s(t)$的均值和协方差函数。

2.5　给定随机过程 $X(t)=A\cos\omega t+B\sin\omega t$，其中 ω 为常数，A 和 B 是统计独立的标准正态随机变量。试求 $X(t)$的均值、方差、相关函数、协方差函数、均方值和标准差。

2.6　试求例 2.1-4 中所示随机振幅信号 $X(t)$在 $t=\pi/(3\omega_0)$时的特征函数，并求此时的数学期望、方差和均方值。

2.7　设有随机过程 $X(t)=X\cos(\omega t+\theta)$，其中 X 为服从瑞利分布的随机变量，其概率密度为

$$p(x)=\begin{cases}\dfrac{x}{\sigma^2}e^{-\frac{x^2}{2\sigma^2}}, & x\leqslant 0\\ 0, & x>0\end{cases}$$

θ是在(0, 2π)上均匀分布的随机变量，且与 X 统计独立，ω 为常数。问：$X(t)$是否为平稳

随机过程?

2.8 设 $Z(t)=A\cos\omega t+n(t)$，其中 A 和 ω 均为常数，$n(t)$是均值为零、方差为 σ^2 的平稳正态随机过程。

(1) 求 $Z(t)$的一维概率密度；

(2) 问：$Z(t)$是否平稳?

2.9 随机过程 $X(t)=X\cos(\omega t+\theta)$，其中 ω 为常数，X 服从正态分布 $N(0,\sigma^2)$，θ 在$(0, 2\pi)$上服从均匀分布，且 X 与 θ 统计独立。

(1) 求 $X(t)$的数学期望、方差和相关函数；

(2) 问：$X(t)$是否平稳?

2.10 设 $s(t)$是周期为 T 的函数，θ 是在$(0, T)$上均匀分布的随机变量，试证明周期性随机初相过程 $X(t)=s(t+\theta)$为各态历经过程。

2.11 已知平稳随机过程 $X(t)$的相关函数为 $R_X(\tau)=\sigma^2\mathrm{e}^{-\alpha|\tau|}\cos\beta\tau$。

(1) 求功率谱密度 $G_X(\omega)$、$F_X(\omega)$和 $F_X(f)$；

(2) 求相关系数 $r_X(\tau)$和相关时间 τ_0。

2.12 已知平稳随机过程的功率谱密度为 $G_X(\omega)=\dfrac{2\omega^2+5}{\omega^4+5\omega^2+4}$，求自相关函数及均方值。

2.13 求下列平稳随机过程的自相关函数和功率谱密度 $G(f)$，并画出其图形。

(1) $u_1(t)=A\cos(\omega_0 t+\theta)$；

(2) $u_2(t)=[A\cos(\omega_0 t+\theta)]^2$。

在上两式中，A 和 ω_0 均为常数，θ 在$(0, 2\pi)$上均匀分布。

2.14 $X(t)$、$Y(t)$是零均值实平稳随机信号，方差 $\sigma_X^2=5$，$\sigma_Y^2=10$，下述函数是否可能是 $X(t)$、$Y(t)$的相应的自相关函数，为什么?

(1) $R_X(\tau)=5\sin5\tau$；　　(2) $R_X(\tau)=5\mathrm{e}^{-|\tau|}$；

(3) $R_Y(\tau)=-\cos(6\tau)\mathrm{e}^{-|\tau|}$；　　(4) $R_Y(\tau)=6+\dfrac{2\sin(10\tau)}{5\tau}$

2.15 下面哪些函数是功率谱密度的正确表达式?为什么?

(1) $G_1(\omega)=\dfrac{\omega^2+9}{(\omega^2+4)(\omega+1)^2}$

(2) $G_2(\omega)=\dfrac{\omega^2+1}{\omega^4+5\omega^2+6}$

(3) $G_3(\omega)=\dfrac{\omega^2+4}{\omega^4-4\omega^2+3}$

(4) $G_4(\omega)=\dfrac{\mathrm{e}^{-\mathrm{j}\omega^2}}{\omega^2+2}$

2.16 随机信号 $X(t)=A+B\cos(\omega_0 t+\varphi)$，其中 A、B 和 ω_0 为常数，φ 是在$(0, 2\pi)$上均匀分布的随机变量。求 $X(t)$的功率谱密度和总平均功率。

2.17 随机过程 $X(t)=A\cos(\omega t+\theta)$，其中 A 为常数，ω 和 θ 是统计独立的随机变量，θ 在$(0, 2\pi)$上均匀分布，ω 有对称的概率密度 $p(\omega)=p(-\omega)$。

(1) $X(t)$是否平稳?

(2) 求 $X(t)$的方差和功率谱密度。

2.18 设 $X(t)$和 $Y(t)$是统计独立的平稳过程，均值 m_X 和 m_Y 都不为零，今定义 $Z(t)=X(t)+Y(t)$，求互谱密度 $G_{XY}(\omega)$和 $G_{XZ}(\omega)$。

2.19 设 $X(t)$为广义平稳随机过程，其自相关函数 $R_X(\tau)$如题 2.19 图所示，试求该过程的功率谱密度，并画出其图形。

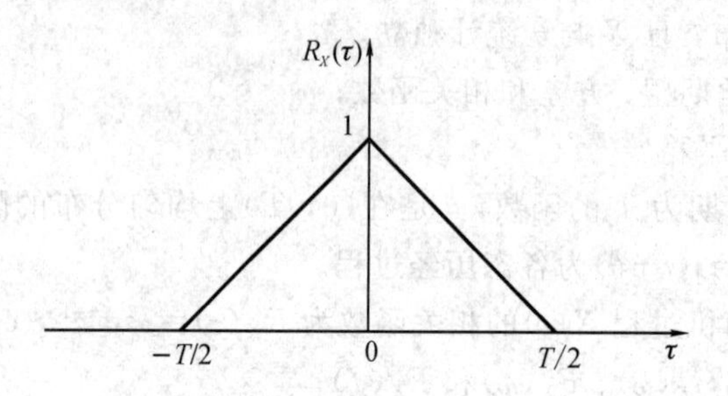

题 2.19 图　相关函数示意图

2.20 设 $X(t)$和 $Y(t)$是联合平稳过程，证明：

$$\mathrm{Re}[G_{XY}(\omega)]=\mathrm{Re}[G_{YX}(\omega)],\ \mathrm{Im}[G_{XY}(\omega)]=-\mathrm{Im}[G_{YX}(\omega)]$$

2.21 $X(n)$是取值(0, 1)的伯努利随机信号，$P[X(n)=0]=q$ 和 $P[X(n)=1]=p$。求伯努利随机信号的一维和二维概率密度函数。

2.22 二项式随机信号 $Y(n)=\sum\limits_{i=1}^{n}X(i)$，其中 $X(n)$是题 2.21 所示伯努利随机信号。试求 $Y(n)$的均值和相关函数。

2.23 $X(t)$和 $Y(t)$是统计独立的平稳过程，均值分别为 m_X 和 m_Y，协方差函数分别为 $C_X(\tau)=e^{-\alpha|\tau|}$ 和 $C_Y(\tau)=e^{-\beta|\tau|}$。求 $Z(t)=X(t)Y(t)$的相关函数和功率谱密度。

2.24 设随机信号 $X(t)=A_0\cos(\omega_0 t+\varphi)$，对 $X(t)$进行噪声调幅得 $Y(t)$，$Y(t)=[A_0+N(t)]\cos(\omega_0 t+\phi)$。其中 A_0 和 ω_0 为大于零的常数，$N(t)$为零均值平稳噪声，其功率谱为 $G_N(\omega)$(如图题 2.24 所示，$c\ll\omega_0$)，φ 是在(0, 2π)上均匀分布的随机变量，$N(t)$与 ϕ 统计独立。

(1) 求 $Y(t)$的功率谱密度。

(2) 试分别画出 $X(t)$和 $Y(t)$的功率谱密度。

2.25 已知随机过程 $X(t)$和 $Y(t)$独立且各自平稳，有 $R_X(\tau)=e^{-|\tau|}\cos\tau$，$R_Y(\tau)=\cos\tau$。令随机过程 $Z(t)=AX(t)Y(t)$，其中 A 是均值为 2，方差为 4 的随机变量，且与 $X(t)$和 $Y(t)$相互独立。求过程 $Z(t)$的均值、方差和自相关函数。

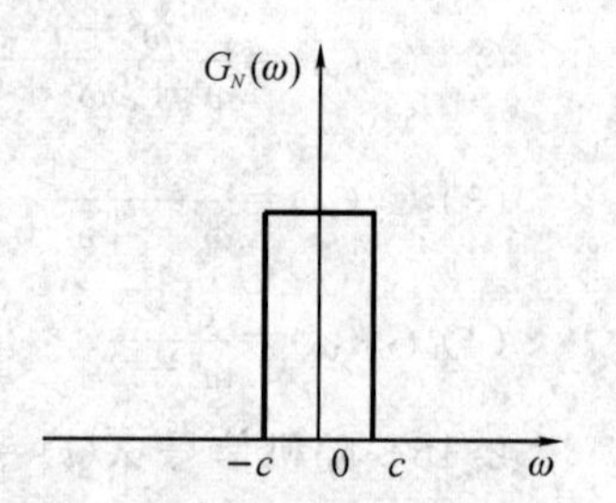

题 2.24 图　噪声功率谱密度

2.26 设随机过程 $X(t)$和 $Y(t)$联合平稳，

(1) 求 $Z(t)=X(t)+Y(t)$的自相关函数；

(2) 若 $X(t)$和 $Y(t)$统计独立，求 $Z(t)$的自相关函数；

(3) 若 $X(t)$和 $Y(t)$统计独立，且 $E[X]=0$，求 $Z(t)$的自相关函数。

2.27 已知 $Z(t)=X\cos\omega t+Y\sin\omega t$，其中 X 和 Y 为随机变量。问：

(1) 当 X、Y 的矩函数满足什么条件时，$Z(t)$为一平稳过程？

(2) 当 X、Y 服从什么分布时，$Z(t)$服从正态分布？并求在条件(1)下 $Z(t)$的一维概率密度。

2.28 已知随机过程 $Y(t)=X(t)+s(t)$，其中 $s(t)=\cos(\omega_0 t+\theta)$，$\omega_0$ 为常数，$X(t)$为零均值平稳正态过程，且与 $s(t)$统计独立。问：当 θ 分别在下列两种情况下，随机过程 $Y(t)$是否正态分布，是否平稳？

(1) θ 为随机变量，且在$(0, 2\pi)$上均匀分布；

(2) $\theta=0$。

2.29 已知正态随机过程 $X(t)$的均值和协方差函数分别为

$$m_X(t)=3,\ C_X(t_1, t_2)=4e^{-0.2|t_2-t_1|}$$

试求 $X(5)\leqslant 2$ 的概率。

2.30 设有 $2n$ 个实随机变量 A_i、B_i 都不相关，它们的均值都是零，且 $E[A_i^2]=E[B_i^2]=\sigma_i^2$，试求随机过程

$$X(t)=\sum_{i=1}^{N}(A_i\cos\omega_i t+B_i\sin\omega_i t)$$

的均值和自相关函数，并问 $X(t)$是否平稳过程。

2.31 上机题：设有随机初相信号 $X(t)=5\cos(t+\varphi)$，其中相位 φ 是在区间$(0, 2\pi)$上均匀分布的随机变量。试用 MATLAB 编程产生其三个样本函数。

2.32 上机题：模拟产生一个正态随机序列 $X(n)$，要求自相关函数满足

$$R_X(m)=\frac{1}{1-0.64}0.8^{|m|}$$

画出产生的随机序列波形。

第3章 随机过程的线性变换

3.1 线性变换与线性系统概述

3.1.1 线性系统的基本概念

1. 系统的分类及其特性

无线电系统通常分成线性系统和非线性系统两大类。具有叠加性和比例性的系统称为线性系统。反之，称为非线性系统。

假设线性系统的输入确知信号为 $x(t)$，输出确知信号为 $y(t)$，则 $y(t)$可以看成是线性系统对 $x(t)$经过一定数学运算所得的结果。这种数学运算属于线性运算，例如加法、数乘、微分、积分等。如果使用线性算子符号 $L[\cdot]$表示，则一般的线性变换可用图 3.1－1 或下式表示：

$$y(t)=L[x(t)] \tag{3.1-1}$$

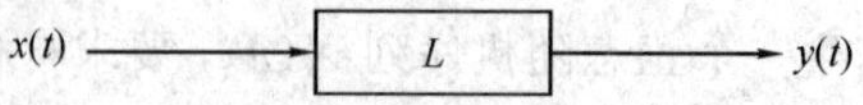

$x(t)$ → L → $y(t)$

图 3.1－1

若对任意常数 a_1，a_2，有

$$y(t)=L[a_1x_1(t)+a_2x_2(t)]=a_1L[x_1(t)]+a_2L[x_2(t)] \tag{3.1-2}$$

则称为线性变换，它具有下述两个基本特性：

(1)叠加性：函数之和的线性变换等于各函数的线性变换之和，即

$$L[x_1(t)+x_2(t)]=L[x_1(t)]+L[x_2(t)] \tag{3.1-3}$$

(2)比例性：任意函数乘以一常数后的线性变换，等于该函数经线性变换后再乘此常数，即

$$L[ax(t)]=aL[x_1(t)] \tag{3.1-4}$$

此外，无线电系统还可按照是否具有时不变特性，分成时变系统和时不变系统；按其是否具有因果性，分成因果系统和非因果系统。

若对任意时刻 t_0，都有

$$y(t+t_0)=L[x(t+t_0)] \tag{3.1-5}$$

则称此系统为时不变线性系统。时不变特性是指系统响应不依赖于计时起点的选择，意即如果输入信号提前(或迟后)一段时间 t_0，则输出信号也同样提前(或迟后)t_0 时间，而波形保持不变。

取计时起点 $t_0=0$，如果 $t<0$ 时系统的输入信号 $x(t)=0$，有相应的输出信号 $y(t)=0$，

则这种系统称为因果系统，意即仅当激励加入之后，才会有响应输出，激励是产生响应的原因，而响应是激励产生的结果，这种特性称为因果性。可以物理实现的系统都是因果系统，所以因果系统又称物理可实现系统。反之，非因果系统不具有因果性，又称物理不可实现系统。

2. 线性系统的分析方法

一个线性系统的响应特性可用下列 n 阶线性微分方程表示：

$$a_n\frac{\mathrm{d}^n y(t)}{\mathrm{d}t_n}+a_{n-1}\frac{\mathrm{d}^{n-1} y(t)}{\mathrm{d}t_{n-1}}+\cdots+a_1\frac{\mathrm{d}y(t)}{\mathrm{d}t}+a_0 y(t)$$
$$=b_m\frac{\mathrm{d}^m x(t)}{\mathrm{d}t_m}+b_{m-1}\frac{\mathrm{d}^{m-1} x(t)}{\mathrm{d}t_{m-1}}+\cdots+b_1\frac{\mathrm{d}x(t)}{\mathrm{d}t}+b_0 x(t) \tag{3.1-6}$$

式中，如果所有系数 a，b 均为常数，则为时不变系统；如果 a，b 为时间函数，则为时变系统。

对于时不变线性系统，上式为常系数线性微分方程，可用经典的微分方程法来直接求解输出信号 $y(t)$，但是其计算一般比较繁琐，因而常用的时域分析方法是卷积积分法，其计算通常要简便些。

设线性系统的输入确知信号为 $x(t)$，系统对单位冲激 $\delta(t)$ 的响应为 $h(t)$，响应输出为 $y(t)$，如图 3.1-2 所示。

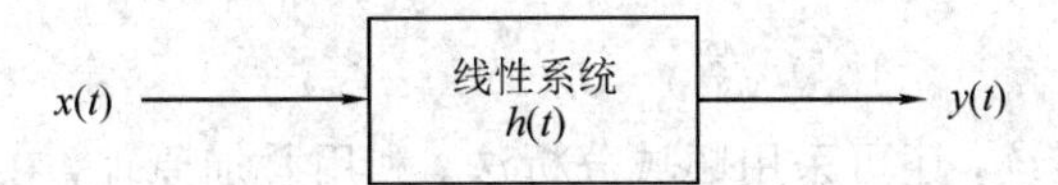

图 3.1-2　确知信号的线性变换

今设输入信号 $x(t)$ 如图 3.1-3(a)所示。利用叠加原理，将它分解成许多相邻的窄脉冲(图中所示)，脉冲宽度为 $\Delta\tau$，脉冲幅值为 $x(\tau)$。$\Delta\tau$ 取得越小，脉冲幅值越逼近于函数值。当 $\Delta\tau\to 0$ 时，此窄脉冲变成冲激函数，冲激强度等于窄脉冲的面积 $x(\tau)\Delta\tau$，根据时不变性，相应的输出为 $x(\tau)\Delta\tau h(t-\tau)$，如图 3.1-3(b)所示。

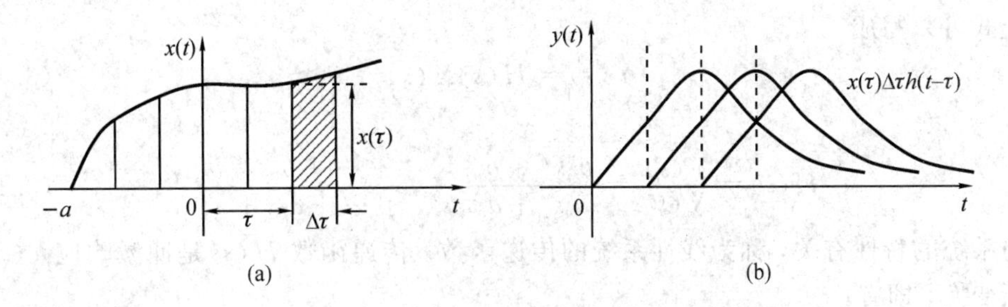

图 3.1-3　确知信号的冲激响应法

对于因果系统，任意时刻 t_1 的响应输出 $y(t_1)$ 为时刻 t_1 前各个窄脉冲的响应输出之和，即

$$y(t_1)=\lim_{\Delta\tau\to 0}\sum_{t=-a}^{t_1}x(\tau)h(t-\tau)\Delta\tau \tag{3.1-7}$$

或

$$y(t_1)=\int_{-a}^{t_1}x(\tau)h(t-\tau)\mathrm{d}\tau \tag{3.1-8}$$

若线性系统为物理可实现的稳定系统，由于它具有因果性，即当 $t<0$ 时，有 $h(t)=0$，又因系统是稳定的，即对有界的输入信号，其输出信号也应有界，以保证系统稳定，故需系统的冲激响应 $h(t)$必须绝对可积，即有

$$\int_{-\infty}^{+\infty}|h(t)|\mathrm{d}t<\infty \tag{3.1-9}$$

从而有

$$\lim_{t\to\infty}h(t)=0 \tag{3.1-10}$$

这时将式(3.1-8)中的积分上限扩大至$+\infty$，积分下限扩大至$-\infty$，对结果无影响，故可得

$$y(t)=\int_{-\infty}^{\infty}x(\tau)h(t-\tau)\mathrm{d}\tau \tag{3.1-11}$$

上式所示运算称为卷积积分，用符号⊗表示，因而上式可简记为

$$y(t)=x(t)\otimes h(t) \tag{3.1-12}$$

作变量代换 $\tau'=t-\tau$，可将积分式(3.1-11)改写为

$$y(t)=\int_{-\infty}^{\infty}x(t-\tau)h(\tau)\mathrm{d}\tau \tag{3.1-13}$$

或记作

$$y(t)=h(t)\otimes x(t) \tag{3.1-14}$$

对于时不变线性系统，还可采用频域分析法。利用叠加原理，在频域叠加，即傅里叶变换；在复频域叠加，即拉普拉斯(Laplace)变换。

用拉普拉斯变换求解线性系统的 n 阶线性微分方程时，利用其变换的微分特性，可得

$$\begin{aligned}&(a_ns^n+a_{n-1}s^{n-1}+\cdots+a_1s+a_0)Y(s)\\&=(b_ms^m+b_{m-1}s^{m-1}+\cdots+b_1s+b_0)X(s)\end{aligned} \tag{3.1-15}$$

式中：$X(s)=\int_{-\infty}^{\infty}x(t)\mathrm{e}^{-st}\mathrm{d}t$，$Y(s)=\int_{-\infty}^{\infty}y(t)\mathrm{e}^{-st}\mathrm{d}t$，$s=\sigma+\mathrm{j}\omega$。

上式可以写成

$$Y(s)=H(s)X(s) \tag{3.1-16}$$

其中：

$$H(s)=\frac{Y(s)}{X(s)}=\frac{b_ms^m+b_{m-1}s^{m-1}+\cdots+b_1s+b_0}{a_ns^n+a_{n-1}s^{n-1}+\cdots+a_1s+a_0} \tag{3.1-17}$$

它仅与系统的特性有关，称为线性系统的传递函数。传递函数 $H(s)$是冲激响应 $h(t)$的拉普拉斯变换，即有

$$H(s)=\int_{-\infty}^{\infty}h(t)\mathrm{e}^{-st}\mathrm{d}t \tag{3.1-18}$$

故用拉普拉斯变换求解线性系统输出时，可以先根据线性系统的具体组成，求得其传递函数 $H(s)$，并对已知的输入信号 $x(t)$作拉普拉斯变换，求得 $X(s)$，然后求出 $Y(s)=H(s)X(s)$，再作拉普拉斯反变换，即可求得输出信号 $y(t)$。

傅里叶变换只是拉普拉斯变换的特例，此时 $s=\mathrm{j}\omega$。因此由式(3.1-18)可得

$$H(\omega)=\int_{-\infty}^{\infty}h(t)\mathrm{e}^{-\mathrm{j}\omega t}\mathrm{d}t \tag{3.1-19}$$

$H(\omega)$称为线性系统的传输函数或频率响应特性。在一般情况下，它是复数，可写成

$$H(\omega)=|H(\omega)|\mathrm{e}^{\mathrm{j}\varphi(\omega)} \tag{3.1-20}$$

式中的模值$|H(\omega)|$称为幅频特性，相角$\varphi(\omega)$称为相频特性。

若已知传输函数$H(\omega)$，则作傅里叶反变换，即得冲激响应：

$$h(t)=\frac{1}{2\pi}\int_{-\infty}^{\infty}H(\omega)\mathrm{e}^{\mathrm{j}\omega t}\mathrm{d}\omega \tag{3.1-21}$$

它与传输函数是一对傅里叶变换，即有关系：

$$h(t)\leftrightarrow H(\omega) \tag{3.1-22}$$

对于因果系统，由于$t<0$时有$h(t)=0$，故得

$$H(\omega)=\int_{0}^{\infty}h(t)\mathrm{e}^{-\mathrm{j}\omega t}\mathrm{d}t \tag{3.1-23}$$

利用傅里叶变换求解输出信号时，当已知传输函数$H(\omega)$后，若输入信号为$x(t)$，则输出信号为

$$y(t)=\frac{1}{2\pi}\int_{-\infty}^{\infty}X(\omega)H(\omega)\mathrm{e}^{\mathrm{j}\omega t}\mathrm{d}\omega \tag{3.1-24}$$

式中：$X(\omega)$为输入信号$x(t)$的频谱，而$X(\omega)H(\omega)$为输出信号$y(t)$的频谱。

例 3.1-1　求如图 3.1-4 所示 RC 积分电路的传递函数和冲激响应。

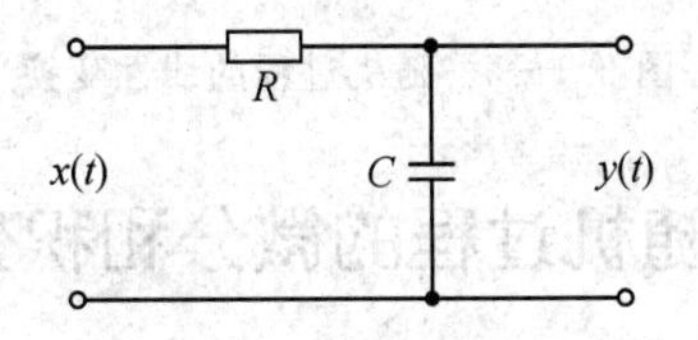

图 3.1-4　RC 积分电路

解　由图可知，输出电压$y(t)$与输入电压$x(t)$的关系式为

$$RC\frac{\mathrm{d}y(t)}{\mathrm{d}t}+y(t)=x(t) \tag{3.1-25}$$

令$a=1/(RC)$，并对上式两边作拉普拉斯变换，得

$$(s+a)Y(s)=aX(s) \tag{3.1-26}$$

故得传递函数为

$$H(s)=\frac{Y(s)}{X(s)}=\frac{a}{s+a} \tag{3.1-27}$$

对上式作拉普拉斯反变换，即得冲激响应为

$$h(t)=\begin{cases}a\mathrm{e}^{-at}, & t\geqslant 0\\ 0, & t<0\end{cases} \tag{3.1-28}$$

当然也可以利用傅里叶变换法，其传输函数可以直接利用分压原理获得，即

$$H(\omega)=\frac{\dfrac{1}{\mathrm{j}\omega C}}{R+\dfrac{1}{\mathrm{j}\omega C}}=\frac{1}{1+\mathrm{j}\omega RC} \tag{3.1-29}$$

3.1.2 随机过程线性变换的研究课题

当线性系统的输入为随机过程 $X(t)$时，其响应输出 $Y(t)$仍然是一个随机过程(见图3.1-5)。对于随机过程 $X(t)$中的一个样本 $x(t)$来说，由于它是确定的时间函数，故可以直接利用上述确知信号的线性变换方法求得 $y(t)$。而对整个随机过程 $X(t)$来说，同样可以运用微分方程法、冲激响应法、频谱法来求解输出随机过程 $Y(t)$。但研究随机过程时，通常并不需要求其具体详细的输出过程，而只需在已知输入随机过程 $X(t)$的统计特性后，求得输出随机过程 $Y(t)$的统计特性即可。因而随机过程线性变换的研究课题主要是下述两类问题：

(1) 已知输入过程 $X(t)$的矩函数(或功率谱密度)，求解输出过程 $Y(t)$的矩函数(或功率谱密度)。

对于矩函数的线性变换，主要研究统计均值 $m_Y(t)$与 $m_X(t)$的关系，以及相关函数 $R_Y(t_1, t_1)$与 $R_X(t_1, t_1)$的关系。若为平稳过程，则有

$$R_X(\tau)\leftrightarrow G_X(\omega),\ R_Y(\tau)\leftrightarrow G_Y(\omega) \tag{3.1-30}$$

故可求得功率谱密度 $G_Y(\omega)$与 $G_X(\omega)$的关系。

(2) 已知输入过程 $X(t)$的概率分布，求解输出过程 $Y(t)$的概率分布。

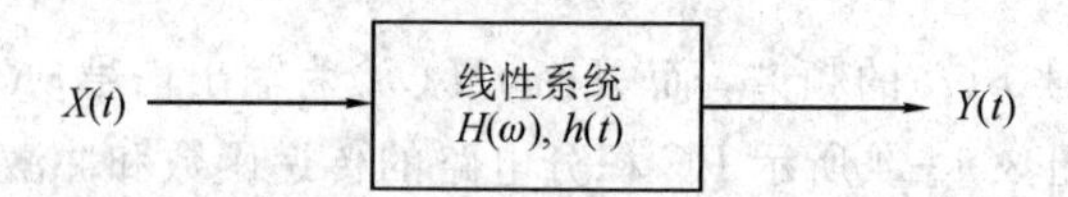

图 3.1-5 随机过程的线性变换

3.2 随机过程的微分和积分过程

3.2.1 随机过程的极限

1. 随机变量序列的极限

随机变量与普通变量的性质不同，故其极限的定义也不同。常用的定义有如下两种：

(1)随机变量序列$\{X_n\}$，$n=1, 2, \cdots$，若对任意小的正数 ε，恒有

$$\lim_{n\to\infty}P\{|X_n-X|>\varepsilon\}=0 \tag{3.2-1}$$

则称随机变量序列$\{X_n\}$依概率收敛于随机变量 X，或称变量 X 是序列$\{X_n\}$依概率意义下的极限，记作：

$$\lim_{n\to\infty}X_n\overset{P}{=}X \tag{3.2-2}$$

其解释为：对于任意小的正数 ε 和 η，有 $N=N(\varepsilon, \eta)$，使得对于一切 $n>N$ 的 n，恒有

$$P\{|X_n-X|>\varepsilon\}<\eta \tag{3.2-3}$$

意即：X_n 与 X 的偏差大于 ε 的事件几乎不可能出现。

(2) 设随机变量 X 和 $X_n(n=1, 2, \cdots)$都有二阶矩，若有

$$\lim_{n\to\infty}E\{|X_n-X|^2\}=0 \tag{3.2-4}$$

则称随机变量序列$\{X_n\}$依均方收敛于随机变量X，或称变量X是序列$\{X_n\}$依均方意义下的极限，记作：

$$\text{l.i.m.}\, X_n = X \tag{3.2-5}$$

其中：l. i. m. 是 limit in mean square 的缩写，表示依均方收敛意义下的极限。

由切比雪夫不等式

$$P\{|X_n - X| > \varepsilon\} \leqslant \frac{E\{|X_n - X|^2\}}{\varepsilon^2} \tag{3.2-6}$$

可知，若随机变量序列$\{X_n\}$依均方收敛于随机变量X，则必定也依概率收敛于X。但反之非真。下面主要运用依均方收敛的概念，而依概率收敛的概念仅用作统计解释。

2. 随机过程的极限

随机过程是随时间变化的一族随机变量。与由数列的极限定义推广到连续变量的确知函数一样，由随机变量序列$\{X_n\}$的极限定义可以推广到随机过程(随机函数)。

(1)若随机过程$X(t)$对于任意小的正数ε，当$t \to t_0$时恒有

$$\lim_{t \to t_0} P\{|X(t) - X| > \varepsilon\} = 0 \tag{3.2-7}$$

则称随机过程$X(t)$在$t \to t_0$时依概率收敛于随机变量X；或称变量X是过程$X(t)$在$t \to t_0$时依概率收敛意义下的极限，记作：

$$\lim_{t \to t_0} X(t) \overset{P}{=} X \tag{3.2-8}$$

(2) 设随机过程$X(t)$和随机变量X都有二阶矩，当$t \to t_0$时，若有

$$\lim_{t \to t_0} E\{|X(t) - X|^2\} = 0 \tag{3.2-9}$$

则称随机过程$X(t)$在$t \to t_0$时依均方收敛于随机变量X；或称变量X是过程$X(t)$在$t \to t_0$时依均方收敛意义下的极限，记作：

$$\underset{t \to t_0}{\text{l.i.m.}}\, X(t) = X \tag{3.2-10}$$

3.2.2 随机过程的连续性

所谓随机过程连续，并不要求各个样本都连续，只需依均方收敛意义下连续即可。

1. 均方连续的定义

若随机过程$X(t)$在t点附近有

$$\lim_{\Delta t \to 0} E\{|X(t + \Delta t) - X(t)|^2\} = 0 \tag{3.2-11}$$

或

$$\underset{\Delta t \to 0}{\text{l.i.m.}}\, X(t + \Delta t) = X(t) \tag{3.2-12}$$

则称随机过程$X(t)$依均方收敛意义下在t点连续，简称过程$X(t)$在t点均方连续。

由于依均方收敛必有依概率收敛，故得

$$\lim_{\Delta t \to 0} X(t + \Delta t) \overset{P}{=} X(t) \tag{3.2-13}$$

即当$\Delta t \to 0$时，有

$$P\{|X(t + \Delta t) - X(t)| > \varepsilon\} < \eta \tag{3.2-14}$$

式中 ε 和 η 可为任意小的正数。

上式表明，当时间 t 作微小变化时，$X(t+\Delta t)$ 与 $X(t)$ 的偏差大于 ε 的事件几乎不可能出现。

2. 均方连续的条件

实随机过程 $X(t)$ 在 t 点均方连续的充要条件是相关函数 $R_X(t_1, t_2)$ 在 $t_1=t_2=t$ 时连续。这是因为：

$$\begin{aligned} & E\{|X(t+\Delta t)-X(t)|^2\} \\ & = E[X(t+\Delta t)X(t+\Delta t)]-E[X(t+\Delta t)X(t)]-E[X(t)X(t+\Delta t)]+E[X(t)X(t)] \\ & = R_X(t+\Delta t, t+\Delta t)-R_X(t+\Delta t, t)-R_X(t, t+\Delta t)+R_X(t, t) \end{aligned} \tag{3.2-15}$$

当 $\Delta t \to 0$ 时，因上式右端趋于零，而有

$$E\{|X(t+\Delta t)-X(t)|^2\} \to 0 \tag{3.2-16}$$

故知过程 $X(t)$ 在 t 点均方连续。

若 $X(t)$ 为平稳过程，则其相关函数为

$$R_X(\tau)=E[X(t)X(t+\tau)]=E[X(t-\tau)X(t)] \tag{3.2-17}$$

此时，可得

$$E\{|X(t+\Delta t)-X(t)|^2\}=2[R_X(0)-R_X(\Delta t)] \tag{3.2-18}$$

故知平稳过程 $X(t)$ 的均方连续的充要条件为

$$\lim_{\Delta t \to 0} R_X(\Delta t)=R_X(0) \tag{3.2-19}$$

或

$$\lim_{\tau \to 0} R_X(\tau)=R_X(0) \tag{3.2-20}$$

即只要 $R_X(\tau)$ 在 $\tau=0$ 点连续，则平稳过程 $X(t)$ 在任意时刻 t 都是均方连续的。

3. 均值的连续性

若随机过程 $X(t)$ 均方连续，则其均值 $E[X(t)]$ 必定连续，即有

$$\lim_{\Delta t \to 0} E[X(t+\Delta t)]=E[X(t)] \tag{3.2-21}$$

证明如下：

设随机变量 $Z=\mathring{Z}+E[Z]$，则有

$$E[Z^2]=\sigma_Z^2+[E(Z)]^2 \geqslant [E(Z)]^2 \tag{3.2-22}$$

同理，若随机变量 $Z(t)=X(t+\Delta t)-X(t)$，则有

$$E\{[X(t+\Delta t)-X(t)]^2\} \geqslant \{E[X(t+\Delta t)-X(t)]\}^2 \tag{3.2-23}$$

今已知过程 $X(t)$ 均方连续，有

$$\lim_{\Delta t \to 0} E\{|X(t+\Delta t)-X(t)|^2\}=0 \tag{3.2-24}$$

再由式(3.2-23)可知，该不等式的右端必定趋于零，即有

$$\lim_{\Delta t \to 0} E[X(t+\Delta t)-X(t)]=0 \tag{3.2-25}$$

或

$$\lim_{\Delta t \to 0} E[X(t+\Delta t)]=E[X(t)] \tag{3.2-26}$$

从而得证。

将式(3.2-12)代入式(3.2-21)，可得

$$\lim_{\Delta t\to 0}E[X(t+\Delta t)]=E[\underset{\Delta t\to 0}{\text{l.i.m.}}\, X(t+\Delta t)] \tag{3.2-27}$$

上式表明，在均方连续条件下，求随机过程的均值与极限时，可以互换运算次序。但应注意，上式中两个极限的意义有所不同，左端为普通函数的极限，而右端却为依均方收敛意义下的极限。

3.2.3　随机过程的微分(导数)

1. 均方导数的定义

设有随机过程 $X(t)$，若当 $\Delta t\to 0$ 时，增量比值 $[X(t+\Delta t)-X(t)]/\Delta t$ 依均方收敛于某随机变量(与 t 有关)，则此随机变量称为随机过程 $X(t)$ 在 t 点的均方导数，记作 $\mathrm{d}X(t)/\mathrm{d}t$，或简记为 $\dot{X}(t)$，即

$$\dot{X}(t)=\frac{\mathrm{d}X(t)}{\mathrm{d}t}=\underset{\Delta t\to 0}{\text{l.i.m.}}\,\frac{X(t+\Delta t)-X(t)}{\Delta t} \tag{3.2-28}$$

或

$$\lim_{\Delta t\to 0}E\left\{\left|\frac{X(t+\Delta t)-X(t)}{\Delta t}-\dot{X}(t)\right|^2\right\}=0 \tag{3.2-29}$$

仿上还可定义随机过程 $X(t)$ 的二阶均方导数为

$$\ddot{X}(t)=\frac{d^2X(t)}{\mathrm{d}t^2}=\underset{\Delta t\to 0}{\text{l.i.m.}}\,\frac{\dot{X}(t+\Delta t)-\dot{X}(t)}{\Delta t} \tag{3.2-30}$$

2. 均方可微(可导)的条件

随机过程 $X(t)$ 在 t 点要能均方可微，不仅需要在 t 点均方连续，还需过程 $X(t)$ 在均方意义下的左、右极限相等，即需

$$\lim_{\Delta t_1,\,\Delta t_2\to 0}E\left\{\left[\frac{X(t+\Delta t_1)-X(t)}{\Delta t_1}-\frac{X(t+\Delta t_2)-X(t)}{\Delta t_2}\right]^2\right\}=0 \tag{3.2-31}$$

而

$$\begin{aligned}
&E\left\{\left[\frac{X(t+\Delta t_1)-X(t)}{\Delta t_1}-\frac{X(t+\Delta t_2)-X(t)}{\Delta t_2}\right]^2\right\}\\
&=\frac{1}{\Delta t_1^2}\{[R_X(t+\Delta t_1,t+\Delta t_1)-R_X(t,t+\Delta t_1)]-[R_X(t+\Delta t_1,t)-R_X(t,t)]\}+\\
&\quad\frac{1}{\Delta t_2^2}\{[R_X(t+\Delta t_2,t+\Delta t_2)-R_X(t,t+\Delta t_2)]-[R_X(t+\Delta t_2,t)-R_X(t,t)]\}-\\
&\quad 2\,\frac{1}{\Delta t_1\Delta t_2}\{[R_X(t+\Delta t_1,t+\Delta t_2)-R_X(t,t+\Delta t_2)]-[R_X(t+\Delta t_1,t)-R_X(t,t)]\}
\end{aligned} \tag{3.2-32}$$

若 $t_1=t_2=t$ 时存在二阶混合偏导数 $\frac{\partial^2R_X(t_1,t_2)}{\partial t_1\partial t_2}$，则式(3.2-32)右端第三项系数 -2 后的部分，其极限为

$$\begin{aligned}
&\lim_{\Delta t_1,\,\Delta t_2\to 0}\frac{1}{\Delta t_1\Delta t_2}\{[R_X(t+\Delta t_1,t+\Delta t_2)-R_X(t,t+\Delta t_2)]-[R_X(t+\Delta t_1,t)-R_X(t,t)]\}\\
&=\frac{\partial^2R_X(t_1,t_2)}{\partial t_1\partial t_2}
\end{aligned} \tag{3.2-33}$$

同理可得式(3.2-32)右端第一、第二项的极限为

$$\lim_{\Delta t_1=\Delta t_2\to 0}\frac{1}{\Delta t_1\Delta t_2}\{[R_X(t+\Delta t_1,t+\Delta t_2)-R_X(t,t+\Delta t_2)]-[R_X(t+\Delta t_1,t)-R_X(t,t)]\}$$

$$=\frac{\partial^2 R_X(t_1,t_2)}{\partial t_1\partial t_2} \tag{3.2-34}$$

故得

$$\lim_{\Delta t_1,\Delta t_2\to 0}E\left\{\left[\frac{X(t+\Delta t_1)-X(t)}{\Delta t_1}-\frac{X(t+\Delta t_2)-X(t)}{\Delta t_2}\right]^2\right\}$$

$$=\frac{\partial^2 R_X(t_1,t_2)}{\partial t_1\partial t_2}+\frac{\partial^2 R_X(t_1,t_2)}{\partial t_1\partial t_2}-2\frac{\partial^2 R_X(t_1,t_2)}{\partial t_1\partial t_2}=0 \tag{3.2-35}$$

可见随机过程 $X(t)$ 均方可微的充要条件为：相关函数 $R_X(t_1,t_2)$ 在自变量 $t_1=t_2=t$ 时，需要存在二阶混合偏导数。

若 $X(t)$ 为平稳过程，因有

$$R_X(t_1,t_2)=R_X(t_2-t_1)=R_X(\tau) \tag{3.2-36}$$

式中 $\tau=t_2-t_1$，故得

$$\left.\frac{\partial^2 R_X(t_1,t_2)}{\partial t_1\partial t_2}\right|_{t_1=t_2=t}=-\left.\frac{\mathrm{d}^2R_X(\tau)}{\mathrm{d}\tau^2}\right|_{\tau=0}=-R''_X(0) \tag{3.2-37}$$

可见平稳过程 $X(t)$ 均方可微的充要条件为：当自变量 $\tau=0$ 时，相关函数 $R_X(\tau)$ 需要有二阶导数 $R''_X(0)$ 存在。显然，要 $R''_X(0)$ 存在，必须 $R'_X(\tau)$ 在 $\tau=0$ 点连续。

例 3.2-1 已知随机过程 $X(t)$ 的相关函数 $R_X(\tau)=\mathrm{e}^{-a\tau^2}$，问过程 $X(t)$ 是否均方连续、均方可微。

解 $R_X(\tau)=\mathrm{e}^{-a\tau^2}$ 属于初等函数，当 $\tau=0$ 时相关函数 $R_X(\tau)$ 是连续的，因而过程 $X(t)$ 在任意时刻 t 都是均方连续的。

$$R'_X(\tau)=\frac{\mathrm{d}^2R_X(\tau)}{\mathrm{d}\tau^2}=-2a\tau\mathrm{e}^{-a\tau^2} \tag{3.2-38}$$

$$R''_X(0)=\frac{\mathrm{d}^2R_X(\tau)}{\mathrm{d}\tau^2}\Big|_{\tau=0}=-2a \tag{3.2-39}$$

由于 $R''_X(0)$ 存在，故知过程 $X(t)$ 是均方可微的。

例 3.2-2 已知随机过程 $X(t)$ 的相关函数 $R_X(\tau)=\sigma^2\mathrm{e}^{-a|\tau|}$，判断其连续性和可微性。

解

$$R_X(\tau)=\sigma^2\mathrm{e}^{-a|\tau|}=\begin{cases}\sigma^2\mathrm{e}^{-a\tau}, & \tau\geqslant 0\\ \sigma^2\mathrm{e}^{a\tau}, & \tau<0\end{cases} \tag{3.2-40}$$

属于初等函数，当 $\tau=0$ 时相关函数 $R_X(\tau)$ 是连续的，如图 3.2-1(a)所示，故知过程 $X(t)$ 在任意时刻 t 都是均方连续的。

$$R'_X(\tau)=\begin{cases}-a\sigma^2\mathrm{e}^{-a\tau}, & \tau\geqslant 0\\ a\sigma^2\mathrm{e}^{a\tau}, & \tau<0\end{cases} \tag{3.2-41}$$

3.2-1(b)中，在 $\tau=0$ 点，由于一阶导数 $R'_X(\tau)$ 不连续，因而二阶导数 $R''_X(0)$ 不存在，故知随机过程 $X(t)$ 是均方不可微的。

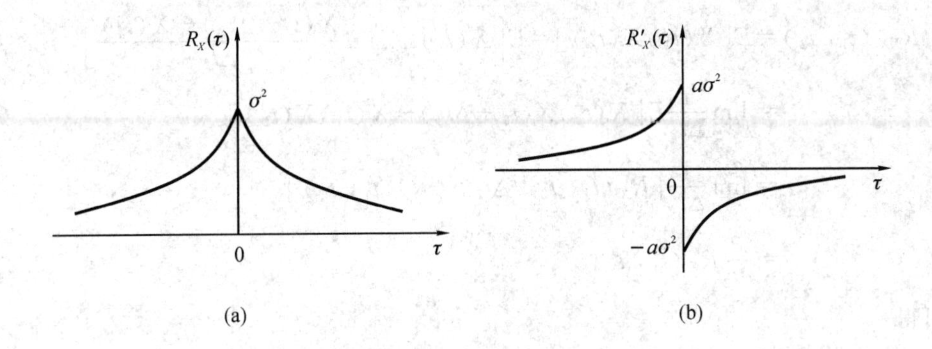

图 3.2-1　例 3.2-2 的相关函数图形

3.2.4　随机过程的微分变换

若随机过程 $X(t)$ 均方可微，则其均方导数 $\frac{\mathrm{d}X(t)}{\mathrm{d}t}$ 仍为一随机过程，今简记作 $\dot{X}(t)$，即

$$Y(t)=\frac{\mathrm{d}X(t)}{\mathrm{d}t}=\dot{X}(t) \tag{3.2-42}$$

它是输入随机过程 $X(t)$ 经过理想微分器作微分变换后的输出。

1. 随机过程均方导数的均值(或数学期望)

因为

$$\dot{X}(t)=\frac{\mathrm{d}X(t)}{\mathrm{d}t}=\underset{\Delta t\to 0}{\mathrm{l.i.m.}}\frac{X(t+\Delta t)-X(t)}{\Delta t} \tag{3.2-43}$$

所以

$$\begin{aligned} m_{\dot{X}}(t)&=E[\dot{X}(t)]=E\left[\underset{\Delta t\to 0}{\mathrm{l.i.m.}}\frac{X(t+\Delta t)-X(t)}{\Delta t}\right]=\lim_{\Delta t\to 0}E\left[\frac{X(t+\Delta t)-X(t)}{\Delta t}\right]\\ &=\lim_{\Delta t\to 0}\frac{m_X(t+\Delta t)-m_X(t)}{\Delta t}=\frac{\mathrm{d}m_X(t)}{\mathrm{d}t} \end{aligned} \tag{3.2-44}$$

上式表明，随机过程导数的均值等于过程均值的导数，即有

$$E\left[\frac{\mathrm{d}X(t)}{\mathrm{d}t}\right]=\frac{\mathrm{d}}{\mathrm{d}t}E[X(t)] \tag{3.2-45}$$

可见随机过程的导数运算与均值运算可以互换次序。

若 $X(t)$ 为平稳过程，因其均值 $m_X(t)$ 是与时间 t 无关的常量，故知过程 $\dot{X}(t)$ 的均值 $m_{\dot{X}}(t)=0$，意即随机过程 $X(t)$ 的各个样本在同一时刻 t 的变化率的统计平均值为零。

2. 随机过程与其均方导数的互相关函数

根据均方导数的定义式，可得

$$\dot{X}(t_2)=\underset{\Delta t_2\to 0}{\mathrm{l.i.m.}}\frac{X(t_2+\Delta t_2)-X(t_2)}{\Delta t_2} \tag{3.2-46}$$

而

$$R_{X\dot{X}}(t_1,t_2)=E[X(t_1)\dot{X}(t_2)]=E\left[X(t_1)\underset{\Delta t_2\to 0}{\text{l.i.m.}}\frac{X(t_2+\Delta t_2)-X(t_2)}{\Delta t_2}\right]$$

$$=\lim_{\Delta t_2\to 0}\frac{1}{\Delta t_2}E[X(t_1)X(t_2+\Delta t_2)-X(t_1)X(t_2)]$$

$$=\lim_{\Delta t_2\to 0}\frac{1}{\Delta t_2}[R_X(t_1,t_2+\Delta t_2)-R_X(t_1,t_2)]$$

$$=\frac{\partial}{\partial t_2}R_X(t_1,t_2) \tag{3.2-47}$$

同理可得

$$R_{\dot{X}X}(t_1,t_2)=\frac{\partial}{\partial t_1}R_X(t_1,t_2) \tag{3.2-48}$$

若 $X(t)$为平稳过程，且 $\tau=t_2-t_1$，则得

$$R_{\dot{X}X}(\tau)=-\frac{\mathrm{d}}{\mathrm{d}\tau}R_X(\tau) \tag{3.2-49}$$

$$R_{X\dot{X}}(\tau)=\frac{\mathrm{d}}{\mathrm{d}\tau}R_X(\tau) \tag{3.2-50}$$

当 $t_1=t_2=t$ 时，有

$$R_{X\dot{X}}(\tau)\big|_{\tau=0}=-R_{\dot{X}X}(\tau)\big|_{\tau=0}=0 \tag{3.2-51}$$

这表明，平稳过程 $X(t)$在任一固定时刻 t_1 的取值 $X(t_1)$与其同一时刻的导数取值$\dot{X}(t_1)$不相关。如果 $X(t)$又是正态过程，则因 $\dot{X}(t)$仍为正态过程，因而 $X(t_1)$与 $\dot{X}(t_1)$不相关，也就统计独立。可见为平稳正态过程时，对于任一时刻 t_1，取值 $X(t_1)$与该点斜率$\dot{X}(t_1)$都统计独立。

3. 随机过程均方导数的自相关函数

$$R_{\dot{X}}(t_1,t_2)=E[\dot{X}(t_1)\dot{X}(t_2)]=E\left[\underset{\Delta t_1\to 0}{\text{l.i.m.}}\frac{X(t_1+\Delta t_1)-X(t_1)}{\Delta t_1}\cdot\dot{X}(t_2)\right]$$

$$=\lim_{\Delta t_1\to 0}\frac{1}{\Delta t_1}E[X(t_1+\Delta t_1)\dot{X}(t_2)-X(t_1)\dot{X}(t_2)]$$

$$=\lim_{\Delta t_1\to 0}\frac{1}{\Delta t_1}[R_{X\dot{X}}(t_1+\Delta t_1,t_2)-R_{X\dot{X}}(t_1,t_2)]$$

$$=\frac{\partial}{\partial t_1}R_{X\dot{X}}(t_1,t_2) \tag{3.2-52}$$

同理可得

$$R_{\dot{X}}(t_1,t_2)=\frac{\partial}{\partial t_2}R_{\dot{X}X}(t_1,t_2) \tag{3.2-53}$$

将式(3.2-48)或式(3.2-49)代入上两式，即可求得

$$R_{\dot{X}}(t_1,t_2)=\frac{\partial^2}{\partial t_1\partial t_2}R_X(t_1,t_2) \tag{3.2-54}$$

上式表明，求过程 $\dot{X}(t)$的自相关函数时，需对原过程 $X(t)$的自相关函数作两次微分变换(先对其一个变量 t_1(或 t_2)微分，再对另一变量 t_2(或 t_1)微分)。

若 $X(t)$为平稳过程，且 $\tau=t_2-t_1$，则得

$$R_{\dot{X}}(\tau)=-\frac{\mathrm{d}^2}{\mathrm{d}\tau^2}R_X(\tau)\tag{3.2-55}$$

这表明，平稳过程的导数仍然是平稳过程。

例 3.2-3　已知平稳过程 $X(t)$ 的自相关函数 $R_X(\tau)=\mathrm{e}^{-a\tau^2}$，求相关系数 $r_X(\tau)$、$r_{\dot{X}X}(\tau)$、$r_{\dot{X}}(\tau)$，并画出其图形。

解　均值 $m_X=\pm\sqrt{R_X(\infty)}=0$，故知

$$C_X(\tau)=R_X(\tau)=\mathrm{e}^{-a\tau^2}\tag{3.2-56}$$

$$C_{\dot{X}X}(\tau)=-\frac{\mathrm{d}C_X(\tau)}{\mathrm{d}\tau}=2a\tau\mathrm{e}^{-a\tau^2}\tag{3.2-57}$$

$$C_{\dot{X}}(\tau)=-\frac{\mathrm{d}^2C_X(\tau)}{\mathrm{d}\tau^2}=2a(1-2a\tau^2)\mathrm{e}^{-a\tau^2}\tag{3.2-58}$$

今有 $\sigma_X^2=C_X(0)=1$，$\sigma_{\dot{X}}^2=C_{\dot{X}}(0)=2a$，故得相关系数：

$$r_X(\tau)=\frac{C_X(\tau)}{\sigma_X^2}=\mathrm{e}^{-a\tau^2}\tag{3.2-59}$$

$$r_{\dot{X}X}(\tau)=\frac{C_{\dot{X}X}(\tau)}{\sigma_{\dot{X}}\sigma_X}=\sqrt{2a}\tau\mathrm{e}^{-a\tau^2}\tag{3.2-60}$$

$$r_{\dot{X}}(\tau)=\frac{C_{\dot{X}}(\tau)}{\sigma_{\dot{X}}^2}=(1-2a\tau^2)\mathrm{e}^{-a\tau^2}\tag{3.2-61}$$

画得各个相关系数的图形如图 3.2-2 所示。

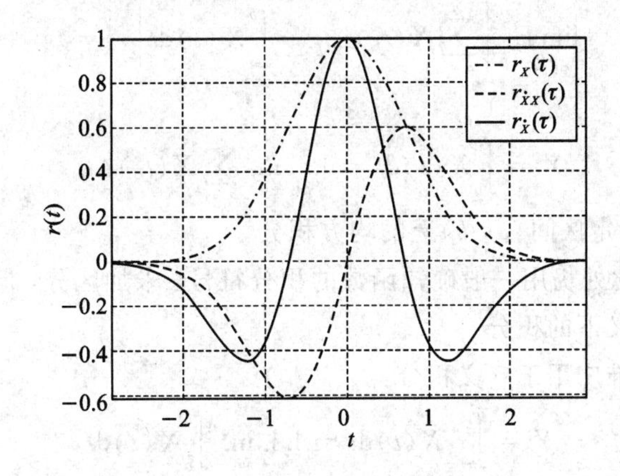

图 3.2-2　例 3.2-3 的相关函数图形

4. 随机过程均方导数的功率谱密度

平稳过程的功率谱密度与相关函数是一对傅里叶变换，故有

$$R_X(\tau)=\frac{1}{2\pi}\int_{-\infty}^{\infty}G_X(\omega)\mathrm{e}^{\mathrm{j}\omega\tau}\mathrm{d}\omega\tag{3.2-62}$$

$$R_{\dot{X}}(\tau)=\frac{1}{2\pi}\int_{-\infty}^{\infty}G_{\dot{X}}(\omega)\mathrm{e}^{\mathrm{j}\omega\tau}\mathrm{d}\omega\tag{3.2-63}$$

而过程 $\dot{X}(t)$ 的相关函数为

$$R_{\dot{X}}(\tau)=-\frac{\mathrm{d}^2}{\mathrm{d}\tau^2}R_X(\tau)=\frac{1}{2\pi}\int_{-\infty}^{\infty}\omega^2G_X(\omega)\mathrm{e}^{\mathrm{j}\omega\tau}\mathrm{d}\omega\tag{3.2-64}$$

由上两式可得 $\dot{X}(t)$ 与 $X(t)$ 的功率谱密度之间的关系式为

$$G_{\dot{X}}(\omega) = \omega^2 G_X(\omega) \tag{3.2-65}$$

而且，还可求得零均值随机过程 $\dot{X}(t)$ 的方差为

$$\sigma_{\dot{X}}^2 = C_{\dot{X}}(0) = R_{\dot{X}}(0) = \frac{1}{2\pi}\int_{-\infty}^{\infty} \omega^2 G_X(\omega)\,\mathrm{d}\omega \tag{3.2-66}$$

上式表明，为使右式可积，当 ω 增长时，功率谱密度 $G_X(\omega)$ 应以比 ω^{-2} 更快的速度下降才行。

3.2.5　随机过程的积分

随机过程 $X(t)$ 的任一样本 $x_i(t)$ 是时间 t 的确定函数，今在确定区间 (a, b) 上对它积分，积分值 y 是其所有子区间上面积之和的极限，即

$$y = \int_a^b x_i(t)\,\mathrm{d}t = \lim_{\Delta t_k \to 0} \sum_{k=1}^{n} x_i(t_k)\Delta t_k \tag{3.2-67}$$

式中：$\Delta t_k = t_k - t_{k-1}$，　$k = 1, 2, \cdots$。

显然，对于任一样本 $x_i(t)$，其积分值 y 都是定值，但样本不同则其积分值 y 也就不同，因而随机过程在确定区间上的积分值是一个随机变量。在依均方收敛意义下，过程的积分值才是定值，可见随机过程 $X(t)$ 的均方积分可作如下定义：

若有

$$\lim_{\Delta t_k \to 0} E\left\{\left|\sum_{k=1}^{n} X(t_k)\Delta t_k - \int_a^b X(t)\,\mathrm{d}t\right|^2\right\} = 0 \tag{3.2-68}$$

则称随机变量

$$Y = \int_a^b X(t)\,\mathrm{d}t = \underset{\Delta t_k \to 0}{\mathrm{l.i.m.}} \sum_{k=1}^{n} X(t_k)\Delta t_k \tag{3.2-69}$$

为随机过程 $X(t)$ 在确定区间 (a, b) 上的均方积分。

应该指出，虽然此处仍用一般确知函数的积分符号，未加区分，但其含义已不同，在此它表示依均方收敛意义下的积分。

上述积分定义可推广用于广义积分：

$$Y = \int_{-\infty}^{\infty} X(t)\,\mathrm{d}t = \underset{\substack{a \to -\infty \\ b \to \infty}}{\mathrm{l.i.m.}} \int_a^b X(t)\,\mathrm{d}t \tag{3.2-70}$$

随机过程 $X(t)$ 均方可积的充要条件是下式所示的二重积分(一般意义下的积分)应该存在：

$$\int_a^b \int_a^b R_X(t_1, t_2)\,\mathrm{d}t_1\mathrm{d}t_2 < \infty \tag{3.2-71}$$

研究随机过程 $X(t)$ 的线性变换时，往往需要计算被某个确知函数 $w(t)$ 加权后的积分，这时积分值仍为随机变量：

$$Y = \int_a^b w(t)X(t)\,\mathrm{d}t \tag{3.2-72}$$

但在研究随机过程的暂态历程等实际应用中，常用的是随机过程的变上限积分，一般其积分下限为零，而积分上限为时间变量 t，因而积分值是随时间而变化的随机变量，也就成为随机过程，其式为

$$Y(t)=\int_0^t w(a)X(a)\mathrm{d}a \tag{3.2-73}$$

3.2.6 随机过程的积分变换

若随机过程 $X(t)$均方可积，则其均方积分 $Y(t)=\int_0^t X(a)\,\mathrm{d}a$ 仍为一随机过程。它是输入随机过程 $X(t)$经过理想积分器作积分变换后的输出。

1. 随机过程均方积分的均值(或数学期望)

$$\begin{aligned}m_Y(t)&=E[Y(t)]=E\left[\int_0^t X(a)\mathrm{d}a\right]=E\left[\underset{\Delta t_k\to 0}{\text{l.i.m.}}\sum_{k=1}^n X(t_k)\Delta t_k\right]=\lim_{\Delta t_k\to 0}E\left[\sum_{k=1}^n X(t_k)\Delta t_k\right]\\&=\lim_{\Delta t_k\to 0}\sum_{k=1}^n E[X(t_k)]\cdot\Delta t_k=\int_0^t E[X(a)]\mathrm{d}a\\&=\int_0^t m_X(a)\mathrm{d}a\end{aligned} \tag{3.2-74}$$

上式表明，随机过程积分的均值等于过程均值的积分，即有

$$E\left[\int_0^t X(a)\mathrm{d}a\right]=\int_0^t E[X(a)]\mathrm{d}a \tag{3.2-75}$$

可见随机过程的积分运算与均值运算可以互换次序。

若 $X(t)$为平稳过程，其均值 $m_X(t)$是与时间 t 无关的常量(设为 c)，则得

$$m_Y(t)=\int_0^t m_X(a)\mathrm{d}a=\int_0^t c\mathrm{d}a=ct \tag{3.2-76}$$

可见即使输入随机过程 $X(t)$平稳，但其积分 $Y(t)$已与时间有关，不再是平稳过程。

2. 随机过程均方积分的相关函数

根据自相关函数的定义式，有

$$R_Y(t_1,t_2)=E[Y(t_1)Y(t_2)] \tag{3.2-77}$$

式中：

$$Y(t_1)=\int_0^{t_1}X(a_1)\mathrm{d}a_1$$

$$Y(t_2)=\int_0^{t_2}X(a_2)\mathrm{d}a_2$$

交换均值运算与积分运算的次序，得

$$\begin{aligned}R_Y(t_1,t_2)&=E\left[\int_0^{t_1}X(a_1)\mathrm{d}a_1\cdot\int_0^{t_2}X(a_2)\mathrm{d}a_2\right]=\int_0^{t_1}\int_0^{t_2}E[X(a_1)X(a_2)]\mathrm{d}a_1\mathrm{d}a_2\\&=\int_0^{t_1}\int_0^{t_2}R_X(a_1,a_2)\mathrm{d}a_1\mathrm{d}a_2\end{aligned} \tag{3.2-78}$$

上式表明，求过程 $Y(t)$的自相关函数时，需对原过程 $X(t)$的自相关函数作两次积分变换(先对其一个变量 t_1(或 t_2)积分，再对另一变量 t_2(或 t_1)积分)。

同法可得随机过程 $X(t)$与其积分 $Y(t)$的互相关函数为

$$R_{XY}(t_1, t_2) = E[X(t_1)Y(t_2)] = E\left[X(t_1) \cdot \int_0^{t_2} X(a_2)\mathrm{d}a_2\right]$$

$$= \int_0^{t_2} R_X(t_1, a_2)\mathrm{d}a_2 \tag{3.2-79}$$

$$R_{YX}(t_1, t_2) = \int_0^{t_1} R_X(a_1, t_2)\mathrm{d}a_1 \tag{3.2-80}$$

式(3.2-78)、式(3.2-79)、式(3.2-80)表明，若 $X(t)$为平稳过程，这时虽然相关函数 $R_X(t_1, t_2)$等于 $R_X(\tau)$，与时间 t 无关，但是过程 $Y(t)$的自相关函数和互相关函数却都已与时间 t 有关。

例 3.2-4　随机初相信号 $X(t)=A\cos(\omega_0 t+\varphi)$，式中 A 和 ω_0 均为常量。已知 $m_X(t)=0$，$R_X(\tau)=(A^2/2)\cos\omega_0\tau$，$\tau=t_2-t_1$。信号 $X(t)$在时间 T 内的积分值为

$$Y(T) = \int_0^T X(t)\mathrm{d}t$$

试求 $Y(T)$的均值和方差。

解　均值为

$$m_Y(T) = \int_0^T m_X(t)\mathrm{d}t = 0 \tag{3.2-81}$$

相关函数为

$$R_Y(T, T+\tau) = \int_0^T\int_0^{T+\tau} R_X(t_1, t_2)\mathrm{d}t_1\mathrm{d}t_2 = \int_0^T\int_0^{T+\tau}\frac{A^2}{2}\cos\omega_0(t_2-t_1)\mathrm{d}t_1\mathrm{d}t_2$$

$$= \frac{A^2}{2\omega_0^2}[\cos\omega_0\tau - \cos\omega_0(T+\tau) - \cos\omega_0 T + 1] \tag{3.2-82}$$

因而方差为

$$\sigma_Y^2(T) = C_Y(T,T) = R_Y(T,T) = \frac{A^2}{\omega_0^2}(1-\cos\omega_0 T) \tag{3.2-83}$$

归纳上述随机过程的微分变换和积分变换可知，随机过程 $X(t)$的线性变换可表示为

$$Y(t) = L[X(t)] \tag{3.2-84}$$

已知过程 $X(t)$的数学期望 $m_X(t)$和相关函数 $R_X(t_1, t_2)$后，为了求得过程 $Y(t)$的数学期望，应该对该过程 $X(t)$的数学期望作同一线性运算，即

$$m_Y(t) = L[m_X(t)] \tag{3.2-85}$$

为了求得过程 $Y(t)$的相关函数，应该对过程 $X(t)$的相关函数作两次相同的线性运算(先对其一个变量作运算，再对另一变量作运算)，即

$$R_Y(t_1, t_2) = L_{t_1}L_{t_2}[R_X(t_1, t_2)] \tag{3.2-86}$$

式中：L_{t_1} 和 L_{t_2} 分别为对变量 t_1 和 t_2 作线性运算。

3.3　随机过程通过连续时间系统的分析

3.3.1　冲激响应法

当确知信号 $x(t)$加于冲激响应为 $h(t)$的线性系统时，响应输出的确知信号是 $x(t)$与

$h(t)$的卷积，即

$$y(t)=x(t)\otimes h(t)=\int_{-\infty}^{\infty}x(\tau)h(t-\tau)\mathrm{d}\tau \tag{3.3-1}$$

或

$$y(t)=h(t)\otimes x(t)=\int_{-\infty}^{\infty}x(t-\tau)h(\tau)\mathrm{d}\tau \tag{3.3-2}$$

今系统的输入为随机过程 $X(t)$，因对每个样本 $x(t)$来说都有上述关系，故输出$Y(t)$仍为随机过程，它是 $X(t)$与$h(t)$的卷积，即

$$Y(t)=X(t)\otimes h(t)=\int_{-\infty}^{\infty}X(\tau)h(t-\tau)\mathrm{d}\tau \tag{3.3-3}$$

或

$$Y(t)=h(t)\otimes X(t)=\int_{-\infty}^{\infty}X(t-\tau)h(\tau)\mathrm{d}\tau \tag{3.3-4}$$

上两式中的积分限$-\infty$和∞为一般表示，若给定 $X(t)$和$h(t)$，则此积分限应作具体确定，确定的原则是把时间(τ)轴上，$X(\tau)$与$h(t-\tau)$(或 $X(t-\tau)$与$h(\tau)$)相互重叠的部分对应于τ的范围确定为实际的积分区间。

1. 因果系统的冲激响应法

一般研究的线性系统都是物理可实现的，它是因果系统，即 $t<0$ 时，有 $h(t)=0$。而输入过程 $X(t)$可以分成两种情况：

(1) 从 $t=-\infty$时，$X(t)$就已送至系统，这种输入信号 $X(t)$称为双侧信号；

(2) 当 $t=0$ 时，$X(t)$才送至系统，即输入信号为 $X(t)U(t)$($U(t)$为阶跃函数)，称为右侧信号。

1) 双侧信号输入

若输入的信号为双侧信号，即它从 $t=-\infty$时就已送至系统，则输出过程为

$$Y(t)=\int_{-\infty}^{t}X(\tau)h(t-\tau)\mathrm{d}\tau \tag{3.3-5}$$

或

$$Y(t)=\int_{0}^{\infty}X(t-\tau)h(\tau)\mathrm{d}\tau \tag{3.3-6}$$

在这种情况下，输出过程$Y(t)$是否平稳，取决于输入过程在观察时刻t之前是否平稳。若过程 $X(t)$在t时刻之前为平稳的，其后为非平稳的，则t时刻之前的$Y(t)$为平稳的，乃因输入的非平稳过程还来不及对它产生影响。而t时刻之后的$Y(t)$为非平稳的，乃因这时输入的非平稳过程已能对它产生影响。

2) 右侧信号输入

若输入的信号为右侧信号，即它从 $t=0$ 时才送至系统，则输出过程为

$$Y(t)=\int_{0}^{t}X(\tau)h(t-\tau)\mathrm{d}\tau \tag{3.3-7}$$

或

$$Y(t)=\int_{0}^{t}X(t-\tau)h(\tau)\mathrm{d}\tau \tag{3.3-8}$$

若输入过程 $X(t)$ 在 t 时刻之前为平稳的，其后为非平稳的，虽然在时刻 t 之前的输入过程为平稳的，但这时冲激响应 $h(\tau)$ 或 $h(t-\tau)$ 尚未趋于零，输出过程仍然处于暂态历程期间，因而输出过程 $Y(t)$ 为非平稳的。仅当冲激响应 $h(\tau)$ 的响应时间较短，在 t 时刻暂态历程基本上已经结束，这时过程 $Y(t)$ 才能近似认为平稳。

从上面的分析可知，对于因果系统，可选用积分限比较简单的计算公式，若输入为双侧信号，要求系统的稳态输出，则用公式：

$$Y(t)=\int_0^{\infty}X(t-\tau)h(\tau)\mathrm{d}\tau$$

若输入为右侧信号，要求系统在时刻 t 的暂态输出，则用公式：

$$Y(t)=\int_0^{t}X(t-\tau)h(\tau)\mathrm{d}\tau$$

2. 输出过程的均值和相关函数

1）求稳态输出

对式(3.3-6)两边同取均值，得

$$E[Y(t)]=E\left[\int_0^{\infty}X(t-\tau)h(\tau)\mathrm{d}\tau\right] \tag{3.3-9}$$

交换求均值与积分的次序，即得过程 $Y(t)$ 的均值为

$$m_Y(t)=\int_0^{\infty}E[X(t-\tau)]h(\tau)\mathrm{d}\tau \tag{3.3-10}$$

若 $X(t)$ 为平稳过程，则有

$$E[X(t-\tau)]=E[X(t)]=m_X \tag{3.3-11}$$

故得

$$m_Y(t)=m_Y=m_X\int_0^{\infty}h(\tau)\mathrm{d}\tau \tag{3.3-12}$$

$Y(t)$ 的相关函数为

$$R_Y(t_1,t_2)=E[Y(t_1)Y(t_2)]=E\left[\int_0^{\infty}X(t_1-u)h(u)\mathrm{d}u\int_0^{\infty}X(t_2-v)h(v)\mathrm{d}v\right] \tag{3.3-13}$$

交换求均值与积分的次序，即得

$$\begin{aligned}R_Y(t_1,t_2)&=\int_0^{\infty}\int_0^{\infty}E[X(t_1-u)X(t_2-v)]h(u)h(v)\mathrm{d}u\mathrm{d}v\\&=\int_0^{\infty}\int_0^{\infty}R_X(t_1-u,t_2-v)h(u)h(v)\mathrm{d}u\mathrm{d}v\end{aligned} \tag{3.3-14}$$

若 $X(t)$ 为平稳过程，则有：$R_X(t_1-u,\ t_2-v)=R_X(\tau+u-v)$，式中 $\tau=t_2-t_1$，于是得

$$R_Y(\tau)=\int_0^{\infty}\int_0^{\infty}R_X(\tau+u-v)h(u)h(v)\mathrm{d}u\mathrm{d}v \tag{3.3-15}$$

因此，若输入 $X(t)$ 为非平稳过程，则输出 $Y(t)$ 亦为非平稳过程；若输入 $X(t)$ 为平稳过程，则输出 $Y(t)$ 亦为平稳过程。

2）求暂态输出

这时积分上限应取为观察时刻 t。现在仅分析输入 $X(t)$ 为平稳过程时的情况，仿以上分析可得

$$m_Y(t)=m_X\int_0^t h(\tau)\mathrm{d}\tau \tag{3.3-16}$$

$$R_Y(t_1,t_2)=\int_0^{t_1}\int_0^{t_2}R_X(\tau+u-v)h(u)h(v)\mathrm{d}u\mathrm{d}v \tag{3.3-17}$$

可见即使输入为平稳过程，但因系统有暂态历程，输出 $Y(t)$ 不再是平稳过程。仅当观察时刻 t（t_1 和 t_2）$\to\infty$ 时，暂态历程结束而进入稳态，这时 $Y(t)$ 才是平稳过程。

3.3.2 频谱法

当线性系统的输入 $X(t)$ 和输出 $Y(t)$ 均为平稳过程时，才能运用频谱法。为了便于分析和求解，下面先求 $R_{XY}(\tau)$，再求 $R_Y(\tau)$。为了使得分析结果具有一般性，利用式(3.3-4)，即

$$Y(t)=\int_{-\infty}^{\infty}X(t-u)h(u)\mathrm{d}u \tag{3.3-18}$$

给上式的两边同乘以 $X(t-\tau)$，并取均值，得

$$E[X(t-\tau)Y(t)]=E\left[\int_{-\infty}^{\infty}X(t-\tau)X(t-u)h(u)\mathrm{d}u\right] \tag{3.3-19}$$

交换求均值与积分的次序，得互相关函数为

$$R_{XY}(\tau)=\int_{-\infty}^{\infty}E[X(t-\tau)X(t-u)]h(u)\mathrm{d}u=\int_{-\infty}^{\infty}R_X(\tau-u)h(u)\mathrm{d}u \tag{3.3-20}$$

或

$$R_{XY}(\tau)=h(\tau)\otimes R_X(\tau)=R_X(\tau)\otimes h(\tau) \tag{3.3-21}$$

同法，将式(3.3-18)的两边同乘以 $Y(t+\tau)$，并取均值，得

$$E[Y(t)Y(t+\tau)]=E\left[\int_{-\infty}^{\infty}X(t-u)Y(t+\tau)h(u)\mathrm{d}u\right] \tag{3.3-22}$$

交换求均值与积分的次序，得相关函数为

$$R_Y(\tau)=\int_{-\infty}^{\infty}E[X(t-u)Y(t+\tau)]h(u)\mathrm{d}u=\int_{-\infty}^{\infty}R_{XY}(\tau+u)h(u)\mathrm{d}u \tag{3.3-23}$$

令 $u=-u'$，得

$$R_Y(\tau)=\int_{-\infty}^{\infty}R_{XY}(\tau-u')h(-u')\mathrm{d}u' \tag{3.3-24}$$

或

$$R_Y(\tau)=h(-\tau)\otimes R_{XY}(\tau)=R_{XY}(\tau)\otimes h(-\tau) \tag{3.3-25}$$

将式(3.3-21)代入上式，得

$$R_Y(\tau)=R_X(\tau)\otimes h(\tau)\otimes h(-\tau) \tag{3.3-26}$$

由于两个函数卷积的傅里叶变换等于这两个函数各自傅里叶变换的乘积，因此由式(3.3-21)得

$$G_{XY}(\omega)=G_X(\omega)H(\omega) \tag{3.3-27}$$

由式(3.3-26)，可得

$$G_Y(\omega)=G_X(\omega)H(\omega)H^*(\omega)=G_X(\omega)\left|H(\omega)\right|^2 \tag{3.3-28}$$

式中：$H^*(\omega)$ 为系统传输函数的复共轭，而 $|H(\omega)|^2$ 为系统的功率传输函数。

已知线性系统的传输函数 $H(\omega)$，且给定输入平稳过程 $X(t)$ 的功率谱密度 $G_X(\omega)$ 后，可以直接用上式求解输出平稳过程 $Y(t)$ 的功率谱密度 $G_Y(\omega)$，然后根据 $R_Y(\tau)\leftrightarrow G_Y(\omega)$，求得过程 $Y(t)$ 的相关函数为

$$R_Y(\tau)=\frac{1}{2\pi}\int_{-\infty}^{\infty}G_Y(\omega)e^{i\omega\tau}d\omega=\frac{1}{\pi}\int_0^{\infty}G_X(\omega)|H(\omega)|^2\cos\omega\tau d\omega \tag{3.3-29}$$

同法，还可以求得互谱密度 $G_{XY}(\omega)$ 和互相关函数 $R_{XY}(\tau)$。这种直接利用传输函数 $H(\omega)$ 求解功率谱密度和相关函数的方法称为频谱法。

虽然频谱法比冲激响应法简便，但应注意频谱法只利用了振幅频率特性，并未涉及相位频率特性。

以上讨论的是平稳随机过程，但是对于非平稳随机过程，可以采用同样的方法进行推导。今有

$$Y(t_1)=\int_{-\infty}^{\infty}X(t_1-u)h(u)du \tag{3.3-30}$$

$$Y(t_2)=\int_{-\infty}^{\infty}X(t_2-v)h(v)dv \tag{3.3-31}$$

给式(3.3-31)的两边同乘以 $X(t_1)$，并取均值，得

$$E[X(t_1)Y(t_2)]=E\left[\int_{-\infty}^{\infty}X(t_1)X(t_2-v)h(v)dv\right] \tag{3.3-32}$$

交换求卷积与积分的次序，得互相关函数为

$$\begin{aligned}R_{XY}(t_1,t_2)&=\int_{-\infty}^{\infty}E[X(t_1)X(t_2-v)]h(v)dv=\int_{-\infty}^{\infty}R_X(t_1,t_2-v)h(v)dv\\&=R_X(t_1,t_2)\otimes h(t_2)\end{aligned} \tag{3.3-33}$$

给式(3.3-30)的两边同乘以 $Y(t_2)$，并取均值，得

$$E[Y(t_1)Y(t_2)]=E\left[\int_{-\infty}^{\infty}X(t_1-u)Y(t_2)h(u)du\right] \tag{3.3-34}$$

交换求卷积与积分的次序，得相关函数为

$$\begin{aligned}R_Y(t_1,t_2)&=\int_{-\infty}^{\infty}E[X(t_1-u)Y(t_2)]h(u)du=\int_{-\infty}^{\infty}R_{XY}(t_1-u,t_2)h(u)du\\&=R_{XY}(t_1,t_2)\otimes h(t_1)\end{aligned} \tag{3.3-35}$$

将式(3.3-33)代入上式，求得

$$R_Y(t_1,t_2)=R_X(t_1,t_2)\otimes h(t_1)\otimes h(t_2) \tag{3.3-36}$$

或

$$R_Y(t_1,t_2)=\int_{-\infty}^{\infty}\int_{-\infty}^{\infty}R_X(t_1-u,t_2-v)h(u)h(v)dudv \tag{3.3-37}$$

从式(3.3-36)可以看出，对于非平稳随机过程，无法写出像式(3.3-28)那样的功率谱密度一般表达式。

式(3.3-37)与式(3.3-14)的差别为式(3.3-37)的冲激响应 $h(t)$ 可以允许是非因果的，若为因果系统，则积分下限应取为零，即为式(3.3-14)。

例 3.3-1　已知输入平稳过程 $X(t)$ 的相关函数 $R_X(\tau)=\sigma_X^2e^{-\beta|\tau|}$，其中 $\tau=t_2-t_1$。求通过 RC 积分电路后，输出随机过程 $Y(t)$ 在稳态时的相关函数。

解法一　冲激响应法。

由前面的例子可知，对于 RC 积分电路，系统的冲激响应为

$$h(t)=\begin{cases}\alpha e^{-\alpha t}, & t\geqslant 0\\ 0, & t<0\end{cases} \tag{3.3-38}$$

式中：$\alpha=1/(RC)$。

因今仅求输出过程 $Y(t)$ 的稳态解，故由公式可得

$$\begin{aligned}R_Y(\tau)&=\int_0^{\infty}\int_0^{\infty}\sigma_X^2 e^{-\beta|\tau+u-v|}\alpha e^{-\alpha u}\alpha e^{-\alpha v}\,du\,dv\\&=\alpha^2\sigma_X^2\int_0^{\infty}\int_0^{\infty}e^{-\alpha(u+v)}e^{-\beta|\tau+u-v|}\,du\,dv\end{aligned} \tag{3.3-39}$$

上式需要分成两个部分作积分：$\tau+u-v>0$ 和 $\tau+u-v<0$，即 $v<\tau+u$ 和 $v>\tau+u$。因而上式可改写为

$$\begin{aligned}R_Y(\tau)=&\alpha^2\sigma_X^2\int_0^{\infty}\left[\int_0^{\tau+u}e^{-\alpha(u+v)}e^{-\beta(\tau+u-v)}\,dv\right]du+\\&\alpha^2\sigma_X^2\int_0^{\infty}\left[\int_{\tau+u}^{\infty}e^{-\alpha(u+v)}e^{-\beta(-\tau-u+v)}\,dv\right]du\end{aligned} \tag{3.3-40}$$

对其中第一项积分，可得

$$\begin{aligned}\int_0^{\infty}\left[\int_0^{\tau+u}e^{-\alpha(u+v)}e^{-\beta(\tau+u-v)}\,dv\right]du&=\int_0^{\infty}e^{-(\alpha+\beta)u}e^{-\beta\tau}\frac{1}{\beta-\alpha}\left[e^{(\beta-\alpha)(\tau+u)}-1\right]du\\&=\frac{e^{-\alpha\tau}}{2\alpha(\beta-\alpha)}-\frac{e^{-\beta\tau}}{\beta^2-\alpha^2}\end{aligned} \tag{3.3-41}$$

对第二项积分，可得

$$\begin{aligned}\int_0^{\infty}\left[\int_{\tau+u}^{\infty}e^{-\alpha(u+v)}e^{-\beta(-\tau-u+v)}\,dv\right]du&=\int_0^{\infty}e^{-(\alpha-\beta)u}e^{\beta\tau}\left[\frac{e^{-(\alpha+\beta)(\tau+u)}}{\beta+\alpha}\right]du\\&=\frac{e^{-\alpha\tau}}{2\alpha(\alpha+\beta)}\end{aligned} \tag{3.3-42}$$

合并两项积分，得

$$R_Y(\tau)=\alpha^2\sigma_X^2\left[\frac{e^{-\alpha\tau}}{2\alpha(\beta-\alpha)}-\frac{e^{-\beta\tau}}{\beta^2-\alpha^2}+\frac{e^{-\alpha\tau}}{2\alpha(\alpha+\beta)}\right]=\frac{-\alpha\sigma_X^2}{\beta^2-\alpha^2}\left[\alpha e^{-\beta\tau}-\beta e^{-\alpha\tau}\right] \tag{3.3-43}$$

由于输出过程 $Y(t)$ 这时仅有稳态而为平稳过程，自相关函数为偶函数，故得

$$R_Y(\tau)=\frac{-\alpha\sigma_X^2}{\beta^2-\alpha^2}\left[\alpha e^{-\beta|\tau|}-\beta e^{-\alpha|\tau|}\right] \tag{3.3-44}$$

解法二　频谱法。

今输入、输出过程均为平稳过程，由于 $G_X(\omega)\leftrightarrow R_X(\tau)$，故得输入过程 $X(t)$ 的功率谱密度为

$$G_X(\omega)=2\int_0^{\infty}R_X(\tau)\cos\omega\tau\,d\tau=2\int_0^{\infty}\sigma_X^2 e^{-\beta\tau}\cos\omega\tau\,d\tau=2\sigma_X^2\frac{\beta}{\beta^2+\omega^2} \tag{3.3-45}$$

根据 RC 积分电路的结构，可得 RC 积分电路的传输函数为

$$H(\omega)=\frac{1}{1+j\omega RC} \tag{3.3-46}$$

故有

$$|H(\omega)|^2=\frac{1}{1+(\omega RC)^2}=\frac{\alpha^2}{\alpha^2+\omega^2},\quad \alpha=\frac{1}{RC}\tag{3.3-47}$$

因此，可得

$$\begin{aligned}R_Y(\tau)&=\frac{1}{\pi}\int_0^{\infty}G_X(\omega)|H(\omega)|^2\cos\omega\tau\mathrm{d}\omega\\&=\frac{1}{\pi}\int_0^{\infty}2\sigma_X^2\frac{\beta}{\beta^2+\omega^2}\cdot\frac{\alpha^2}{\alpha^2+\omega^2}\cos\omega\tau\mathrm{d}\omega\\&=\frac{\alpha\sigma_X^2}{\alpha^2-\beta^2}[\alpha\mathrm{e}^{-\beta\tau}-\beta\mathrm{e}^{-\alpha\tau}]\end{aligned}\tag{3.3-48}$$

由于输出过程 $Y(t)$为平稳过程，自相关函数为偶函数，故得

$$R_Y(\tau)=\frac{\alpha\sigma_X^2}{\alpha^2-\beta^2}[\alpha\mathrm{e}^{-\beta|\tau|}-\beta\mathrm{e}^{-\alpha|\tau|}]\tag{3.3-49}$$

通过比较可知，频谱法比冲激响应法简便些。正因为频谱法计算简便，故被广泛采用，但需注意频谱法具有局限性，它只适用于平稳随机过程，只能用于求稳态解，不能用于求暂态解。而冲激响应法则具有一般性，可以适用于平稳或非平稳随机过程，既可求稳态解，又可求暂态解。当冲激响应 $h(t)$比较简单时，一般来说，冲激响应法的运算要简便些。

例 3.3-2 线性系统的电路如图 3.3-1(a)所示，已知输入平稳过程 $X(t)$的功率谱密度为 $G_X(\omega)=\frac{4\lambda}{4\lambda^2+\omega^2}$，试求两个电阻上的随机电压 $Z(t)$和 $Y(t)$的功率谱密度 $G_Z(\omega)$、$G_Y(\omega)$、$G_{ZY}(\omega)$。

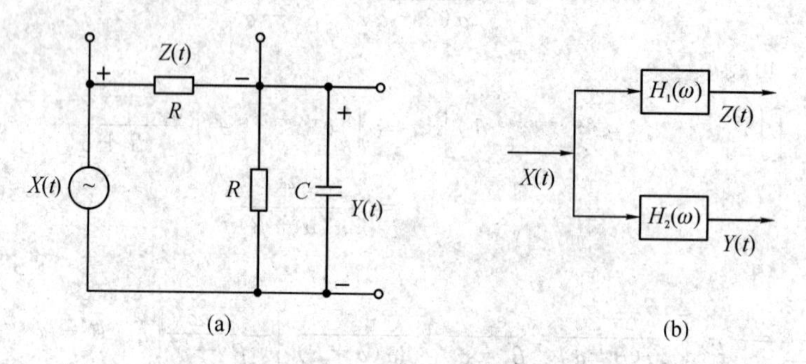

图 3.3-1　多端线性系统

解　这两个随机电压可以看成是两个单端线性系统的输出过程，它们具有公共的输入过程 $X(t)$，如图 3-3-1(b)所示。可以求得两个单端线性系统的传输函数分别为

$$H_1(\omega)=\frac{\alpha+\mathrm{j}\omega}{2\alpha+\mathrm{j}\omega},\ H_2(\omega)=\frac{\alpha}{2\alpha+\mathrm{j}\omega}\tag{3.3-50}$$

式中：$\alpha=\frac{1}{RC}$。

故用频谱法可以求得自谱密度为

$$G_Z(\omega)=G_X(\omega)|H_1(\omega)|^2=\frac{4\lambda}{4\lambda^2+\omega^2}\cdot\frac{\alpha^2+\omega^2}{4\alpha^2+\omega^2}\tag{3.3-51}$$

$$G_Y(\omega)=G_X(\omega)|H_2(\omega)|^2=\frac{4\lambda}{4\lambda^2+\omega^2}\cdot\frac{\alpha^2}{4\alpha^2+\omega^2}\tag{3.3-52}$$

互谱密度为

$$G_{ZY}(\omega)=G_X(\omega)H_1^*(\omega)H_2(\omega)=\frac{4\lambda}{4\lambda^2+\omega^2}\cdot\frac{\alpha-\mathrm{j}\omega}{2\alpha-\mathrm{j}\omega}\cdot\frac{\alpha}{2\alpha+\mathrm{j}\omega} \tag{3.3-53}$$

对上述三式作傅里叶反变换，还可求得自相关函数 $R_Z(\tau)$、$R_Y(\tau)$和互相关函数$R_{ZY}(\tau)$。

3.4　随机过程通过离散时间系统的分析

3.4.1　冲激响应法

离散线性时不变系统具有与连续系统类似的关系式。如果假设 $X(n)$为离散时间随机过程，而 $h(n)$为离散时不变系统的单位冲激响应，则输出 $Y(n)$也是离散时间随机过程，且具有如下的输入、输出关系式：

$$Y(n)=\sum_{k=-\infty}^{\infty}h(k)X(n-k)=\sum_{k=-\infty}^{\infty}h(n-k)X(k) \tag{3.4-1}$$

该式的推导假定了输入过程是从$-\infty$开始的，而且输出是稳定的。如果上式中的单位冲激响应 $h(n)$对于所有的 $n<0$ 为零，则该离散系统是因果的，因而上式可以改写为

$$Y(n)=\sum_{k=0}^{\infty}h(k)X(n-k) \tag{3.4-2}$$

可以证明，在系统是稳定的、输入过程有界的条件下，该式在均方收敛的意义下是存在的。

1. 输出过程的均值

如果 $h(n)$是非随机的，则系统输出序列的均值可由式(3.4-1)得到：

$$E\{Y(n)\}=\sum_{k=-\infty}^{\infty}h(k)E\{X(n-k)\}=h(n)\otimes E[X(n)] \tag{3.4-3}$$

即

$$m_Y(n)=h(n)\otimes m_X(n) \tag{3.4-4}$$

其中 $m_Y(n)=E\{Y(n)\}$，$m_X(n)=E\{X(n)\}$。即输出过程的均值是输入均值与单位冲激响应 $h(n)$的卷积，与连续时间系统的结论类似。

如果输入过程为广义平稳随机过程，且对于所有的 n 有 $m_X(n)=m_X$，则 $m_Y(n)$可以改写为

$$m_Y(n)=m_X\sum_{k=-\infty}^{\infty}h(k)=m_X\,Z[h(k)]\big|_{z=1}=m_XH(1) \tag{3.4-5}$$

式中：$H(1)=H(z)\big|_{z=1}$，$H(z)$为 $h(n)$的 z 变换。

2. 输出过程的相关函数

输出自相关函数 $R_Y(k_1,k_2)$的定义为

$$\begin{aligned}R_Y(k_1,k_2)&=E\{Y(k_1)Y(k_2)\}\\&=E\Big\{\sum_{m=-\infty}^{\infty}h(m)X(k_1-m)\cdot\sum_{n=-\infty}^{\infty}h(n)X(k_2-n)\Big\}\end{aligned} \tag{3.4-6}$$

假定线性滤波器不是随机的，可以将 $h(m)$和 $h(n)$提到期望运算以外，即有

$$R_Y(k_1, k_2) = \sum_{m=-\infty}^{\infty}\sum_{n=-\infty}^{\infty} h(m)h(n)E\{X(k_1-m)X(k_2-n)\}$$

$$= \sum_{m=-\infty}^{\infty}\sum_{n=-\infty}^{\infty} h(m)h(n)R_X(k_1-m, k_2-n) \tag{3.4-7}$$

其中，$R_X(k_1, k_2)=E\{X(k_1)X(k_2)\}$为输入过程 $X(n)$的自相关函数。

输入与输出之间的互相关函数 $R_{XY}(k_1, k_2)$的定义为

$$R_{XY}(k_1, k_2) = E\{X(k_1)Y(k_2)\}$$

$$= E\left\{X(k_1)\cdot \sum_{n=-\infty}^{\infty} h(n)X(k_2-n)\right\} \tag{3.4-8}$$

同样在假设线性滤波器不是随机条件下，可得

$$R_{XY}(k_1, k_2) = \sum_{n=-\infty}^{\infty} h(n)E\{X(k_1)X(k_2-n)\} \tag{3.4-9}$$

对于广义平稳输入序列 $X(n)$，则有 $R_X(k)=E\{X(k_1)X(k_1+k)\}$。故输出自相关函数 $R_Y(k_1, k_2)$可以写成 $k_2-k_1=k$ 的函数，即

$$R_Y(k) = \sum_{m=-\infty}^{\infty}\sum_{n=-\infty}^{\infty} h(m)h(n)R_X(k-n+m)$$

$$= R_X(k) \otimes h(k) \otimes h(-k) \tag{3.4-10}$$

该式是二重卷积和的离散形式，可以进一步改写为

$$R_Y(k) = Z^{-1}[G_X(z)H(z)H(z^{-1})] \tag{3.4-11}$$

上式的 Z 变换表示为

$$G_Y(z) = G_X(z)H(z)H(z^{-1}) \tag{3.4-12}$$

式中：$G_Y(z)$、$G_X(z)$和 $H(z)$分别表示 $R_Y(k)$、$R_X(k)$和 $h(k)$的 Z 变换。

同样输入、输出的互相关函数 $R_{XY}(k_1, k_2)$也可以表示为 $k_2-k_1=k$ 的函数，即

$$R_{XY}(k) = \sum_{n=-\infty}^{\infty} h(n)R_X(k-n)$$

$$= R_X(k) \otimes h(k) \tag{3.4-13}$$

同理可得

$$R_{YX}(k) = R_X(k) \otimes h(-k) \tag{3.4-14}$$

结合上面的分析，也有如下关系式：

$$R_Y(k) = R_X(k) \otimes h(k) \otimes h(-k)$$

$$= R_{XY}(k) \otimes h(-k)$$

$$= R_{YX}(k) \otimes h(k) \tag{3.4-15}$$

与输出自相关函数的 Z 变换表示式相类似，离散时间输入与输出过程的互相关函数也可以表示如下：

$$R_{YX}(k) = Z^{-1}[G_X(z)H(z^{-1})] \tag{3.4-16}$$

$$R_{XY}(k) = Z^{-1}[G_X(z)H(z)] \tag{3.4-17}$$

而上两式中的 Z 变换可以求解如下：

$$G_{YX}(z) = Z[R_{YX}(k)] = G_X(z)H(z^{-1}) \tag{3.4-18}$$

$$G_{XY}(z)=Z[R_{XY}(k)]=G_X(z)H(z) \tag{3.4-19}$$

仿照上面的分析，可以很容易地得到输出过程的均方值或平均功率为

$$\begin{aligned}E\{Y^2(n)\}&=E\{Y(n)Y(n)\}\\&=E\left\{\sum_{i=-\infty}^{\infty}h(i)X(n-i)\cdot\sum_{j=-\infty}^{\infty}h(j)X(n-j)\right\}\\&=\sum_{i=-\infty}^{\infty}\sum_{j=-\infty}^{\infty}h(i)h(j)E\{X(n-i)X(n-j)\}\\&=\sum_{i=-\infty}^{\infty}\sum_{j=-\infty}^{\infty}h(i)h(j)R_X(n-i,n-j)\end{aligned} \tag{3.4-20}$$

同样在平稳输入条件下，有

$$E\{Y^2(n)\}=\sum_{i=-\infty}^{\infty}\sum_{j=-\infty}^{\infty}h(i)h(j)R_X(j-i) \tag{3.4-21}$$

如果输入过程是均值平稳的、自相关平稳的或者是广义平稳的，则输出过程也对应地是均值平稳的、自相关平稳的或者广义平稳的。上面的关系可以根据式(3.4-5)给出的输入和输出的均值关系和式(3.4-10)给出的输入与输出的自相关关系而得到证明。对于离散线性时不变系统 $h(n)$ 来说，输入过程的均值和自相关函数足以确定输出过程的均值和自相关函数，因此，仅需要输入过程的局部特征信息。然而，输入过程的一阶平稳特性并不意味着输出过程也具有一阶平稳特性，同样，输入过程的 n 阶平稳特性也不表示输出过程也具有 n 阶平稳特性。

例 3.4-1　设一个平稳离散时间双侧随机过程 $X(n)$ 的自相关函数为 $\sigma^2\delta(n)$，线性系统的单位冲激响应为

$$h(n)=r^n,\quad n\geqslant 0 \tag{3.4-22}$$

其中 $|r|<1$。试求 $X(n)$ 输入时，输出过程的自相关函数。

解　已知 $R_X(n)=\sigma^2\delta(n)$。根据几何级数求和公式有

$$\sum_{k=0}^{\infty}|r|^k=\frac{1}{1-|r|},\quad |r|<1 \tag{3.4-23}$$

因此，对于非负的 n，由前面的分析可得输出的自相关函数为

$$\begin{aligned}R_Y(n)&=\sum_{i=0}^{\infty}\sum_{j=0}^{\infty}r^i\cdot r^j\cdot\sigma^2\delta(n+i-j)\\&=\sigma^2\sum_{i=0}^{\infty}r^i\cdot r^{n+i}=\sigma^2r^n\sum_{i=0}^{\infty}r^{2i}=\frac{\sigma^2r^n}{1-r^2}\end{aligned} \tag{3.4-24}$$

同理，对于负的 n，有

$$R_Y(n)=\frac{\sigma^2r^{-n}}{1-r^2} \tag{3.4-25}$$

归纳得

$$R_Y(n)=\frac{\sigma^2r^{|n|}}{1-r^2},\quad |r|<1,\ m=0,\pm1,\pm2,\cdots \tag{3.4-26}$$

输出的平均功率为

$$E\{Y^2(n)\}=R_Y(0)=\frac{\sigma^2}{1-r^2} \tag{3.4-27}$$

3.4.2 频域分析法

离散随机序列 $X(n)$ 的功率谱密度定义为

$$G_X(\omega)\triangleq G_X(z)\big|_{z=e^{j\omega}} \tag{3.4-28}$$

因此，由式(3.4-11)，可以根据输入过程的功率谱密度得到输出过程的功率谱密度为

$$G_Y(\omega)=G_X(z)H(z)H(z^{-1})\big|_{z=e^{j\omega}}=\left|H(e^{j\omega})\right|^2G_X(\omega) \tag{3.4-29}$$

同样可以得到互相关功率谱密度：

$$G_{YX}(\omega)=G_X(z)H(z^{-1})\big|_{z=e^{j\omega}}=G_X(\omega)H(e^{-j\omega}) \tag{3.4-30}$$

$$G_{XY}(\omega)=G_X(z)H(z)\big|_{z=e^{j\omega}}=G_X(\omega)H(e^{j\omega}) \tag{3.4-31}$$

再利用自相关和功率谱密度互为傅里叶变换的关系式，可得输出的自相关函数，以及输入与输出之间的互相关函数。

例 3.4-2 利用频域分析法求例 3.4-1 的输出功率谱密度。

解 系统函数为

$$H(z)=\sum_{n=0}^{\infty}h(n)z^{-n}=\sum_{n=0}^{\infty}r^nz^{-n}=\frac{1}{1-rz^{-1}},\quad |z|>|r| \tag{3.4-32}$$

于是

$$H(e^{j\omega})=\frac{1}{1-re^{-j\omega}} \tag{3.4-33}$$

由于输入过程的功率谱为

$$G_X(\omega)=\sigma^2 \tag{3.4-34}$$

因此系统的输出功率谱密度为

$$G_Y(\omega)=\left|H(e^{j\omega})\right|^2\sigma^2=\frac{\sigma^2}{\left|1-re^{-j\omega}\right|^2}=\frac{\sigma^2}{1+r^2-2r\cos\omega} \tag{3.4-35}$$

3.5 白噪声通过线性系统

3.5.1 一般关系式

设已知线性系统的冲激响应和传输函数为 $h(t)$ 和 $H(\omega)$，输入平稳白噪声 $X(t)$ 的功率谱密度为

$$G_N(\omega)=\frac{N_0}{2},\quad -\infty<\omega<\infty \tag{3.5-1}$$

1. 频谱法

由前面的分析结果式(3.3-28)，可得输出过程 $Y(t)$ 的功率谱密度为

$$G_Y(\omega)=G_X(\omega)\left|H(\omega)\right|^2=\frac{N_0}{2}\left|H(\omega)\right|^2 \tag{3.5-2}$$

上式表明，由于系统的频率响应特性影响，只有与此频率响应相对应的分量才能够通过系

统，因而输出过程的功率谱已不再是均匀的。

再由前面的分析结果式(3.3-29)，得过程 $Y(t)$ 的相关函数为

$$R_Y(\tau)=\frac{1}{\pi}\int_0^{\infty}G_X(\omega)\,|H(\omega)|^2\cos\omega\tau\,\mathrm{d}\omega=\frac{N_0}{2\pi}\int_0^{\infty}|H(\omega)|^2\cos\omega\tau\,\mathrm{d}\omega \tag{3.5-3}$$

因为平稳白噪声的均值为零，故当 $\tau=0$ 时，由上式得过程 $Y(t)$ 的方差为

$$\sigma_Y^2=C_Y(0)=R_Y(0)=\frac{N_0}{2\pi}\int_0^{\infty}|H(\omega)|^2\mathrm{d}\omega \tag{3.5-4}$$

或

$$\sigma_Y^2=N_0\int_0^{\infty}|H(f)|^2\mathrm{d}f \tag{3.5-5}$$

2. 冲激响应法

平稳白噪声 $X(t)$ 的相关函数为

$$R_X(\tau)=\frac{N_0}{2}\delta(\tau) \tag{3.5-6}$$

由前面的分析结果式(3.3-26)，得过程 $Y(t)$ 的相关函数为

$$R_Y(\tau)=R_X(\tau)\otimes h(\tau)\otimes h(-\tau)=\frac{N_0}{2}\delta(\tau)\otimes h(\tau)\otimes h(-\tau) \tag{3.5-7}$$

利用 δ 函数的卷积性质：$\delta(\tau)\otimes h(\tau)=h(\tau)$，得

$$R_Y(\tau)=\frac{N_0}{2}h(\tau)\otimes h(-\tau) \tag{3.5-8}$$

即

$$R_Y(\tau)=\frac{N_0}{2}\int_{-\infty}^{\infty}h(u)h(\tau+u)\mathrm{d}u \tag{3.5-9}$$

当上式中 $\tau=0$ 时，即得 $Y(t)$ 的方差为

$$\sigma_Y^2=R_Y(0)=\frac{N_0}{2}\int_{-\infty}^{\infty}h^2(u)\mathrm{d}u \tag{3.5-10}$$

利用上述两种方法求得的表达式虽然不同，但其结果却一致。显然，简单积分运算要比卷积运算简便，因而下面的分析都用计算简便的频谱法。

3.5.2　噪声等效通频带

白噪声通过线性系统后，输出端的功率谱 $F_Y(\omega)$ 已不再均匀，如图 3.5-1 中的实线所示。

为了便于分析和计算，通常根据功率等效的原则，将此非均匀的功率谱等效成在一定频带内均匀的功率谱，如图 3.5-1 中的虚线所示。这种等效矩形功率谱的宽度称为(输出)噪声等效谱宽，又称(输出)噪声等效通频带，简称噪声通频带，记为 Δf_n。

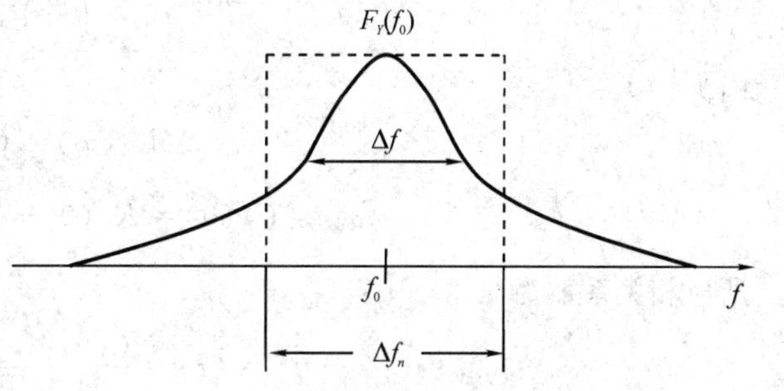

图 3.5-1　噪声等效通频带

所谓等效，是指功率相等，即图中的矩形面积(其高取为输出端功率谱密度

的最大值$F_Y(f_0)$，宽为Δf_n)与由$F_Y(f)$和f轴所围成的面积相等，有

$$F_Y(f_0)\cdot\Delta f_n=\sigma_Y^2 \tag{3.5-11}$$

将式(3.5-2)和式(3.5-5)代入上式，得(注意：缺少2是因为此定义处为单边功率谱)

$$N_0\,|H(\omega_0)|^2\cdot\Delta f_n=N_0\int_0^\infty|H(\omega)|^2\mathrm{d}f \tag{3.5-12}$$

故得噪声通频带为

$$\Delta f_n=\frac{\int_0^\infty|H(\omega)|^2\mathrm{d}f}{|H(\omega_0)|^2} \tag{3.5-13}$$

上式表明，噪声通频带Δf_n与信号(半功率)通频带Δf一样，仅由电路本身的参量所决定，当线性电路的形式和级数确定之后，它们都是定值，相互间具有确定的关系式。在工程上常以信号通频带Δf来近似代替噪声通频带Δf_n。信号通频带用以表示线性电路对信号频谱的选择性，而噪声通频带用以表示线性电路对噪声功率谱的选择性，若线性电路的频率响应特性越趋近于矩形，则噪声通频带就越趋近于信号通频带。

3.5.3　白噪声通过 *RC* 积分电路

由前面的分析可知，RC积分电路的传输函数为

$$H(\omega)=\frac{a}{a+\mathrm{j}\omega} \tag{3.5-14}$$

式中$a=\dfrac{1}{RC}$，故有

$$|H(\omega)|^2=\frac{1}{1+\left(\dfrac{\omega}{a}\right)^2} \tag{3.5-15}$$

今已知输入白噪声的功率谱密度为$N_0/2$，由式(3.5-2)得输出过程$Y(t)$的功率谱密度为

$$G_Y(\omega)=\frac{\dfrac{N_0}{2}}{1+\left(\dfrac{\omega}{a}\right)^2} \tag{3.5-16}$$

再由式(3.5-3)得相关函数为

$$R_Y(\tau)=\frac{N_0}{2\pi}\int_0^\infty\frac{\cos\omega\tau}{1+\left(\dfrac{\omega}{a}\right)^2}\mathrm{d}\omega=\frac{N_0a}{4}\mathrm{e}^{-a|\tau|} \tag{3.5-17}$$

因为

$$R_Y(\infty)=0 \tag{3.5-18}$$

$$\sigma_Y^2=C_Y(0)=R_Y(0)-R_Y(\infty)=\frac{N_0a}{4} \tag{3.5-19}$$

所以相关系数为

$$r_Y(\tau)=\frac{C_Y(\tau)}{\sigma_Y^2}=\mathrm{e}^{-a|\tau|} \tag{3.5-20}$$

过程$Y(t)$的相关时间为

$$\tau_0 = \int_0^{\infty} r_Y(\tau)\mathrm{d}\tau = \int_0^{\infty} \mathrm{e}^{-a\tau}\mathrm{d}\tau = \frac{1}{a} \tag{3.5-21}$$

由传输函数的表达式可知，当 $\omega=0$ 时有最大传输函数 $H(\omega_0)=1$，故由式(3.5-13)可得噪声通频带为

$$\Delta f_n = \frac{1}{2\pi}\int_0^{\infty} |H(\omega)|^2 \mathrm{d}\omega = \frac{1}{2\pi}\int_0^{\infty} \frac{1}{1+\left(\frac{\omega}{a}\right)^2}\mathrm{d}\omega = \frac{a}{4} \tag{3.5-22}$$

由上面两式可以求得下面的关系式：

$$\tau_0 = \frac{1}{4\Delta f_n} \tag{3.5-23}$$

上述分析结果表明，由于积分电路的 RC 值很大，即 a 很小，所以噪声通频带 Δf_n 很小(为低通)，相关时间 τ_0 很大，只有低频分量才能通过电路，因而输出噪声的起伏很慢。换言之，起伏变化极快的白噪声通过积分电路后，由于积分电路的平滑作用，输出的相关性变强了。

3.5.4　白噪声通过理想低通线性系统

设理想低通线性系统的幅频特性为(如图 3.5-2 所示)

$$|H(\omega)| = \begin{cases} K_0, & -\Delta\Omega < \omega < \Delta\Omega \\ 0, & \omega < -\Delta\Omega,\ \omega > \Delta\Omega \end{cases} \tag{3.5-24}$$

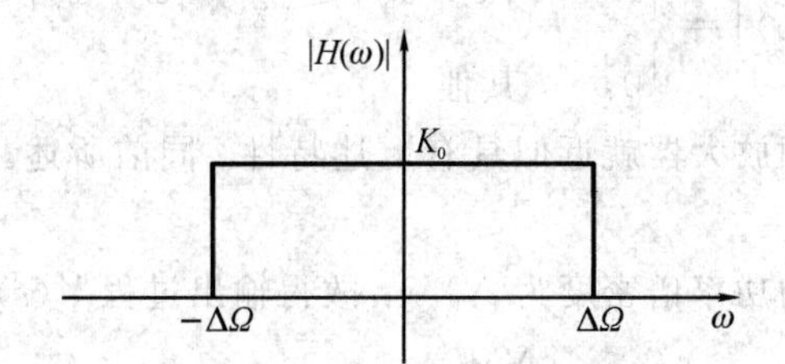

图 3.5-2　理想低通幅频特性

今已知输入白噪声的功率谱密度为 $N_0/2$，因而过程 $Y(t)$ 的功率谱密度为

$$G_Y(\omega) = G_X(\omega)|H(\omega)|^2 = \begin{cases} \dfrac{N_0K_0^2}{2}, & -\Delta\Omega < \omega < \Delta\Omega \\ 0, & \omega < -\Delta\Omega,\ \omega > \Delta\Omega \end{cases} \tag{3.5-25}$$

上式表明，通频带以外的分量全被滤除了。

相关函数为

$$\begin{aligned} R_Y(\tau) &= \frac{1}{\pi}\int_0^{\infty} G_Y(\omega)\cos\omega\tau\,\mathrm{d}\omega = \frac{N_0K_0^2}{2\pi}\int_0^{\Delta\Omega}\cos\omega\tau\,\mathrm{d}\omega \\ &= \frac{N_0K_0^2\Delta\Omega}{2\pi}\cdot\frac{\sin\Delta\Omega\tau}{\Delta\Omega\tau} \end{aligned} \tag{3.5-26}$$

仿前可得方差为

$$\sigma_Y^2 = C_Y(0) = R_Y(0) = \frac{N_0K_0^2\Delta\Omega}{2\pi} \tag{3.5-27}$$

相关系数为

$$r_Y(\tau)=\frac{C_Y(\tau)}{\sigma_Y^2}=\frac{\sin\Delta\Omega\tau}{\Delta\Omega\tau} \tag{3.5-28}$$

相关时间为

$$\tau_0=\int_0^{\infty}\frac{\sin\Delta\Omega\tau}{\Delta\Omega\tau}\mathrm{d}\tau=\frac{\pi}{2\Delta\Omega}=\frac{1}{4\Delta f} \tag{3.5-29}$$

式中 $\Delta\Omega=2\pi\Delta f$。

由于输出噪声的功率谱呈矩形，系统的噪声通频带等于信号通频带，即

$$\Delta f_n=\Delta f=\frac{\Delta\Omega}{2\pi} \tag{3.5-30}$$

故有关系式：

$$\tau_0\Delta f_n=\frac{1}{4} \tag{3.5-31}$$

上式表明，相关时间 τ_0 与系统的通频带 Δf(或 Δf_n)成反比。若 $\Delta f\to\infty$，则 $\tau_0\to 0$，这时输出过程仍为白噪声。若 Δf 大，则 τ_0 小，输出过程的起伏变化快；若 Δf 小，则 τ_0 大，输出过程的起伏变化慢。

3.5.5 白噪声通过理想带通线性系统

设理想带通线性系统具有下述矩形幅频特性(如图 3.5-3 所示)：

$$|H(\omega)|=\begin{cases}K_0, & |\omega-\omega_0|\leqslant\dfrac{\Delta\omega}{2},\ |\omega+\omega_0|\leqslant\dfrac{\Delta\omega}{2}\\ 0, & \text{其他}\end{cases} \tag{3.5-32}$$

多级级联的参差调谐中频放大器就近似具有上述特性。同前所述，系统的噪声通频带等于信号通频带。

今已知输入白噪声的功率谱密度为 $N_0/2$，故得输出过程 $Y(t)$的功率谱密度为

$$G_Y(\omega)=G_X(\omega)|H(\omega)|^2=\begin{cases}\dfrac{N_0K_0^2}{2}, & |\omega-\omega_0|\leqslant\dfrac{\Delta\omega}{2},\quad |\omega+\omega_0|\leqslant\dfrac{\Delta\omega}{2}\\ 0, & \text{其他}\end{cases} \tag{3.5-33}$$

相关函数为

$$\begin{aligned}R_Y(\tau)&=\frac{1}{\pi}\int_0^{\infty}G_Y(\omega)\cos\omega\tau\,\mathrm{d}\omega=\frac{N_0K_0^2}{2\pi}\int_{\omega_0-\frac{\Delta\omega}{2}}^{\omega_0+\frac{\Delta\omega}{2}}\cos\omega\tau\,\mathrm{d}\omega\\ &=\frac{N_0K_0^2\Delta\omega}{2\pi}\cdot\frac{\sin\left(\frac{\Delta\omega\tau}{2}\right)}{\frac{\Delta\omega\tau}{2}}\cos\omega_0\tau\end{aligned} \tag{3.5-34}$$

令

$$A(\tau)=\frac{N_0K_0^2\Delta\omega}{2\pi}\cdot\frac{\sin\left(\frac{\Delta\omega\tau}{2}\right)}{\frac{\Delta\omega\tau}{2}} \tag{3.5-35}$$

则

$$R_Y(\tau)=A(\tau)\cos\omega_0\tau \tag{3.5-36}$$

仿前计算，可得 $Y(t)$ 的相关系数为

$$r'_Y(\tau)=\frac{C_Y(\tau)}{\sigma_Y^2}=\frac{\sin\left(\frac{\Delta\omega\tau}{2}\right)}{\frac{\Delta\omega\tau}{2}}\cos\omega_0\tau \tag{3.5-37}$$

此式可改写为

$$r'_Y(\tau)=r_Y(\tau)\cos\omega_0\tau \tag{3.5-38}$$

式中：$r_Y(\tau)=\frac{\sin(\Delta\omega\tau/2)}{\Delta\omega\tau/2}$，为相关系数的包络。由此可得相关系数的曲线。由于相关系数为偶函数，故一般只画右半部分。

通过比较可知，$r_Y(\tau)$ 仅取决于低频谱宽 $\Delta f=\Delta\Omega/(2\pi)$，而 $r'_Y(\tau)$ 却还与载波角频率 ω_0 有关，因此输出过程 $Y(t)$ 的瞬时值起伏变化要比其包络值起伏变化快得多，如图 3.5－4 所示。

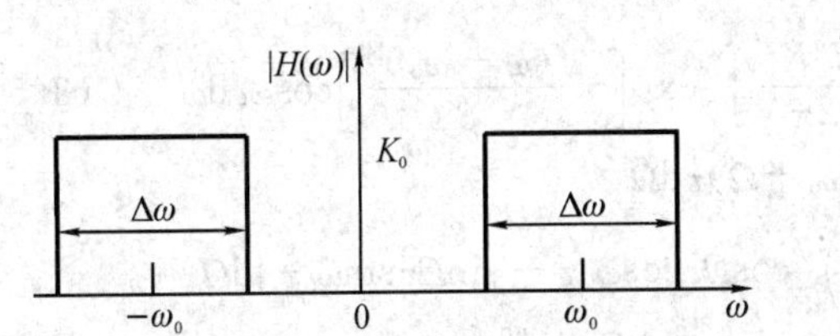

图 3.5－3　理想带通幅频特性

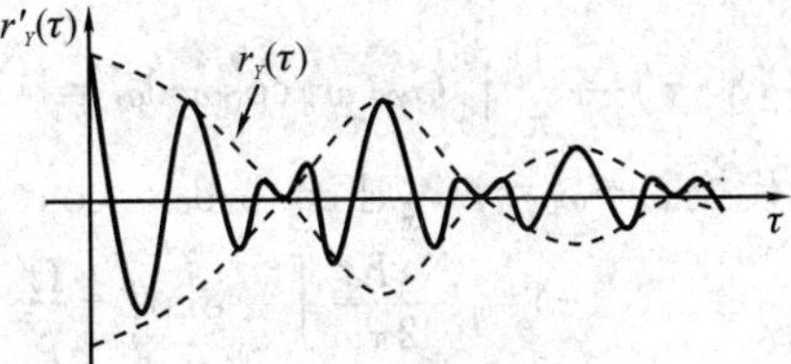

图 3.5－4　窄带矩形谱噪声的相关系数

如果线性系统有 $\Delta\omega\ll\omega_0$，则此线性系统为窄带系统，其输出噪声为窄带噪声。这时相关函数和相关系数的表达式都可以分成两部分，其中 $\cos\omega_0\tau$ 为载波，它是快变化部分；而 $A(\tau)$ 或 $r_Y(\tau)$ 为相应的包络，相对于载波来说是慢变化部分。由于包络才含有振幅调制信号的信息，所以对窄带随机过程来说，一般都不用相关系数 $r'_Y(\tau)$ 来定义相关时间，而是用其慢变化部分 $r_Y(\tau)$ 来作定义，故得输出窄带噪声的相关时间为

$$\tau_0=\int_0^\infty\frac{\sin\left(\frac{\Delta\omega\tau}{2}\right)}{\frac{\Delta\omega\tau}{2}}\mathrm{d}\tau=\frac{\pi}{\Delta\omega}=\frac{1}{2\Delta f} \tag{3.5-39}$$

式中：Δf 为窄带系统的通频带。

上式表明，窄带噪声的相关时间 τ_0 表示其包络起伏变化的快慢程度。通频带 Δf 越小，则 τ_0 越大，即包络起伏变化越慢。

3.5.6　白噪声通过高斯形带通线性系统

设带通线性系统的幅频特性呈高斯形状(如图 3.5－5 所示)，即有

$$|H(\omega)|=\begin{cases}K_0\exp\left[-\frac{(\omega-\omega_0)^2}{2\beta^2}\right], & \omega>0\\ K_0\exp\left[-\frac{(\omega+\omega_0)^2}{2\beta^2}\right], & \omega<0\end{cases} \tag{3.5-40}$$

式中：β 为正比于系统通频带 Δf 的参量。多级单调谐中频放大器级联时，其总幅频特性就近似具有此特性。

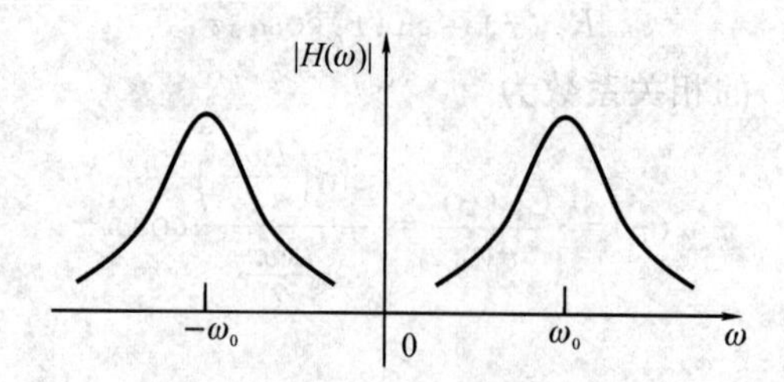

图 3.5-5　高斯形带通幅频特性

今已知输入白噪声的功率谱密度为 $N_0/2$，故得输出过程 $Y(t)$ 的功率谱密度为

$$G_Y(\omega)=G_X(\omega)\,|H(\omega)|^2=\begin{cases}\dfrac{N_0K_0^2}{2}\exp\left[-\dfrac{(\omega-\omega_0)^2}{\beta^2}\right], & \omega>0\\ \dfrac{N_0K_0^2}{2}\exp\left[-\dfrac{(\omega+\omega_0)^2}{\beta^2}\right], & \omega<0\end{cases}\tag{3.5-41}$$

相关函数为

$$R_Y(\tau)=\frac{1}{\pi}\int_0^\infty G_Y(\omega)\cos\omega\tau\,\mathrm{d}\omega=\frac{N_0K_0^2}{2\pi}\int_0^\infty\exp\left[-\frac{(\omega-\omega_0)^2}{\beta^2}\right]\cos\omega\tau\,\mathrm{d}\omega\tag{3.5-42}$$

作变量代换 $\omega-\omega_0=\Omega$，则 $\cos\omega\tau\mathrm{d}\omega=\cos(\omega_0+\Omega)\tau\,\mathrm{d}\Omega$

$$\begin{aligned}R_Y(\tau)&=\frac{N_0K_0^2}{2\pi}\int_{-\omega_0}^\infty\exp\left(-\frac{\Omega^2}{\beta^2}\right)[\cos\Omega\tau\cos\omega_0\tau-\sin\Omega\tau\sin\omega_0\tau]\mathrm{d}\Omega\\&=\frac{N_0K_0^2}{2\pi}\cos\omega_0\tau\int_{-\omega_0}^\infty\exp\left(-\frac{\Omega^2}{\beta^2}\right)\cos\Omega\tau\,\mathrm{d}\Omega\\&=\frac{N_0K_0^2\beta}{2\sqrt{\pi}}\exp\left(-\frac{\beta^2\tau^2}{4}\right)\cos\omega_0\tau\end{aligned}\tag{3.5-43}$$

令：$A(\tau)=\dfrac{N_0K_0^2\beta}{2\sqrt{\pi}}\exp\left(-\dfrac{\beta^2\tau^2}{4}\right)$，仿前可得相关系数为

$$r'_Y(\tau)=\exp\left(-\frac{\beta^2\tau^2}{4}\right)\cos\omega_0\tau\tag{3.5-44}$$

其曲线如图 3.5-6 所示。

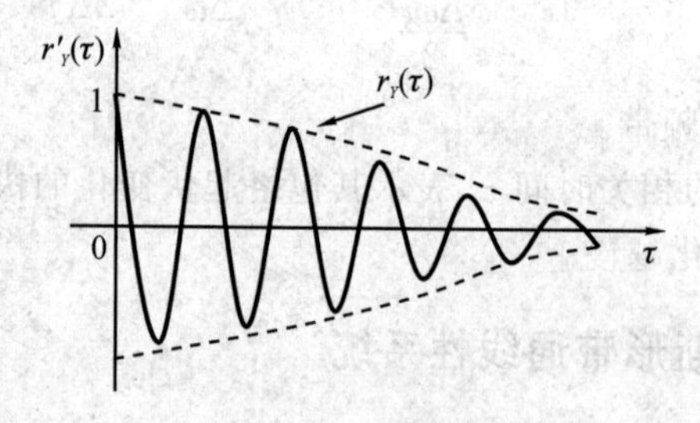

图 3.5-6　窄带高斯形谱噪声的相关系数

此窄带噪声的相关时间为

$$\tau_0=\int_0^\infty\exp\left(-\frac{\beta^2\tau^2}{4}\right)\mathrm{d}\tau=\frac{\sqrt{\pi}}{\beta}\tag{3.5-45}$$

由于参量 $\beta\propto\Delta f$，故知

$$\tau_0\propto\frac{1}{\Delta f}\tag{3.5-46}$$

即相关时间 τ_0 与系统的通频带成反比。

3.6 随机过程线性变换后的概率分布

上面讨论了随机过程矩函数的线性变换，虽然这样已能解决许多实际工程问题，但有不少场合还需要知道随机过程线性变换后的概率分布。这时需要研究的问题是：已知输入随机过程的概率分布和线性系统的传输特性，如何求得线性系统输出端随机过程的概率分布。下面先求当输入随机过程为任意概率分布律时的一般解。

我们知道，随机过程的线性变换实际上是多维随机变量（或随机矢量）的线性变换，故可用多维随机变量的线性变换来作分析。

设输入随机矢量 $\boldsymbol{X}=(X_1, X_2, \cdots, X_n)$ 经过线性变换后成为输出随机矢量 $\boldsymbol{Y}=(Y_1, Y_2, \cdots, Y_n)$，它可表示为输入随机变量 X_1、X_2、…、X_n 的线性组合，这些随机变量的取值可用如下的 n 元线性方程组表示：

$$\begin{cases} y_1 = l_{11}x_1 + l_{12}x_2 + \cdots + l_{1n}x_n \\ y_2 = l_{21}x_1 + l_{22}x_2 + \cdots + l_{2n}x_n \\ \qquad\vdots \\ y_n = l_{n1}x_1 + l_{n2}x_2 + \cdots + l_{nn}x_n \end{cases} \tag{3.6-1}$$

此式可以写成简便的矩阵形式：

$$\boldsymbol{Y} = \boldsymbol{LX} \tag{3.6-2}$$

式中：

$$\boldsymbol{Y}=\begin{pmatrix} y_1 \\ y_2 \\ \vdots \\ y_n \end{pmatrix}, \boldsymbol{X}=\begin{pmatrix} x_1 \\ x_2 \\ \vdots \\ x_n \end{pmatrix}, \boldsymbol{L}=\begin{bmatrix} l_{11} & l_{12} & \cdots & l_{1n} \\ l_{21} & l_{22} & \cdots & l_{2n} \\ \vdots & \vdots & & \vdots \\ l_{n1} & l_{n2} & \cdots & l_{nn} \end{bmatrix}$$

故有

$$\boldsymbol{X} = \boldsymbol{L}^{-1}\boldsymbol{Y} \tag{3.6-3}$$

式中：$\boldsymbol{L}^{-1}$ 为矢量 $\boldsymbol{L}$ 的逆矩阵。

由随机矢量的概率密度变换，即可求得随机矢量 $\boldsymbol{Y}$ 的 n 维概率密度为

$$P_n(\boldsymbol{Y}) = |J|P_n(\boldsymbol{X}) = |J|P_n(\boldsymbol{L}^{-1}\boldsymbol{Y}) \tag{3.6-4}$$

式中：雅可比行列式为

$$J = \frac{\partial \boldsymbol{X}}{\partial \boldsymbol{Y}} = \frac{\partial(x_1, x_2, \cdots, x_n)}{\partial(y_1, y_2, \cdots, y_n)} = \begin{vmatrix} \frac{\partial x_1}{\partial y_1} & \frac{\partial x_1}{\partial y_2} & \cdots & \frac{\partial x_1}{\partial y_n} \\ \frac{\partial x_2}{\partial y_1} & \frac{\partial x_2}{\partial y_2} & \cdots & \frac{\partial x_2}{\partial y_n} \\ \vdots & \vdots & & \vdots \\ \frac{\partial x_n}{\partial y_1} & \frac{\partial x_n}{\partial y_2} & \cdots & \frac{\partial x_n}{\partial y_n} \end{vmatrix} = \frac{1}{|\boldsymbol{L}|}, \ |\boldsymbol{L}| \neq 0 \tag{3.6-5}$$

式中：$|\boldsymbol{L}|$为矢量$\boldsymbol{L}$的行列式。

3.6.1 输入为正态过程

已知输入 $X(t)$为正态随机过程，设其均值为零，即已知随机矢量 $\boldsymbol{X}$ 的均值$\boldsymbol{m}=0$，协方差矩阵$\boldsymbol{C}=\boldsymbol{R}$，故可知正态矢量 $\boldsymbol{X}$ 的 n 维概率密度为

$$p_n(\boldsymbol{X})=\frac{1}{\sqrt{(2\pi)^n|\boldsymbol{R}|}}\exp\left\{-\frac{1}{2}\boldsymbol{X}^{\mathrm{T}}\boldsymbol{R}^{-1}\boldsymbol{X}\right\} \tag{3.6-6}$$

将式(3.6-3)、式(3.6-5)和式(3.6-6)代入式(3.6-4)中，得矢量$\boldsymbol{Y}$的n维概率密度为

$$p_n(\boldsymbol{Y})=\frac{1}{\sqrt{(2\pi)^n|\boldsymbol{L}|^2|\boldsymbol{R}|}}\exp\left\{-\frac{1}{2}(\boldsymbol{L}^{-1}\boldsymbol{Y})^{\mathrm{T}}\boldsymbol{R}^{-1}(\boldsymbol{L}^{-1}\boldsymbol{Y})\right\} \tag{3.6-7}$$

利用矩阵的运算规则，可得

$$(\boldsymbol{L}^{-1}\boldsymbol{Y})^{\mathrm{T}}=\boldsymbol{Y}^{\mathrm{T}}(\boldsymbol{L}^{-1})^{\mathrm{T}}=\boldsymbol{Y}^{\mathrm{T}}(\boldsymbol{L}^{\mathrm{T}})^{-1} \tag{3.6-8}$$

而

$$(\boldsymbol{L}^{-1}\boldsymbol{Y})^{\mathrm{T}}\boldsymbol{R}^{-1}(\boldsymbol{L}^{-1}\boldsymbol{Y})=\boldsymbol{Y}^{\mathrm{T}}(\boldsymbol{L}^{\mathrm{T}})^{-1}\boldsymbol{R}^{-1}\boldsymbol{L}^{-1}\boldsymbol{Y}=\boldsymbol{Y}^{\mathrm{T}}(\boldsymbol{LRL}^{\mathrm{T}})^{-1}\boldsymbol{Y}=\boldsymbol{Y}^{\mathrm{T}}\boldsymbol{Q}^{-1}\boldsymbol{Y} \tag{3.6-9}$$

式中：$\boldsymbol{Q}=\boldsymbol{LRL}^{\mathrm{T}}$，其行列式为

$$|\boldsymbol{Q}|=|\boldsymbol{LRL}^{\mathrm{T}}|=|\boldsymbol{L}|\cdot|\boldsymbol{R}|\cdot|\boldsymbol{L}^{\mathrm{T}}|=|\boldsymbol{L}|^2\cdot|\boldsymbol{R}| \tag{3.6-10}$$

将式(3.6-9)和式(3.6-10)代入式(3.6-7)，可得

$$p_n(\boldsymbol{Y})=\frac{1}{\sqrt{(2\pi)^n|\boldsymbol{Q}|}}\exp\left\{-\frac{1}{2}\boldsymbol{Y}^{\mathrm{T}}\boldsymbol{Q}^{-1}\boldsymbol{Y}\right\} \tag{3.6-11}$$

比较$\boldsymbol{Y}$和$\boldsymbol{X}$的n维概率密度表达式可知，两者形式相同，所以正态矢量$\boldsymbol{X}$经过线性变换后，矢量$\boldsymbol{Y}$仍为正态分布，且均值仍为零，仅协方差发生变化。这就证明了一个重要结论：正态过程通过线性系统后，输出仍为正态过程。虽然上述推导中采用零均值的假设条件，但当均值非零时，此结论仍然成立。

上述结论可用叠加原理加以解释。前面已讲过，线性系统的输出过程$Y(t)$与输入过程$X(t)$具有关系式：

$$Y(t)=\int_{-\infty}^{\infty}X(\tau)h(t-\tau)\mathrm{d}\tau \tag{3.6-12}$$

此式中的积分可看成是下式求和的极限(参考图3.6-1示)：

$$Y(t)=\lim_{\substack{\Delta\tau\to 0\\ n\to\infty}}\sum_{i=1}^{n}X(\tau_i)h(t-\tau_i)\Delta\tau \tag{3.6-13}$$

式中：$X(\tau_i)$为τ_i时刻窄脉冲的随机幅值，今为正态随机变量；$X(\tau_i)\Delta\tau$为窄脉冲的面积，即$\Delta\tau\to 0$时冲激函数的强度；$h(t-\tau_i)$为线性系统在τ_i时刻的冲激响应，为非随机变量。

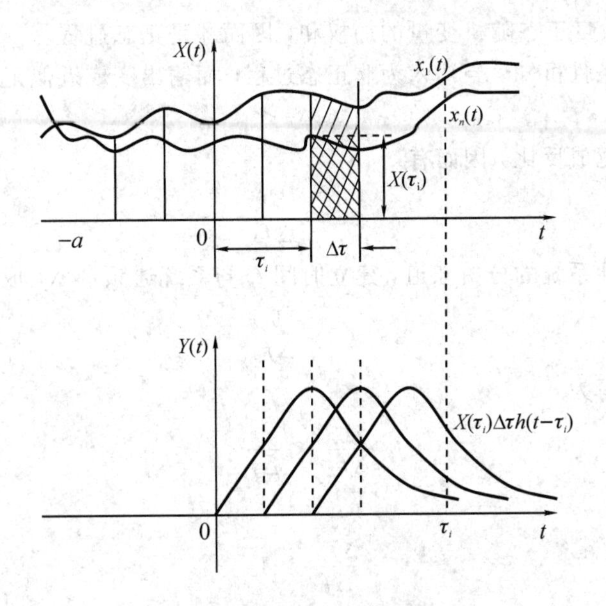

图 3.6-1　随机过程的冲激响应法

式(3.6-13)表明，当输入 $X(t)$ 为正态随机过程时，输出过程 $Y(t)$ 为无数正态随机变量的加权和。利用“多个正态随机变量之和的概率分布仍然服从正态分布”这一结论，可知对于任意时刻 t，$Y(t)$ 均为正态随机变量，因而输出过程 $Y(t)$ 为正态随机过程。

还可以证明，当线性系统的输入为正态过程时，它与输出随机过程构成联合正态过程。

3.6.2　输入为宽带(相对于系统的通频带而言)非正态过程

已知输入 $X(t)$ 为非正态过程，其谱宽为 Δf_X，相关时间为 τ_{0X}，线性系统的通频带为 Δf。同上方法，将 $X(t)$ 看成是许多随机幅值的窄脉冲(宽度为 $\Delta\tau$)之和，分别经过线性系统而响应输出，得输出过程为

$$Y(t)\approx\sum_{i=1}^{n}X(\tau_i)h(t-\tau_i)\Delta\tau \tag{3.6-14}$$

式中的 $X(\tau_i)$，今为非正态随机变量。

中心极限定理表明：大量独立随机变量之和的分布近似服从正态分布。今各个窄脉冲的幅值为一随机变量，只要满足条件：由输入过程 $X(t)$ 所分成的窄脉冲个数 n 足够大，且各个窄脉冲的幅值之间统计独立，则据此定理可知，输出过程 $Y(t)$ 将近似服从正态分布。

选择窄脉冲宽度 $\Delta\tau$ 时，如果满足条件式：

$$\tau_{0X}\ll\Delta\tau \tag{3.6-15}$$

则任两相邻窄脉冲的幅值不相关，可近似认为统计独立。但选择 $\Delta\tau$ 时，还应满足条件——独立随机变量的个数 n 足够大。如果 $\Delta\tau$ 选得很大，以致 n 值很小而不满足中心极限定理，则输出仍将为非正态过程。其物理解释为：若 $\Delta\tau$ 大于线性系统的建立时间 t_r，各个窄脉冲的响应输出达到稳定幅值，则这时输出过程仍然保持为非正态过程；只有当 $\Delta\tau$ 远小于系统的建立时间 t_r，使各个窄脉冲通过线性系统后产生严重的波形失真，输出窄脉冲幅值的概率分布律发生变化，从非正态分布变为正态分布，这时由式(3.6-12)可知，输出过程 $Y(t)$

在任一时刻 t 均为大量正态随机变量的加权和，因而才是正态过程。

综合上述两个条件可知，当输入为非正态过程，而输出变成近似正态过程的条件为

$$\tau_{0X} \ll \Delta\tau \ll t_r \tag{3.6-16}$$

由于相关时间与谱宽成反比，因而有

$$\tau_{0X} \propto \frac{1}{\Delta f_X} \tag{3.6-17}$$

由确知信号通过线性系统的分析知道，建立时间 t_r 与系统通频带 Δf 成反比，即

$$t_r \propto \frac{1}{\Delta f} \tag{3.6-18}$$

因而条件式可以改写为

$$\frac{1}{\Delta f_X} \ll \frac{1}{\Delta f} \tag{3.6-19}$$

或

$$\frac{\Delta f_X}{\Delta f} \gg 1 \tag{3.6-20}$$

上述定性分析表明，只要输入随机过程的谱宽 Δf_X 远大于系统通频带 Δf，即所谓“宽带输入”情况，则无论输入过程是何种概率分布，系统的输出过程都近似为正态分布，这称为非正态过程的“正态化”。

正态化的程度与比值 $\Delta f_X/\Delta f$(或中心极限定理中的独立随机变量个数 n)有关，若输入为瑞利分布，因其分布率比较接近于正态分布，只需取 $\Delta f_X/\Delta f > 2 \sim 3$ 即可。若输入过程的分布律偏离正态分布较大，则需比值 $\Delta f_X/\Delta f$ 较大。根据工程实际的不同要求，一般此比值取为 3～5 倍或 7～10 倍。

3.6.3　输入为白噪声

白噪声可以是正态过程，也可以是非正态过程，但白噪声是宽带随机过程，其谱宽 $\Delta f_X \to \infty$，相关时间 $\tau_0 \to 0$，而线性系统的通频带 Δf 总是有限的，其建立时间 t_r 为非零的有限值，因而根据式(3.6-16)可知，当系统输入为白噪声时，输出 $Y(t)$为近似的正态过程。

此结论具有重要的实用价值，提供了获得近似正态过程的途径——只要将任意分布律的宽带随机过程通过一窄带线性系统，输出即为近似的正态过程。

雷达的中频放大器一般是窄带线性系统，其输出的内部噪声为正态过程。若要干扰此雷达，最好应使干扰机发射的干扰通过雷达中放之后也是正态过程。但干扰机难以产生严格的正态噪声干扰，一般为限幅正态分布。由上述分析可知，只要此限幅正态噪声干扰的谱宽远大于雷达中放的通频带，同样可以获得如同正态噪声干扰时的效果。

例 3.6-1　设有级联的两个线性网络如图 3.6-2 所示。已知输入 $X(t)$是平稳正态白噪声，功率谱密度为 $G(\omega)=N_0/2$，网络Ⅰ的冲激响应为

$$h(t)=\begin{cases} a\mathrm{e}^{-at}, & t \geqslant 0 \\ 0, & t < 0 \end{cases} \tag{3.6-21}$$

试求级联网络输出过程 $Z(t)$的概率密度 $p_z(z)$。

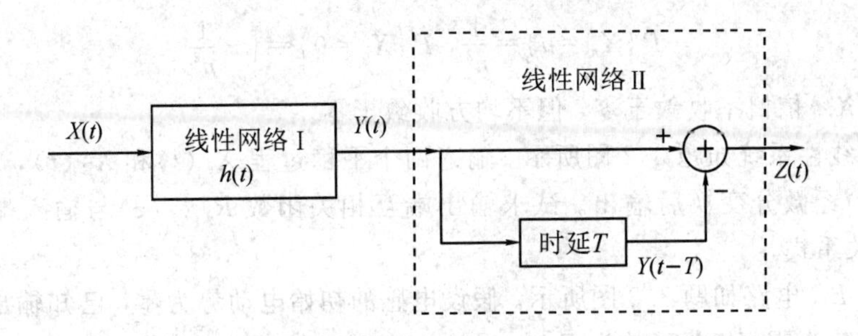

图 3.6-2　两个线性网络的级联

解　两个线性网络级联仍为线性系统，故当输入为正态过程时，输出仍为正态过程，求得过程 $Z(t)$ 的均值和方差后，即可写出 $p_z(z)$ 的表达式。

由于输入平稳过程 $X(t)$ 的均值为零，故知过程 $Y(t)$ 的均值为

$$m_Y(t)=E\left[\int_{-\infty}^{\infty}X(\tau)h(t-\tau)\mathrm{d}\tau\right]=\int_{-\infty}^{\infty}E[X(\tau)]h(t-\tau)\mathrm{d}\tau=0 \tag{3.6-22}$$

同理有 $m_Y(t-T)=0$，而

$$Z(t)=Y(t)-Y(t-T) \tag{3.6-23}$$

故有

$$m_Z(t)=m_Y(t)-m_Y(t-T)=0 \tag{3.6-24}$$

线性网络Ⅰ的传输函数为

$$H_{\mathrm{I}}(\omega)=\int_{-\infty}^{\infty}h(t)\mathrm{e}^{-\mathrm{j}\omega\tau}\mathrm{d}\tau=\int_{0}^{\infty}a\mathrm{e}^{-(a+\mathrm{j}\omega)\tau}\mathrm{d}\tau=\frac{a}{a+\mathrm{j}\omega} \tag{3.6-25}$$

过程 $Y(t)$ 的功率谱密度为

$$G_Y(\omega)=G_X(\omega)\left|H_{\mathrm{I}}(\omega)\right|^2=\frac{N_0}{2}\cdot\left|\frac{a}{a+\mathrm{j}\omega}\right|^2=\frac{N_0/2}{1+(\omega/a)^2} \tag{3.6-26}$$

相应的协方差函数为

$$C_Y(\tau)=R_Y(\tau)=\frac{1}{\pi}\int_0^{\infty}G_Y(\omega)\cos\omega\tau\,\mathrm{d}\omega=\frac{N_0}{2\pi}\int_0^{\infty}\frac{\cos\omega\tau}{1+(\omega/a)^2}\mathrm{d}\omega=\frac{N_0a}{4}\mathrm{e}^{-a|\tau|} \tag{3.6-27}$$

过程 $Z(t)$ 的方差为

$$\sigma_Z^2=E\{[\mathring{Z}(t)]^2\}=E\{[Z(t)]^2\}=E\{Y^2(t)+Y^2(t-T)-2Y(t)Y(t-T)\}$$

$$=2R_Y(0)-2R_Y(T)=\frac{N_0a}{2}(1-\mathrm{e}^{-a|T|}) \tag{3.6-28}$$

故得 $Z(t)$ 的概率密度表达式为

$$p_z(z)=\frac{1}{\sqrt{2\pi}\sigma_Z}\exp\left[-\frac{z^2}{2\sigma_Z^2}\right] \tag{3.6-29}$$

习　题　3

3.1　设 $\{X_n\}$ $(n=1,2,3,\cdots)$ 是独立的随机变量序列。已知随机变量 X_n 仅取两个可能值：0 或 n，而且有

$$P\{X_n=n\}=\frac{1}{n^2},\ P\{X_n=0\}=1-\frac{1}{n^2}$$

证明：$\{X_n\}$依概率收敛于零，但不均方收敛于零。

3.2　设线性系统如题 3.2 图所示。输入两个平稳过程 $X_1(t)$和 $X_2(t)$，$X_1(t)$直接输出，而 $X_2(t)$经微分变换后输出。试求输出端互相关函数 $R_{Y_1Y_2}(\tau)$与输入端互相关函数 $R_{X_1X_2}(\tau)$的关系式。

3.3　设 LR 电路如题 3.3 图所示。假设电感的初始电动势为零，已知输出平稳随机过程 $X(t)$的均值为零，相关函数为 $R_{X_1X_2}(t_1, t_2)=\sigma^2\mathrm{e}^{-\beta|t_2-t_1|}$。试求：

(1)随机微分方程式；

(2) 输出端随机过程 $Y(t)$的均值和自相关函数。

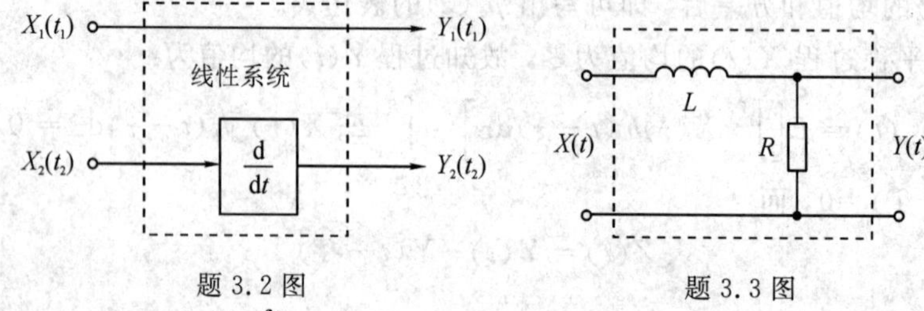

题 3.2 图　　题 3.3 图

3.4　设随机过程 $Y(t)=\int_{-\infty}^{t}X(\tau)\mathrm{d}\tau$，已知输入随机过程 $X(t)$的功率谱密度 $G_X(\omega)$，试求 $Y(t)$的功率谱密度 $G_Y(\omega)$。

3.5　设有平稳随机过程 $X(t)$，已知其 $m_X(t)=1$，$R_X(\tau)=1+\mathrm{e}^{-2|\tau|}$。试求随机变量 $Y=\int_0^1 X(t)\mathrm{d}t$ 的均值和方差。

3.6　设 RC 积分电路如题 3.6 图所示。假设电容器上的初始电荷为零，已知输入平稳随机过程 $X(t)$的均值为零，相关函数 $R_X(\tau)=\sigma^2\mathrm{e}^{-\beta|\tau|}$，电路的冲激响应为

$$h(t)=\begin{cases}\alpha\mathrm{e}^{-\alpha t}, & t\geqslant 0\\ 0, & t<0\end{cases}$$

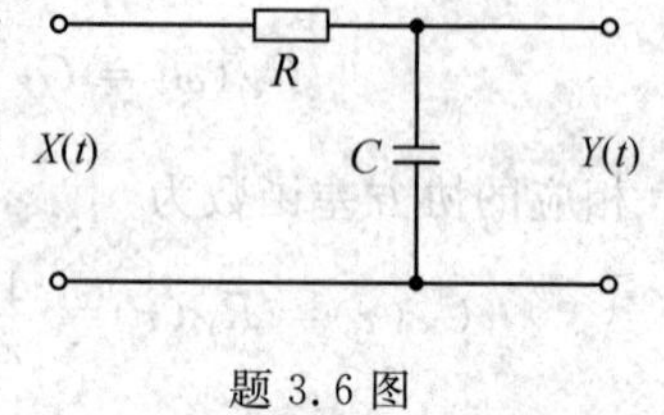

题 3.6 图

式中 $\alpha=1/(RC)$。试求输出相关函数 $R_Y(t_1, t_2)$。

3.7　试求白噪声 $X(t)$通过 RC 微分电路后的相关函数 $R_Y(\tau)$、相关时间 τ_0、噪声通频带 $\Delta\omega_n$。

3.8　白噪声 $X(t)$通过冲激响应为 $h(t)$的线性系统，试求证：输入、输出之间的互相关函数为 $R_{XY}(\tau)=\frac{N_0}{2}h(\tau)$。

3.9　在题 3.9 图所示的线性系统中，若输入 $X(t)$为平稳过程，试证明 $Y(t)$的功率谱密度为 $G_Y(\omega)=2G_X(\omega)[1+\cos\omega\tau]$。

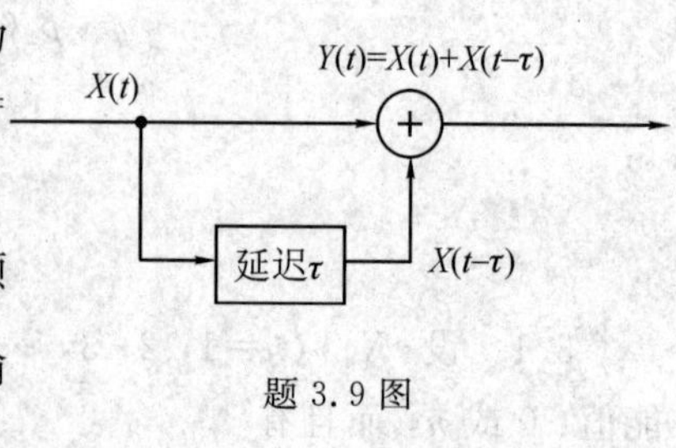

3.10　假设白噪声的相关函数为$\frac{N_0}{2}\delta(\tau)$，通过幅频特性如题 3.10 图所示的理想带通放大器。试求放大器输

Y(t)=X(t)+X(t−τ)
X(t)
延迟τ
X(t−τ)

题 3.9 图

出的总噪声功率。

3.11 假设 LR 电路如题 3.11 图所示。已知输入平稳过程 $X(t)$ 的功率谱密度为$\frac{N_0}{2}$。试求输出端的自相关函数 $R_Y(\tau)$。

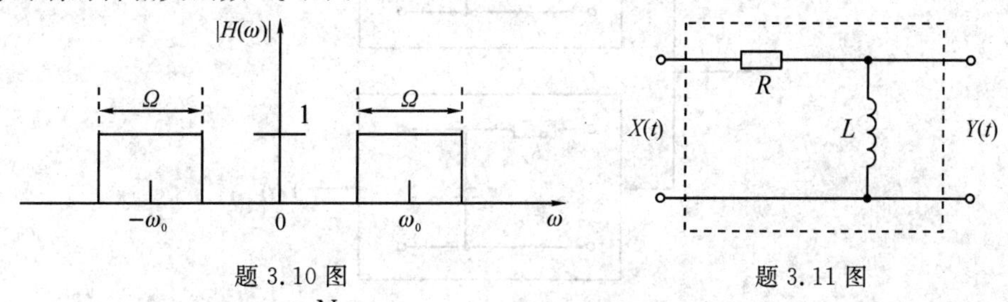

题 3.10 图 题 3.11 图

3.12 假设功率谱密度为$\frac{N_0}{2}$的平稳高斯白噪声通过一滤波器，其传输函数 $H(\omega)=\frac{1}{1+\mathrm{j}(\omega/\omega_0)}$，试求输出噪声的一维概率密度。

3.13 假设描述离散系统的差分方程为：$y(n)+0.81y(n-2)=x(n)$。若输入信号为功率密度 $Z_X(z)=4$ 的白噪声，试求输出随机过程的功率谱密度和自相关函数。

3.14 假设描述离散系统的差分方程为：$y(n)-ay(n-1)=bx(n)$，其中 $0<a<1$。试求该系统的等效噪声带宽。

3.15 假设离散时间随机信号为 $X(n)=V(n)+\sum_{i=1}^{L}A_i\exp[\mathrm{j}(\omega_i n+\varphi_i)]$，其中 φ_i $(i=1, 2, \cdots, L)$为在$(0, 2\pi)$上服从均匀分布的随机变量，且它们之间相互独立；$V(n)$为零均值、方差为 σ_V^2 的白噪声，且与 φ_i 相互独立；A_i 为常数。若将 $X(n)$输入到传递函数为 $H(z)=a_0+a_1z^{-1}+a_2z^{-2}+\cdots+a_Mz^{-M}$的线性滤波器上，产生输出 $Y(n)$，试求 $Y(n)$的平均功率。

3.16 假设零均值平稳随机过程 $X(t)$输入到一线性滤波器，已知滤波器的冲激响应为

$$h(t)=\begin{cases}\alpha\mathrm{e}^{-\alpha t}, & t\geqslant 0\\ 0, & t<0\end{cases}$$

(1) 证明滤波器的输出功率谱密度为：$\frac{\alpha^2}{\alpha^2+\omega^2}G_X(\omega)$；

(2) 若滤波器冲激响应只是指数式中的一段，即

$$h(t)=\begin{cases}\alpha\mathrm{e}^{-\alpha t}, & 0\leqslant t\leqslant T\\ 0, & \text{其他}\end{cases}$$

试证明输出功率谱密度为

$$\frac{\alpha^2}{\alpha^2+\omega^2}(1-2\mathrm{e}^{-\alpha T}\cos\omega T+\mathrm{e}^{-2\alpha T})G_X(\omega)$$

3.17 假设平稳白噪声 $X(t)$通过题 3.17 图所示的线性系统。试求互相关函数 $R_{Y_1Y_2}(\tau)$，并画出其图形。

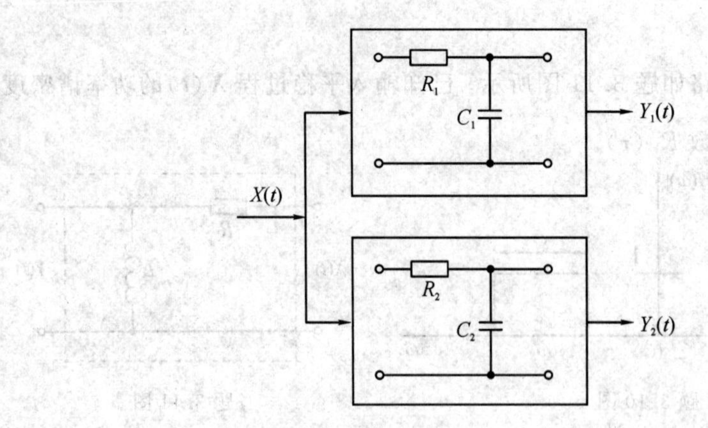

题 3.17 图

3.18　假设平稳正态白噪声 $X(t)$ 通过题 3.18 图所示的 LR 电路和延迟相加电路。求输出随机过程 $Y(t)$ 的一维概率密度 $p(y)$。

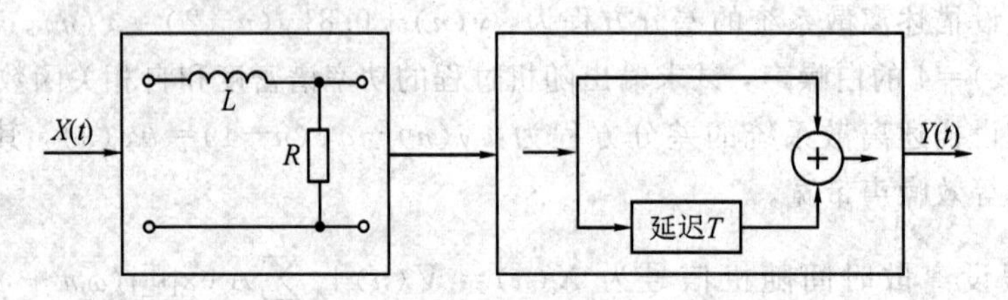

题 3.18 图

3.19　假设平稳白噪声 $X(t)$ 通过题 3.19 图所示的系统。试求输出过程 $Y(t)$ 的相关函数 $R_Y(\tau)$、方差 σ_Y^2、均值 m_Y。

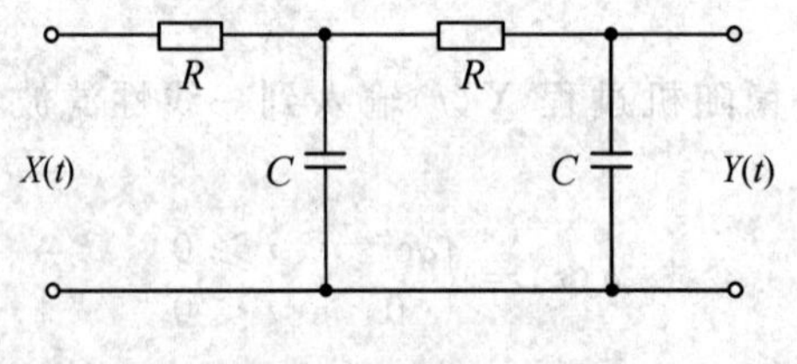

题 3.19 图

3.20　设系统的单位冲激响应为 $h(t)=\delta(t)-2e^{-2t}U(t)$，其输入随机信号的自相关函数 $R_X(\tau)=16+16e^{-2|\tau|}$，试求系统输出的总平均功率和交变功率。

3.21　假设线性系统如题 3.21 图所示，$h_1(t)$ 和 $h_2(t)$ 分别为各分系统的冲激响应函数。试求互相关函数 $R_{Y_1Y_2}(\tau)$ 和互功率谱密度 $G_{Y_1Y_2}(\omega)$。

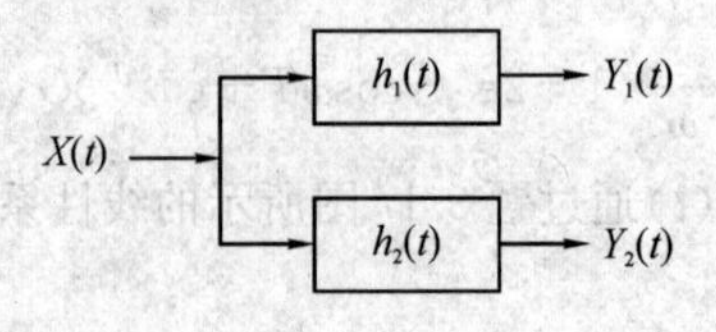

题 3.21 图

3.22 假设平稳正态过程 $X(t)$ 均方可微，其均值为 m_X，方差为 σ_X^2，自相关函数为 $R_X(\tau)$。试求在固定时刻 t_1 时，随机变量 $X(t)$ 与其导数 $\dot{X}(t)$ 的联合概率密度 $p_2(x, \dot{x}; t_1)$。

3.23 已知如题3.23图所示的线性系统，系统输入信号是物理谱密度为 N_0 的白噪声，求系统的传递函数 $H(\omega)$ 及输出 $Z(t)$ 的均方值。

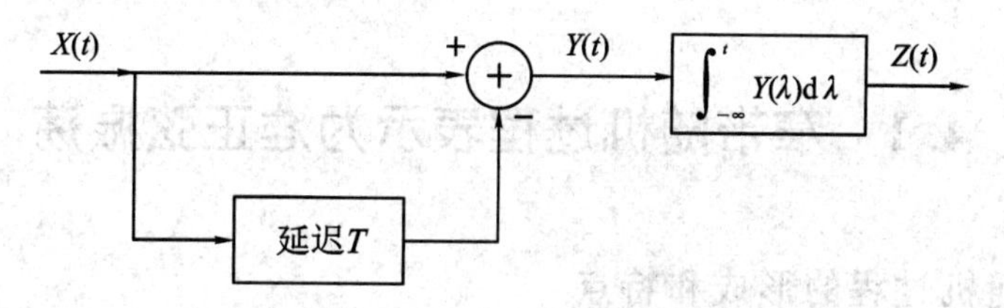

题3.23图

3.24 上机题：利用MATLAB程序设计一正弦型信号加高斯白噪声的复合信号。

(1) 分析复合信号的功率谱密度、幅度分布特性；

(2) 分析复合信号通过 RC 积分电路后的功率谱密度和相应的幅度分布特性；

(3) 分析复合信号通过理想低通系统后的功率谱密度和相应的幅度分布特性。

第4章　平稳窄带随机过程

4.1　窄带随机过程表示为准正弦振荡

4.1.1　窄带随机过程的形成和特点

在一般无线电接收机中，通常都有高频或中频放大器，它们的通频带往往远小于中心频率 f_0，即有

$$\frac{\Delta f}{f_0} \ll 1 \quad 或 \quad \frac{\Delta \omega}{\omega_0} \ll 1 \tag{4.1-1}$$

这种线性系统称为窄带(线性)系统。

若此窄带系统的输入过程 $X(t)$为白噪声或宽带噪声(如图 4.1-1 所示)，则因系统的带通选择特性，输出过程 $Y(t)$的功率谱如图 4.1-2 所示。这时功率谱 $G_Y(\omega)$只分布在中心频率$\pm\omega_0$ 附近的窄带范围内，噪声谱宽 $\Delta\omega_n \ll \omega_0$，这种窄带噪声称为窄带随机过程，简称窄带过程。

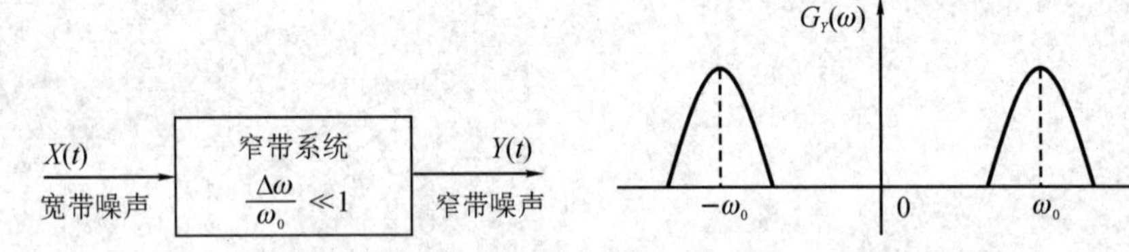

图 4.1-1　窄带随机过程的形成　　　图 4.1-2　窄带随机过程的功率谱

输出过程 $Y(t)$很像调幅的正弦振荡，但实际上其载波频率 ω 在中心频率 ω_0 附近作微小摆动，不是严格的调幅正弦振荡，故称准正弦振荡。

大量的样本集合 $Y(t)$可用下式表示：

$$Y(t) = A(t)\cos[\omega_0 t + \varphi(t)] \tag{4.1-2}$$

其中，$A(t)$为随机包络，它相对于频率 ω_0 来说，是慢变化的时间函数，即包络的变化率远慢于过程 $Y(t)$的瞬时变化率；$\varphi(t)$为随机相位，且相对于频率 ω_0 来说，也是慢变化的时间函数。因而窄带随机过程可以近似看成振幅作缓慢调制的准正弦振荡。

将窄带随机过程看作准正弦振荡，不仅有明确的物理意义，而且也便于分析和应用。例如，求解窄带过程通过包络检波器后的输出过程，由于包络检波器的输出电压正比于输入电压的包络，载波分量是被滤除的，因而只需研究包络的变换，而不必考虑其载频和相位问题。

4.1.2　窄带随机过程的表示式

从窄带过程 $Y(t)$的波形中截取 $0\sim T$ 的一段，并以 T 为周期，在其左右重复此截取波

形，采用拓广的傅里叶级数来作分析。在区间(0， T)内，过程 $Y(t)$可看成是无穷多个具有随机包络和相位的简谐振荡之和，即

$$Y(t)=\sum_{i=1}^{\infty}\left[a_i\cos\omega_i t+b_i\sin\omega_i t\right] \tag{4.1-3}$$

式中：

$$a_i=\frac{2}{T}\int_0^T Y(t)\cos\omega_i t\,\mathrm{d}t$$

$$b_i=\frac{2}{T}\int_0^T Y(t)\sin\omega_i t\,\mathrm{d}t$$

$$\omega_i=i\omega_1=i\,\frac{2\pi}{T},\ i=1,\ 2,\ \cdots$$

设输入 $X(t)$为零均值平稳过程，故知过程 $Y(t)$的均值为零，因而上面的级数表达式中不含 a_0 项。

参数a_i、 b_i均为随机变量，随样本不同而变化，例子如图 4.1-3 所示。

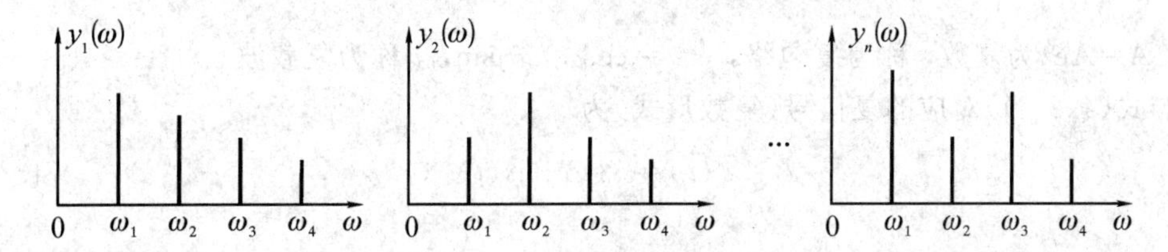

图 4.1-3　随机过程的谐波分析

令 $\omega_i=(\omega_i-\omega_0)+\omega_0$，则式(4.1-3)可改写为

$$\begin{aligned}Y(t)=&\sum_{i=1}^{\infty}\left[a_i\cos(\omega_i-\omega_0)t+b_i\sin(\omega_i-\omega_0)t\right]\cos\omega_0 t+\\&\sum_{i=1}^{\infty}\left[b_i\cos(\omega_i-\omega_0)t-a_i\sin(\omega_i-\omega_0)t\right]\sin\omega_0 t\end{aligned} \tag{4.1-4}$$

将上式中余弦项的振幅记为 $A_c(t)$，正弦项的振幅记为$-A_s(t)$，则得窄带过程 $Y(t)$的一般表示式为

$$Y(t)=A_c(t)\cos\omega_0 t-A_s(t)\sin\omega_0 t \tag{4.1-5}$$

令

$$\begin{cases}A_c(t)=A(t)\cos\varphi(t)\\A_s(t)=A(t)\sin\varphi(t)\end{cases} \tag{4.1-6}$$

则式(4.1-5)还可以改写为

$$\begin{aligned}Y(t)&=A(t)\left[\cos\omega_0 t\cdot\cos\varphi(t)-\sin\omega_0 t\cdot\sin\varphi(t)\right]\\&=A(t)\cos\left[\omega_0 t+\varphi(t)\right]\end{aligned} \tag{4.1-7}$$

式中：

$$\begin{cases}A(t)=\sqrt{A_c^2(t)+A_s^2(t)}\\\varphi(t)=\arctan\dfrac{A_s(t)}{A_c(t)}\end{cases} \tag{4.1-8}$$

由于$A(t)$和$\varphi(t)$均为慢变化的时间函数，因此包络$A(t)$的两个正交分量$A_c(t)$和$A_s(t)$也是慢变化的时间函数。至于$A(t)$以及$A_c(t)$、$A_s(t)$的统计特性将在后面进行详细讨论。

4.2 解析信号和 Hilbert 变换

4.2.1 正弦(型)信号的复信号表示

设正弦实信号为

$$s(t)=A\cos(\omega_0 t+\varphi) \tag{4.2-1}$$

式中：振幅A、角频率ω_0和相位φ均为常量。

常用的复信号表示为复指数或复数形式。与式(4.2-1)对应的复信号(复指数形式)为

$$\tilde{s}(t)=A\mathrm{e}^{\mathrm{j}(\omega_0 t+\varphi)}=\tilde{A}\mathrm{e}^{\mathrm{j}\omega_0 t} \tag{4.2-2}$$

式中：$\tilde{A}=A\mathrm{e}^{\mathrm{j}\varphi}$为复数，称为复包络，$\mathrm{e}^{\mathrm{j}\omega_0 t}=\cos\omega_0 t+\mathrm{j}\sin\omega_0 t$称为复载波。

与式(4.2-1)对应的复信号(复数形式)为

$$\tilde{s}(t)=s(t)+\mathrm{j}\hat{s}(t) \tag{4.2-3}$$

式中：

$$s(t)=A\cos(\omega_0 t+\varphi)=\mathrm{Re}[\tilde{s}(t)] \quad (原实信号) \tag{4.2-4}$$

$$\hat{s}(t)=A\sin(\omega_0 t+\varphi)=\mathrm{Im}[\tilde{s}(t)] \quad (为了运算方便而引入的实函数) \tag{4.2-5}$$

复信号$\tilde{s}(t)$的包络和相角分别为

$$|\tilde{s}(t)|=\sqrt{s^2(t)+\hat{s}^2(t)} \tag{4.2-6}$$

$$\phi(t)=\omega_0 t+\varphi=\arctan\frac{\hat{s}(t)}{s(t)} \tag{4.2-7}$$

下面分析将实信号表示成复信号时，相应的两个频谱之间的关系。

对式(4.2-4)作傅里叶正变换，当$\varphi=0$时，得$s(t)$的频谱为

$$S(\omega)=\pi A[\delta(\omega+\omega_0)+\delta(\omega-\omega_0)] \tag{4.2-8}$$

对式(4.2-5)作傅里叶正变换，得$\mathrm{j}\hat{s}(t)$的频谱为

$$\mathrm{j}\hat{S}(\omega)=-\pi A[\delta(\omega+\omega_0)-\delta(\omega-\omega_0)] \tag{4.2-9}$$

故由式(4.2-3)可得$\tilde{s}(t)$的频谱为

$$\tilde{S}(\omega)=S(\omega)+\mathrm{j}\hat{S}(\omega)=2\pi A\delta(\omega-\omega_0) \tag{4.2-10}$$

由于$S(\omega)$和$\mathrm{j}\hat{S}(\omega)$在负频率域中正负相消，而在正频率域中同号叠加，因此$\tilde{S}(\omega)$中只含有正频谱分量，且为原实信号频谱$S(\omega)$中正频域分量的两倍，故有关系式：

$$\tilde{S}(\omega)=\begin{cases}2S(\omega), & \omega\geqslant 0\\ 0, & \omega<0\end{cases} \tag{4.2-11}$$

图 4.2－1 给出了正弦型信号的频谱图。

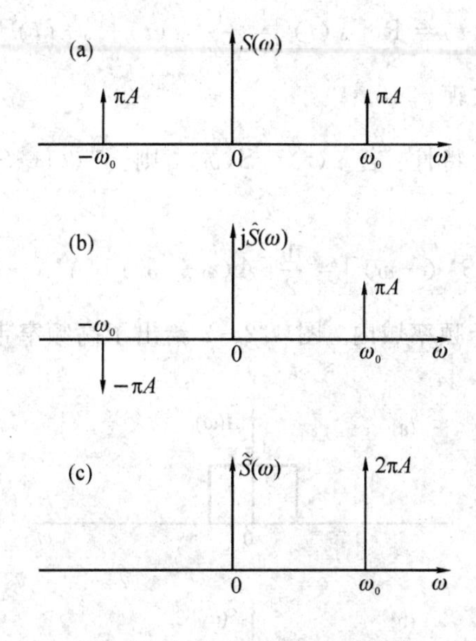

图 4.2－1　正弦型信号的频谱

4.2.2　高频窄带信号的复信号表示

设高频窄带实信号为

$$s(t)=A(t)\cos[\omega_0 t+\varphi(t)] \tag{4.2-12}$$

式中：相对于中心频率 ω_0 来说，振幅调制信号 $A(t)$ 和相位调制信号 $\varphi(t)$ 均为低频慢变换的时间函数。仿前可得复信号为

$$\tilde{s}(t)=A(t)\mathrm{e}^{\mathrm{j}[\omega_0 t+\varphi(t)]}=\tilde{A}(t)\mathrm{e}^{\mathrm{j}\omega_0 t} \tag{4.2-13}$$

式中：复包络 $\tilde{A}(t)=A(t)\mathrm{e}^{\mathrm{j}\varphi(t)}$，它含有低频调制信号的全部信息。作信号处理时，通常是用包络检波器或相位检波器，对此高频窄带信号作解调制，滤除不含信息的复载波部分，只保留含有信息的复包络部分。同样可以仿照前面对高频窄带信号的频谱进行分析。

1. 求复信号 $\tilde{s}(t)$ 的频谱 $\tilde{S}(\omega)$

由傅里叶变换 $\tilde{A}(t)\leftrightarrow\tilde{A}(\omega)$ 和频移特性

$$\mathrm{e}^{\mathrm{j}\omega_0 t}\leftrightarrow 2\pi\delta(\omega-\omega_0) \tag{4.2-14}$$

并利用傅里叶变换的相乘性质，可得

$$\tilde{A}(t)\mathrm{e}^{\mathrm{j}\omega_0 t}\leftrightarrow\frac{1}{2\pi}[\tilde{A}(\omega)\otimes 2\pi\delta(\omega-\omega_0)] \tag{4.2-15}$$

即

$$\tilde{s}(t)\leftrightarrow\tilde{S}(\omega) \tag{4.2-16}$$

利用 δ 函数的卷积特性，可得

$$\tilde{S}(\omega)=\tilde{A}(\omega-\omega_0) \tag{4.2-17}$$

2. 求实信号 $s(t)$ 的频谱 $S(\omega)$

$$s(t)=\mathrm{Re}[\tilde{s}(t)]=\frac{1}{2}[\tilde{s}(t)+\tilde{s}^*(t)] \tag{4.2-18}$$

式中：$\tilde{s}^*(t)$ 为 $\tilde{s}(t)$ 的复共轭。

利用傅里叶变换的共轭特性：若 $\tilde{s}(t)\leftrightarrow\tilde{S}(\omega)$，则 $\tilde{s}^*(t)\leftrightarrow\tilde{S}^*(-\omega)$，对上式作傅里叶正变换，可得

$$S(\omega)=\frac{1}{2}[\tilde{S}(\omega)+\tilde{S}^*(-\omega)]=\frac{1}{2}[\tilde{A}(\omega-\omega_0)+\tilde{A}^*(-\omega-\omega_0)] \tag{4.2-19}$$

该频谱对称分布于正负两个频率域内。图 4.2-2 给出了高频窄带信号的振幅谱。

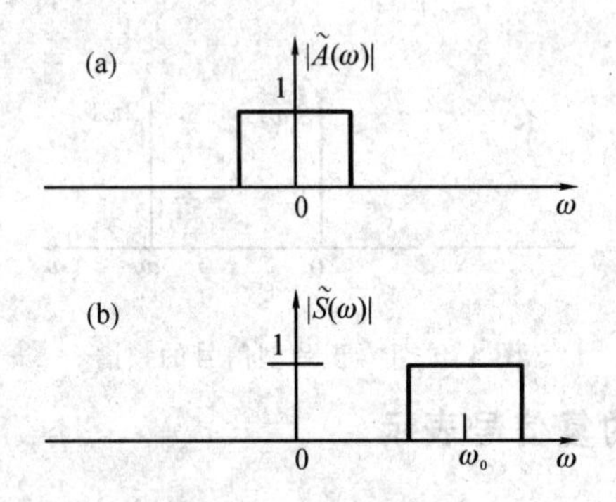

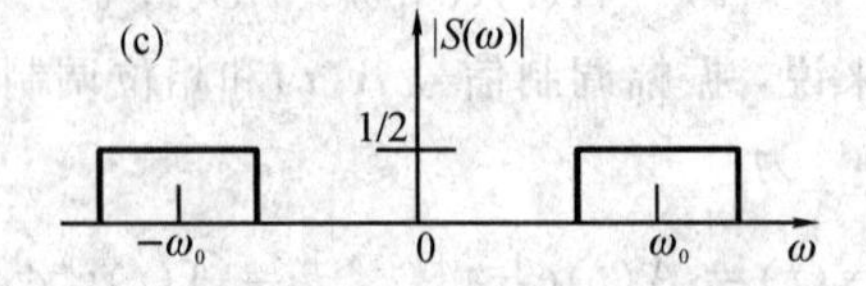

图 4.2-2　高频窄带信号的振幅谱

通过比较式(4.2-17)、式(4.2-19)可知，$\tilde{S}(\omega)$ 与 $S(\omega)$ 之间也具有关系式(4.2-11)。

将高频窄带实信号 $s(t)$ 表示为复信号 $\tilde{s}(t)$ 后，所关注的是其含有调制信息的低频部分——复包络 $\tilde{A}(t)$ 或其频谱 $\tilde{A}(\omega)$。上面的分析表明，已知频谱 $S(\omega)$ 之后，先将其正频域分量加倍而得 $\tilde{S}(\omega)$，再将它沿 ω 轴向左移动 ω_0，即可求得 $\tilde{A}(\omega)$。因而原来需要对高频信号作运算，现在可以转化为对低频信号作运算，从而使得分析与处理得到简化。

4.2.3　解析信号与 Hilbert 变换

上述两种实信号 $s(t)$ 表示成复信号 $\tilde{s}(t)$ 后，得到 $\tilde{S}(\omega)$ 与 $S(\omega)$ 之间的关系式均满足下式：

$$\tilde{S}(\omega)=\begin{cases}2S(\omega), & \omega\geqslant 0\\ 0, & \omega<0\end{cases} \tag{4.2-20}$$

具有此式所示单边频谱特性的复信号 $\tilde{s}(t)=s(t)+\mathrm{j}\hat{s}(t)$，称为实信号 $s(t)$ 的解析信号。

根据此式所示单边频谱特性可知，与解析信号 $\tilde{s}(t)=s(t)+\mathrm{j}\hat{s}(t)$ 所对应的频谱 $\tilde{S}(\omega)=S(\omega)+\mathrm{j}\hat{S}(\omega)$ 中，$S(\omega)$ 与 $\mathrm{j}\hat{S}(\omega)$ 具有如下特性：

(1) 实信号 $s(t)$ 的频谱 $S(\omega)$ 是 ω 的偶函数，即有

$$s(t)\leftrightarrow\begin{cases}S(\omega), & \omega\geqslant 0\\ S(\omega), & \omega<0\end{cases}\tag{4.2-21}$$

(2) $\mathrm{j}\hat{s}(t)$ 的频谱 $\mathrm{j}\hat{S}(\omega)$ 是 ω 的奇函数，即有

$$\mathrm{j}\hat{s}(t)\leftrightarrow \mathrm{j}\hat{S}(\omega)=\begin{cases}S(\omega), & \omega\geqslant 0\\ -S(\omega), & \omega<0\end{cases}\tag{4.2-22}$$

上式右端部分可以改写为

$$\mathrm{j}\hat{S}(\omega)=S(\omega)\mathrm{sgn}(\omega)\tag{4.2-23}$$

式中：

$$\mathrm{sgn}(\omega)=\begin{cases}1, & \omega\geqslant 0\\ -1, & \omega<0\end{cases}\tag{4.2-24}$$

为频域的符号函数，因而式(4.2-20)可以改写为

$$\tilde{S}(\omega)=S(\omega)+\mathrm{j}\hat{S}(\omega)=S(\omega)+S(\omega)\mathrm{sgn}(\omega)=S(\omega)[1+\mathrm{sgn}(\omega)]=2S(\omega)U(\omega)\tag{4.2-25}$$

式中：

$$U(\omega)=\frac{1}{2}[1+\mathrm{sgn}(\omega)]=\begin{cases}1, & \omega\geqslant 0\\ 0, & \omega<0\end{cases}\tag{4.2-26}$$

为频域的单位阶跃函数。

下面求解析信号 $\tilde{s}(t)=s(t)+\mathrm{j}\hat{s}(t)$ 中实部 $s(t)$ 与虚部 $\hat{s}(t)$ 的关系。

对式(4.2-23)两边作傅里叶反变换，由于 $\mathrm{j}\hat{s}(t)\leftrightarrow S(\omega)\mathrm{sgn}(\omega)$，而 $s(t)\leftrightarrow S(\omega)$，$\mathrm{j}(1/\pi t)\leftrightarrow\mathrm{sgn}(\omega)$，故可得

$$\mathrm{j}\hat{s}(t)=s(t)\otimes\mathrm{j}\frac{1}{\pi t}=\mathrm{j}\frac{1}{\pi}\int_{-\infty}^{\infty}\frac{s(\tau)}{t-\tau}\mathrm{d}\tau\tag{4.2-27}$$

或

$$\hat{s}(t)=\frac{1}{\pi}\int_{-\infty}^{\infty}\frac{s(\tau)}{t-\tau}\mathrm{d}\tau\tag{4.2-28}$$

上式是从 $s(t)$ 求解 $\hat{s}(t)$ 的变换式，称为希尔伯特(Hilbert)正变换。反之，若已知 $\hat{s}(t)$ 而需求 $s(t)$，则可用希尔伯特反变换：

$$s(t)=-\frac{1}{\pi}\int_{-\infty}^{\infty}\frac{\hat{s}(\tau)}{t-\tau}\mathrm{d}\tau\tag{4.2-29}$$

希尔伯特变换为实信号 $\hat{s}(t)$ 与 $s(t)$ 之间的一种线性变换，在信号分析中占有重要的地位。已知任意实信号 $s(t)$ 后，利用希尔伯特变换求得 $\hat{s}(t)$，即可求得解析信号 $\tilde{s}(t)=s(t)+\mathrm{j}\hat{s}(t)$。因而解析信号还可根据希尔伯特变换来作定义：

设复信号 $\tilde{s}(t)=s(t)+\mathrm{j}\hat{s}(t)$，若其实部 $s(t)$ 与虚部 $\hat{s}(t)$ 满足希尔伯特变换，则称此复

信号 $\tilde{s}(t)$ 为实信号 $s(t)$ 的解析信号(又称预包络)。

希尔伯特变换具有一些独特的性质，下面仅介绍其主要性质，以便了解希尔伯特变换的作用实质。

希尔伯特变换定义式表明，由 $s(t)$ 求解 $\hat{s}(t)$，实际是求解 $s(t)$ 经过冲激响应 $h(t)=1/(\pi t)$ 的线性网络后的输出 $\hat{s}(t)$，如图 4.2-3 所示。

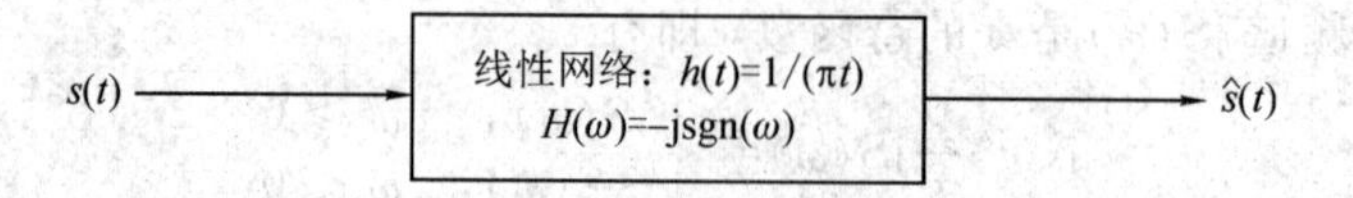

图 4.2-3　希尔伯特变换

由 $H(\omega)\leftrightarrow h(t)$，得此线性网络的传输函数为

$$H(\omega)=\int_{-\infty}^{\infty} h(t)\mathrm{e}^{-\mathrm{j}\omega t}\mathrm{d}t=\int_{-\infty}^{\infty}\frac{1}{\pi t}[\cos\omega t-\mathrm{j}\sin\omega t]\mathrm{d}t=\begin{cases}-\mathrm{j}, & \omega\geqslant 0\\ \mathrm{j}, & \omega<0\end{cases} \tag{4.2-30}$$

或

$$H(\omega)=-\mathrm{j}\,\mathrm{sgn}(\omega) \tag{4.2-31}$$

其幅频特性 $|H(\omega)|$ 和相频特性 $\varphi(\omega)$ 如图 4.2-4 所示，显然，希尔伯特正变换在整个频域内相当于一个滞后 90°的移相器。

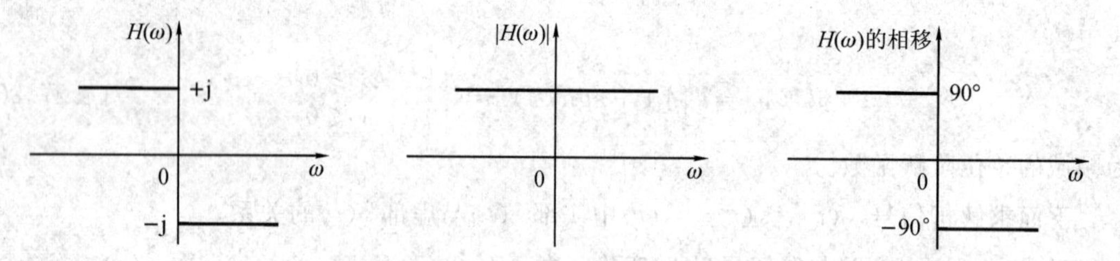

图 4.2-4　希尔伯特变换的频率特性

例 4.2-1　已知实信号 $s(t)=\cos\omega_0 t$，求其解析信号 $\tilde{s}(t)$。

解　由式(4.2-28)可得

$$\hat{s}(t)=\frac{1}{\pi}\int_{-\infty}^{\infty}\frac{\cos\omega_0\tau}{t-\tau}\mathrm{d}\tau=\frac{1}{\pi}\int_{-\infty}^{\infty}\frac{(t+\tau)\cos\omega_0\tau}{t^2-\tau^2}\mathrm{d}\tau \tag{4.2-32}$$

作变量代换 $\tau=tx$，则 $\mathrm{d}\tau=t\mathrm{d}x$，则得

$$\hat{s}(t)=\frac{2}{\pi}\int_{0}^{\infty}\frac{\cos\omega_0 tx}{1-x^2}\mathrm{d}x=\sin\omega_0 t \tag{4.2-33}$$

因而解析信号为

$$\tilde{s}(t)=s(t)+\mathrm{j}\hat{s}(t)=\cos\omega_0 t+\mathrm{j}\sin\omega_0 t=\mathrm{e}^{\mathrm{j}\omega_0 t} \tag{4.2-34}$$

例 4.2-2　已知实信号 $s(t)=\cos\omega_0 t$，求经过两次希尔伯特变换后的信号 $s_o(t)$。

解　根据希尔伯特变换的定义，设 $s(t)$ 的频谱为 $S(\omega)$，$s_o(t)$ 的频谱为 $S_o(\omega)$，则有

$$S_o(\omega)=S(\omega)[-\mathrm{j}\,\mathrm{sgn}(\omega)]^2=-S(\omega) \tag{4.2-35}$$

对上式作傅里叶反变换，即得

$$s_o(t)=-s(t) \tag{4.2-36}$$

可见两次希尔伯特正变换后，恰好为原实信号 $s(t)$ 的反相。今令 $s(t)=\cos\omega_0 t$，故得 $s_o(t)=-\cos\omega_0 t$。

其实对于第二个希尔伯特变换，其输入和输出之间的关系为

$$s_o(t)=-s(t)=\hat{s}(t)\otimes\frac{1}{\pi t} \tag{4.2-37}$$

即

$$s(t)=-\frac{1}{\pi}\int_{-\infty}^{\infty}\frac{\hat{s}(\tau)}{t-\tau}\mathrm{d}\tau \tag{4.2-38}$$

该式正是前面定义的希尔伯特反变换。

4.3 解析复随机过程

用一般方法产生的随机过程都是时间 t 的实函数，称为实随机过程。例如 4.1 节所述窄带随机过程 $Y(t)=A(t)\cos[\omega_0 t+\varphi(t)]$ 就是一例。但是正如 4.2 节所述，为了简化分析和处理，常用其复随机过程 $\tilde{Y}(t)$。由于随机过程是随时间而变化的随机变量，因而分析复随机过程的统计特性时，需要先讨论复随机变量。

4.3.1 复随机变量

若 X 和 Y 均为实随机变量，则称

$$Z=X+\mathrm{j}Y \tag{4.3-1}$$

为复随机变量。

将实随机变量的数学期望、方差和协方差等矩推广至复随机变量时，要求：① 当变量 $Y=0$（即 Z 为实随机变量）时，复随机变量 Z 的矩应该等于实随机变量 X 的矩；② 应该保持随机变量矩的特性，例如方差应为非负实值。

(1) 定义复随机变量 Z 的数学期望为

$$m_Z=E[Z]=E[X]+\mathrm{j}E[Y]=m_X+\mathrm{j}m_Y \tag{4.3-2}$$

若 $Y=0$，则得 $m_Z=m_X$，符合前述要求。

(2) 定义复随机变量 Z 的方差为

$$\sigma_Z^2=D[Z]=E[|\mathring{Z}|^2] \tag{4.3-3}$$

式中：$\mathring{Z}=Z-m_Z$，为中心化复随机变量。

因为

$$\mathring{Z}=X+\mathrm{j}Y-(m_X+\mathrm{j}m_Y)=\mathring{X}+\mathrm{j}\mathring{Y} \tag{4.3-4}$$

所以

$$D[Z]=E[\mathring{Z}^*\mathring{Z}]=E[\mathring{X}^2+\mathring{Y}^2]=E[\mathring{X}^2]+E[\mathring{Y}^2]=D[X]+D[Y] \tag{4.3-5}$$

若 $Y=0$，则得 $D[Z]=D[X]$，符合前述要求。但若定义 $D[Z]=E[\mathring{Z}^2]$，则方差将为复量，不符合其特性要求。

(3) 若有两个复随机变量：

$$Z_1=X_1+\mathrm{j}Y_1,\ Z_2=X_2+\mathrm{j}Y_2 \tag{4.3-6}$$

则定义复随机变量 Z_1 和 Z_2 的协方差为

$$C_{Z_1Z_2} = E[\mathring{Z}_1^* \mathring{Z}_2] \tag{4.3-7}$$

式中：$\mathring{Z}_1^*$ 为$\mathring{Z}_1$的复共轭。因而

$$C_{Z_1Z_2} = E[(\mathring{X}_1 - \mathrm{j}\mathring{Y}_1)(\mathring{X}_2 + \mathrm{j}\mathring{Y}_2)] = C_{X_1X_2} + C_{Y_1Y_2} + \mathrm{j}[C_{X_1Y_2} - C_{Y_1X_2}] \tag{4.3-8}$$

若 $Y_1 = Y_2 = 0$，则 $C_{Z_1Z_2} = C_{X_1X_2}$，符合前述要求。但若定义 $C_{Z_1Z_2} = E[\mathring{Z}_1\mathring{Z}_2]$，则当 $Z_1 = Z_2 = Z$ 时，方差将为复量，不符合其特性要求。

下面介绍两个复随机变量的不相关、正交和统计独立。

(1) 若复随机变量 Z_1 和 Z_2 的协方差有

$$C_{Z_1Z_2} = E[\mathring{Z}_1^* \mathring{Z}_2] = 0 \tag{4.3-9}$$

则称复变量 Z_1 和 Z_2 不相关。

(2) 若复随机变量 Z_1 和 Z_2 有

$$E[Z_1^* Z_2] = 0 \tag{4.3-10}$$

则称复变量 Z_1 和 Z_2 正交。

(3) 若复随机变量：$Z_1 = X_1 + \mathrm{j}Y_1$，$Z_2 = X_2 + \mathrm{j}Y_2$，有

$$p(x_1, y_1; x_2, y_2) = p(x_1, y_1)p(x_2, y_2) \tag{4.3-11}$$

则称复变量 Z_1 和 Z_2 统计独立。

4.3.2 复随机过程

若 $X(t)$和 $Y(t)$均为实随机过程，则称

$$Z(t) = X(t) + \mathrm{j}Y(t) \tag{4.3-12}$$

为复随机过程。

将实随机过程的数学期望、方差和协方差等矩推广至复随机过程时，仿照前要求：① 当过程 $Y(t)=0$(即 $Z(t)$为实随机过程)时，复随机过程 $Z(t)$的矩函数应该等于实随机过程 $X(t)$的矩函数；② 应该保持随机过程矩函数的特性，例如方差应为非负的时间函数。

(1) 定义复随机过程 $Z(t)$的数学期望为

$$m_Z(t) = E[Z(t)] = E[X(t)] + \mathrm{j}E[Y(t)] = m_X(t) + \mathrm{j}m_Y(t) \tag{4.3-13}$$

(2) 定义复随机过程 $Z(t)$的方差为

$$\sigma_Z^2(t) = D[Z(t)] = E[|\mathring{Z}(t)|^2] \tag{4.3-14}$$

式中：$\mathring{Z}(t) = Z(t) - m_Z(t) = \mathring{X}(t) + \mathrm{j}\mathring{Y}(t)$。

仿照前可得

$$D[Z(t)] = D[X(t)] + D[Y(t)] \tag{4.3-15}$$

(3) 定义复随机过程 $Z(t)$的自相关函数为

$$R(t_1, t_2) = E[Z^*(t_1)Z(t_2)] \tag{4.3-16}$$

式中：$t_2 = t_1 + \tau$，$Z^*(t_1)$为 $Z(t_1)$的复共轭。

注：有些书定义 $R(t_1, t_2) = E[Z(t_1)Z^*(t_2)]$，则式中 $t_2 = t_1 - \tau$。

(4) 若有两个复随机过程 $Z_1(t) = X_1(t) + \mathrm{j}Y_1(t)$，$Z_2(t) = X_2(t) + \mathrm{j}Y_2(t)$，则定义复过程 $Z_1(t)$和 $Z_2(t)$的互相关函数为

$$R_{Z_1Z_2}(t_1, t_2) = E[Z_1^*(t_1)Z_2(t_2)] \tag{4.3-17}$$

式中：$t_2 = t_1 + \tau$，$Z_1^*(t_1)$为$Z_1(t_1)$的复共轭。

注：有些书定义$R_{Z_1Z_2}(t_1, t_2) = E[Z_1(t_1)Z_2^*(t_2)]$，则式中$t_2 = t_1 - \tau$。

例 4.3-1　设有由 N 个复信号组成的复随机过程 $V(t)$ 如下：

$$V(t) = \sum_{n=1}^{N} A_n e^{j(\omega_0 t + \varphi_n)} \tag{4.3-18}$$

式中：ω_0 为常量，A_n 和 φ_n 分别为第 n 个信号的随机振幅和随机相位。假设已知随机变量 A_n 与 φ_n 统计独立，且 φ_n 在$(0, 2\pi)$上均匀分布，求 $V(t)$的自相关函数。

解　由复随机过程自相关函数的定义式，得 $V(t)$的自相关函数为

$$\begin{aligned} R_V(t, \quad t+\tau) &= E[V^*(t)V(t+\tau)] = E\Big[\sum_{n=1}^{N} A_n e^{-j\omega_0 t - j\varphi_n} \sum_{m=1}^{N} A_m e^{j\omega_0 t + j\omega_0\tau + j\varphi_m}\Big] \\ &= \sum_{n=1}^{N}\sum_{m=1}^{N} e^{j\omega_0\tau} E[A_n A_m e^{j(\varphi_m - \varphi_n)}] = R_V(\tau) \end{aligned} \tag{4.3-19}$$

因为 A_n 与 φ_n 统计独立，所以有

$$R_V(\tau) = e^{j\omega_0\tau} \sum_{n=1}^{N}\sum_{m=1}^{N} E[A_n A_m] E[e^{j(\varphi_m - \varphi_n)}] \tag{4.3-20}$$

而

$$\begin{aligned} E[e^{j(\varphi_m - \varphi_n)}] &= E[\cos(\varphi_m - \varphi_n)] + jE[\sin(\varphi_m - \varphi_n)] \\ &= \int_0^{2\pi}\int_0^{2\pi} \frac{1}{(2\pi)^2}[\cos(\varphi_m - \varphi_n) + j\sin(\varphi_m - \varphi_n)] d\varphi_m d\varphi_n \\ &= \begin{cases} 0, & m \neq n \\ 1, & m = n \end{cases} \end{aligned} \tag{4.3-21}$$

故得

$$R_V(\tau) = e^{j\omega_0\tau} \sum_{n=1}^{N} \overline{A_n^2} \tag{4.3-22}$$

4.3.3　解析复随机过程的相关函数和功率谱密度

设实随机过程 $X(t)$与其希尔伯特变换 $\hat{X}(t)$联合平稳，有关系式

$$R_{\hat{X}X}(\tau) = R_{X\hat{X}}(-\tau) \tag{4.3-23}$$

今需求解析复随机过程 $\widetilde{X}(t) = X(t) + j\hat{X}(t)$的相关函数 $R_{\widetilde{X}}(\tau)$和功率谱密度 $G_{\widetilde{X}}(\omega)$。

根据复随机过程的自相关函数定义式，得

$$\begin{aligned} R_{\widetilde{X}}(\tau) &= E[\widetilde{X}^*(t)\widetilde{X}(t+\tau)] \\ &= E\{[X(t) - j\hat{X}(t)][X(t+\tau) + j\hat{X}(t+\tau)]\} \\ &= R_X(\tau) + R_{\hat{X}}(\tau) + j[R_{X\hat{X}}(\tau) - R_{\hat{X}X}(\tau)] \end{aligned} \tag{4.3-24}$$

由于希尔伯特变换为线性变换，过程 $X(t)$与 $\hat{X}(t)$联合平稳，故由前面的知识可知，求自相关函数 $R_{\widetilde{X}}(\tau)$和互相关函数 $R_{X\hat{X}}(\tau)$、$R_{\hat{X}X}(\tau)$时，可利用下面的变换关系：

在前面已经求得，当线性系统的冲激响应为 $h(\tau)$、输出为 $Y(t)$时，有

$$R_{XY}(\tau)=R_X(\tau)\otimes h(\tau) \tag{4.3-25}$$

$$G_Y(\omega)=G_X(\omega)\left|H(\omega)\right|^2 \tag{4.3-26}$$

今作希尔伯特变换时，有：$h(\tau)=1/(\pi\tau)$，$\left|H(\omega)\right|^2=1$，故有

$$R_{X\hat{X}}(\tau)=R_X(\tau)\otimes h(\tau)=\frac{1}{\pi}\int_{-\infty}^{\infty}\frac{R_X(a)}{\tau-a}\mathrm{d}a \tag{4.3-27}$$

$$G_{\hat{X}}(\omega)=G_X(\omega) \tag{4.3-28}$$

对此两式作傅里叶变换，求得

$$G_{X\hat{X}}(\omega)=-\mathrm{j}G_X(\omega)\cdot\mathrm{sgn}(\omega) \tag{4.3-29}$$

$$R_{\hat{X}}(\tau)=R_X(\tau) \tag{4.3-30}$$

令 $\tau=-\tau'$，则由式(4.3-27)有

$$R_{X\hat{X}}(-\tau')=-\frac{1}{\pi}\int_{-\infty}^{\infty}\frac{R_X(a)}{\tau'+a}\mathrm{d}a \tag{4.3-31}$$

作变量代换 $a=-a'$，得

$$R_{X\hat{X}}(-\tau')=-\frac{1}{\pi}\int_{-\infty}^{\infty}\frac{R_X(-a')}{\tau'-a'}\mathrm{d}a'=-\frac{1}{\pi}\int_{-\infty}^{\infty}\frac{R_X(a')}{\tau'-a'}\mathrm{d}a'=-R_{X\hat{X}}(\tau') \tag{4.3-32}$$

即上式可以改写为

$$R_{X\hat{X}}(-\tau)=-R_{X\hat{X}}(\tau) \tag{4.3-33}$$

该式表明，互相关函数 $R_{X\hat{X}}(\tau)$ 为 τ 的奇函数。

由此式和式(4.3-23)，求得两个互相关函数的关系式为

$$R_{\hat{X}X}(\tau)=-R_{X\hat{X}}(\tau) \tag{4.3-34}$$

当 $\tau=0$ 时，有

$$R_{\hat{X}X}(0)=-R_{X\hat{X}}(0)=0 \tag{4.3-35}$$

此式表明，同一时刻的随机变量 $X(t)$ 与 $\hat{X}(t)$ 不相关。若 $X(t)$ 为正态过程，则 $\hat{X}(t)$ 亦为正态过程，这时变量 $X(t)$ 与 $\hat{X}(t)$ 统计独立。

将式(4.3-30)和式(4.3-34)代入式(4.3-24)，得

$$R_{\tilde{X}}(\tau)=2[R_X(\tau)+\mathrm{j}R_{X\hat{X}}(\tau)] \tag{4.3-36}$$

对上式作傅里叶正变换，并利用式(4.3-29)，得

$$\begin{aligned}G_{\tilde{X}}(\omega)&=2[G_X(\omega)+\mathrm{j}G_{X\hat{X}}(\omega)]\\&=2G_X(\omega)[1+\mathrm{sgn}(\omega)]\\&=4G_X(\omega)U(\omega)\end{aligned} \tag{4.3-37}$$

即

$$G_{\tilde{X}}(\omega)=\begin{cases}4G_X(\omega), & \omega\geqslant 0\\ 0, & \omega<0\end{cases} \tag{4.3-38}$$

$G_{\tilde{X}}(\omega)$ 与 $G_X(\omega)$ 的关系如图 4.3-1 所示。

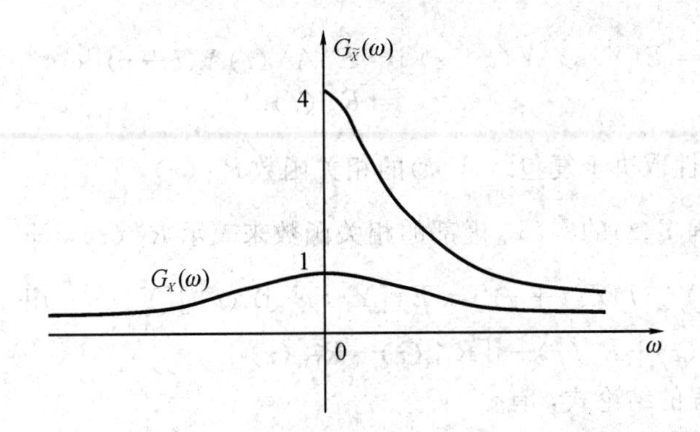

图 4-3-1　$G_{\tilde{X}}(\omega)$与$G_X(\omega)$的关系

例 4.3-2　求证：$R_{X\hat{X}}(\tau)=\hat{R}_X(\tau)$。

证　$X(t)$的希尔伯特变换为

$$\hat{X}(t)=\frac{1}{\pi}\int_{-\infty}^{\infty}\frac{X(a)}{t-a}\mathrm{d}a \tag{4.3-39}$$

故由定义有

$$R_{X\hat{X}}(\tau)=E[X(t)\hat{X}(t+\tau)]=E\left[X(t)\frac{1}{\pi}\int_{-\infty}^{\infty}\frac{X(a)}{t+\tau-a}\mathrm{d}a\right]=\frac{1}{\pi}\int_{-\infty}^{\infty}\frac{E[X(t)X(a)]}{t+\tau-a}\mathrm{d}a \tag{4.3-40}$$

作变量代换 $\beta=a-t$，则

$$R_{X\hat{X}}(\tau)=\frac{1}{\pi}\int_{-\infty}^{\infty}\frac{E[X(t)X(t+\beta)]}{\tau-\beta}\mathrm{d}\beta=\frac{1}{\pi}\int_{-\infty}^{\infty}\frac{R_X(\beta)}{\tau-\beta}\mathrm{d}\beta=\hat{R}_X(\tau) \tag{4.3-41}$$

4.3.4　窄带随机过程的复包络及其统计特性

在前面已经求得窄带实过程的表示式，即

$$Y(t)=A(t)\cos[\omega_0 t+\varphi(t)] \tag{4.3-42}$$

其复过程为

$$\tilde{Y}(t)=Y(t)+\mathrm{j}\hat{Y}(t) \tag{4.3-43}$$

式中：$\hat{Y}(t)$为$Y(t)$的希尔伯特变换，因$A(t)$为缓变，故可求得

$$\hat{Y}(t)=A(t)\sin[\omega_0 t+\varphi(t)] \tag{4.3-44}$$

因而

$$\tilde{Y}(t)=A(t)\mathrm{e}^{\mathrm{j}[\omega_0 t+\varphi(t)]}=\tilde{A}(t)\mathrm{e}^{\mathrm{j}\omega_0 t} \tag{4.3-45}$$

式中：$\tilde{A}(t)=A(t)\mathrm{e}^{\mathrm{j}\varphi(t)}$，为窄带过程的复包络。

下面来求复过程$\tilde{Y}(t)$和复包络$\tilde{A}(t)$的统计特性。

1. 复过程的统计特性

根据复过程的自相关函数的定义式，得$\tilde{Y}(t)$的相关函数为

$$R_{\tilde{Y}}(\tau)=E[\tilde{Y}^*(t)\tilde{Y}(t+\tau)]=E[\tilde{A}^*(t)\tilde{A}(t+\tau)]e^{-j\omega_0 t}e^{j\omega_0(t+\tau)}$$
$$=R_{\tilde{A}}(\tau)e^{j\omega_0\tau} \tag{4.3-46}$$

可见 $\tilde{Y}(t)$的统计特性取决于复包络 $\tilde{A}(t)$的相关函数 $R_{\tilde{A}}(\tau)$。

还可以用复过程 $\tilde{Y}(t)$的实部、虚部的相关函数来表示 $R_{\tilde{Y}}(\tau)$，即

$$R_{\tilde{Y}}(\tau)=E[\tilde{Y}^*(t)\tilde{Y}(t+\tau)]=E\{[Y(t)-j\hat{Y}(t)][Y(t+\tau)+j\hat{Y}(t+\tau)]\}$$
$$=R_Y(\tau)+R_{\hat{Y}}(\tau)+j[R_{Y\hat{Y}}(\tau)-R_{\hat{Y}Y}(\tau)] \tag{4.3-47}$$

利用解析复随机过程的结论式，有

$$R_{\hat{Y}}(\tau)=R_Y(\tau) \tag{4.3-48}$$

$$R_{\hat{Y}Y}(\tau)=-R_{Y\hat{Y}}(\tau) \tag{4.3-49}$$

将上面两式代入式(4.3-47)，得

$$R_{\tilde{Y}}(\tau)=2[R_Y(\tau)+jR_{Y\hat{Y}}(\tau)] \tag{4.3-50}$$

对上式作傅里叶正变换，得功率谱密度：

$$G_{\tilde{Y}}(\omega)=2[G_Y(\omega)+jG_{Y\hat{Y}}(\omega)] \tag{4.3-51}$$

利用解析复随机过程的结论式，有

$$G_{Y\hat{Y}}(\omega)=-jG_Y(\omega)\cdot\mathrm{sgn}(\omega) \tag{4.3-52}$$

并将该式代入上式(4.3-51)，得

$$G_{\tilde{Y}}(\omega)=2[G_Y(\omega)+G_Y(\omega)\cdot\mathrm{sgn}(\omega)]$$
$$=4G_Y(\omega)U(\omega) \tag{4.3-53}$$

$G_{\tilde{Y}}(\omega)$与 $G_Y(\omega)$的关系如图 4.3-2(a)、(b)所示。

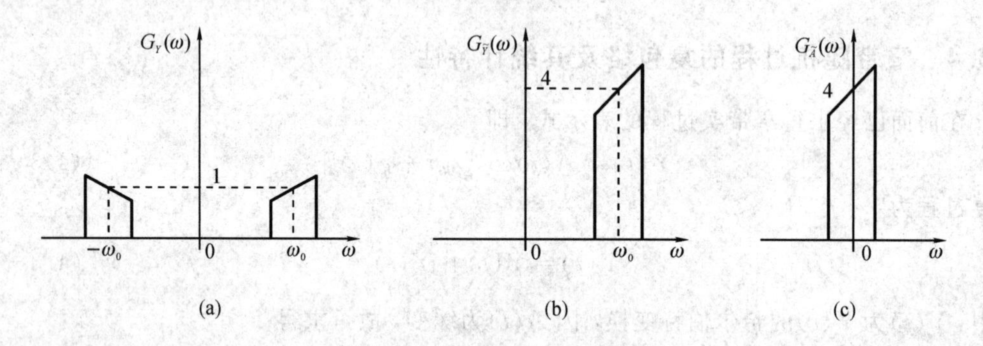

图 4.3-2　窄带实过程与其解析信号、复包络的功率谱关系

对式(4.3-46)作傅里叶变换，求得

$$G_{\tilde{Y}}(\omega)=G_{\tilde{A}}(\omega-\omega_0) \tag{4.3-54}$$

此式表明，将复包络 $\tilde{A}(t)$的功率谱 $G_{\tilde{A}}(\omega)$向右平移 ω_0，即可求得 $G_{\tilde{Y}}(\omega)$，如图 4.3-2(b)、(c)所示。

下面来推导平稳窄带过程的相关函数一般表示式。

设过程 $Y(t)$的均值为零，功率谱密度为 $G_Y(\omega)$。则因 $G_Y(\omega)$为 ω 的偶函数而得$Y(t)$的相关函数为

$$R_Y(\tau)=\frac{1}{\pi}\int_0^{\infty}G_Y(\omega)\cos\omega\tau\,\mathrm{d}\omega \tag{4.3-55}$$

作变量代换 $\omega=\omega_0+\Omega$（即由 $G_Y(\omega)$求得单边功率谱$G_{\tilde{Y}}(\omega)$后，再向左平移 ω_0），得

$$R_Y(\tau)=\frac{1}{\pi}\int_{-\omega_0}^{\infty}G_Y(\omega_0+\Omega)\cos(\omega_0+\Omega)\tau\,\mathrm{d}\Omega \tag{4.3-56}$$

因 $G_{\tilde{A}}(\Omega)=4G_Y(\omega_0+\Omega)$，故得平稳窄带过程的相关函数一般表示式为

$$\begin{aligned}R_Y(\tau)&=\frac{1}{4\pi}\int_{-\omega_0}^{\infty}G_{\tilde{A}}(\Omega)[\cos\Omega\tau\cdot\cos\omega_0\tau-\sin\Omega\tau\cdot\sin\omega_0\tau]\cdot\mathrm{d}\Omega\\&=A(\tau)\cos\omega_0\tau-B(\tau)\sin\omega_0\tau\end{aligned} \tag{4.3-57}$$

式中：

$$A(\tau)=\frac{1}{4\pi}\int_{-\omega_0}^{\infty}G_{\tilde{A}}(\Omega)\cos\Omega\tau\,\mathrm{d}\Omega \tag{4.3-58}$$

$$B(\tau)=\frac{1}{4\pi}\int_{-\omega_0}^{\infty}G_{\tilde{A}}(\Omega)\sin\Omega\tau\,\mathrm{d}\Omega \tag{4.3-59}$$

或

$$R_Y(\tau)=A_0(\tau)\cos[\omega_0\tau+v(\tau)] \tag{4.3-60}$$

式中：

$$A_0(\tau)=\sqrt{A^2(\tau)+B^2(\tau)},\ v(\tau)=\arctan\frac{B(\tau)}{A(\tau)} \tag{4.3-61}$$

由于 $Y(t)$为平稳过程，$R_Y(\tau)$为 τ 的偶函数，故由 $R_Y(\tau)=A(\tau)\cos\omega_0\tau-B(\tau)\sin\omega_0\tau$ 式可知，$A(\tau)$必为 τ 的偶函数，$B(\tau)$必为 τ 的奇函数。

若窄带过程 $Y(t)$具有对称功率谱（相对于中心频率$\pm\omega_0$），则 $G_{\tilde{A}}(\Omega)$为 Ω 的偶函数，有 $B(\tau)=0$（即有 $v(\tau)=0$），因而这时相关函数为

$$R_Y(\tau)=A(\tau)\cos\omega_0\tau \tag{4.3-62}$$

例 4.3-3　设零均值平稳窄带噪声 $Y(t)$具有对称功率谱密度，其相关函数见式(4.3-62)。试求相关函数 $R_{\hat{Y}}(\tau)$、$R_{\tilde{Y}}(\tau)$和方差$\sigma_{\hat{Y}}^2$、$\sigma_{\tilde{Y}}^2$。

解：

$$R_{\hat{Y}}(\tau)=R_Y(\tau)=A(\tau)\cos\omega_0\tau \tag{4.3-63}$$

以 $\tau=0$ 代入，即得方差

$$\sigma_{\hat{Y}}^2=\sigma_Y^2=A(0) \tag{4.3-64}$$

根据例 4.3-2，有

$$R_{Y\hat{Y}}(\tau)=\hat{R}_Y(\tau)=A(\tau)\sin\omega_0\tau \tag{4.3-65}$$

将 $R_Y(\tau)$和 $R_{Y\hat{Y}}(\tau)$的表达式代入公式(4.3-60)，得复随机过程 $\tilde{Y}(t)$的相关函数为

$$R_{\tilde{Y}}(\tau)=2A(\tau)\mathrm{e}^{\mathrm{j}\omega_0\tau} \tag{4.3-66}$$

故其方差为

$$\sigma_{\tilde{Y}}^2=2A(0) \tag{4.3-67}$$

2. 复包络的统计特性

窄带过程 $Y(t)$的一般表示式也可以利用正交表达式表示，即

$$Y(t)=A_c(t)\cos\omega_0 t-A_s(t)\sin\omega_0 t \tag{4.3-68}$$

对上式作希尔伯特变换，得

$$\hat{Y}(t)=A_c(t)\sin\omega_0 t+A_s(t)\cos\omega_0 t \tag{4.3-69}$$

联立求解上两式，可得

$$A_c(t)=Y(t)\cos\omega_0 t+\hat{Y}(t)\sin\omega_0 t \tag{4.3-70}$$

$$A_s(t)=-Y(t)\sin\omega_0 t+\hat{Y}(t)\cos\omega_0 t \tag{4.3-71}$$

若$Y(t)$为零均值平稳正态过程，则因希尔伯特变换为线性变换，故知$\hat{Y}(t)$亦为零均值平稳正态过程。这时$A_c(t)$和$A_s(t)$都是两个正态过程的线性组合，仍然都是零均值平稳正态过程。

由上面的$A_c(t)$表达式得$A_c(t)$的相关函数为

$$\begin{aligned}R_c(\tau)&=E[A_c(t)A_c(t+\tau)]\\&=E\{[Y(t)\cos\omega_0 t+\hat{Y}(t)\sin\omega_0 t][Y(t+\tau)\cos\omega_0(t+\tau)+\hat{Y}(t+\tau)\sin\omega_0(t+\tau)]\}\\&=R_Y(\tau)\cos\omega_0 t\cdot\cos\omega_0(t+\tau)+R_{\hat{Y}}(\tau)\sin\omega_0 t\cdot\sin\omega_0(t+\tau)+\\&\quad R_{Y\hat{Y}}(\tau)\cos\omega_0 t\cdot\sin\omega_0(t+\tau)+R_{\hat{Y}Y}(\tau)\sin\omega_0 t\cdot\cos\omega_0(t+\tau)\end{aligned} \tag{4.3-72}$$

将已求得的关系式：$R_{\hat{Y}}(\tau)=R_Y(\tau)$，$R_{\hat{Y}Y}(\tau)=-R_{Y\hat{Y}}(\tau)$代入上式，即得

$$R_c(\tau)=R_Y(\tau)\cos\omega_0 t+R_{Y\hat{Y}}(\tau)\sin\omega_0 t \tag{4.3-73}$$

同法可得$A_s(t)$的相关函数为

$$R_s(\tau)=R_Y(\tau)\cos\omega_0 t+R_{Y\hat{Y}}(\tau)\sin\omega_0 t \tag{4.3-74}$$

故得关系式：

$$R_c(\tau)=R_s(\tau) \tag{4.3-75}$$

此式表明，$A_c(t)$和$A_s(t)$的相关函数相同，因而它们的功率谱密度也相同。

以$\tau=0$代入$A_c(t)$和$A_s(t)$的相关函数表达式，得

$$R_c(0)=R_s(0)=R_Y(0) \tag{4.3-76}$$

此式表明，两个低频过程$A_c(t)$和$A_s(t)$的平均功率都等于窄带过程$Y(t)$的平均功率。因是零均值，所以三者的方差也相等。

由$A_c(t)$和$A_s(t)$的相关函数表达式可知，间隔为τ的任意两个水平分量$A_c(t)$与$A_c(t+\tau)$或垂直分量$A_s(t)$与$A_s(t+\tau)$都是相关的随机变量。

仿照上面的推导，可得$A_c(t)$与$A_s(t)$的互相关函数为

$$\begin{aligned}R_{cs}(\tau)&=E[A_c(t)A_s(t+\tau)]\\&=-R_Y(\tau)\cos\omega_0 t\cdot\sin\omega_0(t+\tau)+R_{\hat{Y}}(\tau)\sin\omega_0 t\cdot\cos\omega_0(t+\tau)+\\&\quad R_{Y\hat{Y}}(\tau)\cos\omega_0 t\cdot\cos\omega_0(t+\tau)-R_{\hat{Y}Y}(\tau)\sin\omega_0 t\cdot\sin\omega_0(t+\tau)\\&=-R_Y(\tau)\sin\omega_0\tau+R_{Y\hat{Y}}(\tau)\cos\omega_0\tau\end{aligned} \tag{4.3-77}$$

同法可得互相关函数为

$$R_{sc}(\tau)=E[A_s(t)A_c(t+\tau)]=R_Y(\tau)\sin\omega_0\tau-R_{Y\hat{Y}}(\tau)\cos\omega_0\tau \tag{4.3-78}$$

故得关系式：

$$R_{cs}(\tau)=-R_{sc}(\tau) \tag{4.3-79}$$

此式表明，$A_c(t)$与$A_s(t)$的互相关函数为τ的奇函数。

当$\tau=0$时，有

$$R_{cs}(0)=-R_{sc}(0)=0 \tag{4.3-80}$$

可见同一时刻的两个分量$A_c(t)$与$A_s(t)$正交，而且是不相关的随机变量。

例 4.3-4 设零均值平稳窄带噪声$Y(t)$具有对称功率谱，其相关函数为$R_Y(\tau)=A(\tau)\cos\omega_0\tau$。试求相关函数$R_c(\tau)$、$R_s(\tau)$和方差$\sigma_c^2$、$\sigma_s^2$，并求互相关函数$R_{cs}(\tau)$、$R_{sc}(\tau)$。

解 由上例已求得

$$R_{\hat{Y}}(\tau)=R_Y(\tau)=A(\tau)\cos\omega_0\tau \tag{4.3-81}$$

$$R_{Y\hat{Y}}(\tau)=\hat{R}_Y(\tau)=A(\tau)\sin\omega_0\tau \tag{4.3-82}$$

代入式(4.3-73)所示的$R_c(\tau)$及式(4.3-74)所示的$R_s(\tau)$表达式，即得

$$R_c(\tau)=R_s(\tau)=A(\tau) \tag{4.3-83}$$

代入式(4.3-77)和式(4.3-78)所示的$R_{cs}(\tau)$、$R_{sc}(\tau)$表达式，即得

$$R_{cs}(\tau)=-R_{sc}(\tau)=0 \tag{4.3-84}$$

此式表明，间隔τ的任两低频分量$A_c(t)$与$A_s(t+\tau)$或$A_s(t)$与$A_c(t+\tau)$都正交，都是不相关的随机变量。

由于均值为零，故以$\tau=0$代入$R_c(\tau)=R_s(\tau)=A(\tau)$式，即得方差为

$$\sigma_c^2=\sigma_s^2=A(0) \tag{4.3-85}$$

4.4 窄带正态过程包络和相位的概率分布

接收机的中频放大器一般是窄带线性系统，其输入噪声为宽带噪声，根据前面的知识可知，系统的输出噪声为正态过程。但中放输出的窄带正态过程通常还需经过包络检波器或相位检波器作解调制，因而需要研究窄带正态过程包络和相位的概率分布。下面先讨论仅有噪声而无信号的情况，再讨论噪声叠加有信号时的情况，最后简单介绍窄带信号的检测系统。

4.4.1 窄带正态噪声包络和相位的概率分布

1. 一维分布

设窄带噪声$n(t)$为平稳正态过程，均值为零，方差为σ^2，其表示式为

$$\begin{aligned}n(t)&=A(t)\cos[\omega_0t+\varphi(t)]\\&=A_c(t)\cos\omega_0t-A_s(t)\sin\omega_0t\end{aligned} \tag{4.4-1}$$

由上节已知，$A_c(t)$和$A_s(t)$仍为平稳正态过程，且均值为零，方差仍为σ^2，同一时刻的两个正交分量$A_c(t)$与$A_s(t)$不相关，对正态过程来说，也就是统计独立。今隐去时间变

量 t，将随机变量 $A_c(t)$、$A_s(t)$ 简记为 A_c 与 A_s，则得概率密度为

$$p(A_c)=\frac{1}{\sqrt{2\pi}\sigma}\exp\left[-\frac{A_c^2}{2\sigma^2}\right],\quad -\infty<A_c<\infty \tag{4.4-2}$$

$$p(A_s)=\frac{1}{\sqrt{2\pi}\sigma}\exp\left[-\frac{A_s^2}{2\sigma^2}\right],\quad -\infty<A_s<\infty \tag{4.4-3}$$

而联合概率密度为

$$\begin{aligned}p_2(A_c, A_s)&=p(A_c)p(A_s)\\&=\frac{1}{2\pi\sigma^2}\exp\left[-\frac{A_c^2+A_s^2}{2\sigma^2}\right], -\infty<A_c, A_s<\infty\end{aligned} \tag{4.4-4}$$

现将二元随机变量(A_c, A_s)变换为新的二元随机变量(A, φ)，其中 A 和 φ 分别为窄带过程 $n(t)$ 的包络 $A(t)$ 和相位 $\varphi(t)$ 在相应时刻的取值，也已隐去了时间变量 t。

根据前面的求解结果，包络和相位与正交分量之间具有如下关系式：

$$\begin{cases}A=\sqrt{A_c^2+A_s^2}, & A\geqslant 0\\ \varphi=\arctan\dfrac{A_s}{A_c}, & 0\leqslant\varphi\leqslant 2\pi\end{cases} \tag{4.4-5}$$

其反函数为

$$\begin{cases}A_c=A\cos\varphi, & -\infty<A_c<\infty\\ A_s=A\sin\varphi, & -\infty<A_s<\infty\end{cases} \tag{4.4-6}$$

根据随机变量的函数变换，得联合概率密度为

$$p_2(A, \varphi)=|J|p_2(A_c, A_s) \tag{4.4-7}$$

式中：雅可比行列式为

$$J=\frac{\partial(A_c, A_s)}{\partial(A, \varphi)}=\begin{vmatrix}\dfrac{\partial A_c}{\partial A} & \dfrac{\partial A_c}{\partial\varphi}\\ \dfrac{\partial A_s}{\partial A} & \dfrac{\partial A_s}{\partial\varphi}\end{vmatrix}=\begin{vmatrix}\cos\varphi & -A\sin\varphi\\ \sin\varphi & A\cos\varphi\end{vmatrix}=A \tag{4.4-8}$$

代入式(4.4-7)，求得

$$p_2(A, \varphi)=\begin{cases}\dfrac{A}{2\pi\sigma^2}\mathrm{e}^{-\frac{A^2}{2\sigma^2}}, & A\geqslant 0, 0\leqslant\varphi\leqslant 2\pi\\ 0, & \text{其他}\end{cases} \tag{4.4-9}$$

此式对随机变量 φ 或 A 在全部定义域内积分，即可求得包络 A 和相位 φ 的一维分布分别为

$$p(A)=\int_0^{2\pi}p_2(A, \varphi)\mathrm{d}\varphi=\frac{A}{\sigma^2}\mathrm{e}^{-\frac{A^2}{2\sigma^2}},\quad A\geqslant 0 \tag{4.4-10}$$

$$p(\varphi)=\int_0^{\infty}p_2(A, \varphi)\mathrm{d}A=\frac{1}{2\pi}, 0\leqslant\varphi\leqslant 2\pi \tag{4.4-11}$$

此两式分别表明，窄带正态噪声的包络服从瑞利分布，而相位服从均匀分布。

由以上三式可知，存在下面的等式：

$$p_2(A, \varphi)=p(A)p(\varphi) \tag{4.4-12}$$

此式表明，同一时刻的随机变量 $A(t)$ 和 $\varphi(t)$ 统计独立。但由下面分析两个时刻的二维分布后可知，包络和相位的随机过程 $A(t)$ 和 $\varphi(t)$ 却不统计独立。

2. 二维分布

推导步骤同上，先求四维概率密度 $p_4(A_c, A_s, A_{c\tau}, A_{s\tau})$，再变换为新的四维概率密度 $p_4(A, A_\tau, \varphi, \varphi_\tau)$，最后求其边际概率密度 $p_2(A, A_\tau)$和 $p_2(\varphi, \varphi_\tau)$。

1) 求 $p_4(A_c, A_s, A_{c\tau}, A_{s\tau})$

对于同一时刻 t，正态过程 $n(t)$的取值为一随机变量，它可分成统计独立的两个正交分量 A_c 和 A_s。同理，对于同一时刻 $t+\tau$，正态变量 $n(t+\tau)$也可分成统计独立的两个正交分量 $A_{c\tau}$和 $A_{s\tau}$。上述四个随机变量 A_c，A_s，$A_{c\tau}$，$A_{s\tau}$均为正态分布，均值都是零，方差都是 σ^2，它们构成四维联合正态随机变量 A_c，A_s，$A_{c\tau}$，$A_{s\tau}$。所以，四维联合正态随机变量的概率密度为

$$p_4(x_1, x_2, x_3, x_4) = \frac{1}{4\pi^2 |C|^{\frac{1}{2}}}\exp\left[-\frac{1}{2|C|}\sum_{i=1}^{4}\sum_{j=1}^{4}|C_{ij}|(x_i - m_i)(x_j - m_j)\right] \tag{4.4-13}$$

今对应有：$m_i = m_j = 0$，$C(\tau) = R(\tau)$，根据前面的例 4.3-4 所得结论，对于具有对称功率谱的平稳窄带过程，有 $R_c(\tau) = R_s(\tau) = A(\tau)$，$R_{cs}(\tau) = -R_{sc}(\tau) = 0$，可得协方差矩阵 $\boldsymbol{C}$ 的行列式为

$$\begin{aligned}|\boldsymbol{C}| = |\boldsymbol{R}| &= \begin{vmatrix} R_c(0) & R_{cs}(0) & R_c(\tau) & R_{cs}(\tau) \\ R_{sc}(0) & R_s(0) & R_{sc}(\tau) & R_s(\tau) \\ R_c(-\tau) & R_{cs}(-\tau) & R_c(0) & R_{cs}(0) \\ R_{sc}(-\tau) & R_s(-\tau) & R_{sc}(0) & R_s(0) \end{vmatrix} \\ &= \begin{vmatrix} \sigma^2 & 0 & A(\tau) & 0 \\ 0 & \sigma^2 & 0 & A(\tau) \\ A(\tau) & 0 & \sigma^2 & 0 \\ 0 & A(\tau) & 0 & \sigma^2 \end{vmatrix} \\ &= [\sigma^4 - A^2(\tau)]^2 \end{aligned} \tag{4.4-14}$$

其代数余子式为

$$|C_{11}| = |C_{22}| = |C_{33}| = |C_{44}| = \sigma^2 \ |R|^{\frac{1}{2}} \tag{4.4-15}$$

$$|C_{13}| = |C_{31}| = |C_{24}| = |C_{42}| = -A(\tau)|R|^{\frac{1}{2}} \tag{4.4-16}$$

而其余均为零。故可求得四维联合概率密度：

$$\begin{aligned}&p_4(A_c, A_s, A_{c\tau}, A_{s\tau}) \\ &= \frac{1}{4\pi^2 \ |R|^{\frac{1}{2}}}\exp\left\{-\frac{1}{2\ |R|^{\frac{1}{2}}}[\sigma^2(A_c^2 + A_s^2 + A_{c\tau}^2 + A_{s\tau}^2) - 2A(\tau)(A_c A_{c\tau} + A_s A_{s\tau})]\right\}\end{aligned} \tag{4.4-17}$$

2) 求 $p_4(A, A_\tau, \varphi, \varphi_\tau)$

根据随机变量的函数变换，得联合概率密度：

$$p_4(A, A_\tau, \varphi, \varphi_\tau) = |J| p_4(A_c, A_s, A_{c\tau}, A_{s\tau}) \tag{4.4-18}$$

今有关系式：

$$\begin{cases} A_c = A\cos\varphi \\ A_s = A\sin\varphi \end{cases}, \begin{cases} A_{c\tau} = A_\tau\cos\varphi_\tau \\ A_{s\tau} = A_\tau\sin\varphi_\tau \end{cases} \tag{4.4-19}$$

仿照前面的方法可得雅可比行列式：

$$J=\frac{\partial(A_c, A_s, A_{c\tau}, A_{s\tau})}{\partial(A, A_\tau, \varphi, \varphi_\tau)}=AA_\tau \tag{4.4-20}$$

将式(4.4-19)和式(4.4-20)代入式(4.4-18)，可得

$$p_4(A, A_\tau, \varphi, \varphi_\tau)=\begin{cases}\dfrac{AA_\tau}{4\pi^2\ |R|^{\frac{1}{2}}}\exp\left\{-\dfrac{1}{2\ |R|^{\frac{1}{2}}}\left[\sigma^2(A^2+A_\tau^2)-2A(\tau)AA_\tau\cos(\varphi_\tau-\varphi)\right]\right\}, & A, A_\tau\geqslant 0,\ 0\leqslant\varphi, \varphi_\tau\leqslant 2\pi\\ 0, & \text{其他}\end{cases} \tag{4.4-21}$$

3) 求 $p_2(A, A_\tau)$ 和 $p_2(\varphi, \varphi_\tau)$

仿照前面的方法，将式(4.4-21)对 φ 和 φ_τ 积分，得

$$\begin{aligned}p_2(A, A_\tau)&=\int_0^{2\pi}\int_0^{2\pi}p_4(A, A_\tau, \varphi, \varphi_\tau)\mathrm{d}\varphi\mathrm{d}\varphi_\tau\\&=\left\{\frac{1}{4\pi^2}\int_0^{2\pi}\int_0^{2\pi}\exp\left[\frac{AA_\tau}{|R|^{\frac{1}{2}}}A(\tau)\cos(\varphi_\tau-\varphi)\right]\mathrm{d}\varphi\mathrm{d}\varphi_\tau\right\}\cdot\\&\quad\frac{AA_\tau}{|R|^{\frac{1}{2}}}\exp\left\{-\frac{\sigma^2(A^2+A_\tau^2)}{2\ |R|^{\frac{1}{2}}}\right\}\end{aligned} \tag{4.4-22}$$

其中花括号内的积分，作变量代换 $\phi=\varphi_\tau-\varphi$ 后，可以变换成

$$\frac{1}{2\pi}\int_0^{2\pi}\mathrm{d}\varphi\cdot\frac{1}{2\pi}\int_0^{2\pi}\exp\left[\frac{AA_\tau}{|R|^{\frac{1}{2}}}A(\tau)\cos\phi\right]\mathrm{d}\phi=I_0\left[\frac{AA_\tau A(\tau)}{|R|^{\frac{1}{2}}}\right] \tag{4.4-23}$$

式中：$I_0(x)=\dfrac{1}{2\pi}\displaystyle\int_0^{2\pi}\exp(x\cos\phi)\mathrm{d}\phi$，为第一类零阶修正贝塞尔(Bessel)函数。故得 A 与 A_τ 的联合概率密度为

$$p_2(A, A_\tau)=\begin{cases}\dfrac{AA_\tau}{|R|^{\frac{1}{2}}}\cdot I_0\left[\dfrac{AA_\tau A(\tau)}{|R|^{\frac{1}{2}}}\right]\cdot\exp\left\{-\dfrac{\sigma^2(A^2+A_\tau^2)}{2\ |R|^{\frac{1}{2}}}\right\}, & A, A_\tau\geqslant 0\\ 0, & \text{其他}\end{cases} \tag{4.4-24}$$

由于 $A(\tau)=\sigma^2 r(\tau)$，其中 $r(\tau)$ 为相关系数，故由 $|C|=|R|=[\sigma^4-A^2(\tau)]^2$ 可得

$$|R|^{\frac{1}{2}}=\sigma^4[1-r^2(\tau)] \tag{4.4-25}$$

将式(4.4-25)代入式(4.4-24)，得

$$p_2(A, A_\tau)=\frac{AA_\tau}{\sigma^4[1-r^2(\tau)]}\cdot I_0\left\{\frac{AA_\tau r(\tau)}{\sigma^4[1-r^2(\tau)]}\right\}\cdot\exp\left\{-\frac{(A^2+A_\tau^2)}{2\sigma^2[1-r^2(\tau)]}\right\},\ A, A_\tau\geqslant 0 \tag{4.4-26}$$

仿照前面的方法，将式(4.4.-21)对 A 和 A_τ 积分，得

$$\begin{aligned}p_2(\varphi, \varphi_\tau)&=\int_0^\infty\int_0^\infty p_4(A, A_\tau, \varphi, \varphi_\tau)\mathrm{d}A\mathrm{d}A_\tau\\&=\int_0^\infty\int_0^\infty\frac{AA_\tau}{4\pi^2\ |R|^{\frac{1}{2}}}\exp\left\{-\frac{1}{2\ |R|^{\frac{1}{2}}}\left[\sigma^2(A^2+A_\tau^2)-2A(\tau)AA_\tau\cos(\phi_\tau-\phi)\right]\right\}\mathrm{d}A\mathrm{d}A_\tau\end{aligned} \tag{4.4-27}$$

可以证明(见附录 2)，当 $0\leqslant\phi\leqslant2\pi$ 时，有下列积分公式：

$$\int_0^\infty\int_0^\infty Z_1Z_2\exp[-(Z_1^2+Z_2^2+2Z_1Z_2\cos\phi)]\mathrm{d}Z_1\mathrm{d}Z_2=\frac{1}{4}\csc^2\phi(1-\phi\cot\phi)\tag{4.4-28}$$

利用此式作积分，先作变量代换：

$$Z_1=\frac{\sigma A}{\sqrt{2}\,|R|^{\frac{1}{2}}},\qquad Z_2=\frac{\sigma A_\tau}{\sqrt{2}\,|R|^{\frac{1}{2}}}\tag{4.4-29}$$

并令

$$\cos\phi=-\frac{A(\tau)}{\sigma^2}\cos(\varphi_\tau-\varphi)=-r(\tau)\cos(\varphi_\tau-\varphi)\tag{4.4-30}$$

则得

$$\begin{aligned}p_2(\varphi,\varphi_\tau)&=\frac{|R|^{\frac{1}{2}}}{\pi^2\sigma^4}\int_0^\infty\int_0^\infty Z_1Z_2\exp[-(Z_1^2+Z_2^2+2Z_1Z_2\cos\phi)]\mathrm{d}Z_1\mathrm{d}Z_2\\&=\frac{|R|^{\frac{1}{2}}}{4\pi^2\sigma^4}\csc^2\phi(1-\phi\cot\phi)\end{aligned}\tag{4.4-31}$$

因为

$$\csc^2\phi=\frac{1}{1-\cos^2\phi},\qquad\cot\phi=\frac{\cos\phi}{(1-\cos^2\phi)^{\frac{1}{2}}}\tag{4.4-32}$$

故得 φ 与 φ_τ 的联合概率密度为

$$p_2(\varphi,\varphi_\tau)=\begin{cases}\dfrac{|R|^{\frac{1}{2}}}{4\pi^2\sigma^4}\left[\dfrac{(1-\cos^2\phi)^{\frac{1}{2}}-\phi\cos\phi}{(1-\cos^2\phi)^{\frac{3}{2}}}\right],&0\leqslant\varphi,\ \varphi_\tau\leqslant2\pi\\0,&\text{其他}\end{cases}\tag{4.4-33}$$

式中：$\phi=\arccos[-r(\tau)\cos(\varphi_\tau-\varphi)]$。

由 $p_4(A, A_\tau, \varphi, \varphi_\tau)$、$p_2(A, A_\tau)$ 和 $p_2(\varphi, \varphi_\tau)$ 的表达式不难看出：

$$p_4(A,A_\tau,\varphi,\varphi_\tau)\neq p_2(A,A_\tau)p_2(\varphi,\varphi_\tau)\tag{4.4-34}$$

此式表明，窄带正态过程的包络和相位不是统计独立的随机过程。

4.4.2 窄带正态噪声加正弦(型)信号时合成过程包络和相位的概率分布

同前，设窄带噪声 $n(t)$ 为平稳正态过程，均值为零，方差为 σ^2，其表示式为

$$n(t)=A_n(t)\cos[\omega_0t+\varphi_n(t)]=n_c(t)\cos\omega_0t-n_s(t)\sin\omega_0t\tag{4.4-35}$$

设信号为随机初相信号：

$$s(t)=A\cos(\omega_0t+\theta)=A\cos\theta\cos\omega_0t-A\sin\theta\sin\omega_0t\tag{4.4-36}$$

式中：振幅 A 和角频率 ω_0 均已知，而相位 θ 在 $[0, 2\pi]$ 上均匀分布。

合成过程为

$$\begin{aligned}Y(t)&=s(t)+n(t)\\&=[A\cos\theta+n_c(t)]\cos\omega_0t-[A\sin\theta+n_s(t)]\sin\omega_0t\end{aligned}\tag{4.4-37}$$

令

$$\begin{cases}A_c(t)=A\cos\theta+n_c(t)\\A_s(t)=A\sin\theta+n_s(t)\end{cases}\tag{4.4-38}$$

则

$$Y(t) = A_c(t)\cos\omega_0 t - A_s(t)\sin\omega_0 t = R(t)\cos[\omega_0 t + \phi(t)] \tag{4.4-39}$$

式中：$R(t) = \sqrt{A_c^2(t) + A_s^2(t)}$，为合成过程的包络；

$\phi(t) = \arctan\frac{A_s(t)}{A_c(t)}$，为合成过程的相位。

若无信号，则分量 $n_c(t)$ 和 $n_s(t)$ 都是零均值、方差为 σ^2 的正态随机变量，且统计独立。今有信号时，只要随机变量 θ 给定，则 $A\cos\theta$ 和 $A\sin\theta$ 也就确定，故由 $A_c(t)$ 和 $A_s(t)$ 的表示式可知，分量 $A_c(t)$ 和 $A_s(t)$ 仍为正态随机变量，且仍统计独立，但均值和方差为

$$E[A_c(t)] = A\cos\theta \tag{4.4-40}$$

$$E[A_s(t)] = A\sin\theta \tag{4.4-41}$$

$$D[A_c(t)] = D[A_s(t)] = \sigma^2 \tag{4.4-42}$$

下面仍隐去时间变量 t，将随机变量 $A_c(t)$、$A_s(t)$、$R(t)$、$\phi(t)$ 分别简记为 A_c、A_s、R、ϕ。则在给定信号相位 θ 的条件下，A_c、A_s 的概率密度分别为

$$p(A_c|\theta) = \frac{1}{\sqrt{2\pi}\sigma}\exp\left[-\frac{(A_c - A\cos\theta)^2}{2\sigma^2}\right] \tag{4.4-43}$$

$$p(A_s|\theta) = \frac{1}{\sqrt{2\pi}\sigma}\exp\left[-\frac{(A_s - A\sin\theta)^2}{2\sigma^2}\right] \tag{4.4-44}$$

而联合概率密度为

$$p_2(A_c, A_s|\theta) = \frac{1}{2\pi\sigma^2}\exp\left[-\frac{(A_c - A\cos\theta)^2 + (A_s - A\sin\theta)^2}{2\sigma^2}\right] \tag{4.4-45}$$

经过与前面无信号时的同样变换，可得合成过程 $Y(t)$ 的包络和相位的联合概率密度为

$$p_2(R, \phi|\theta) = \frac{R}{2\pi\sigma^2}\exp\left[-\frac{R^2 + A^2 - 2RA\cos(\phi - \theta)}{2\sigma^2}\right], \quad R \geqslant 0,\ 0 \leqslant \phi \leqslant 2\pi \tag{4.4-46}$$

下面求合成过程包络和相位的概率密度 $p(R)$ 和 $p(\phi)$。

1. 求包络的概率密度 $p(R)$

$p_2(R, \phi|\theta)$ 对 ϕ 积分，得包络 R 的条件概率密度为

$$\begin{aligned} p(R|\theta) &= \int_0^{2\pi} p_2(R, \phi|\theta)\mathrm{d}\phi \\ &= \frac{R}{\sigma^2}\exp\left(-\frac{R^2 + A^2}{2\sigma^2}\right)\cdot\frac{1}{2\pi}\int_0^{2\pi}\exp\left[-\frac{RA\cos(\phi - \theta)}{\sigma^2}\right]\mathrm{d}\phi \\ &= \frac{R}{\sigma^2}\exp\left(-\frac{R^2 + A^2}{2\sigma^2}\right)\cdot I_0\left(\frac{RA}{\sigma^2}\right), \qquad R \geqslant 0 \end{aligned} \tag{4.4-47}$$

由于上式右端与 θ 无关，故可改写为

$$p(R) = \frac{R}{\sigma^2}\exp\left(-\frac{R^2 + A^2}{2\sigma^2}\right)\cdot I_0\left(\frac{RA}{\sigma^2}\right), \qquad R \geqslant 0 \tag{4.4-48}$$

若无信号，则 $A=0$，$I_0(0)=1$，式(4.4-48)即变为 $p(R) = \frac{R}{\sigma^2}\exp\left(-\frac{R^2}{2\sigma^2}\right)(R \geqslant 0)$ 所示的瑞

利分布。故式(4.4-48)称为广义瑞利分布，又称莱斯(Rice)分布。

令 $v=\dfrac{R}{\sigma}$，$q=\dfrac{A}{\sigma}$，则得式(4.4-48)的归一化形式为

$$p(v)=v\mathrm{e}^{-\frac{v^2+q^2}{2}}I_0(vq),\qquad v\geqslant 0 \tag{4.4-49}$$

如图 4.4-1 所示。此图表明，若无信号，则 $q=0$，此时 $p(v)$为瑞利分布。随着信噪比 q 的增大，$p(v)$曲线的峰点向右移动，且曲线趋于正态分布。利用这一特点，将输出值 v 与固定门限 v_0 进行比较而作振幅检测，可从噪声背景中发现信号。

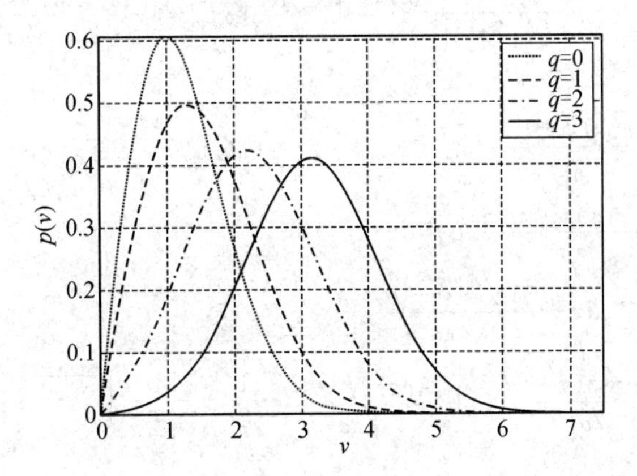

图 4.4-1　广义瑞利分布的概率密度

下面讨论广义瑞利分布的渐近特性。

修正贝塞尔函数 $I_0(x)$可以展开成无穷级数之和：

$$I_0(x)=\sum_{k=0}^{\infty}\frac{x^{2k}}{2^{2k}(k!)^2} \tag{4.4-50}$$

当 $x\ll 1$ 时，有

$$I_0(x)=1+\frac{x^2}{2^2}+\frac{x^4}{2^4 2^2}+\cdots\approx \mathrm{e}^{\frac{x^2}{4}} \tag{4.4-51}$$

当 $x\gg 1$ 时，有

$$I_0(x)=\frac{\mathrm{e}^x}{\sqrt{2\pi x}}\left[1+\frac{1}{1!(8x)}+\frac{9}{2!(8x)^2}+\cdots\right]\approx\frac{\mathrm{e}^x}{\sqrt{2\pi x}} \tag{4.4-52}$$

因而广义瑞利分布具有如下的渐近特性：

(1)小信噪比($vq\ll 1$)时，有 $I_0(vq)\approx 1$，由式(4.4-49)可得

$$p(v)\approx v\mathrm{e}^{-\frac{v^2}{2}},\quad v\geqslant 0 \tag{4.4-53}$$

此式表明，这时广义瑞利分布趋于瑞利分布。

(2) 大信噪比($vq\gg 1$)时，$R\approx A$，$v\approx q$，利用式(4.4-52)，并由式(4.4-49)可得

$$p(v)\approx v\mathrm{e}^{-\frac{v^2+q^2}{2}}\frac{\mathrm{e}^{vq}}{\sqrt{2\pi vq}}\approx\frac{1}{\sqrt{2\pi}}\mathrm{e}^{-\frac{(v-q)^2}{2}} \tag{4.4-54}$$

此式表明，这时广义瑞利分布趋于正态分布。

2. 求相位的概率密度 $p(\phi)$

$p_2(R, \phi|\theta)$对R积分，得相位ϕ的条件概率密度为

$$p(\phi|\theta)=\int_0^\infty p_2(R,\phi|\theta)\mathrm{d}R$$
$$=\exp\left(-\frac{A^2}{2\sigma^2}\right)\cdot\int_0^\infty \frac{R}{2\pi\sigma^2}\exp\left[-\frac{R^2-2RA\cos(\phi-\theta)}{2\sigma^2}\right]\mathrm{d}R \qquad (4.4-55)$$

作简单运算后，得

$$p(\phi|\theta)=\exp\left(-\frac{A^2\sin^2(\phi-\theta)}{2\sigma^2}\right)\cdot\int_0^\infty \frac{R}{2\pi\sigma^2}\exp\left\{-\frac{[R-A\cos(\phi-\theta)]^2}{2\sigma^2}\right\}\mathrm{d}R \qquad (4.4-56)$$

作变量代换 $z=\dfrac{R-A\cos(\phi-\theta)}{\sigma}$，则式(4.4-56)中的积分项变为

$$\int_{-\frac{A\cos(\phi-\theta)}{\sigma}}^{\infty}\frac{z\sigma+A\cos(\phi-\theta)}{2\pi\sigma}\mathrm{e}^{-\frac{z^2}{2}}\mathrm{d}z$$
$$=\frac{1}{2\pi}\int_{-\frac{A\cos(\phi-\theta)}{\sigma}}^{\infty}z\mathrm{e}^{-\frac{z^2}{2}}\mathrm{d}z+\frac{A\cos(\phi-\theta)}{2\pi\sigma}\int_{-\frac{A\cos(\phi-\theta)}{\sigma}}^{\infty}\mathrm{e}^{-\frac{z^2}{2}}\mathrm{d}z$$
$$=\frac{1}{2\pi}\exp\left[-\frac{A^2\cos^2(\phi-\theta)}{2\sigma^2}\right]+\frac{A\cos(\phi-\theta)}{2\pi\sigma}\left[\frac{1}{2}+\frac{1}{\sqrt{2\pi}}\int_0^{\frac{A\cos(\phi-\theta)}{\sigma}}\mathrm{e}^{-\frac{z^2}{2}}\mathrm{d}z\right]$$

代入式(4.4-56)中，得

$$p(\phi|\theta)=\frac{1}{2\pi}\exp\left(-\frac{A^2}{2\sigma^2}\right)+\frac{A\cos(\phi-\theta)}{\sqrt{2\pi}\sigma}\exp\left[-\frac{A^2\sin^2(\phi-\theta)}{2\sigma^2}\right]\left\{\frac{1}{2}+\Psi\left[\frac{A\cos(\phi-\theta)}{\sigma}\right]\right\} \qquad (4.4-57)$$

式中：$\Psi(x)=\dfrac{1}{\sqrt{2\pi}}\displaystyle\int_0^x\mathrm{e}^{-\frac{z^2}{2}}\mathrm{d}z$ 为拉普拉斯函数，而误差函数为

$$\mathrm{erf}(x)=\frac{2}{\sqrt{\pi}}\int_0^x\mathrm{e}^{-z^2}\mathrm{d}z \qquad (4.4-58)$$

故知 $\Psi(x)$与 $\mathrm{erf}(x)$之间有关系式：

$$\Psi(x)=\frac{1}{2}\mathrm{erf}\left(\frac{x}{\sqrt{2}}\right) \qquad (4.4-59)$$

记功率信噪比 $Q^2=\dfrac{A^2}{2\sigma^2}=\dfrac{q^2}{2}$，则式(4.4-57)可以改写为

$$p(\phi|\theta)=\frac{\mathrm{e}^{-Q^2}}{2\pi}+\frac{Q\cos(\phi-\theta)}{2\sqrt{\pi}}\mathrm{e}^{-Q^2\sin^2(\phi-\theta)}\{1+\mathrm{erf}[Q\cos(\phi-\theta)]\} \qquad (4.4-60)$$

若无信号，则 $Q=0$，式(4.4-60)为

$$p(\phi|\theta)=\frac{1}{2\pi} \qquad (4.4-61)$$

当大信噪比($Q\gg1$)时，由于误差函数在 $x\gg1$ 时具有如下的渐近特性：

$$\mathrm{erf}(x)=1-\frac{\mathrm{e}^{-x^2}}{\sqrt{\pi}x}\left[1-\frac{1}{2x^2}+\frac{1\cdot3}{2^2x^4}-\frac{1\cdot3\cdot5}{2^3x^6}+\cdots\right]\approx1-\frac{\mathrm{e}^{-x^2}}{\sqrt{\pi}x} \qquad (4.4-62)$$

故由式(4.4-60)可得

$$p(\phi|\theta)\approx\frac{Q\cos(\phi-\theta)}{\sqrt{\pi}}\exp[-Q^2\sin^2(\phi-\theta)] \tag{4.4-63}$$

此式表明，$p(\phi|\theta)$为$(\phi-\theta)$的偶函数，当$\phi=\theta$时有峰值$Q/\sqrt{\pi}$，当ϕ偏离θ时，$p(\phi|\theta)$将快速衰减，如图 4.4-2 所示。这说明大信噪比时，合成过程$Y(t)$的相位分布主要集中于信号相位θ的附近。利用这一特点，将输出相位ϕ与门限ϕ_0进行比较而作相位检测，可以从噪声背景中发现信号。

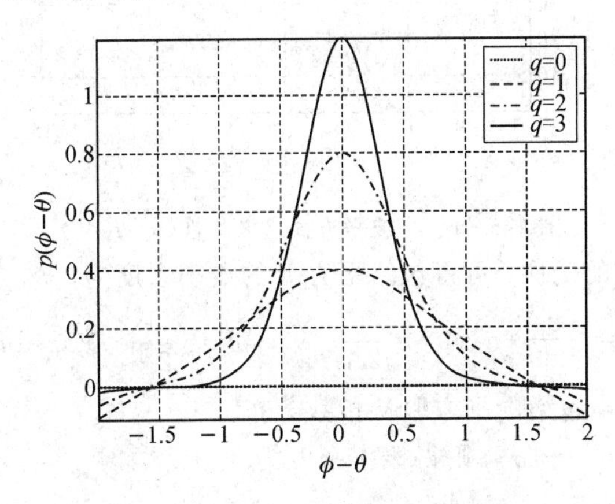

图 4.4-2　合成过程相位的概率密度

4.5　窄带随机过程包络平方的概率分布

包络检测是最常用的检测方法，这不仅因为包络检测比相位检测容易实现，而且还因为对于一般常用的非相干信号，其初始相位随机变化而无法采用相位检测，只能采用包络检测。包络检测时需要利用包络检波器。根据其检波特性的不同，包络检波器分为线性(律)检波器和平方律检波器。线性检波器的输出电压(或电流)$u(t)$正比于输入信号的包络$R(t)$，实际运用较多，但理论分析较繁。平方律检波器的输出电压(或电流)$u(t)$正比于输入信号的包络$R(t)$的平方，实际运用较少，但理论分析较易。下面，先讨论无信号时的情况，再讨论叠加有信号时的情况，最后讨论平方律检波后作视频信号积累时所呈现的χ^2分布和非中心χ^2分布。

4.5.1　窄带正态噪声包络平方的概率分布

在前面已经求得窄带正态噪声的包络为

$$A=\sqrt{A_c^2+A_s^2} \tag{4.5-1}$$

其概率密度呈瑞利分布，即

$$p(A)=\frac{A}{\sigma^2}e^{-\frac{A^2}{2\sigma^2}},\quad A\geqslant 0 \tag{4.5-2}$$

设包络检波器具有半波平方律检波特性，输出电压$u(t)=A^2(t)$，简记为

$$u=A^2,\quad A\geqslant 0 \tag{4.5-3}$$

如图 4.5-1 所示。

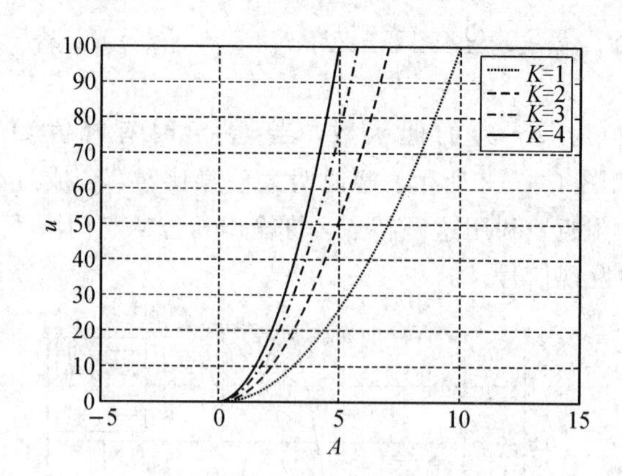

图 4.5-1 半波平方律检波特性($u=KA^2$)

根据随机变量函数的变换，可得包络平方 u 的概率密度为

$$p(u)=\left|\frac{\mathrm{d}A}{\mathrm{d}u}\right|p(A)=\frac{1}{2A}\cdot\frac{A}{\sigma^2}\mathrm{e}^{-\frac{A^2}{2\sigma^2}}=\frac{1}{2\sigma^2}\mathrm{e}^{-\frac{u}{2\sigma^2}},\quad u\geqslant 0 \tag{4.5-4}$$

上式表明，窄带正态噪声包络的平方服从指数分布。

令归一化随机变量 $v=u/\sigma^2$，则得概率密度为

$$p(v)=\left|\frac{\mathrm{d}u}{\mathrm{d}v}\right|p(u)=\frac{1}{2}\mathrm{e}^{-\frac{v}{2}},\quad v\geqslant 0 \tag{4.5-5}$$

4.5.2 窄带正态噪声加正弦(型)信号时合成过程包络平方的概率分布

根据前面的分析，已得合成过程为

$$Y(t)=s(t)+n(t)=R(t)\cos[\omega_0 t+\phi(t)] \tag{4.5-6}$$

而包络 $R(t)$ 的概率密度服从广义瑞利分布，即

$$p(R)=\frac{R}{\sigma^2}\exp\left(-\frac{R^2+A^2}{2\sigma^2}\right)\cdot I_0\left(\frac{RA}{\sigma^2}\right),\ R\geqslant 0 \tag{4.5-7}$$

仍设检波特性为半波平方律，即

$$u=R^2,\quad R\geqslant 0 \tag{4.5-8}$$

仿前作变换，可得包络平方 u 的概率密度为

$$p(u)=\left|\frac{\mathrm{d}R}{\mathrm{d}u}\right|p(R)=\frac{1}{2\sigma^2}\exp\left(-\frac{u+A^2}{2\sigma^2}\right)\cdot I_0\left(\frac{\sqrt{u}A}{\sigma^2}\right),\quad u\geqslant 0 \tag{4.5-9}$$

令 $v=u/\sigma^2$，则得概率密度为

$$p(v)=\left|\frac{\mathrm{d}u}{\mathrm{d}v}\right|p(u)=\frac{1}{2}\exp\left[-\frac{v+\frac{A^2}{\sigma^2}}{2}\right]\cdot I_0\left(\frac{\sqrt{v}A}{\sigma}\right),\quad v\geqslant 0 \tag{4.5-10}$$

4.5.3 χ^2 分布和非中心 χ^2 分布

用包络检测法来检测噪声背景中的周期性信号时，为了提高检测性能，通常采用所谓视频信号积累，这时检测系统的组成如图 4.5-2 所示。

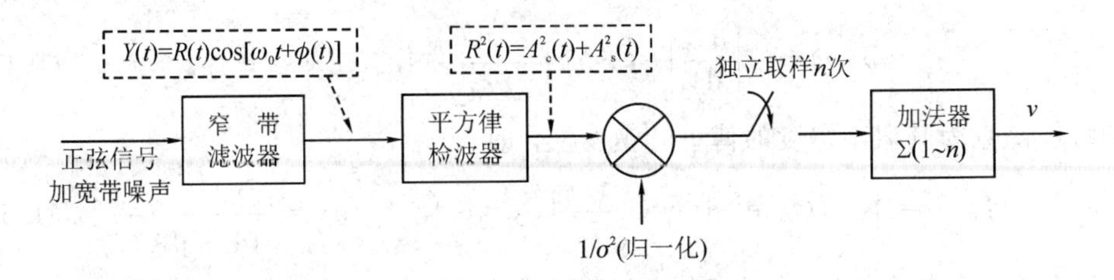

图 4.5-2　实现视频信号积累的检测系统组成框图

图 4.5-2 表明，窄带正态过程 $Y(t)$ 经过平方律检波器作包络检波，取得包络过程 $R^2(t)=A_c^2(t)+A_s^2(t)$。前已介绍，无论有无信号，$A_c(t)$ 和 $A_s(t)$ 均呈正态分布。这两个低频(视频)过程乘以 $1/\sigma^2$ 作归一化，再对它作 n 次独立取样，取得 $2n$ 个统计独立的标准正态随机变量(A_c 和 A_s)之平方，然后用加法器将它们相加(积累)后输出，去作统计判决。脉冲雷达就常用这种检测方法，其回波信号经检波后为一串视频窄脉冲，如果采用隔周期(雷达的脉冲重复周期)进行取样，在所得的独立取样中，可能全无信号而仅有噪声，也可能噪声中混有信号，因而只要把它与门限电平作比较，即可区别出有无信号存在。下面的分析表明，此种检测系统的输出值 v 为 χ^2 分布或非中心 χ^2 分布。

1. χ^2 分布

设有 n 个统计独立的标准正态随机变量(零均值，单位方差，即服从 $N(0, 1)$ 分布) $X_1, X_2, \cdots, X_n$ 将这些随机变量的平方和表示为

$$\chi^2 = \sum_{i=1}^{n} X_i^2 \tag{4.5-11}$$

并称它为具有 n 个自由度的 χ^2 变量，其概率分布称为 χ^2 分布。

下面来推导 χ^2 分布的表示式。为了书写简便起见，今将变量 χ^2 简记为 v，即令 $v=\chi^2$。已知 X_i 为标准正态变量，即有概率密度

$$p(x_i) = \frac{1}{\sqrt{2\pi}} \mathrm{e}^{-\frac{x_i^2}{2}} \tag{4.5-12}$$

经过如图 4.5-3 所示的全波平方律 $y=x_i^2$ 变换后，可得新变量 y 的概率密度为(注意，乘 2 是因为 $y=x_i^2$ 关于纵轴对称)：

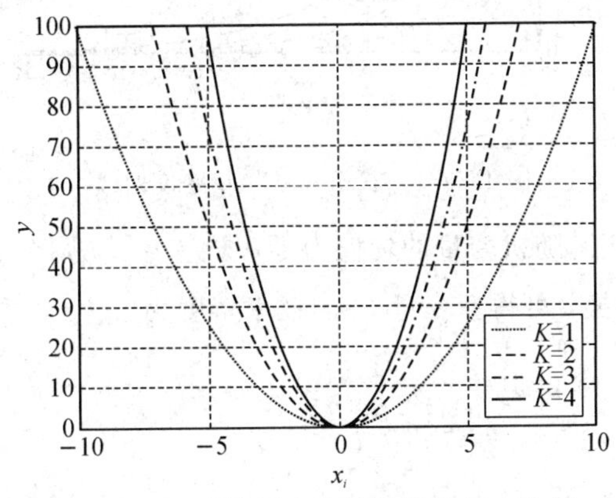

图 4.5-3　全波平方律检波特性($y=Kx_i^2$)

$$p(y)=2\left|\frac{\mathrm{d}x_i}{\mathrm{d}y}\right|p(x_i)=\frac{1}{\sqrt{2\pi y}}\mathrm{e}^{-\frac{y}{2}}\qquad y\geqslant 0 \tag{4.5-13}$$

相应的特征函数为其概率密度的傅里叶正变换，即

$$\Phi_Y(\lambda)=\int_{-\infty}^{\infty}p(y)\mathrm{e}^{\mathrm{j}\lambda y}\mathrm{d}y=\frac{1}{\sqrt{2\pi}}\int_0^{\infty}y^{-\frac{1}{2}}\mathrm{e}^{-\left(\frac{1}{2}-\mathrm{j}\lambda\right)y}\mathrm{d}y=\frac{1}{(1-\mathrm{j}2\lambda)^{\frac{1}{2}}} \tag{4.5-14}$$

由于各个 X_i 统计独立，各个 X_i^2 也就统计独立，因而利用特征函数的性质：独立随机变量之和的特征函数等于各随机变量的特征函数之积，可得 $v=\chi^2$ 的特征函数为

$$\Phi_v(\lambda)=\frac{1}{(1-\mathrm{j}2\lambda)^{\frac{n}{2}}} \tag{4.5-15}$$

对上式作傅里叶反变换，即可求得 χ^2 分布的表示式为

$$p(v)=\frac{1}{2\pi}\int_{-\infty}^{\infty}\Phi_v(\lambda)\mathrm{e}^{-\mathrm{j}\lambda y}\mathrm{d}\lambda=\frac{1}{2^{\frac{n}{2}}\Gamma\left(\frac{n}{2}\right)}v^{\frac{n}{2}-1}\mathrm{e}^{-\frac{v}{2}},\qquad v\geqslant 0 \tag{4.5-16}$$

式中：$\Gamma(a)=\int_0^{\infty}t^{a-1}\mathrm{e}^{-t}\mathrm{d}t$。

χ^2 分布的概率密度曲线如图 4.5-4 所示。当自由度 $n=2$ 时，

$$p(v)=\frac{1}{2^{\frac{n}{2}}\Gamma\left(\frac{n}{2}\right)}v^{\frac{n}{2}-1}\mathrm{e}^{-\frac{v}{2}}$$

就变成 $p(v)=\frac{1}{2}\mathrm{e}^{-\frac{v}{2}}$ 形式的指数分布，如图 4.5-4 所示。

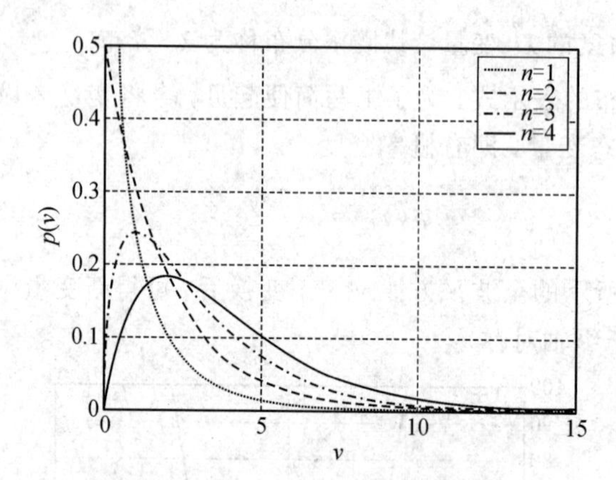

图 4.5-4　χ^2 分布的概率密度曲线

若统计独立的各个正态随机变量的均值为零，方差为 σ^2，则令 $v_0=\sigma^2 v$，对 χ^2 分布的概率密度 $p(v)$ 表示式作变换，可得新变量 v_0 的概率密度为

$$p(v_0)=\frac{1}{2^{\frac{n}{2}}\sigma^n\Gamma\left(\frac{n}{2}\right)}v_0^{\frac{n}{2}-1}\mathrm{e}^{-\frac{v_0}{2\sigma^2}},\ v_0\geqslant 0 \tag{4.5-17}$$

χ^2 分布具有下列性质：

(1) 两个统计独立的 χ^2 变量之和仍为 χ^2 变量。若它们的自由度分别为 n_1 和 n_2 个，则其和的自由度为 $n=n_1+n_2$。

(2) 由特征函数与矩的关系，可以求得 χ^2 分布的均值 $E[\chi^2]=n$，方差 $D[\chi^2]=2n$。

2. 非中心 χ^2 分布

设有 n 个统计独立的正态随机变量 $X_1, X_2, \cdots, X_n$，它们的均值为零，方差为 σ^2，则称下式归一化变量之和

$$v=\frac{1}{\sigma^2}\sum_{i=1}^{n}(X_i+A_i)^2 \tag{4.5-18}$$

为具有 n 个自由度的非中心 χ^2 分布，其中 A_i 为非随机变量。

完成上式运算的物理模型仍为“实现视频信号积累的检测系统组成框图”，但这时输入的窄带过程为窄带正态噪声(均值为零，方差为 σ^2)与正弦信号之和。

下面，仿照前面的方法推导非中心 χ^2 分布的概率密度表示式。

令随机变量 $X'_i=X_i+A_i$，得变量 X'_i 的概率密度为

$$p(x'_i)=\frac{1}{\sqrt{2\pi}\sigma}\exp\left[-\frac{(x'_i-A_i)^2}{2\sigma^2}\right] \tag{4.5-19}$$

经过全波平方律 $y_i=(x_i+A_i)^2$ 变换后，可得新变量 y_i 的概率密度为

$$p(y_i)=\frac{1}{2(2\pi\sigma^2 y_i)^{\frac{1}{2}}}\left\{\exp\left[-\frac{(\sqrt{y_i}-A_i)^2}{2\sigma^2}\right]+\exp\left[-\frac{(-\sqrt{y_i}-A_i)^2}{2\sigma^2}\right]\right\} \tag{4.5-20}$$

将上式指数中的平方项展开，并利用欧拉(Euler)公式 $e^z+e^{-z}=2\cosh z$，可得

$$p(y_i)=\left(\frac{1}{2\pi\sigma^2 y_i}\right)^{\frac{1}{2}}\exp\left(-\frac{y_i+A_i^2}{2\sigma^2}\right)\cosh(A_i\sqrt{y_i}) \tag{4.5-21}$$

与上式相应的特征函数为

$$\Phi_{Y_i}(\lambda)=\frac{1}{(1-\mathrm{j}2\sigma^2\lambda)^{\frac{1}{2}}}\exp\left(-\frac{A_i^2}{2\sigma^2}\right)\exp\left(\frac{\frac{A_i^2}{2\sigma^2}}{1-\mathrm{j}2\sigma^2\lambda}\right) \tag{4.5-22}$$

令 $Q=\sum_{i=1}^{n}Y_i^2$，则变量 Q 的特征函数为

$$\Phi_Q(\lambda)=\prod_{i=1}^{n}\Phi_{Y_i}(\lambda)=\frac{1}{(1-\mathrm{j}2\sigma^2\lambda)^{\frac{n}{2}}}\exp\left(-\frac{\sum_{i=1}^{n}A_i^2}{2\sigma^2}\right)\exp\left(\frac{\sum_{i=1}^{n}\frac{A_i^2}{2\sigma^2}}{1-\mathrm{j}2\sigma^2\lambda}\right) \tag{4.5-23}$$

对上式作傅里叶反变换，即可求得变量 Q 的概率密度为

$$p(q)=\frac{1}{2\sigma^2}\left(\frac{q}{\lambda'}\right)^{\frac{n-2}{4}}\exp\left(\frac{\lambda'+q}{-2\sigma^2}\right)I_{\frac{n}{2}-1}\left(\frac{\sqrt{q\lambda'}}{\sigma^2}\right),\ q\geqslant 0 \tag{4.5-24}$$

式中 $\lambda'=\sum_{i=1}^{n}A_i^2$ 称为非中心参量，$I_{\frac{n}{2}-1}(x)$ 为第一类 $\frac{n}{2}-1$ 阶修正贝塞尔函数。

因为 $v=Q/\sigma^2$，故由式(4.5-24)作变换，可得非中心 χ^2 变量 v 的概率密度表示式为

$$p(v)=\frac{1}{2}\left(\frac{v}{\lambda}\right)^{\frac{n-2}{4}}\exp\left(-\frac{\lambda+v}{2}\right)I_{\frac{n}{2}-1}(\sqrt{v\lambda}),\qquad v\geqslant 0 \tag{4.5-25}$$

式中：$\lambda=\frac{1}{\sigma^2}\sum_{i=1}^{n}A_i^2$，为积累后的功率信噪比。

非中心 χ^2 分布的概率密度曲线如图 4.5-5 所示。此图表明，若输入信噪比 λ/n 增大，则曲线峰点向右移动，可使变量 v 超过固定门限的概率增大，检测性能改善。另一方面，若输入信噪比 λ/n 不变，而积累次数 n 增大，则峰点同样也向右移动，说明积累能够改善检测性能。

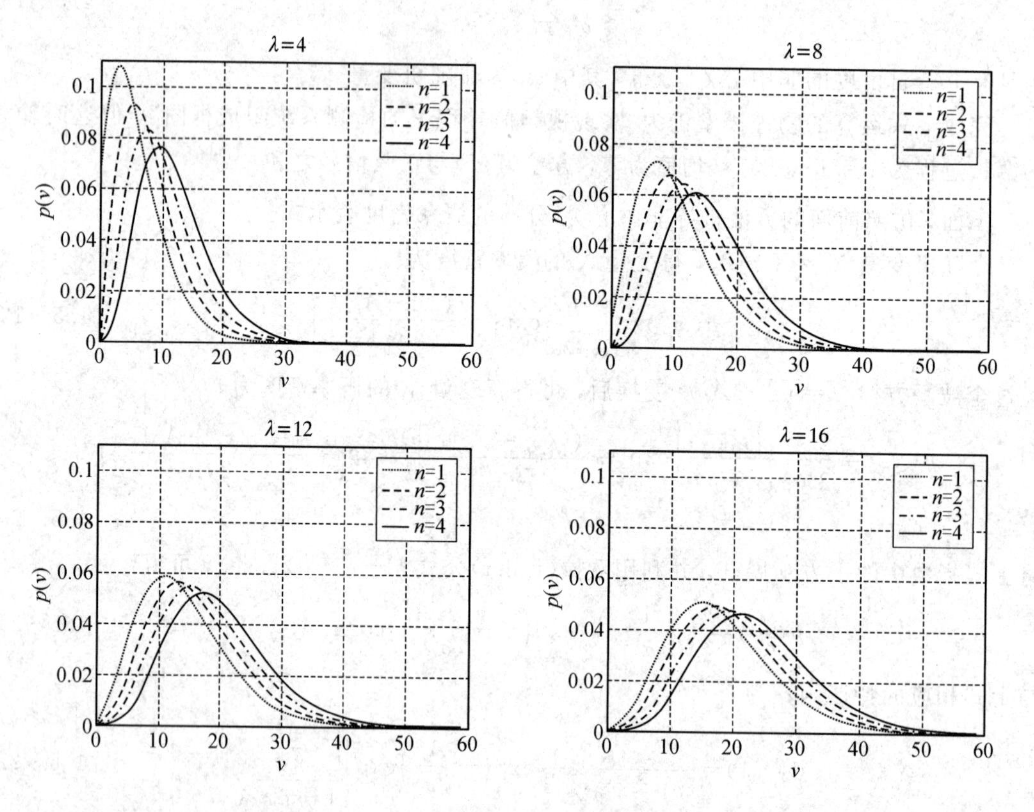

图 4.5-5　非中心 χ^2 分布的概率密度曲线

非中心 χ^2 分布具有下列性质：

(1) 两个统计独立的非中心 χ^2 变量之和仍为非中心 χ^2 变量。若它们的自由度分别为 n_1 和 n_2 个，非中心参量分别为 λ_1 和 λ_2，则其和的自由度为 $n=n_1+n_2$，非中心参量为$\lambda=\lambda_1+\lambda_2$。

(2) 非中心 χ^2 变量的均值 $E[v]=\lambda+n$，方差 $D[v]=4\lambda+2n$。

例 4.5-1　设包络检测系统的组成如 4.5.3 节中的组成框图 4.5-2 所示。平方律检波器的输入为窄带正态噪声(零均值，方差为 σ^2)加正弦信号，即

$$\begin{aligned}Y(t)&=A\cos(\omega_0 t+\theta)+n(t)\\&=[A\cos\theta+n_c(t)]\cos\omega_0 t-[A\sin\theta+n_s(t)]\sin\omega_0 t\end{aligned} \tag{4.5-26}$$

经检波并作归一化后，独立取样 m 次，问相加后的输出值 v 是何种分布，并求其参量。

解　设平方律检波器的输出电压 $u(t)$ 为输入过程包络 $R(t)$ 的平方，即

$$u(t)=R^2(t)=[A\cos\theta+n_c(t)]^2+[A\sin\theta+n_s(t)]^2 \tag{4.5-27}$$

今经 m 次取样后，得到 m 个统计独立的随机变量，但每个取样值又可分成两个正交分量，故加法器的输出值为

$$v=\frac{1}{\sigma^2}\sum_{i=1}^{m}(A\cos\theta+n_{ci})^2+\frac{1}{\sigma^2}\sum_{i=1}^{m}(A\sin\theta+n_{si})^2 \tag{4.5-28}$$

根据非中心 χ^2 分布的定义式可知，上式中的两个和式都是 m 个自由度的非中心 χ^2 分布，其非中心参量分别为

$$\lambda_1=\frac{1}{\sigma^2}\sum_{i=1}^{m}(A\cos\theta)^2=\frac{mA^2}{\sigma^2}\cos^2\theta \tag{4.5-29}$$

$$\lambda_2=\frac{1}{\sigma^2}\sum_{i=1}^{m}(A\sin\theta)^2=\frac{mA^2}{\sigma^2}\sin^2\theta \tag{4.5-30}$$

因这两个和式之间也统计独立，故知其和仍为非中心 χ^2 分布，但自由度为 $n=2m$，非中心参量为 $\lambda=\lambda_1+\lambda_2=mA^2/\sigma^2$，根据非中心 χ^2 分布的 v 的概率密度表示式，可得

$$p(v)=\frac{1}{2}\left(\frac{v}{\lambda}\right)^{\frac{m-1}{2}}\exp\left(-\frac{\lambda+v}{2}\right)I_{m-1}(\sqrt{v\lambda}),\qquad v\geqslant 0 \tag{4.5-31}$$

非中心参量与自由度之比为

$$\frac{\lambda}{n}=\frac{A^2}{2\sigma^2} \tag{4.5-32}$$

它正是检波器输入端的功率信噪比。

变量 v 的均值和方差分别为

$$E[v]=2m\left(1+\frac{A^2}{2\sigma^2}\right) \tag{4.5-33}$$

$$D[v]=4m\left(1+\frac{A^2}{\sigma^2}\right) \tag{4.5-34}$$

习　题　4

4.1　试求正弦信号 $X(t)=\sin\omega_0 t$ 的解析信号 $\tilde{X}(t)$。

4.2　假设 $X(t)=A\text{rect}(t/T)$，试求 $X(t)$ 的解析信号 $\tilde{X}(t)$。

4.3　假设 $\tilde{X}(t)=X(t)+\text{j}\hat{X}(t)$，其中 $X(t)$ 为广义平稳过程。今定义 $R_X(\tau)=E\{X(t)X(t-\tau)\}$，试证明 $R_{\hat{X}X}(\tau)=\hat{R}_X(\tau)$。

4.4　假设对称谱窄带平稳过程为：$Y(t)=A_c\cos\omega_0 t-A_s\sin\omega_0 t$。试证明

$$E\{A_c(t)A_s(t+\tau)\}=0$$

4.5　假设平稳正态噪声为：$n(t)=X(t)\cos\omega_0 t-Y(t)\sin\omega_0 t$。试证明 $n(t)$ 的自相关函数为：$R_n(\tau)=R_X(\tau)\cos\omega_0\tau-R_{XY}(\tau)\sin\omega_0\tau$。

4.6　假设随机初相信号为 $X(t)=A\cos(\omega_0 t+\theta)$，其中 θ 在 $(0, 2\pi)$ 上均匀分布，A 和 ω_0 均为常数。此信号通过冲激响应为 $\omega_0/\pi t$ 的线性系统后，输出信号为 $Y(t)$。试求相关函数 $R_Y(\tau)$、$R_{XY}(\tau)$、$R_{YX}(\tau)$。

4.7　假设随机变量 X 服从中心化 χ^2 分布，其概率密度为

$$p(x)=\begin{cases}\dfrac{1}{2^{\frac{n}{2}}\Gamma\left(\dfrac{n}{2}\right)}\mathrm{e}^{-\frac{x}{2}}x^{\frac{n}{2}-1}, & x>0\\ 0, & x\leqslant 0\end{cases}$$

式中：n 为自由度，$n=1, 2, \cdots, k$。

(1) 试证明 X 的特征函数为 $\Phi_X(\lambda)=(1-\mathrm{j}2\lambda)^{-n/2}$；

(2) 试证明 $E\{X\}=n$，$D\{X\}=2n$。

4.8　窄带标准正态噪声电压通过平方律检波器后，抽取四个独立的样本在加法器中相加。试问加法器的输出噪声电压 u 服从什么分布。写出其概率密度 $p(u)$ 的表示式，并求输出噪声电压的均值 $E(u)$ 和方差 $D(u)$。

4.9　已知随机过程 $Y(t)=s(t)+n(t)$。其中 $s(t)=A_s\cos(\omega_0 t+\theta)$，而 A_s、ω_0、θ 均为常数；$n(t)=A_n(t)\cos[\omega_0 t+\varphi(t)]$ 是均值为零、方差为 σ_n^2 的对称谱窄带平稳正态噪声。试求在固定时刻 t_1 时，过程 $Y(t)$ 的包络 $A(t_1)$ 与其导数 $\dot{A}(t_1)$ 的联合概率密度 $p_2(A, \dot{A}; t_1)$。

4.10　假设自相关函数为 $\dfrac{N_0}{2}\delta(\tau)$ 的白噪声 $X(t)$，分成两路经过频率响应特性分别为 $H_1(\omega)$ 和 $H_2(\omega)$ 的对称谱窄带系统，如题 4.10 图所示。

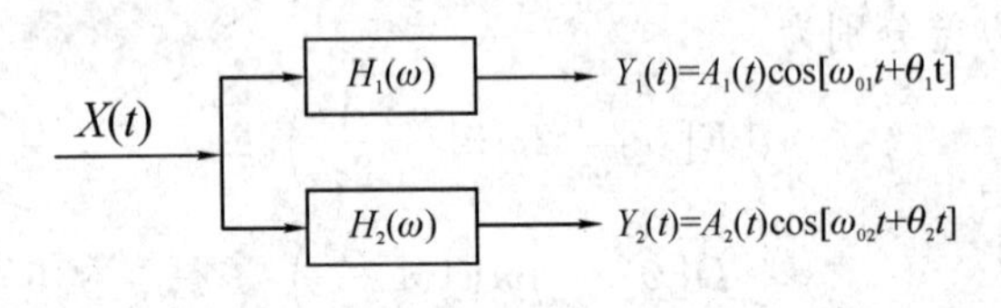

题 4.10 图

(1) 当 $H_1(\omega)$ 和 $H_2(\omega)$ 在什么条件下，互相关函数 $R_{Y_1Y_1}(\tau)$ 为偶函数？

(2) 当 $H_1(\omega)$ 和 $H_2(\omega)$ 在什么条件下，$Y_1(t)$ 与 $Y_2(t)$ 统计独立？

(3) 当中心频率 $\omega_{01}=\omega_{02}$ 时，求互相关函数 $R_{\hat{Y}_1\hat{Y}_2}(\tau)$、$R_{Y_1\hat{Y}_2}(\tau)$、$R_{\hat{Y}_1Y_2}(\tau)$。

4.11　上机题：利用 MATLAB 程序分别设计一正弦型信号、高斯白噪声信号。

(1) 分别分析正弦信号、高斯噪声以及两者复合信号的功率谱密度、幅度分布特性；

(2) 分别求(1)中的三种信号的 Hilbert 变换，并比较功率谱和幅度分布的变化；

(3) 分别求(1)中的三种信号的对应复信号，并比较功率谱和幅度分布的变化；

(4) 分析、观察(2)中的三种信号与其相应的 Hilbert 变换信号之间的正交性。

4.12　上机题：利用 MATLAB 程序设计和实现图 4.5-2 所示的视频信号积累的检测系统，并对系统中每个模块的输入、输出信号进行频域、时域分析，再分析相应信号的统计特性。

第 5 章　平稳随机过程的非线性变换

5.1　非线性变换概述

在一般的电子设备中，除了线性电路之外，通常还会包含一些非线性电路，例如检波器、限幅器、调制器、鉴频器、对数放大器等。这些非线性电路的传输特性(输出值 y 与输入值 x 的关系)具有某种非线性函数关系：

$$y = f(x) \tag{5.1-1}$$

用试验方法测得的实际传输特性一般不够规则化，为了便于理论分析，通常要根据所需精度要求，作理想化近似，使它变为简单函数，例如多段折线、指数、多项式等。图 5.1-1 示出了几种常见的非线性函数(全波平方律、半波线性律、单向理想限幅)。

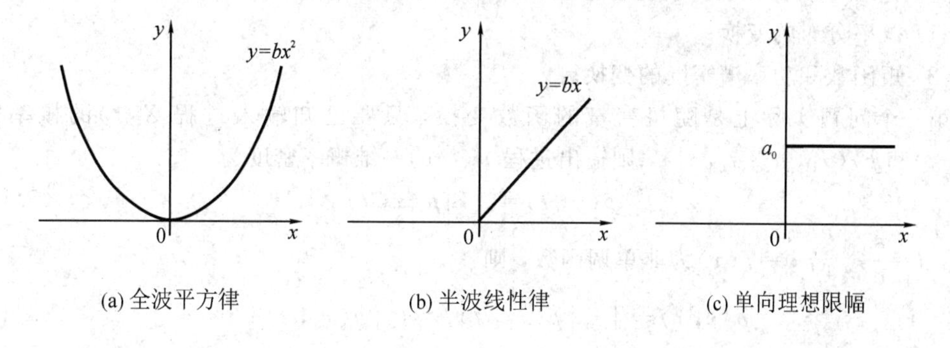

图 5.1-1　几种常见的非线性函数

与线性电路相比较，非线性电路具有下述特点：

(1) 叠加原理已不适用，故当信号与噪声共同通过非线性电路时，不能像线性电路那样将它们分开研究；

(2) 会发生频谱变换。非线性电路产生出输入电路中不含有的新频谱分量，例如输入信号的各次谐波。若输入有多个频率分量，则输出中还会有它们的和频、差频分量。

由此可知，非线性变换比较繁琐复杂。

非线性电路按其有无惰性(即有无记忆性)，分成两类：惰性非线性电路和无惰性非线性电路。若电路中含有惰性组件(例如电感、电容)，则为惰性非线性电路。若电路中仅含有电阻性器件，则为无惰性非线性电路。

一般电子设备中的实际非线性电路通常都含有惰性组件，是惰性非线性电路，而且往往此级电路的前级、后级是线性电路。这时若要严格考虑本级非线性电路的惰性组件影响和级间的相互影响，则一般需要求解非线性微分方程，分析起来将非常繁琐复杂。为了分析简化起见，有时把惰性组件的影响分别归并到其前级或后级的线性电路中去考虑，使本级电路变成无惰性非线性电路。

本章主要分析无惰性非线性电路。随机过程通过如图 5.1-2 所示的无惰性非线性电路，设电路的非线性函数为 $y=f(x)$，它不随时间而变化，是时不变的非线性系统。即若输入过程为 $X(t)$，输出过程为

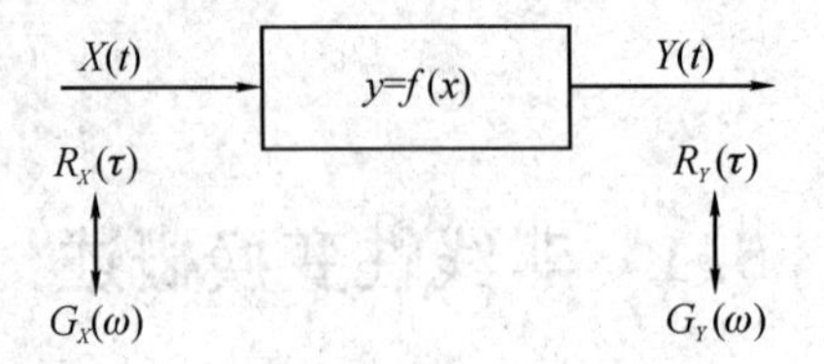

图 5.1-2　随机过程通过无惰性非线性电路

$$Y(t)=f[X(t)] \tag{5.1-2}$$

当输入过程为 $X(t+\varepsilon)$时，输出过程为

$$Y(t+\varepsilon)=f[X(t+\varepsilon)] \tag{5.1-3}$$

所谓非线性系统的无惰性(即无记忆性)，意即当时刻 $t=t_1$ 时，输出值 $Y(t_1)$仅与同一时刻 t_1 的输入值 $X(t_1)$有关，而与 t_1 时刻之前的输入值无关。

随机过程非线性变换的研究课题主要有下述两个：

(1) 概率分布的变换；

(2) 矩函数和功率谱密度的变换。

第一个问题实际上是随机变量的函数变换，只要已知输入过程 $X(t)$的概率密度 $p(x, t)$和 $p_2(x_1, x_2; t_1, t_2)$，则输出过程 $Y(t)$的一维概率密度为

$$p(y, t)=|J|p(x, t) \tag{5.1-4}$$

式中：$J=\dfrac{\mathrm{d}x}{\mathrm{d}y}$。若 $y=f(x)$为非单调函数，则

$$p(y, t)=|J_1|p(x_1, t)+|J_2|p(x_2, t)+\cdots \tag{5.1-5}$$

式中：$J_1=\dfrac{\mathrm{d}x_1}{\mathrm{d}y}$，　$J_2=\dfrac{\mathrm{d}x_2}{\mathrm{d}y}$，　…。过程 $Y(t)$的二维概率密度为

$$p_2(y_1, y_2; t_1, t_2)=|J|p_2(x_1, x_2; t_1, t_2) \tag{5.1-6}$$

由于$Y(t_1)=f[X(t_1)]$、$Y(t_2)=f[X(t_2)]$，今分别简记为 $y_1=f(x_1)$、$y_2=f(x_2)$，因而式(5.1-6)中的雅可比行列式为

$$J=\frac{\partial(x_1,\ x_2)}{\partial(y_1,\ y_2)}=\begin{vmatrix}\dfrac{\partial x_1}{\partial y_1} & \dfrac{\partial x_2}{\partial y_1}\\ \dfrac{\partial x_1}{\partial y_2} & \dfrac{\partial x_2}{\partial y_2}\end{vmatrix} \tag{5.1-7}$$

前面已经给出了概率密度的非线性变换的例子，后面还将提供例子用于分析。

本章研究的重点是矩函数和功率谱密度的非线性变换问题。

已知非线性函数 $y=f(x)$及输入过程 $X(t)$的概率密度 $p(x, t)$和$p_2(x_1, x_2; t_1, t_2)$后，可得输出过程 $Y(t)$的均值为

$$m_Y(t)=E[Y(t)]=\int_{-\infty}^{\infty} yp(y, t)\mathrm{d}y=\int_{-\infty}^{\infty} f(x)p(x, t)\mathrm{d}x \tag{5.1-8}$$

同理，可得过程 $Y(t)$的 n 阶原点矩函数为

$$E\{[Y(t)]^n\}=\int_{-\infty}^{\infty}[f(x)]^n p(x,t)\mathrm{d}x \tag{5.1-9}$$

而过程 $Y(t)$的相关函数为

$$R_Y(t_1,t_2)=E[Y(t_1)Y(t_2)]=\int_{-\infty}^{\infty}\int_{-\infty}^{\infty}f(x_1)f(x_2)p_2(x_1,x_2;t_1,t_2)\mathrm{d}x_1\mathrm{d}x_2 \tag{5.1-10}$$

若输入 $X(t)$为平稳过程，则因 $p(x,t)=p(x)$，$p_2(x_1,x_2;t_1,t_2)=p_2(x_1,x_2;\tau)$($\tau=t_2-t_1$)，这时过程 $Y(t)$的均值和相关函数变成

$$m_Y=\int_{-\infty}^{\infty}f(x)p(x)\mathrm{d}x \tag{5.1-11}$$

$$R_Y(\tau)=\int_{-\infty}^{\infty}\int_{-\infty}^{\infty}f(x_1)f(x_2)p_2(x_1,x_2;\tau)\mathrm{d}x_1\mathrm{d}x_2 \tag{5.1-12}$$

由此可知，这时输出过程 $Y(t)$仍为平稳过程。对上式作傅里叶变换，即可求得输出过程 $Y(t)$的功率谱密度 $G_Y(\omega)$。下面，我们主要分析平稳随机过程的非线性变换，着重研究相关函数和功率谱密度这两个统计参量。

式(5.1-12)为平稳过程通过无惰性非线性系统后的相关函数基本关系式。求积分时所用的方法一般有两种：直接法和变换法。

直接利用式(5.1-12)作二重积分的计算方法称为直接法。如果非线性函数关系式和概率密度表达式比较复杂，则直接作二重积分将会遇到困难，因而此法一般仅适用于非线性函数关系式和概率密度表达式比较简单的情况(例如：平方律或半波线性律等非线性函数式；正态分布或指数分布)。

不直接利用式(5.1-12)作二重积分，而是采用傅里叶变换或拉普拉斯变换，将非线性函数变换成所谓“转移函数”，将概率密度变换成特征函数，改变积分形式作计算的方法称为变换法。当非线性函数式比较复杂时可用此法，但其分析计算一般仍相当繁琐。

当平稳高频窄带过程通过包络检波器，只考虑包络的非线性变换时，可采用一种特殊的方法——缓变包络法。虽然此法的使用条件有限制，即输入过程 $X(t)$必须是窄带过程，但这种方法具有计算简便的突出优点。

5.2　平稳随机过程非线性变换的直接法

下面先以两种典型情况(平稳正态噪声以及它与正弦信号共同通过全波平方律器件)为例来介绍直接法，然后介绍直接法的一种变态形式——厄密特(Hermite)多项式法。

5.2.1　平稳正态噪声通过全波平方律器件

设非线性函数关系式为

$$y=bx^2 \tag{5.2-1}$$

式中：b 为常数。已知输入 $X(t)$是零均值、方差为 σ^2 的平稳正态噪声，其二维概率密度为

$$p_2(x_1,x_2,\tau)=\frac{1}{2\pi\sigma^2\sqrt{1-r^2}}\exp\left[-\frac{x_1^2+x_2^2-2rx_1x_2}{2\sigma^2(1-r^2)}\right] \tag{5.2-2}$$

式中：$x_1=X(t_1)$，$x_2=X(t_2)$，$r=r_X(\tau)$。

今需求输出过程 $Y(t)$的相关函数 $R_Y(\tau)$和功率谱密度 $G_Y(f)$。

将上两式代入 $R_Y(\tau)=\int_{-\infty}^{\infty}\int_{-\infty}^{\infty}f(x_1)f(x_2)p_2(x_1,x_2,\tau)\mathrm{d}x_1\mathrm{d}x_2$ 式，令 $r=\cos\theta$，并作变量代换，$x_1=\sigma\rho\cos\left(\frac{\theta}{2}+\varphi\right)$，$x_2=\sigma\rho\cos\left(\frac{\theta}{2}-\varphi\right)$，即可求得 $R_Y(\tau)$。但今利用零均值平稳正态过程的四阶混合原点矩求解公式，即

$$\overline{X_1X_2X_3X_4}=\overline{X_1X_2}\cdot\overline{X_3X_4}+\overline{X_1X_3}\cdot\overline{X_2X_4}+\overline{X_1X_4}\cdot\overline{X_2X_3} \tag{5.2-3}$$

则较简易。令：$X_3=X_1$，$X_4=X_2$，由此式得

$$\overline{X_1^2X_2^2}=\overline{X_1^2}\cdot\overline{X_2^2}+2\left(\overline{X_1X_2}\right)^2 \tag{5.2-4}$$

由于均值为零，有

$$\overline{X_1^2}=\overline{X_2^2}=\sigma^2=R_X(0) \tag{5.2-5}$$

而

$$\overline{X_1X_2}=R_X(\tau) \tag{5.2-6}$$

故得输出、输入相关函数的关系式为

$$R_Y(\tau)=b^2\,\overline{X_1^2X_2^2}=b^2\left[\sigma^4+2R_X^2(\tau)\right] \tag{5.2-7}$$

当 $\tau=0$ 时，得过程 $Y(t)$的总平均功率为

$$R_Y(0)=3b^2\sigma^4 \tag{5.2-8}$$

当 $\tau=\infty$时，因 $R_X(\infty)=\sigma^2r_X(\infty)=0$，故得过程 $Y(t)$的直流功率为

$$R_Y(\infty)=b^2\sigma^4 \tag{5.2-9}$$

因而过程 $Y(t)$的平均起伏功率(低频与高频功率之和)为

$$\sigma_Y^2=R_Y(0)-R_Y(\infty)=2b^2\sigma^4 \tag{5.2-10}$$

对上面求得的 $R_Y(\tau)$作傅里叶变换。由于

$$R_X(\tau)\cdot R_X(\tau)\leftrightarrow G_X(f)\otimes G_X(f) \tag{5.2-11}$$

故得过程 $Y(t)$的功率谱密度为

$$\begin{aligned}G_Y(f)&=\int_{-\infty}^{\infty}R_Y(\tau)\mathrm{e}^{-\mathrm{j}2\pi f\tau}\mathrm{d}\tau=\int_{-\infty}^{\infty}\left[b^2\sigma^4+2b^2R_X^2(\tau)\right]\mathrm{e}^{-\mathrm{j}2\pi f\tau}\mathrm{d}\tau\\&=b^2\sigma^4\delta(f)+2b^2\int_{-\infty}^{\infty}G_X(f')G_X(f-f')\mathrm{d}f'\end{aligned} \tag{5.2-12}$$

上式右端第一项为直流分量，记为

$$G_{Y=}(f)=b^2\sigma^4\delta(f) \tag{5.2-13}$$

右端第二项(卷积项)为起伏分量，记为

$$G_{Y\sim}(f)=2b^2\int_{-\infty}^{\infty}G_X(f')G_X(f-f')\mathrm{d}f' \tag{5.2-14}$$

若给定输入过程 $X(t)$的功率谱密度 $G_X(f)$，则由上式卷积积分，即可求得 $G_{Y\sim}(f)$。

例 5.2-1 已知非线性函数关系式为 $y=bx^2$，输入过程 $X(t)$为平稳窄带正态噪声，功率谱密度为

$$G_X(f)=\begin{cases}c, & f_0-\dfrac{\Delta f}{2}<|f|<f_0+\dfrac{\Delta f}{2}\\0, & \text{其他}\end{cases} \tag{5.2-15}$$

其图形如图 5.2-1(a)所示。求输出过程 $Y(t)$的功率谱密度，并求其直流、低频、高频

分量的功率。

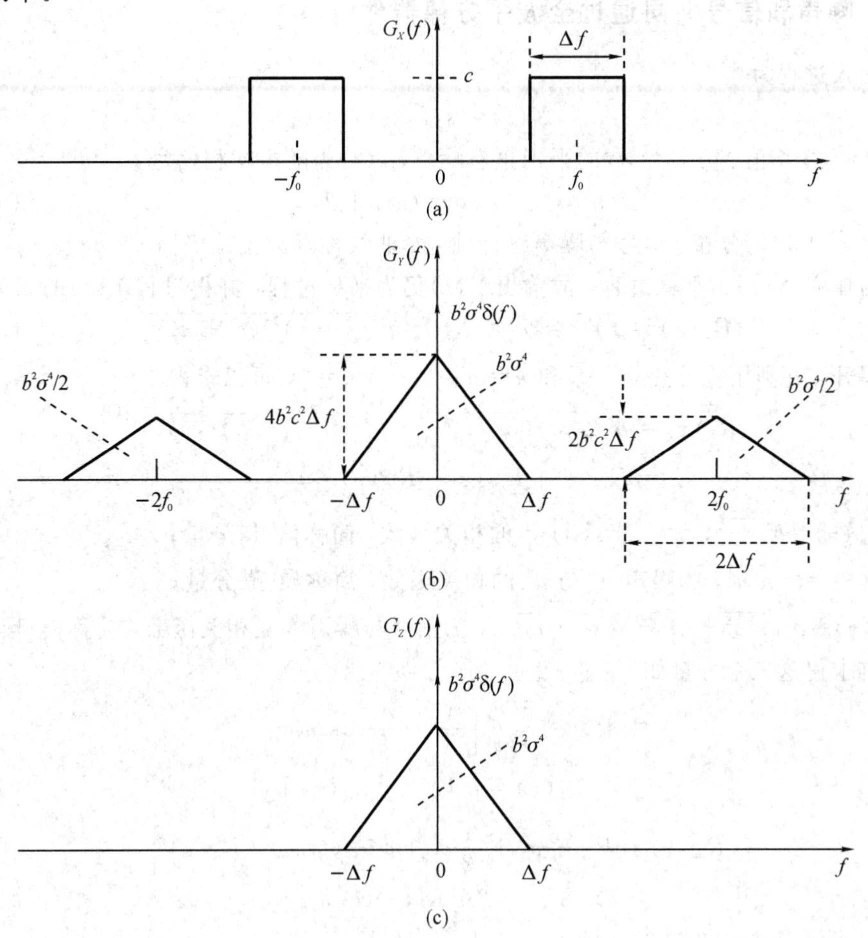

图 5.2-1　平稳窄带噪声通过全波平方律器件时的功率谱密度

解　由图 5.2-1(a)中的 $G_X(f)$ 可知，输入过程 $X(t)$ 无直流分量，而方差为

$$\sigma^2 = \int_{-\infty}^{\infty} G_X(f)\,\mathrm{d}f = 2c\Delta f \tag{5.2-16}$$

输出过程 $Y(t)$ 的直流分量功率谱密度为

$$G_{Y=}(f) = b^2\sigma^4\delta(f) \tag{5.2-17}$$

由式(5.2-14)的卷积计算结果可得起伏分量功率谱密度如图 5.2-1(b)所示，即

$$G_{Y\sim}(f) = \begin{cases} 4b^2c^2(\Delta f - |f|), & 0 < |f| < \Delta f \\ 2b^2c^2(\Delta f - ||f| - 2f_0|), & 2f_0 - \Delta f < |f| < 2f_0 + \Delta f \\ 0, & \text{其他} \end{cases} \tag{5.2-18}$$

图 5.2-1(b)表明，由于是非线性变换，输出功率谱中出现了输入中未含的直流、低频、高频谐波分量。由图 5.2-1(b)可以算得这三个分量的功率恰好相等，均为 $b^2\sigma^4$。

应该指出，图 5.2-1(b)所示为当输出端短路时非线性器件中的短路电流功率谱。若输出端接一理想低通滤波器，构成平方律包络检波器，则因高频分量被完全滤除，仅输出低频分量(含直流)，故其功率谱密度 $G_Y(f)$ 的图形如图 5.2-1(c)所示。

5.2.2 噪声和信号共同通过全波平方律器件

今输入过程为

$$X(t)=s(t)+n(t) \tag{5.2-19}$$

其中 $n(t)$ 是零均值、方差为 σ^2 的平稳正态噪声，$s(t)$ 为随机初相信号：

$$s(t)=A\cos(\omega_0 t+\theta) \tag{5.2-20}$$

θ 在 $[0,2\pi]$ 上均匀分布。信号与噪声统计独立。非线性函数关系仍为 $y=bx^2$。

因为输入 $X(t)$ 为平稳过程，故输出 $Y(t)$ 仍为平稳过程，并得过程 $Y(t)$ 的相关函数为

$$R_Y(\tau)=\overline{YY_\tau}=b^2\,\overline{X^2X_\tau^2}=b^2\,\overline{(s+n)^2(s_\tau+n_\tau)^2} \tag{5.2-21}$$

将上式展开，并利用统计独立关系和 $\bar{n}=\overline{n_\tau}=0$，$\bar{s}=\overline{s_\tau}=0$，可以求得

$$\begin{aligned}R_Y(\tau)&=b^2(\overline{s^2s_\tau^2}+\overline{n^2n_\tau^2}+\overline{s^2n_\tau^2}+\overline{s_\tau^2n^2}+4\,\overline{ss_\tau}\cdot\overline{nn_\tau})\\&=R_{ss}(\tau)+R_{nn}(\tau)+R_{sn}(\tau)\end{aligned} \tag{5.2-22}$$

式中：$R_{ss}(\tau)=b^2\,\overline{s^2s_\tau^2}$，为信号 s^2 与 s_τ^2 的相关函数，简称信-信分量；

$R_{nn}(\tau)=b^2\,\overline{n^2n_\tau^2}$，为噪声 n^2 与 n_τ^2 的相关函数，简称噪-噪分量；

$R_{sn}(\tau)=b^2[\overline{s^2n_\tau^2}+\overline{s_\tau^2n^2}+4\,\overline{ss_\tau}\cdot\overline{nn_\tau}]$，为信号与噪声的互相关函数，简称信-噪分量。

不难求得这三个分量如下：

$$R_{ss}(\tau)=b^2\left[\frac{A^4}{4}+\frac{A^4}{8}\cos2\omega_0\tau\right] \tag{5.2-23}$$

$$R_{nn}(\tau)=b^2[\sigma^4+2R_n^2(\tau)] \tag{5.2-24}$$

$$\begin{aligned}R_{sn}(\tau)&=b^2\left[\frac{A^2}{2}\sigma^2+\frac{A^2}{2}\sigma^2+4\,\frac{A^2}{2}\cos\omega_0\tau\cdot R_n(\tau)\right]\\&=b^2[A^2\sigma^2+2A^2R_n(\tau)\cos\omega_0\tau]\end{aligned} \tag{5.2-25}$$

将以上三式代入式(5.2-22)，得

$$R_Y(\tau)=b^2\left[\left(\frac{A^2}{2}+\sigma^2\right)^2+2R_n^2(\tau)+2A^2R_n(\tau)\cos\omega_0\tau+\frac{A^4}{8}\cos2\omega_0\tau\right] \tag{5.2-26}$$

对上面的 $R_{ss}(\tau)$、$R_{nn}(\tau)$、$R_{sn}(\tau)$、$R_Y(\tau)$ 四式分别作傅里叶变换，即可求得相应的功率谱密度如下：

$$G_{ss}(f)=\frac{b^2A^4}{4}\delta(f)+\frac{b^2A^4}{16}[\delta(f-2f_0)+\delta(f+2f_0)] \tag{5.2-27}$$

$$G_{nn}(f)=b^2\sigma^4\delta(f)+2b^2\int_{-\infty}^{\infty}G_n(f')G_n(f-f')\mathrm{d}f' \tag{5.2-28}$$

$$\begin{aligned}G_{sn}(f)&=b^2A^2\sigma^2\delta(f)+2b^2A^2G_n(f)\otimes\frac{1}{2}[\delta(f-f_0)+\delta(f+f_0)]\\&=b^2A^2\sigma^2\delta(f)+b^2A^2[G_n(f-f_0)+G_n(f+f_0)]\end{aligned} \tag{5.2-29}$$

$$\begin{aligned}G_Y(f)=&b^2\left(\frac{A^2}{2}+\sigma^2\right)^2\delta(f)+2b^2\int_{-\infty}^{\infty}G_n(f')G_n(f-f')\mathrm{d}f'+b^2A^2[G_n(f-f_0)+\\&G_n(f+f_0)]+\frac{b^2A^4}{16}[\delta(f-2f_0)+\delta(f+2f_0)]\end{aligned} \tag{5.2-30}$$

令 $\tau=0$，由 $R_Y(\tau)$的表达式(5.2-26)得输出的总平均功率为

$$R_Y(0)=b^2\left[\left(\frac{A^2}{2}+\sigma^2\right)^2+2\sigma^4+2A^2\sigma^2+\frac{A^4}{8}\right]$$

$$=3b^2\left[\frac{A^4}{8}+A^2\sigma^2+\sigma^4\right] \tag{5.2-31}$$

因为 $R_Y(\tau)$表达式(5.2-26)的右端第一项表示直流分量，故得输出直流功率为

$$m_Y^2=b^2\left(\frac{A^2}{2}+\sigma^2\right)^2 \tag{5.2-32}$$

因而输出平均起伏功率为

$$\sigma_Y^2=R_Y(0)-m_Y^2=2b^2\left(\frac{A^4}{16}+A^2\sigma^2+\sigma^4\right) \tag{5.2-33}$$

例 5.2-2　噪声 $n(t)$与信号 $s(t)$共同通过全波平方律器件，非线性函数关系为 $y=bx^2$，$n(t)$是零均值、方差为 σ^2 的平稳正态噪声，其功率谱密度为

$$G_n(f)=\begin{cases}c, & f_0-\dfrac{\Delta f}{2}<|f|<f_0+\dfrac{\Delta f}{2}\\ 0, & \text{其他}\end{cases} \tag{5.2-34}$$

$s(t)=A\cos(\omega_0 t+\theta)$为随机初相信号，信号与噪声统计独立。

求输出过程 $Y(t)$的功率谱及其各个分量谱。

解　输入信号 $s(t)$的相关函数为

$$R_s(\tau)=\frac{A^2}{2}\cos\omega_0\tau \tag{5.2-35}$$

作傅里叶变换，得 $s(t)$的功率谱密度为

$$G_s(f)=\frac{A^2}{4}[\delta(f-f_0)+\delta(f+f_0)] \tag{5.2-36}$$

故知输入过程 $X(t)=s(t)+n(t)$的功率谱密度为

$$G_X(f)=G_s(f)+G_n(f)$$

$$=\frac{A^2}{4}[\delta(f-f_0)+\delta(f+f_0)]+\begin{cases}c, & f_0-\dfrac{\Delta f}{2}<|f|<f_0+\dfrac{\Delta f}{2}\\ 0, & \text{其他}\end{cases} \tag{5.2-37}$$

如图 5.2-2(a)所示，它是两条线谱、两段连续谱。

输出过程 $Y(t)$的功率谱密度 $G_Y(f)$由三个分量谱组成：信-信分量谱 $G_{ss}(f)$，噪-噪分量谱 $G_{nn}(f)$，信-噪分量谱 $G_{sn}(f)$。其中信-信分量谱 $G_{ss}(f)$即

$$G_{ss}(f)=\frac{b^2A^4}{4}\delta(f)+\frac{b^2A^4}{16}[\delta(f-2f_0)+\delta(f+2f_0)] \tag{5.2-38}$$

其图形如图 5.2-2(b)所示，它是三条线谱。

由 $G_{nn}(f)$的计算公式、$G_n(f)$的表达式，可以得到噪-噪分量谱 $G_{nn}(f)$为

$$G_{nn}(f)=b^2\sigma^4\delta(f)+\begin{cases}4b^2c^2(\Delta f-|f|), & 0<|f|<\Delta f\\ 2b^2c^2(\Delta f-||f|-2f_0|), & 2f_0-\Delta f<|f|<2f_0+\Delta f\\ 0 & \text{其他}\end{cases} \tag{5.2-39}$$

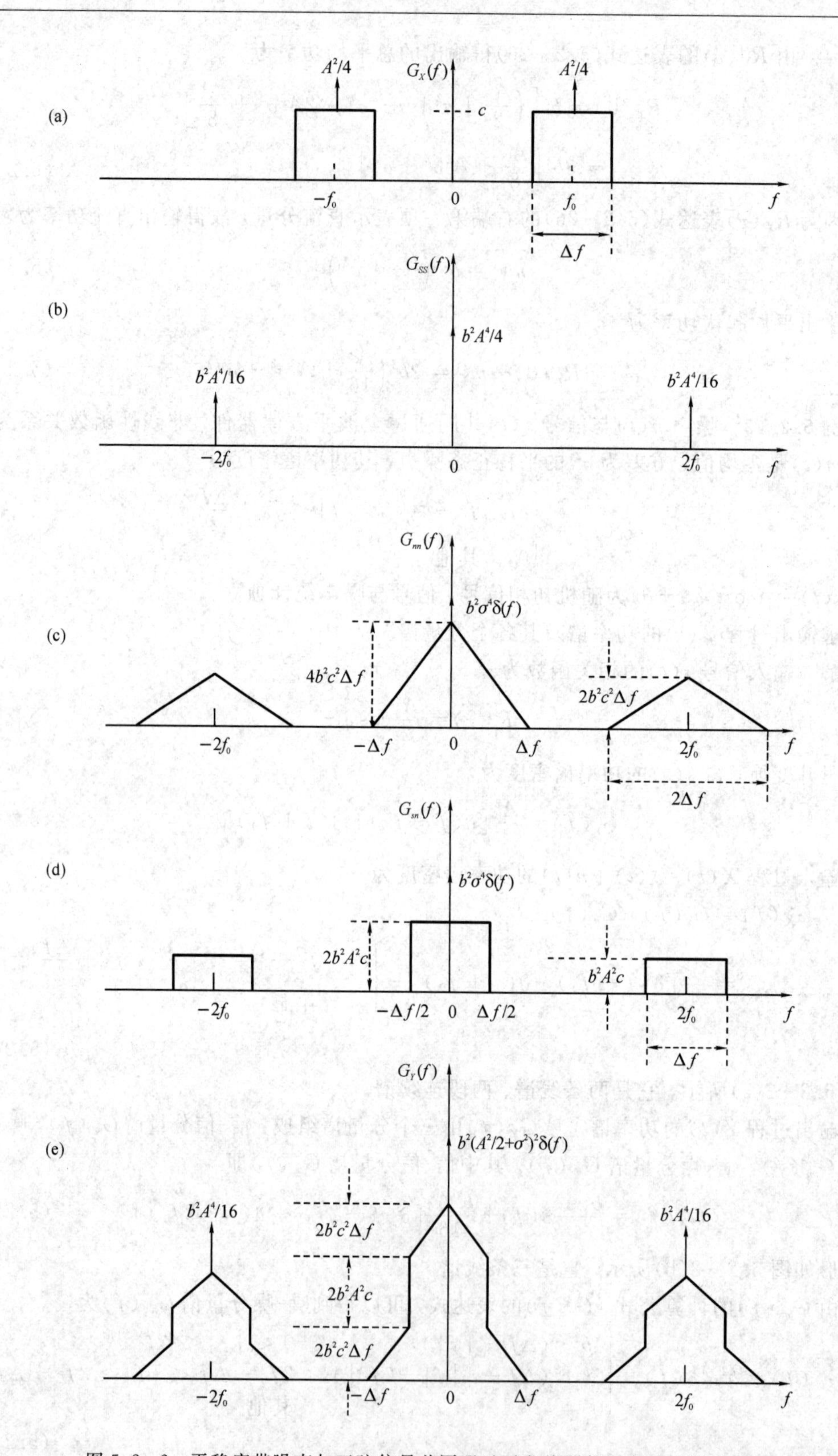

图 5.2-2　平稳窄带噪声与正弦信号共同通过平方律器件时的功率谱密度

式中：$\sigma^2=2c\Delta f$。$G_{nn}(f)$图形如图 5.2-2(c)所示，它是一条线谱、三段连续谱。

由 $G_{sn}(f)$的计算公式、$G_n(f)$的表达式，可以得到信-噪分量谱 $G_{sn}(f)$为

$$G_{sn}(f)=b^2A^2\sigma^2\delta(f)+\begin{cases}2b^2A^2c^2, & 0<|f|<\dfrac{\Delta f}{2},\\ b^2A^2c^2, & 2f_0-\dfrac{\Delta f}{2}<|f|<2f_0+\dfrac{\Delta f}{2}\\ 0, & \text{其他}\end{cases} \quad (5.2-40)$$

其图形如图 5.2-2(d)所示，它是一条线谱、三段连续谱。

将上述三式相加，即可求得过程 $Y(t)$的总功率谱表示式。由三个分量谱叠加而得的总功率谱 $G_Y(f)$的图形如图 5.2-2(e)所示，它是三条线谱、三段连续谱。

应该指出，若上例电路为检波器，则经理想低通滤波后，输出仅为位于零频率处的一条线谱(直流分量)、一段连续谱(低频起伏分量)。若上例电路为二次谐波倍频器，则经理想高频带通滤波后，输出是位于$\pm 2f_0$处的两条线谱(信号分量)、两段连续谱(噪声分量)。

5.2.3　用差拍法与和拍法定性确定输出功率谱

当对称均匀谱噪声通过非线性电路后，输出的连续谱 $G_{nn}(f)$呈三角形，如图 5.2-2(c)所示。它是由卷积积分而得到的，但它的物理意义如何解释呢？

我们知道，当两个不同频率(f_1、f_2)的电压共同作用于非线性器件时，由于非线性变换，输出电压中一般将含有它们的直流、基波、各次谐波。除此之外，由于差拍、和拍原理，会产生出它们的各次拍频(差频和和频)，即 $mf_1\pm nf_2, m,n=1,2,\cdots$。

今将输入噪声的连续谱等分成谱宽为 δf 的 n 个分量，这时每个分量谱都近似为一正弦波，但其频率各不相同。由于差拍与和拍原理，将产生出许多差频与和频分量。由卷积积分而得低频连续谱实为差拍法，由卷积积分而得高频连续谱实为和拍法。下面分成两种情况来讨论。

1. 高频限带噪声输入

设输入的高频限带噪声具有如图 5.2-3(a)所示的矩形对称功率谱，谱宽为 Δf。今将它等分成 n 个分量，则任两分量都会产生差频分量，其中最高的差频为 $\Delta f-\delta f$，次差频分量仅有一个，由编号为 1 与 n 的两个分量差拍而成。次高的差频为 $\Delta f-2\delta f$，此差频分量共有两个，分别由编号为 1 与 $n-1$，2 与 n 的分量差拍而成。再次的差频为 $\Delta f-3\delta f$，此差频分量共有三个……最低的差频为 δf，此差频分量共有 $n-1$ 个。由上述内容可以看出，随着差频频率的升高，差频分量的数目呈线性规律递减，故知当 $n\to\infty$(即 $\delta f\to 0$)时，输出噪声的低频连续谱呈直角三角形，如图 5.2-3(b)所示。

上述等分成的 n 个分量，任两个分量都会产生和频分量，最低的和频为 $2f_0-\Delta f+2\delta f$，仅有一个分量，由编号为 1 与 2 的分量和拍而成。和频 $2f_0-\Delta f+4\delta f$ 共有两个分量，分别由编号为 1 与 4、2 与 3 的分量和拍而成。和频 $2f_0-\Delta f+6\delta f$ 共有三个分量……当和频为 $2f_0$ 时，此和频分量的数目最多，共有 $n/2$ 个。由此可知，在此段和频范围内，随着和频频率的升高，和频分量的数目呈线性规律递增。反之，高于 $2f_0$ 的和频分量数目则随着和频频率的升高而呈线性规律递减。故知当 $n\to\infty$(即 $\delta f\to 0$)时，输出噪声的高频连续谱呈等腰三角形，如图 5.2-3(b)所示。

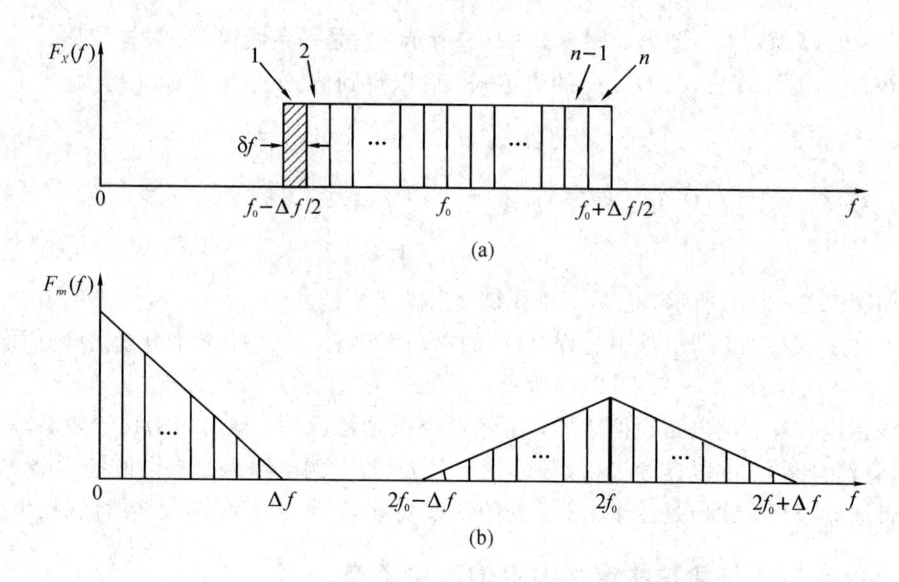

图 5.2-3　用拍频法定性确定输出功率谱(仅有输入噪声时)

2. 噪声与信号共同输入

设输入噪声同前所述，而输入信号为单一频率 f_0 的正弦波，处于噪声谱宽 Δf 的中心，如图 5.2-4(a)所示。此信号与噪声的各个分量都会差拍而成信-噪低频分量，仿前可得在 $0\sim\Delta f/2$ 谱宽范围内，各个差频分量的数目均相等，如图 5.2-4(b)所示。信号与噪声的各个分量和拍而成信-噪高频分量，仿前可得在 $2f_0-(\Delta f/2)\sim 2f_0+(\Delta f/2)$ 谱宽范围内，各个和频分量的数目均相等，如图 5.2-4(b)所示。

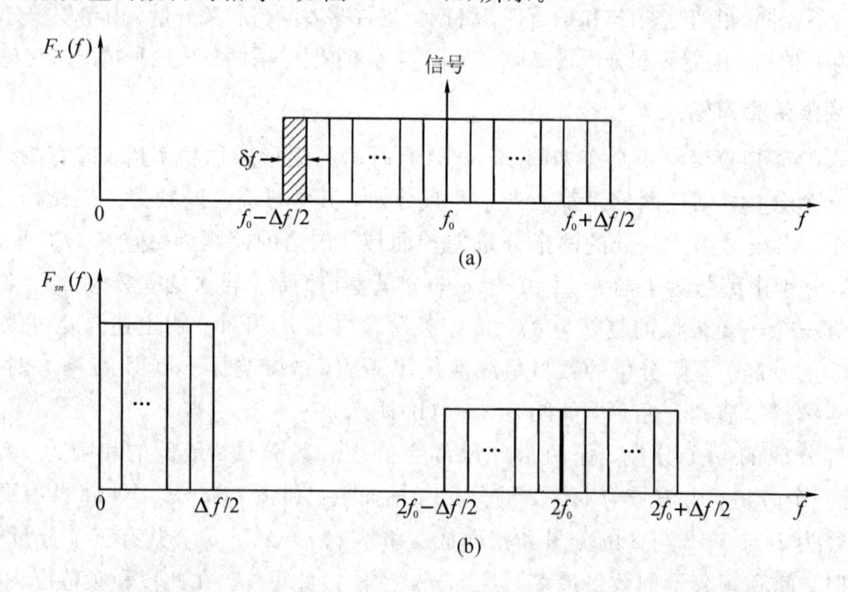

图 5.2-4　用拍频法定性确定输出功率谱(信号与噪声共同输入时)

当高频限带噪声与信号共同输入时，噪-噪分量的功率谱 $F_{nn}(f)$ 仍如图 5.2-3(b)所示。

例 5.2-3　已知平方律检波器(忽略其负载影响)的输入功率谱如图 5.2-5(a)所示。输入信号为正弦调幅波，输入噪声为窄带矩形功率谱。试用差拍法定性画出检波器低通理想滤波后的总功率谱 $F_Y(\omega)$ 及其分量谱 $F_{ss}(\omega)$、$F_{nn}(\omega)$、$F_{sn}(\omega)$ 的图形。

解　用上述差拍法可定性画出检波器低通滤波后的各个分量谱(含直流)$F_{ss}(\omega)$、$F_{nn}(\omega)$、$F_{sn}(\omega)$，分别如图 5.2-5 中的(b)、(c)、(d)所示。叠加而得的总功率谱 $F_Y(\omega)$ 如图中的(e)所示。图中只用箭头示出应有的各个谱线分量，但未标出幅度比例。

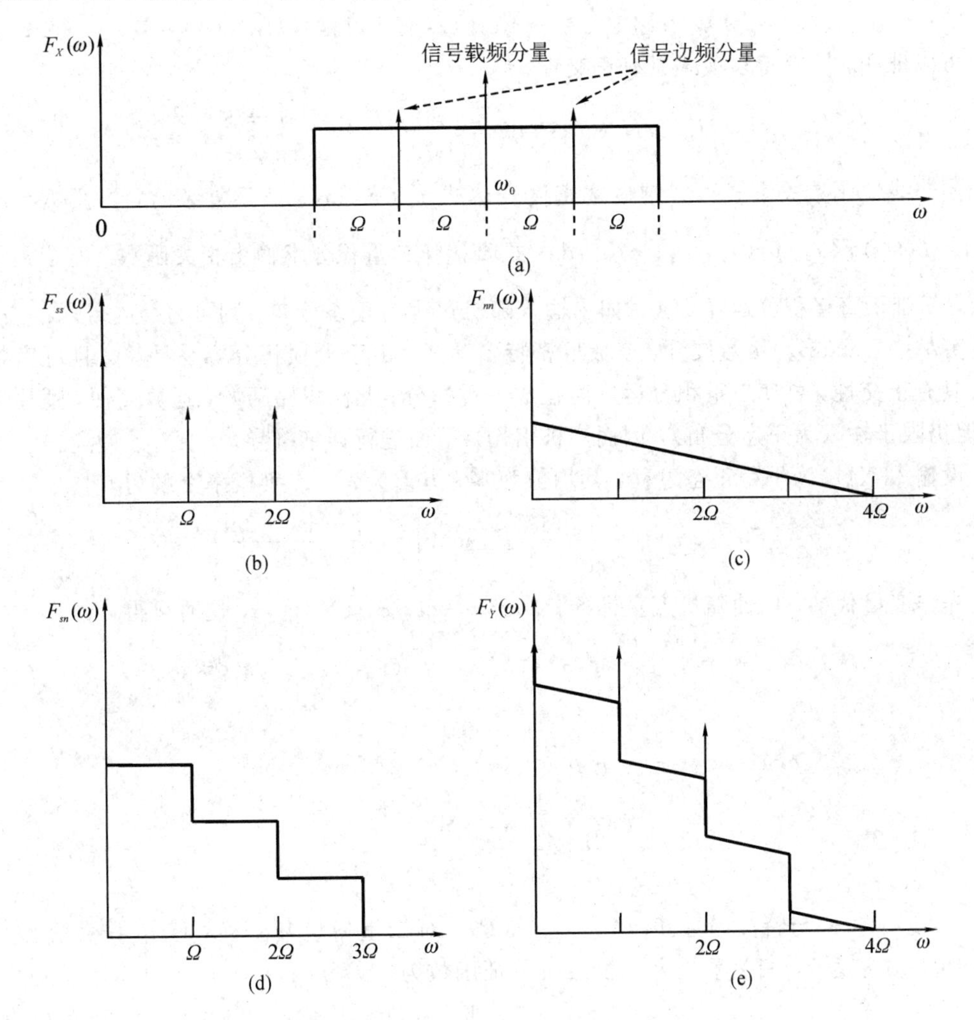

图 5.2-5　用拍频法定性确定输出功率谱(信号与噪声共同输入时)

5.2.4　厄密特多项式法

厄密特多项式各项的定义为

$$H_k(z)=(-1)^k e^{\frac{z^2}{2}}\frac{d^k}{dz^k}\left(e^{-\frac{z^2}{2}}\right) \tag{5.2-41}$$

式中：$k=0,1,2,\cdots$，为导数的阶数。

厄密特多项式的前六项如下：

$$H_0(z)=1,\quad H_1(z)=z,\quad H_2(z)=z^2-1,\quad H_3(z)=z^3-3z,$$
$$H_4(z)=z^4-6z^2+3,\quad H_5(z)=z^5-10z^3+15z \tag{5.2-42}$$

更高阶项可用下列递推公式求得：

$$H_{k+1}(z)=z\cdot H_k(z)-k\cdot H_{k-1}(z) \tag{5.2-43}$$

由上可得 $z=0$ 时的特殊值：

$$H_0(0)=1,\quad H_{2k}(0)=(-1)^k(2k-1)!!,\quad H_{2k+1}(0)=0 \tag{5.2-44}$$

可以证明，厄密特多项式具有正交性：

$$\int_{-\infty}^{\infty}H_j(z)H_k(z)\mathrm{e}^{-\frac{z^2}{2}}\mathrm{d}z=\begin{cases}k!\sqrt{2\pi}, & j=k\\ 0, & j\neq k\end{cases} \tag{5.2-45}$$

当非线性函数关系式和二维概率密度表达式 $p_2(x_1,x_2;\tau)$ 不复杂时，可用 $R_Y(\tau)=\int_{-\infty}^{\infty}\int_{-\infty}^{\infty}f(x_1)f(x_2)p_2(x_1,x_2;\tau)\mathrm{d}x_1\mathrm{d}x_2$ 式直接作二重积分求输出相关函数。但若是复杂函数，就难于直接积分运算，这时如果输入随机过程为正态分布，则可将 $p_2(x_1,x_2;\tau)$ 用马克劳林(Maclaurin)级数展开，变成厄密特多项式。由于分项积分容易计算，且厄密特多项式具有正交性，可使二重积分运算简化成一重积分。此法思路巧妙，运算简便，适用性较强(但仍限于输入为正态分布)，因而广被引用。下面进行详细推导。

设输入 $X(t)$ 为平稳正态过程，其均值为零，方差为 σ^2，二维概率密度为

$$p_2(x_1,x_2;\tau)=\frac{1}{2\pi\sigma^2\sqrt{1-r^2}}\exp\left[-\frac{x_1^2+x_2^2-2rx_1x_2}{2\sigma^2(1-r^2)}\right] \tag{5.2-46}$$

先作变量代换，以使随机变量标准化。令 $z_1=x_1/\sigma$，$z_2=x_2/\sigma$，这时可得

$$R_Y(\tau)=\int_{-\infty}^{\infty}\int_{-\infty}^{\infty}f(\sigma z_1)f(\sigma z_2)p_2(z_1,z_2;\tau)\mathrm{d}z_1\mathrm{d}z_2 \tag{5.2-47}$$

式中：

$$\begin{aligned}p_2(z_1,z_2;\tau)&=\sigma^2p_2(x_1,x_2;\tau)\\&=\frac{1}{2\pi\sqrt{1-r^2}}\exp\left[-\frac{z_1^2+z_2^2-2rz_1z_2}{2(1-r^2)}\right]\end{aligned} \tag{5.2-48}$$

其中 $r=r_X(\tau)$。

$p_2(z_1,z_2;\tau)$ 与特征函数 $\Phi_Z(\lambda_1,\lambda_2;\tau)$ 是一对二重傅里叶变换，已知平稳正态过程(零均值，方差为1，相关系数为 r)的二维特征函数为

$$\Phi_Z(\lambda_1,\lambda_2;\tau)=\exp\left[-\frac{1}{2}(\lambda_1^2+\lambda_2^2+2r\lambda_1\lambda_2)\right] \tag{5.2-49}$$

故得：

$$p_2(z_1,z_2;\tau)=\frac{1}{(2\pi)^2}\int_{-\infty}^{\infty}\int_{-\infty}^{\infty}\exp\left[-\frac{1}{2}(\lambda_1^2+\lambda_2^2+2r\lambda_1\lambda_2)\right]\cdot\exp[-\mathrm{j}(\lambda_1z_1+\lambda_2z_2)]\mathrm{d}\lambda_1\mathrm{d}\lambda_2 \tag{5.2-50}$$

将 $\exp[-r\lambda_1\lambda_2]$ 展开成马克劳林级数：

$$\mathrm{e}^{-r\lambda_1\lambda_2}=\sum_{k=0}^{\infty}\frac{(-r)^k}{k!}(\lambda_1\lambda_2)^k \tag{5.2-51}$$

并代入式(5.2-50)，得

$$p_2(z_1, z_2; \tau) = \sum_{k=0}^{\infty} \frac{(-r)^k}{k!}\left[\frac{1}{2\pi}\int_{-\infty}^{\infty} \lambda_1^k \mathrm{e}^{-\frac{\lambda_1^2}{2}-\mathrm{j}\lambda_1 z_1} \mathrm{d}\lambda_1\right] \cdot \left[\frac{1}{2\pi}\int_{-\infty}^{\infty} \lambda_2^k \mathrm{e}^{-\frac{\lambda_2^2}{2}-\mathrm{j}\lambda_2 z_2} \mathrm{d}\lambda_2\right] \tag{5.2-52}$$

下面需把方括号内的积分式变成厄密特多项式。

一维概率密度 $p(z)$ 与一维特征函数 $\Phi_Z(\lambda)$ 是一对傅里叶变换，有关系式：

$$p(z) = \frac{1}{2\pi}\int_{-\infty}^{\infty} \Phi_Z(\lambda)\mathrm{e}^{-\mathrm{j}\lambda z}\mathrm{d}\lambda \tag{5.2-53}$$

对于零均值、方差为 1 的标准正态过程，由上式可得：

$$\frac{1}{\sqrt{2\pi}}\mathrm{e}^{-\frac{z^2}{2}} = \frac{1}{2\pi}\int_{-\infty}^{\infty} \mathrm{e}^{-\frac{\lambda^2}{2}-\mathrm{j}\lambda z}\mathrm{d}\lambda \tag{5.2-54}$$

上式两端各对变量 z 求导 k 次，得

$$\frac{1}{\sqrt{2\pi}}\frac{\mathrm{d}^k}{\mathrm{d}z^k}(\mathrm{e}^{-\frac{z^2}{2}}) = \frac{(-\mathrm{j})^k}{2\pi}\int_{-\infty}^{\infty} \lambda^k \mathrm{e}^{-\frac{\lambda^2}{2}-\mathrm{j}\lambda z}\mathrm{d}\lambda \tag{5.2-55}$$

利用 $H_k(z)$ 的定义式(5.2-41)，可以求得

$$\frac{1}{2\pi}\int_{-\infty}^{\infty} \lambda^k \mathrm{e}^{-\frac{\lambda^2}{2}-\mathrm{j}\lambda z}\mathrm{d}\lambda = \frac{1}{\sqrt{2\pi}\,\mathrm{j}^k}\mathrm{e}^{-\frac{z^2}{2}}H_k(z) \tag{5.2-56}$$

代入式(5.2-52)，可得

$$p_2(z_1, z_2; \tau) = \sum_{k=0}^{\infty} \frac{r^k}{k!} \cdot \frac{1}{2\pi}H_k(z_1)\mathrm{e}^{-\frac{z_1^2}{2}}H_k(z_2)\mathrm{e}^{-\frac{z_2^2}{2}} \tag{5.2-57}$$

再将式(5.2-57)代入式(5.2-47)中，并把积分变量 z_1、z_2 都改写为 z，得

$$R_Y(\tau) = \sum_{k=0}^{\infty} \frac{r^k}{k!} \cdot \left[\frac{1}{\sqrt{2\pi}}\int_{-\infty}^{\infty} f(\sigma z)H_k(z)\mathrm{e}^{-\frac{z^2}{2}}\mathrm{d}z\right]^2 \tag{5.2-58}$$

令

$$C_k = \frac{1}{\sqrt{2\pi}}\int_{-\infty}^{\infty} f(\sigma z)H_k(z)\mathrm{e}^{-\frac{z^2}{2}}\mathrm{d}z \tag{5.2-59}$$

即得输出相关函数的一般表达式为

$$R_Y(\tau) = \sum_{k=0}^{\infty} \frac{r^k(\tau)}{k!} \cdot C_k^2 \tag{5.2-60}$$

对上式作傅里叶变换，即可求得输出功率谱密度的一般表达式为

$$G_Y(\omega) = G_{Y_0}(\omega) + G_{Y_1}(\omega) + G_{Y_2}(\omega) + \cdots \tag{5.2-61}$$

上式右端各项分别表示低频(含直流)、高频基波、高频二次谐波等各个分量的功率谱密度。

例 5.2-4　已知输入 $X(t)$ 为平稳正态噪声，其零均值，方差为 σ^2，相关系数为 $r(\tau)$。求经过半波线性律器件后的输出相关函数 $R_Y(\tau)$。该半波线性律器件的特性为

$$y = f(x) = \begin{cases} bx, & x \geqslant 0 \\ 0, & x < 0 \end{cases} \tag{5.2-62}$$

解　利用非线性函数式，作变量代换 $x=\sigma z$，得

$$y = f(\sigma z) = \begin{cases} b\,\sigma z, & z \geqslant 0 \\ 0, & z < 0 \end{cases} \tag{5.2-63}$$

由式(5.2-59)求 C_k，得

$$C_0=\frac{1}{\sqrt{2\pi}}\int_{-\infty}^{\infty} b\,\sigma z\cdot 1\cdot \mathrm{e}^{-\frac{z^2}{2}}\mathrm{d}z=\frac{b\sigma}{\sqrt{2\pi}} \tag{5.2-64}$$

$$C_1=\frac{1}{\sqrt{2\pi}}\int_{-\infty}^{\infty} b\,\sigma z\cdot z\cdot \mathrm{e}^{-\frac{z^2}{2}}\mathrm{d}z=\frac{b\sigma}{2} \tag{5.2-65}$$

$$C_2=\frac{1}{\sqrt{2\pi}}\int_{-\infty}^{\infty} b\,\sigma z\cdot (z^2-1)\cdot \mathrm{e}^{-\frac{z^2}{2}}\mathrm{d}z=\frac{b\sigma}{\sqrt{2\pi}} \tag{5.2-66}$$

$$C_3=\frac{1}{\sqrt{2\pi}}\int_{-\infty}^{\infty} b\,\sigma z\cdot (z^3-3z)\cdot \mathrm{e}^{-\frac{z^2}{2}}\mathrm{d}z=0 \tag{5.2-67}$$

$$C_4=\frac{1}{\sqrt{2\pi}}\int_{-\infty}^{\infty} b\,\sigma z\cdot (z^4-6z^2+3)\cdot \mathrm{e}^{-\frac{z^2}{2}}\mathrm{d}z=-\frac{b\sigma}{\sqrt{2\pi}} \tag{5.2-68}$$

代入式(5.2-60)，可得

$$R_Y(\tau)=\frac{b^2\sigma^2}{2\pi}\left[1+\frac{\pi}{2}r(\tau)+\frac{1}{2}r^2(\tau)+\frac{1}{24}r^4(\tau)+\cdots\right] \tag{5.2-69}$$

5.2.5 平稳正态噪声通过半波线性律器件

上例已求得输出相关函数的表达式，它可以分成两个部分：

$$R_Y(\tau)=R_{Y=}(\tau)+R_{Y\sim}(\tau) \tag{5.2-70}$$

式中：$R_{Y=}(\tau)=\frac{b^2\sigma^2}{2\pi}$表示直流分量；

$$R_{Y\sim}(\tau)=\frac{b^2\sigma^2}{2\pi}\left[\frac{\pi}{2}r(\tau)+\frac{1}{2}r^2(\tau)+\frac{1}{24}r^4(\tau)+\cdots\right] \tag{5.2-71}$$

表示起伏分量。

利用 $E\{[Y(t)]^n\}=\int_{-\infty}^{\infty}[f(x)]^n p(x,t)\mathrm{d}x$ 可得输出过程 $Y(t)$的均方值为

$$R_Y(0)=\overline{Y^2}=\int_{-\infty}^{\infty}f^2(x)p(x)\mathrm{d}x=\frac{b^2}{\sqrt{2\pi}\sigma}\int_0^{\infty}x^2\mathrm{e}_{2\sigma^2}^{\frac{x^2}{}}\mathrm{d}x=\frac{b^2\sigma^2}{2} \tag{5.2-72}$$

因而过程 $Y(t)$的方差为

$$\begin{aligned}\sigma_Y^2&=\overline{Y^2}-m_Y^2=R_Y(0)-R_{Y=}(\tau)\\&=\frac{b^2\sigma^2}{2}-\frac{b^2\sigma^2}{2\pi}=\frac{b^2\sigma^2}{2}\left(1-\frac{1}{\pi}\right)\end{aligned} \tag{5.2-73}$$

或

$$\frac{b^2\sigma^2}{2\pi}=\frac{\sigma_Y^2}{\pi-1} \tag{5.2-74}$$

将其代入式(5.2-71)，可得

$$\begin{aligned}R_{Y\sim}(\tau)&=\frac{\sigma_Y^2}{\pi-1}\left[\frac{\pi}{2}r(\tau)+\frac{1}{2}r^2(\tau)+\frac{1}{24}r^4(\tau)+\cdots\right]\\&=\sigma_Y^2[0.734r(\tau)+0.233r^2(\tau)+0.0194r^4(\tau)+\cdots]\end{aligned} \tag{5.2-75}$$

上式无穷级数收敛很快，例如当 $\tau=0$ 时，有 $r(0)=1$，算得上式前三项占输出起伏强度 σ_Y^2 的 98.6%，因而一般只需取该式前三项即可，故有

$$R_{Y\sim}(\tau)\approx\frac{\sigma_Y^2}{\pi-1}\left[\frac{\pi}{2}r(\tau)+\frac{1}{2}r^2(\tau)+\frac{1}{24}r^4(\tau)\right]\tag{5.2-76}$$

应该指出，上述分析结果既适用于窄带过程，也适用于宽带过程。

下面我们来分析窄带过程通过线性包络检波器后的输出功率谱。

设输入为平稳窄带噪声，具有对称功率谱(相对于中心频率 ω_0)，由前面的分析可知其相关系数为

$$r(\tau)=r_0(\tau)\cos\omega_0\tau\tag{5.2-77}$$

式中：$r_0(\tau)$为相关系数的包络。

将式(5.2.77)代入式(5.2-75)，可得

$$R_{Y\sim}(\tau)\approx\frac{b^2\sigma^2}{2\pi}\left[\frac{\pi}{2}r_0(\tau)\cos\omega_0\tau+\frac{1}{2}r_0^2(\tau)\cos^2\omega_0\tau+\frac{1}{24}r_0^4(\tau)\cos^4\omega_0\tau\right]\tag{5.2-78}$$

利用三角函数展开式：

$$\begin{cases}\cos^2\omega_0\tau=\dfrac{1}{2}(1+\cos2\omega_0\tau)\\ \cos^4\omega_0\tau=\dfrac{1}{8}(\cos4\omega_0\tau+4\cos2\omega_0\tau+3)\end{cases}\tag{5.2-79}$$

忽略其中幅值较小的 $\cos4\omega_0\tau$ 项，代入式(5.2-78)后可得

$$R_{Y\sim}(\tau)\approx\frac{b^2\sigma^2}{2\pi}\left\{\frac{1}{4}\left[r_0^2(\tau)+\frac{1}{16}r_0^4(\tau)\right]+\frac{\pi}{2}r_0(\tau)\cos\omega_0\tau+\frac{1}{4}\left[r_0^2(\tau)+\frac{1}{12}r_0^4(\tau)\right]\cos2\omega_0\tau\right\}\tag{5.2-80}$$

包络检波器的输出为低频分量，即上式右端第一项，今记为

$$R_Z(\tau)\approx\frac{b^2\sigma^2}{8\pi}\left[r_0^2(\tau)+\frac{1}{16}r_0^4(\tau)\right]\tag{5.2-81}$$

$r_0(\tau)$随窄带系统(窄带中频放大器)的频率相应特性的形状而异，在前面已经求得当理想矩形频率特性时，相关系数为

$$r(\tau)=\frac{\sin\left(\dfrac{\Delta\omega\tau}{2}\right)}{\dfrac{\Delta\omega\tau}{2}}\cos\omega_0\tau\tag{5.2-82}$$

即有

$$r_0(\tau)=\frac{\sin\left(\dfrac{\Delta\omega\tau}{2}\right)}{\dfrac{\Delta\omega\tau}{2}}=\mathrm{Sa}\left(\frac{\Delta\omega\tau}{2}\right)\tag{5.2-83}$$

将其代入上面的 $R_Z(\tau)$表达式(5.2-81)中，得

$$R_Z(\tau)\approx\frac{b^2\sigma^2}{8\pi}\left[\mathrm{Sa}^2\left(\frac{\Delta\omega\tau}{2}\right)+\frac{1}{16}\mathrm{Sa}^4\left(\frac{\Delta\omega\tau}{2}\right)\right]\tag{5.2-84}$$

若忽略上式中的高次项 $\mathrm{Sa}^4(\Delta\omega\tau/2)$，作傅里叶变换，则因取样函数 $\mathrm{Sa}(t)$与矩形频谱函数 $S(\omega)$是一对傅里叶变换，由频域的卷积定理

$$\mathrm{Sa}(t)\cdot\mathrm{Sa}(t)\leftrightarrow\frac{1}{2\pi}S(\omega)\otimes S(\omega)\tag{5.2-85}$$

可知，两个矩形频谱卷积而得的输出低频功率谱密度 $F_Z(\omega)$ 为三角形，如图 5.2-6 中的实线所示。图中的虚线为计入 $\mathrm{Sa}^4(\Delta\omega\tau/2)$ 项时的精确解。

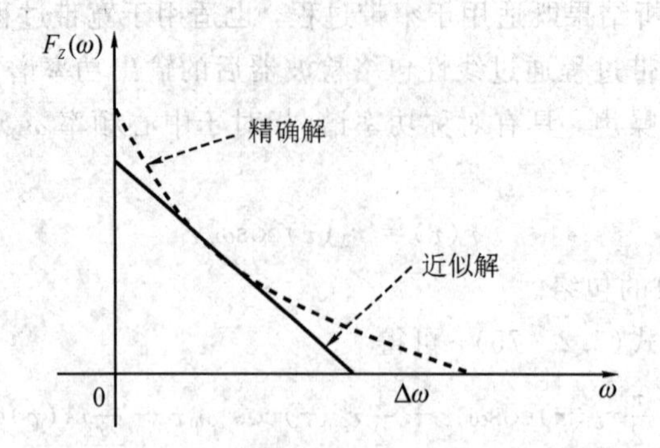

图 5.2-6 矩形功率谱的窄带噪声通过线性检波器后的低频功率谱密度

例 5.2-5 已知半波线性律器件的非线性函数关系式为式(5.2-62)。输入 $X(t)$ 为平稳正态噪声，其功率谱密度为

$$G_X(f)=\begin{cases}c, & f_0-\dfrac{\Delta f}{2}<|f|<f_0+\dfrac{\Delta f}{2}\\ 0, & \text{其他}\end{cases} \tag{5.2-86}$$

如图 5.2-7(a)所示。求输出过程 $Y(t)$ 的相关函数和功率谱密度。

解 取式(5.2-69)中的前三项，得过程 $Y(t)$ 的相关函数为

$$R_Y(\tau)\approx\frac{b^2\sigma^2}{2\pi}\left[1+\frac{\pi}{2}r(\tau)+\frac{1}{2}r^2(\tau)\right]=\frac{b^2\sigma^2}{2\pi}+\frac{b^2}{4}R_X(\tau)+\frac{b^2}{4\pi\sigma^2}R_X^2(\tau) \tag{5.2-87}$$

对上式作傅里叶变换，得过程 $Y(t)$ 的功率谱密度为

$$G_Y(f)=\frac{b^2\sigma^2}{2\pi}\delta(f)+\frac{b^2}{4}G_X(f)+\frac{b^2}{4\pi\sigma^2}\int_{-\infty}^{\infty}G_X(f')G_X(f-f')\,\mathrm{d}f'$$

$$=\frac{b^2\sigma^2}{2\pi}\delta(f)+\begin{cases}\dfrac{b^2c}{4}, & f_0-\dfrac{\Delta f}{2}<|f|<f_0+\dfrac{\Delta f}{2}\\ 0, & \text{其他}\end{cases} \tag{5.2-88}$$

$$+\begin{cases}\dfrac{b^2c}{4\pi}\left(1-\dfrac{|f|}{\Delta f}\right), & 0<|f|<\Delta f\\ \dfrac{b^2c}{8\pi}\left(1-\dfrac{1}{\Delta f}\big||f|-2f_0\big|\right), & 2f_0-\Delta f<|f|<2f_0+\Delta f\\ 0, & \text{其他}\end{cases} \tag{5.2-89}$$

如图 5.2-7(b)所示。

比较此图与图 5.2-2(e)可知，平稳噪声通过全波平方律器件时，只在零频率和高频二次谐波附近才有输出，而通过半波线性律器件时，在高频基波附近也有输出(如计入 $R_Y(\tau)$ 表达式中的高次项，在高频的所有偶次谐波附近还有输出)。但若采用理想低通滤波器构成包络检波器，则所得低频功率谱密度的图形相似，均为三角形，如图 5.2-7 中的图(c)所示。

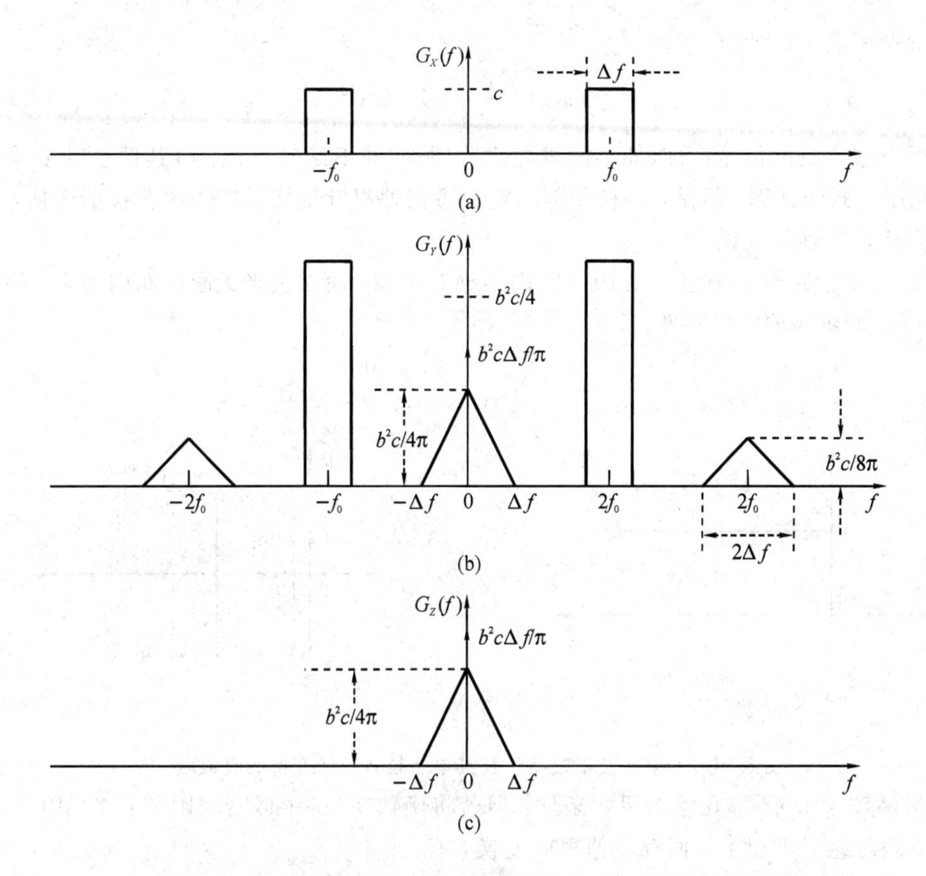

图 5.2-7　平稳窄带噪声通过半波线性律器件时的功率谱密度

5.3　平稳随机过程非线性变换的变换法

当非线性函数式比较复杂时，可采用变换法，利用傅里叶变换或拉普拉斯变换，将非线性函数变换成转移函数，将概率密度函数变换成特征函数，改变积分形式后再作运算。本节先介绍转移函数，再介绍用它求解非线性器件输出端的矩函数和功率谱，最后介绍变换法的一种特例——普赖斯(Price)法。

5.3.1　转移函数

设非线性系统输出值 y 与输入值 x 之间的传输特性为

$$y = f(x) \tag{5.3-1}$$

若此非线性函数 $f(x)$及其导数是逐段连续，且 $f(x)$满足绝对可积条件

$$\int_{-\infty}^{\infty} |f(x)|\,\mathrm{d}x < \infty \tag{5.3-2}$$

则 $f(x)$的傅里叶变换 $F(\lambda)$就存在，有

$$F(\lambda) = \int_{-\infty}^{\infty} f(x)\mathrm{e}^{-\mathrm{j}\lambda x}\,\mathrm{d}x \tag{5.3-3}$$

则称 $F(\lambda)$为非线性系统的转移函数。因而非线性系统的输出值 y 可用转移函数 $F(\lambda)$的傅

里叶反变换来表示，即

$$y=f(x)=\frac{1}{2\pi}\int_{-\infty}^{\infty}F(\lambda)\mathrm{e}^{\mathrm{j}\lambda x}\,\mathrm{d}\lambda \tag{5.3-4}$$

然而有些常见的传输特性(如半波线性律器件等)并不绝对可积，故其傅里叶变换不存在，不能用上式作计算。但是，转移函数的定义可由傅里叶变换推广为拉普拉斯变换，下面结合实际传输特性加以说明。

如果传输特性 $f(x)$在正半无限区间内不绝对可积，而在负半无限区间内为零，例如图 5.3-1 所示的单向硬限幅特性：

$$f(x)=\begin{cases}1, & x>0\\ 0, & x\leqslant 0\end{cases} \tag{5.3-5}$$

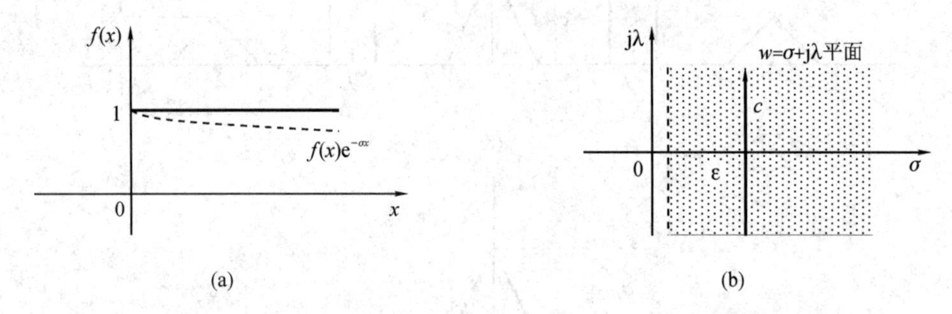

图 5.3-1　单向硬限幅特性及其单边拉普拉斯变换的收敛域

这时虽然函数 $f(x)$不满足绝对可积条件，但若将函数 $f(x)$乘以衰减因子 $\mathrm{e}^{-\sigma x}$(式中 $\sigma>0$)后，即可满足绝对可积条件而存在傅里叶变换，有

$$F(\lambda)=\int_{-\infty}^{\infty}f(x)\mathrm{e}^{-\sigma x}\mathrm{e}^{-\mathrm{j}\lambda x}\,\mathrm{d}x=\int_{-\infty}^{\infty}f(x)\mathrm{e}^{-(\sigma+\mathrm{j}\lambda)x}\,\mathrm{d}x \tag{5.3-6}$$

令复变量 $w=\sigma+\mathrm{j}\lambda$，则得推广的转移函数为

$$F(w)=\int_{-\infty}^{\infty}f(x)\mathrm{e}^{-wx}\,\mathrm{d}x \tag{5.3-7}$$

最后令 $\sigma\to 0$，即可求得原函数 $f(x)$的转移函数：

$$F(\lambda)=\lim_{\sigma\to 0}F(w) \tag{5.3-8}$$

由式(5.3-7)可知，$F(w)$为传输特性 $f(x)$的单边拉普拉斯变换。对于图 5.3-1(a)所示特性，利用式(5.3-7)可以求得

$$F(w)=\int_{0}^{\infty}\mathrm{e}^{-wx}\,\mathrm{d}x=\frac{1}{w} \tag{5.3-9}$$

故当已知转移函数 $F(w)$后，传输特性 $f(x)$可用 $F(w)$的拉普拉斯反变换表示，即

$$f(x)=\frac{1}{2\pi\mathrm{j}}\int_{c}F(w)\mathrm{e}^{wx}\,\mathrm{d}w \tag{5.3-10}$$

式中：c 为积分路径，必须选在 $f(x)$的收敛域内。对于图 5.3-1(a)所示特性，其收敛域为图 5.3-1(b)中所示的阴影区，即虚轴 $w=\mathrm{j}\lambda$ 的右半平面(不含虚轴)，故可选积分路径 c 为直线 $w=\varepsilon+\mathrm{j}\lambda$(其中 $\varepsilon>0$，$-\infty<\lambda<\infty$)，如图 5.3-1(b)所示。

如果有的传输特性在半无限区间内不为零，例如图 5.3-2(a)所示的双向硬限幅特性：

$$f(x)=\begin{cases}1, & x>0\\ 0, & x=0\\ -1, & x<0\end{cases} \tag{5.3-11}$$

在这种情况下，可以定义半波传输特性为

$$f_+(x)=\begin{cases}f(x), & x>0\\ 0, & x\leqslant 0\end{cases} \tag{5.3-12}$$

$$f_-(x)=\begin{cases}0, & x\geqslant 0\\ f(x), & x<0\end{cases} \tag{5.3-13}$$

因而整个传输特性为

$$f(x)=f_+(x)+f_-(x) \tag{5.3-14}$$

由于 $f_+(x)$ 和 $f_-(x)$ 都满足上述条件，存在单边拉普拉斯变换，设分别为 $F_+(w)$ 和 $F_-(w)$，其中：

$$F_+(w)=\int_0^{\infty} f_+(x)\mathrm{e}^{-wx}\,\mathrm{d}x \tag{5.3-15}$$

$$F_-(w)=\int_{-\infty}^{0} f_-(x)\mathrm{e}^{-wx}\,\mathrm{d}x \tag{5.3-16}$$

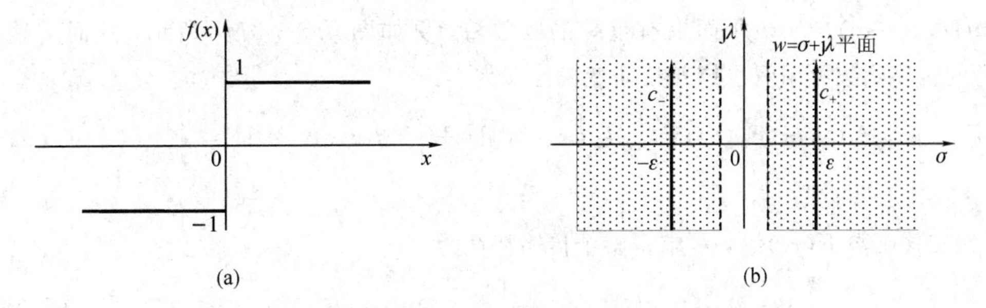

图 5.3-2　双向硬限幅特性及其单边拉普拉斯变换的收敛域

对于图 5.3-2(a)所示特性，可求得

$$F_+(w)=\frac{1}{w} \tag{5.3-17}$$

$$F_-(w)=-F_+(-w)=\frac{1}{w} \tag{5.3-18}$$

故当已知转移函数 $F_+(w)$ 和 $F_-(w)$ 后，由式(5.3-14)即可求得整个传输特性为

$$f(x)=\frac{1}{2\pi\mathrm{j}}\int_{c_+} F_+(w)\mathrm{e}^{wx}\,\mathrm{d}w+\frac{1}{2\pi\mathrm{j}}\int_{c_-} F_-(w)\mathrm{e}^{wx}\,\mathrm{d}w \tag{5.3-19}$$

式中：积分路径 c_+ 和 c_- 必须分别选在各自函数的收敛域内。对于图 5.3-2(a)所示特性，原点为不连续点，在 $w=\sigma+\mathrm{j}\lambda$ 平面上为一阶极点，$f_+(x)$ 的收敛域为虚轴的右半平面(不含虚轴)，而 $f_-(x)$ 的收敛域为左半平面(不含虚轴)，分别如图 5.3-2(b)所示的阴影区，故可选择积分路径 c_+ 为直线 $w=\varepsilon+\mathrm{j}\lambda$，而 c_- 为直线 $w=-\varepsilon+\mathrm{j}\lambda$，其中 $\varepsilon>0$，$-\infty<\lambda<\infty$。

如果传输特性 $f(x)$ 在两个半无限区间内的函数不相同，例如图 5.3-3(a)所示特性：

$$f(x)=\begin{cases}f_1(x)=1, & x>0\\ f_2(x)=\mathrm{e}^{x}, & x<0\end{cases} \tag{5.3-20}$$

则将 $f(x)$ 乘以衰减因子 $e^{-\sigma x}$，并从 $-\infty$ 至 ∞ 对 x 积分，有

$$\int_{-\infty}^{\infty} f(x)e^{-\sigma x}dx = \int_{0}^{\infty} e^{-\sigma x}dx + \int_{-\infty}^{0} e^{(1-\sigma)x}dx \tag{5.3-21}$$

此式右端第一项积分当 $\sigma>0$ 时收敛，而第二项积分当 $\sigma<1$ 时收敛，故知在 $0<\sigma<1$ 范围内，函数 $f(x)e^{-\sigma x}$ 满足绝对可积条件，存在双边拉普拉斯变换，而对其他 σ 值则不存在双边拉普拉斯变换。

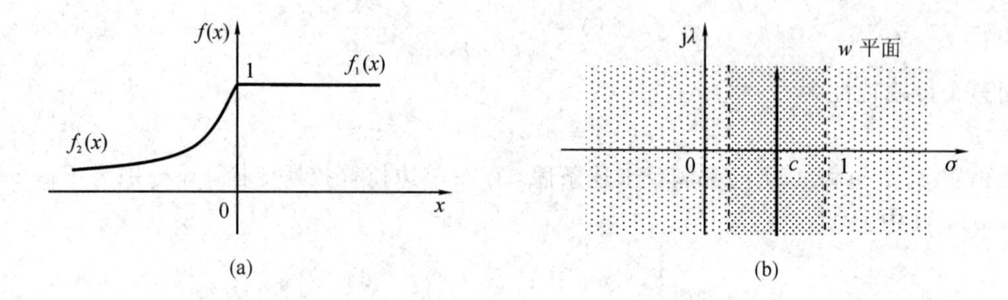

图 5.3-3　非线性函数及其单边拉普拉斯变换的收敛域

当函数 $f(x)$ 存在双边拉普拉斯变换时，与函数 $f_1(x)$ 和 $f_2(x)$ 对应的转移函数 $F_1(w)$ 和 $F_2(w)$，在 w 平面上有重叠的收敛域，例如图 5.3-3(b)所示，这时传输特性 $f(x)$ 的转移函数可用双边拉普拉斯变换定义如下：

$$F(w)=F_1(w)+F_2(w)=\int_{0}^{\infty} f_1(x)e^{-wx}dx+\int_{-\infty}^{0} f_2(x)e^{-wx}dx=\int_{-\infty}^{\infty} f(x)e^{-wx}dx \tag{5.3-22}$$

故已知转移函数 $F(w)$ 后，可求得整个传输特性为

$$f(x)=\frac{1}{2\pi j}\int_{c} F(w)e^{wx}dw \tag{5.3-23}$$

式中的积分路径 c 可选在重叠的收敛域内，且可采用相同的积分路径，如图 5.3-3(b)所示。

由上面的分析可知，求转移函数时，需要根据传输特性 $f(x)$ 的具体情况，或者采用傅里叶变换，或者采用单边、双边拉普拉斯变换。当有重叠的收敛域，且收敛域中包含虚轴而沿虚轴积分时，拉普拉斯变换就是傅里叶变换。在作拉普拉斯反变换运算时，利用式(5.3-10)或式(5.3-23)中的积分路径($\varepsilon-j\infty$ 至 $\varepsilon+j\infty$)构成包围全部极点的封闭回路，作闭路积分，可以利用留数定理求解。

5.3.2　非线性器件输出过程的矩函数

已知非线性器件的转移函数 $F(\lambda)$ 或 $F(w)$ 后，可以求得输出过程 $Y(t)$ 的数学期望为

$$\begin{aligned}E[Y]=E[f(X)]&=E\left[\frac{1}{2\pi}\int_{-\infty}^{\infty} F(\lambda)e^{j\lambda X}d\lambda\right]=\frac{1}{2\pi}\int_{-\infty}^{\infty} F(\lambda)E[e^{j\lambda X}]d\lambda\\&=\frac{1}{2\pi}\int_{-\infty}^{\infty} F(\lambda)\Phi_X(\lambda)d\lambda\end{aligned} \tag{5.3-24}$$

式中 $\Phi_X(\lambda)=E[e^{j\lambda X}]$，为输入过程 $X(t)$ 的一维特征函数。或者：

$$E[Y]=E\left[\frac{1}{2\pi \mathrm{j}}\int_c F(w)\mathrm{e}^{wX}\mathrm{d}w\right]=\frac{1}{2\pi \mathrm{j}}\int_c F(w)E[\mathrm{e}^{wX}]\mathrm{d}w$$

$$=\frac{1}{2\pi \mathrm{j}}\int_c F(w)\Phi_X(\omega)\mathrm{d}w \tag{5.3-25}$$

式中：$\Phi_X(w)=E[\mathrm{e}^{wX}]$，亦为输入过程 $X(t)$ 的一维特征函数，但其变量为 $w=\sigma+\mathrm{j}\lambda$。

当输入 $X(t)$ 为平稳过程时，输出过程的相关函数为

$$R_Y(\tau)=E[Y(t)Y(t+\tau)] \tag{5.3-26}$$

今简记 $Y(t)=Y_1$，$Y(t+\tau)=Y_2$，则得

$$R_Y(\tau)=E[Y_1Y_2]=E[f(X_1)f(X_2)]$$

$$=E\left[\frac{1}{2\pi}\int_{-\infty}^{\infty}F(\lambda_1)\mathrm{e}^{\mathrm{j}\lambda_1X_1}\mathrm{d}\lambda_1\frac{1}{2\pi}\int_{-\infty}^{\infty}F(\lambda_2)\mathrm{e}^{\mathrm{j}\lambda_2X_2}\mathrm{d}\lambda_2\right] \tag{5.3-27}$$

交换积分与均值的运算次序，得

$$R_Y(\tau)=\frac{1}{(2\pi)^2}\int_{-\infty}^{\infty}F(\lambda_1)\int_{-\infty}^{\infty}F(\lambda_2)\Phi_X(\lambda_1,\lambda_2;\tau)\mathrm{d}\lambda_1\mathrm{d}\lambda_2 \tag{5.3-28}$$

式中：$\Phi_X(\lambda_1,\lambda_2;\tau)=E[\mathrm{e}^{\mathrm{j}\lambda_1X_1+\mathrm{j}\lambda_2X_2}]$。

同理可得

$$R_Y(\tau)=\frac{1}{(2\pi \mathrm{j})^2}\int_c F(w_1)\int_c F(w_2)\Phi_X(w_1,w_2;\tau)\mathrm{d}w_1\mathrm{d}w_2 \tag{5.3-29}$$

式中：$\Phi_X(w_1,w_2;\tau)=E[\mathrm{e}^{w_1X_1+w_2X_2}]$。

上两式为用变换法求非线性系统输出端相关函数的一般式(此处为平稳过程，但变换法同样可用于非平稳过程)。由于式中含有特征函数，故又称为特征函数法；还因式中含有回路积分，有时又称为回路积分法。

变换法比直接法的实际适用范围广，但若输入过程 $X(t)$ 为非正态分布时，计算仍然相当繁难，因而下面仅讨论两种典型输入情况：平稳正态噪声；平稳正态噪声与正弦信号共同输入。

1. 平稳正态噪声输入

设输入平稳正态噪声 $n(t)$ 的均值为零，方差为 σ^2，相关系数为 $r(\tau)$，故其相关函数为

$$R_n(\tau)=\sigma^2 r(\tau) \tag{5.3-30}$$

正态过程 $n(t)$ 的二维特征函数为

$$\Phi_n(\lambda_1,\lambda_2;\tau)=\mathrm{e}^{-\frac{\sigma^2}{2}[\lambda_1^2+\lambda_2^2+2\lambda_1\lambda_2 r(\tau)]}=\mathrm{e}^{-\frac{\sigma^2}{2}(\lambda_1^2+\lambda_2^2)}\mathrm{e}^{-\lambda_1\lambda_2R_n(\tau)} \tag{5.3-31}$$

以 w 代替 $\mathrm{j}\lambda$，即可求得特征函数为

$$\Phi_n(w_1,w_2;\tau)=\mathrm{e}^{-\frac{\sigma^2}{2}(w_1^2+w_2^2)}\mathrm{e}^{w_1w_2R_n(\tau)} \tag{5.3-32}$$

将其中的 $\mathrm{e}^{w_1w_2R_n(\tau)}$ 展开成马克劳林级数：

$$\mathrm{e}^{w_1w_2R_n(\tau)}=\sum_{k=0}^{\infty}\frac{R_n^k(\tau)}{k!}(w_1w_1)^k \tag{5.3-33}$$

故得

$$\Phi_n(w_1,w_2;\tau)=\mathrm{e}^{-\frac{\sigma^2}{2}(w_1^2+w_2^2)}\sum_{k=0}^{\infty}\frac{R_n^k(\tau)}{k!}(w_1w_1)^k \tag{5.3-34}$$

代入式(5.3-29)中，即得输出过程 $Y(t)$ 的相关函数为

$$R_Y(\tau)=\sum_{k=0}^{\infty}\frac{R_n^k(\tau)}{k!}\left[\frac{1}{(2\pi j)^2}\int_c F(w_1)w_1^k e^{\sigma^2 w_1^2/2}dw_1\int_c F(w_2)w_2^k e^{\sigma^2 w_2^2/2}dw_2\right]$$

$$=\sum_{k=0}^{\infty}\frac{R_n^k(\tau)}{k!}h_{0k}^2 \tag{5.3-35}$$

式中：

$$h_{0k}=\frac{1}{2\pi j}\int_c F(w)w^k e^{\sigma^2 w^2/2}dw \tag{5.3-36}$$

由以上内容可知，只要给定非线性函数 $y=f(x)$，求得其转移函数 $F(w)$，即可由式(5.3-36)求出 h_{0k}，进而求得相关函数 $R_Y(\tau)$。

2. 平稳正态噪声和正弦信号共同输入

设输入过程为

$$X(t)=s(t)+n(t) \tag{5.3-37}$$

其中噪声 $n(t)$ 同上，而 $s(t)$ 为随机初相信号：

$$s(t)=A\cos(\omega_0 t+\theta) \tag{5.3-38}$$

式中 θ 在$[0, 2\pi]$上均匀分布。信号与噪声统计独立。

此时 $X(t)$ 仍为平稳过程，其二维特征函数为

$$\Phi_X(w_1, w_2; \tau)=\Phi_s(w_1, w_2; \tau)\Phi_n(w_1, w_2; \tau) \tag{5.3-39}$$

根据特征函数的定义式，可得信号的二维特征函数为

$$\Phi_s(w_1, w_2; \tau)=E[e^{w_1 s_1+w_2 s_2}] \tag{5.3-40}$$

式中：

$$s_1=s_1(t)=A\cos(\omega_0 t_1+\theta)=A\cos\phi_1 \tag{5.3-41}$$

$$s_2=s_2(t)=A\cos(\omega_0 t_2+\theta)=A\cos\phi_2 \tag{5.3-42}$$

$e^{z\cos\phi}$ 可用如下的雅可比(Jacobian)-安格尔(Anger)公式展开成级数：

$$e^{z\cos\phi}=\sum_{m=0}^{\infty}\varepsilon_m I_m(z)\cos m\phi \tag{5.3-43}$$

式中：$I_m(z)$ 为 m 阶第一类修正贝塞尔函数，ε_m 称为聂曼(Neyman)因子，且

$$\varepsilon_m=\begin{cases}1, & m=0\\ 2, & m=1, 2, \cdots\end{cases} \tag{5.3-44}$$

因而可得

$$\Phi_s(w_1, w_2; \tau)=\sum_{m=0}^{\infty}\sum_{n=0}^{\infty}\varepsilon_m\varepsilon_n I_m(w_1 A)I_n(w_2 A)\overline{\cos m\phi_1\cos n\phi_2} \tag{5.3-45}$$

由于

$$\overline{\cos m\phi_1\cos n\phi_2}=\begin{cases}0, & n\neq m\\ \left(\dfrac{1}{\varepsilon_m}\right)\cos m\omega_0\tau, & n=m\end{cases} \tag{5.3-46}$$

故有

$$\Phi_s(w_1, w_2; \tau)=\sum_{m=0}^{\infty}\varepsilon_m I_m(w_1 A)\cos m\omega_0\tau \tag{5.3-47}$$

将式(5.3-47)和式(5.3-34)代入式(5.3-39)，然后再代入式(5.3-29)，即可求得输出过

程 $Y(t)$ 的相关函数一般表示式为

$$R_Y(\tau)=\frac{1}{(2\pi j)^2}\int_c F(w_1)\int_c F(w_2)\Phi_X(w_1,w_2;\tau)=\Phi_s(w_1,w_2;\tau)\Phi_n(w_1,w_2;\tau)\mathrm{d}w_1\mathrm{d}w_2$$

$$=\sum_{k=0}^{\infty}\frac{R_n^k(\tau)}{k!}\sum_{m=0}^{\infty}\varepsilon_m\cos m\omega_0\tau\left[\frac{1}{(2\pi j)^2}\int_c F(w_1)w_1^k I_m(w_1A)e^{\sigma^2w_1^2/2}\mathrm{d}w_1\cdot\right.$$

$$\left.\int_c F(w_2)w_2^k I_m(w_2A)e^{\sigma^2w_2^2/2}\mathrm{d}w_2\right]$$

$$=\sum_{m=0}^{\infty}\sum_{k=0}^{\infty}\frac{\varepsilon_m h_{mk}^2}{k!}R_n^k(\tau)\cos m\omega_0\tau \tag{5.3-48}$$

式中：

$$h_{mk}=\frac{1}{2\pi j}\int_c F(w)w^k I_m(wA)e^{\sigma^2w^2/2}\mathrm{d}w \tag{5.3-49}$$

分析式(5.3-48)可知，m 代表输入信号的各个分量，k 代表输入噪声的各个分量，它们共同经过非线性变换后，会产生出直流分量、各次高频谐波分量和各种拍频分量。虽然项数繁多，但总可以划分成如下四种成分：直流分量 h_{00}^2；信-信分量 $R_{ss}(\tau)$；噪-噪分量 $R_{nn}(\tau)$；信-噪分量 $R_{sn}(\tau)$。因而该式可以改写成

$$R_Y(\tau)=h_{00}^2+R_{ss}(\tau)+R_{nn}(\tau)+R_{sn}(\tau) \tag{5.3-50}$$

其中：

$$R_{ss}(\tau)=2\sum_{m=0}^{\infty}h_{m0}^2\cos m\omega_0\tau \tag{5.3-51}$$

$$R_{nn}(\tau)=\sum_{k=1}^{\infty}\frac{h_{0k}^2}{k!}R_n^k(\tau) \tag{5.3-52}$$

$$R_{sn}(\tau)=2\sum_{m=1}^{\infty}\sum_{k=1}^{\infty}\frac{h_{mk}^2}{k!}R_n^k(\tau)\cos m\omega_0\tau \tag{5.3-53}$$

对式(5.3-50)作傅里叶变换，即可求得输出过程 $Y(t)$ 的功率谱密度一般表达式为

$$G_Y(f)=h_{00}^2\delta(f)+G_{ss}(f)+G_{nn}(f)+G_{sn}(f) \tag{5.3-54}$$

上式右端第一项为直流分量谱，而其余三项为相应的交变分量谱，其中：

$$G_{ss}(f)=\sum_{m=0}^{\infty}h_{m0}^2[\delta(f+mf_0)+\delta(f-mf_0)] \tag{5.3-55}$$

$$G_{nn}(f)=\sum_{k=1}^{\infty}\frac{h_{0k}^2}{k!}{}_kG_n(f) \tag{5.3-56}$$

$$G_{sn}(f)=\sum_{m=1}^{\infty}\sum_{k=1}^{\infty}\frac{h_{mk}^2}{k!}[{}_kG_n(f+mf_0)+{}_kG_n(f-mf_0)] \tag{5.3-57}$$

式中：${}_kG_n(f)$ 为 $R_n^k(\tau)$ 的傅里叶变换，是 $G_n(f)$ 与其自身的 k 重卷积积分，即

$${}_kG_n(f)=\underbrace{G_n(f)\otimes G_n(f)\otimes\cdots\otimes G_n(f)}_{k\text{重}} \tag{5.3-58}$$

例如当输入噪声 $n(t)$ 具有高斯形窄带功率谱(如图 5.3-4(a)所示)时，有 ${}_1G_n(f)=$

$G_n(f)$，而$_2G_n(f)=G_n(f)\otimes G_n(f)$，$_3G_n(f)={}_2G_n(f)\otimes G_n(f)$，分别如图 5.3-4(b)、(c)所示。由于高斯函数与其自身的卷积结果仍为高斯函数，故其图中各分量谱的形状仍为高斯形状，而峰值则可有所不同。

应该指出，式(5.3-50)和式(5.3-54)是当输入信号为等幅正弦信号时求得的结果，同法也可推导出当输入信号为调幅正弦信号时的结果。还需注意，上两式仅为非线性器件输出端的相关函数和功率谱密度。根据非线性设备的本身用途，在非线性器件后面一般还需要加接滤波器，从中选出所需的部分分量。例如，若非线性设备是一个包络检波器，则需加接低通滤波器，这时输出仅有直流和低频分量。今因输入为等幅信号，故输出信号仅有h_{00}^2，而输出噪声仅有$R_{mn}(\tau)$和$R_{sn}(\tau)$中的低频分量，可根据式(5.3-56)、式(5.3-57)中由卷积所得的低频分量谱求得。又如，若非线性设备是一限幅中频放大器，则需加接中心频率为ω_0的高频窄带滤波器，这时输出仅有高频基波附近的频率分量(即取$m=1$)，故输出信号仅有$2h_{10}^2\cos\omega_0\tau$项，而输出噪声仅有$R_{mn}(\tau)$和$R_{sn}(\tau)$中的高频基波分量，可根据式(5.3-56)、式(5.3-57)中由卷积所得的高频基波分量谱求得。

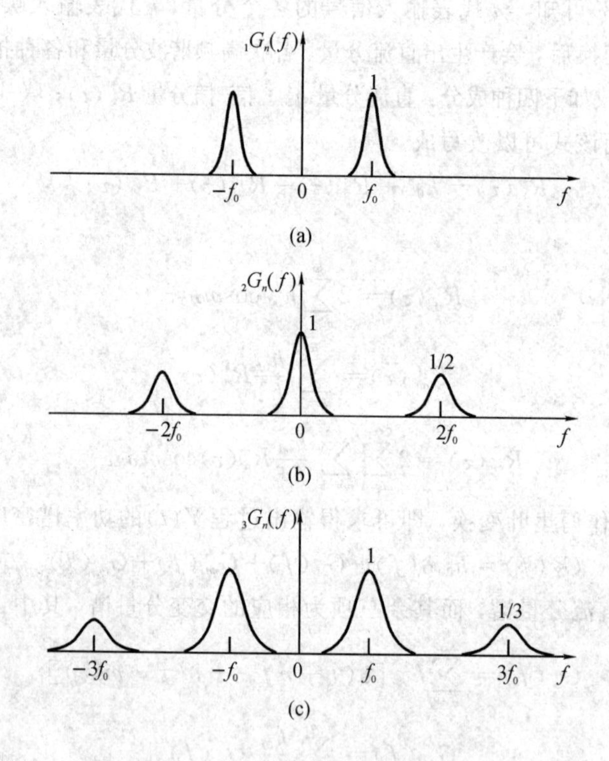

图 5.3-4　高斯形窄带噪声的卷积

5.3.3　普赖斯法

此法为变换法的特例，适用于当输入为平稳正态过程，且非线性函数经k次求导后能变成δ函数的特定条件。由于巧妙地利用了δ函数的积分特性，故此法能使积分运算大大简化。

设输入$X(t)$为平稳正态过程，其均值为零，方差为σ^2，相关系数为$r(\tau)$。已知二维概率密度为

$$p_2(x_1, x_2; \tau)=\frac{1}{2\pi\sigma^2\sqrt{1-r^2}}\exp\left[-\frac{x_1^2+x_2^2-2rx_1x_2}{2\sigma^2(1-r^2)}\right] \tag{5.3-59}$$

式中：$x_1=X(t_1)$，$x_2=X(t_2)$，$r=r(\tau)$。

对应的二维特征函数为

$$\Phi_X(\lambda_1, \lambda_2; \tau)=\exp\left[-\frac{\sigma^2}{2}(\lambda_1^2+\lambda_2^2+2r\lambda_1\lambda_2)\right] \tag{5.3-60}$$

将此式两端对 r 求 k 阶导数($k=1, 2, \cdots$)，得

$$\frac{\partial^k\Phi_X}{\partial r^k}=(-\sigma^2\lambda_1\lambda_2)^k\Phi_X(\lambda_1, \lambda_2; \tau)=(-\sigma^2\lambda_1\lambda_2)^kE[\mathrm{e}^{\mathrm{j}\lambda_1X_1+\mathrm{j}\lambda_2X_2}] \tag{5.3-61}$$

将式(5.3-28)两端对 r 求 k 阶导数，得

$$\frac{\partial^kR_Y}{\partial r^k}=\frac{1}{(2\pi)^2}\int_{-\infty}^{\infty}F(\lambda_1)\int_{-\infty}^{\infty}F(\lambda_2)\frac{\partial^k\Phi_X}{\partial r^k}\mathrm{d}\lambda_1\mathrm{d}\lambda_2 \tag{5.3-62}$$

将式(5.3-61)代入式(5.3-62)，可得

$$\frac{\partial^kR_Y}{\partial r^k}=\sigma^{2k}E\left[\frac{1}{(2\pi)^2}\int_{-\infty}^{\infty}(\mathrm{j}\lambda_1)^kF(\lambda_1)\mathrm{e}^{\mathrm{j}\lambda_1X_1}\mathrm{d}\lambda_1\int_{-\infty}^{\infty}(\mathrm{j}\lambda_2)^kF(\lambda_2)\mathrm{e}^{\mathrm{j}\lambda_2X_2}\mathrm{d}\lambda_2\right] \tag{5.3-63}$$

非线性函数 $f(X)$ 与转移函数 $F(\lambda)$ 是一对傅里叶变换，有关系式

$$f(X)=\frac{1}{2\pi}\int_{-\infty}^{\infty}F(\lambda)\mathrm{e}^{\mathrm{j}\lambda X}\mathrm{d}\lambda \tag{5.3-64}$$

将此式对随机变量 X 求 k 阶导数，可得

$$f^{(k)}(X)=\frac{1}{2\pi}\int_{-\infty}^{\infty}(\mathrm{j}\lambda)^kF(\lambda)\mathrm{e}^{\mathrm{j}\lambda X}\mathrm{d}\lambda \tag{5.3-65}$$

因而式(5.3-63)可改写为

$$\begin{aligned}\frac{\partial^kR_Y}{\partial r^k}&=\sigma^{2k}E[f^{(k)}(X_1)f^{(k)}(X_2)]\\&=\sigma^{2k}\int_{-\infty}^{\infty}\int_{-\infty}^{\infty}f^{(k)}(x_1)f^{(k)}(x_2)p_2(x_1, x_2; \tau)\mathrm{d}x_1\mathrm{d}x_2\end{aligned} \tag{5.3-66}$$

将式(5.3-59)代入式(5.3.66)，可得

$$\frac{\partial^kR_Y}{\partial r^k}=\frac{\sigma^{2k-2}}{2\pi\sqrt{1-r^2}}\int_{-\infty}^{\infty}\int_{-\infty}^{\infty}f^{(k)}(x_1)f^{(k)}(x_2)\exp\left[-\frac{x_1^2+x_2^2-2rx_1x_2}{2\sigma^2(1-r^2)}\right]\mathrm{d}x_1\mathrm{d}x_2 \tag{5.3-67}$$

若函数 $f(x)$ 经 k 次求导后能变成 δ 函数，则利用下式的 δ 函数积分性质：

$$\int_{-\infty}^{\infty}f(x)\delta(x-x_0)\mathrm{d}x=f(x_0) \tag{5.3-68}$$

可使式(5.3-67)中的二重积分大为简化，从而求得微分方程。解此微分方程，即可求得相关函数 $R_Y(\tau)$。

例 5.3-1　设非线性器件具有半波线性律特性：

$$y=f(x)=\begin{cases}bx, & x\geqslant 0\\ 0, & x<0\end{cases} \tag{5.3-69}$$

输入平稳正态噪声 $X(t)$ 同上述。求输出过程 $Y(t)$ 的相关函数。

解　式(5.3-69)特性如图5.3-5(a)所示。式(5.3-69)经二次求导后能变成δ函数，即有

$$f'(x)=b,\ f''(x)=b\delta(x),\ x\geqslant 0 \tag{5.3-70}$$

分别如图5.3-5(b)、(c)所示。故知可用普赖斯法求解。

令$k=2$，由式(5.3-67)可得

$$\frac{\partial^2 R_Y(\tau)}{\partial r^2}=\frac{\sigma^2}{2\pi\sqrt{1-r^2}}\int_{-\infty}^{\infty}\int_{-\infty}^{\infty}b^2\delta(x_1)\delta(x_2)\exp\left[-\frac{x_1^2+x_2^2-2rx_1x_2}{2\sigma^2(1-r^2)}\right]\mathrm{d}x_1\mathrm{d}x_2 \tag{5.3-71}$$

利用式(5.3-68)，即可求得

$$\frac{\partial^2 R_Y(\tau)}{\partial r^2}=\frac{b^2\sigma^2}{2\pi\sqrt{1-r^2}} \tag{5.3-72}$$

求解上式二阶微分方程，得

$$\frac{\partial R_Y(\tau)}{\partial r}=\int\frac{b^2\sigma^2}{2\pi\sqrt{1-r^2}}\mathrm{d}r=\frac{b^2\sigma^2}{2\pi}\arcsin^{-1}r+C_1 \tag{5.3-73}$$

利用边界条件：当$\tau\to\infty$时，$r(\infty)=0$，故由式(5.3-67)有

$$\left.\frac{\partial R_Y(\tau)}{\partial r}\right|_{r=0}=\frac{1}{2\pi}\int_0^{\infty}\int_0^{\infty}b^2\exp\left[-\frac{x_1^2+x_2^2}{2\sigma^2}\right]\mathrm{d}x_1\mathrm{d}x_2=\frac{b^2\sigma^2}{4} \tag{5.3-74}$$

代入上式，得待定常数：

$$C_1=\left.\frac{\partial R_Y(\tau)}{\partial r}\right|_{r=0}=\frac{b^2\sigma^2}{4} \tag{5.3-75}$$

故得一阶微分方程：

$$\frac{\partial R_Y(\tau)}{\partial r}=\frac{b^2\sigma^2}{4}+\frac{b^2\sigma^2}{2\pi}\sin^{-1}r \tag{5.3-76}$$

因而

$$R_Y(\tau)=\int\left(\frac{b^2\sigma^2}{4}+\frac{b^2\sigma^2}{2\pi}\arcsin r\right)\mathrm{d}r=$$
$$\frac{b^2\sigma^2}{4}r+\frac{b^2\sigma^2}{2\pi}\left(r\arcsin r+\sqrt{1-r^2}\right)+C_2 \tag{5.3-77}$$

再利用边界条件：当$\tau\to\infty$时，$r(\infty)=0$，这时由式(5.3-67)有

$$R_Y(\tau)\big|_{r=0}=\frac{1}{2\pi\sigma^2}\int_0^{\infty}\int_0^{\infty}b^2x_1x_2\exp\left[-\frac{x_1^2+x_2^2}{2\sigma^2}\right]\mathrm{d}x_1\mathrm{d}x_2=\frac{b^2\sigma^2}{2\pi} \tag{5.3-78}$$

代入上式，得待定常数：

$$C_2=R_Y(\tau)\big|_{r=0}-\frac{b^2\sigma^2}{2\pi}=0 \tag{5.3-79}$$

因而输出过程$Y(t)$的相关函数为

$$R_Y(\tau)=\frac{b^2\sigma^2}{4}r(\tau)+\frac{b^2\sigma^2}{2\pi}\left[r(\tau)\arcsin r(\tau)+\sqrt{1-r^2(\tau)}\right] \tag{5.3-80}$$

应该指出，此式与式(5.2-69)似乎不同，但实际结果一致，利用下列级数式：

$$(1-r^2)^{1/2}=1-\frac{r^2}{2}-\frac{r^4}{2\cdot 4}-\frac{1\cdot 3r^6}{2\cdot 4\cdot 6}-\frac{1\cdot 3\cdot 5r^8}{2\cdot 4\cdot 6\cdot 8}-\cdots,\ -1\leqslant r\leqslant 1 \tag{5.3-81}$$

$$r=\arcsin r+\frac{r^3}{6}+\frac{1\cdot 3}{2\cdot 4}\cdot\frac{r^5}{5}+\frac{1\cdot 3\cdot 5}{2\cdot 4\cdot 6}\cdot\frac{r^7}{7}+\cdots,\ r^2<1 \tag{5.3-82}$$

可将式(5.3-80)变成式(5.2-69)。

5.4　平稳随机过程非线性变换的缓变包络法

在前面已经讲过，高频窄带过程可近似看成随机振幅作缓慢调制的准正弦振荡，其表示式为

$$X(t)=A(t)\cos[\omega_0 t+\varphi(t)] \tag{5.4-1}$$

式中：包络 $A(t)$ 和相位 $\varphi(t)$ 相对于 ω_0 来说，都是随机的慢变化时间函数。

对这种高频窄带过程作包络检波时，只需考虑包络 $A(t)$ 的非线性变换，从而可使计算大为简化，这是缓变包络法的突出优点。但需注意，此法的使用条件有限制，必须非线性系统的输入为高频窄带过程。

根据是否计及非线性系统的负载反作用，缓变包络法可分成两种情况：无负载反作用和有负载反作用。

5.4.1　无负载反作用的缓变包络法

设非线性器件的传输特性为

$$y=f(x) \tag{5.4-2}$$

输入为高频窄带过程：

$$X(t)=A(t)\cos[\omega_0 t+\varphi(t)] \tag{5.4-3}$$

因而非线性器件的输出随机过程为

$$Y(t)=f\{X(t)\}=f\{A(t)\cos[\omega_0 t+\varphi(t)]\} \tag{5.4-4}$$

由于非线性变换的输出过程 $Y(t)$ 将不同于输入过程 $X(t)$，因而会产生高频信号的波形失真，出现许多新的频谱分量。

当输入 $X(t)$ 为高频窄带过程（$\Delta\omega/\omega_0\ll 1$）时，由于它可近似看成准正弦振荡，即在一段不长的时间内（但正弦振荡已有很多周期时，即 $1/\omega_0\ll T\ll 1/\Delta\omega$），相位 $\varphi(t)$ 可近似看成常数，有 $\varphi(t)\approx\varphi$；同理，振幅 $A(t)\approx A$。因而随机过程 $Y(t)$ 在这段时间内，将近似为失真了的正弦波，可作为周期性过程处理，即

$$Y(t)=f\{A\cos[\omega_0 t+\varphi]\} \tag{5.4-5}$$

令：$\phi=\omega_0 t+\varphi$，则得 t 时刻输出随机过程的值为

$$Y(t)=f\{A\cos\phi\} \tag{5.4-6}$$

此式表明，随机过程 Y 为非随机量 ϕ 的周期函数，故可展开成下列傅里叶级数：

$$Y(t)=f_0(A)+f_1(A)\cos\phi+f_2(A)\cos 2\phi+\cdots+f_n(A)\cos n\phi \tag{5.4-7}$$

式中：$f_0(A)=\dfrac{1}{\pi}\int_0^{\pi}f(A\cos\phi)\,\mathrm{d}\phi$

$$f_n(A)=\frac{2}{\pi}\int_0^{\pi}f(A\cos\phi)\cos n\phi\,\mathrm{d}\phi,\ n\neq 0$$

今将式(5.4-7)记为

$$Y=I_0+I_1+I_2+\cdots+I_n \tag{5.4-8}$$

式中：$I_0=f_0(A)$，表示输出端的低频分量（含直流）；

$I_n=f_n(A)\cos n(\omega_0 t+\varphi)$，表示输出端的各次高频谐波分量。

实际上，A 和 φ 均为缓变，故以 $A(t)$ 和 $\varphi(t)$ 代替，即可近似得到输出随机过程 $Y(t)$。

由窄带随机过程的谐波分析可知，输出随机过程 $Y(t)$ 的功率谱为间断的连续谱，分布于 $\omega=n\omega_0\,(n=0,1,2,\cdots)$ 附近的窄带范围内，如图 5.4-1 所示。

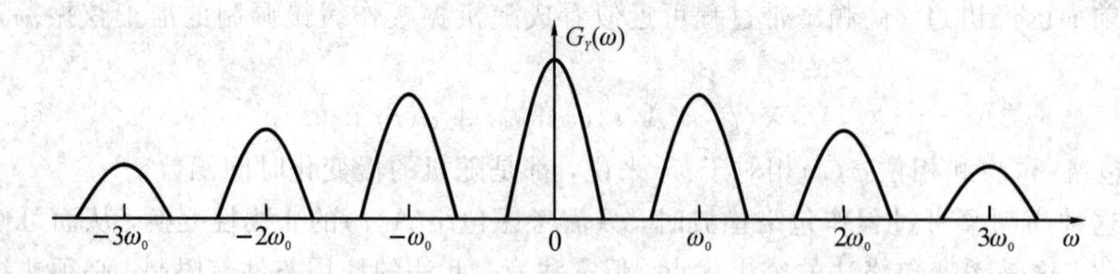

图 5.4-1　高频窄带过程输入时输出随机过程的功率谱

下面求输出过程 $Y(t)$ 的矩函数和功率谱。

1. 统计均值和方差

对式(5.4-8)求统计平均，得统计均值：

$$\bar{Y}=\overline{I_0}+\overline{I_1}+\overline{I_2}+\cdots+\overline{I_n} \tag{5.4-9}$$

由于当 $n>0$ 时，有

$$\overline{I_n}=\overline{f_n(A)\cos n\phi}=\overline{f_n(A)}\cdot\overline{\cos n\phi}=0 \tag{5.4-10}$$

此式中利用前面所得的结论，即窄带过程在某时刻 t 的包络值 A 与相位值 φ 统计独立，因而它们的函数 $f_n(A)$ 与 $\cos n\phi$ 也统计独立，故得

$$\bar{Y}=\overline{I_0}=\overline{f_0(A)}=\int_{-\infty}^{\infty}f_0(A)p(A)\mathrm{d}A \tag{5.4-11}$$

输出过程的低频起伏分量为

$$I_\mathrm{L}=I_0-\overline{I_0} \tag{5.4-12}$$

故得输出过程的低频分量方差为

$$\sigma_\mathrm{L}^2=\overline{I_0^2}-(\overline{I_0})^2 \tag{5.4-13}$$

式中：$\overline{I_0^2}$ 为输出过程的低频分量均方值，其值为

$$\overline{I_0^2}=\overline{f_0^2(A)}=\int_{-\infty}^{\infty}f_0^2(A)p(A)\mathrm{d}A \tag{5.4-14}$$

由上可知，求输出过程的统计均值和低频分量方差时，只需知道输入窄带过程包络值 A 的一维分布(前面已经求得，无信号时为瑞利分布，有信号时为广义瑞利分布)即可，而无需知道相位值 φ。

2. 相关函数和功率谱

对于时刻 t，输出过程为随机变量：

$$Y=I_0+I_1+I_2+\cdots+I_n \tag{5.4-15}$$

对于时刻 $t+\tau$，输出过程为随机变量

$$Y_\tau=I_{0\tau}+I_{1\tau}+I_{2\tau}+\cdots+I_{n\tau} \tag{5.4-16}$$

当输入为平稳窄带过程时，根据定义得输出过程的相关函数为

$$R_Y(\tau)=\overline{YY_\tau}=\overline{(I_0+I_1+I_2+\cdots+I_n)(I_{0\tau}+I_{1\tau}+I_{2\tau}+\cdots+I_{n\tau})} \tag{5.4-17}$$

其中：$\overline{I_mI_{n\tau}}=\overline{f_m(A)f_n(A_\tau)\cos m(\omega_0t+\phi)\cos n[\omega_0(t+\tau)+\phi_\tau]}$

由于包络过程 $A(t)$ 和相位过程 $\varphi(t)$ 不统计独立，故由上式求统计均值时需用下式四重积分：

$$\overline{I_m I_{n\tau}} = \int_0^\infty \int_0^\infty \int_0^{2\pi} \int_0^{2\pi} [\cdot] p_4(A, A_\tau; \varphi, \varphi_\tau) \mathrm{d}A \mathrm{d}A_\tau \mathrm{d}\varphi \mathrm{d}\varphi_\tau \tag{5.4-18}$$

式中：

$$[\cdot] = f_m(A) f_n(A_\tau) \cos n(\omega_0 t + \varphi) \cos n[\omega_0(t+\tau) + \varphi_\tau]$$

$$p_4(A, A_\tau; \varphi, \varphi_\tau) = \frac{AA_\tau}{4\pi^2\sigma^2(1-r^2)} \exp\left\{-\frac{1}{2\sigma^4(1-r^2)}[\sigma^2(A^2+A_\tau^2) - 2A(\tau)AA_\tau\cos(\varphi_\tau - \varphi)]\right\} \tag{5.4-19}$$

$，A，\ A_\tau \geqslant 0，0 \leqslant \varphi，\ \varphi_\tau \leqslant 2\pi$

将其中的 $\exp[\cos(\varphi_\tau - \varphi)]$ 展开成 $\cos\varphi_\tau \cos\varphi$ 的幂级数，且利用余弦函数的正交特性，可以证知：

$$\begin{cases} \overline{I_m I_{n\tau}} = 0, & m \neq n \\ \overline{I_m I_{n\tau}} \neq 0, & m = n \end{cases} \tag{5.4-20}$$

故可求得

$$\begin{aligned} R_Y(\tau) &= \overline{I_0 I_{0\tau}} + \overline{I_1 I_{1\tau}} + \overline{I_2 I_{2\tau}} + \cdots + \overline{I_n I_{n\tau}} \\ &= R_0(\tau) + R_1(\tau) + R_2(\tau) + \cdots + R_n(\tau) \end{aligned} \tag{5.4-21}$$

式中：

$$R_0(\tau) = \overline{I_0 I_{0\tau}} = \overline{f_0(A) f_0(A_\tau)} = \int_{-\infty}^{\infty} \int_{-\infty}^{\infty} f_0(A) f_0(A_\tau) p_2(A, A_\tau) \mathrm{d}A \mathrm{d}A_\tau \tag{5.4-22}$$

$$p_2(A, A_\tau) = \begin{cases} \dfrac{AA_\tau}{\sigma^4(1-r^2)} I_0\left[\dfrac{AA_\tau r}{\sigma^2(1-r^2)}\right] \exp\left\{-\dfrac{A^2+A_\tau^2}{2\sigma^2(1-r^2)}\right\}, & A, A_\tau \geqslant 0 \\ 0, & \text{其他} \end{cases} \tag{5.4-23}$$

$$R_n(\tau) = \overline{I_n I_{n\tau}} = \overline{f_n(A) f_n(A_\tau) \cos n(\omega_0 t + \varphi) \cos n[\omega_0(t+\tau) + \varphi_\tau]} \tag{5.4-24}$$

对式(5.4-21)作傅里叶变换，即可求得输出过程的功率谱为

$$G_Y(\omega) = G_0(\omega) + G_1(\omega) + G_2(\omega) + \cdots + G_n(\omega) \tag{5.4-25}$$

综上所述，用缓变包络法求解输出过程高频分量的相关函数和功率谱时，必须已知四维分布，其运算繁难而不实用。但当此法用于包络检测器时，仅需求解低频分量，这时输出过程的低频分量协方差函数为

$$R_L(\tau) = \overline{I_L I_{L\tau}} = \overline{I_0 I_{0\tau}} - (\overline{I_0})^2 = \overline{f_0(A) f_0(A_\tau)} - [\overline{f_0(A)}]^2 \tag{5.4-26}$$

可见只需已知输入过程的二维分布，其运算相对来说比较容易。虽然实际运算仍相当繁难，然而求解输出过程相关函数和功率谱的主要目的，乃是求解输出过程的直流和低频功率，这时只需知道输入过程包络值的一维分布即可，因而可以简化运算。若需求得输出过程的功率谱，则可配合运用前面所述的差拍法。

例 5.4-1　平稳正态窄带噪声 $X(t)$ 通过半波线性律检波器。已知非线性函数关系为式(5.2-62)，$X(t) = A(t)\cos[\omega_0 t + \varphi(t)]$。求输出过程 $Y(t)$ 的直流功率和低频起伏

功率。

解　时刻 t 的输入值 $X=A\cos\phi$，相应的输出值为

$$Y=f(A\cos\phi)=\begin{cases} bA\cos\phi, & -\dfrac{\pi}{2}\leqslant\phi\leqslant\dfrac{\pi}{2} \\ 0, & -\pi<\phi<-\dfrac{\pi}{2},\quad \dfrac{\pi}{2}<\phi<\pi \end{cases} \tag{5.4-27}$$

如图 5.4-2 所示。

输出过程的低频分量(含直流)为

$$I_0=f_0(A)=\frac{1}{\pi}\int_0^{\pi}f(A\cos\phi)\,\mathrm{d}\phi=\frac{1}{\pi}\int_0^{\frac{\pi}{2}}bA\cos\phi\,\mathrm{d}\phi=\frac{bA}{\pi} \tag{5.4-28}$$

故其直流分量为

$$\overline{I_0}=\overline{f_0(A)}=\int_{-\infty}^{\infty}f_0(A)p(A)\,\mathrm{d}A=\int_0^{\infty}\frac{bA}{\pi}\cdot\frac{A}{\sigma^2}\mathrm{e}^{-\frac{A}{2\sigma^2}}\,\mathrm{d}A=\frac{b\sigma}{\sqrt{2\pi}} \tag{5.4-29}$$

因而输出过程的直流功率为

$$(\overline{I_0})^2=\frac{b^2\sigma^2}{2\pi} \tag{5.4-30}$$

输出过程的低频起伏功率为方差：

$$\sigma_{\mathrm{L}}^2=\overline{I_0^2}-(\overline{I_0})^2 \tag{5.4-31}$$

其中：

$$\overline{I_0^2}=\overline{f_0^2(A)}=\int_{-\infty}^{\infty}f_0^2(A)p(A)\,\mathrm{d}A=\int_0^{\infty}\left(\frac{bA}{\pi}\right)^2\cdot\frac{A}{\sigma^2}\mathrm{e}^{-\frac{A}{2\sigma^2}}\,\mathrm{d}A=2\left(\frac{b\sigma}{\pi}\right)^2 \tag{5.4-32}$$

故得

$$\sigma_{\mathrm{L}}^2=2\left(\frac{b\sigma}{\pi}\right)^2-\frac{b^2\sigma^2}{2\pi}=b^2\sigma^2\,\frac{4-\pi}{2\pi^2} \tag{5.4-33}$$

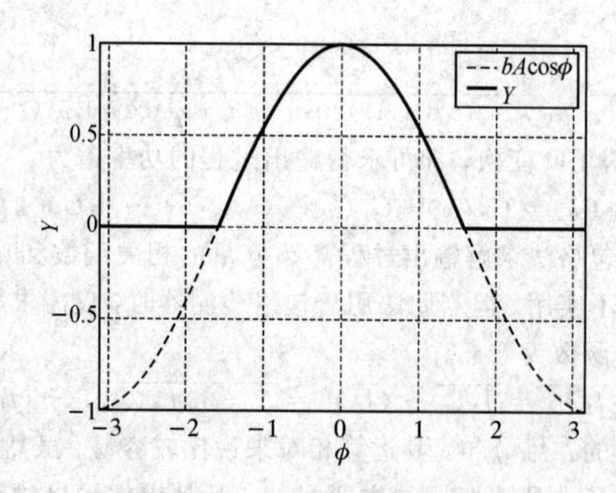

图 5.4-2　$Y=bA\cos\phi$ 的变化范围

例 5.4-2　平稳正态窄带噪声 $X(t)$ 通过全波平方律检波器。已知非线性函数关系为 $y=bx^2$，$X(t)=A(t)\cos[\omega_0 t+\varphi(t)]$。求输出过程 $Y(t)$ 的直流功率和低频起伏功率。

解　时刻 t 的输入值 $X=A\cos\phi$，相应的输出值为

$$Y = bX^2 = b(A\cos\phi)^2 = \frac{bA^2}{2} + \frac{bA^2}{2}\cos 2\phi \tag{5.4-34}$$

与式(5.4-7)比较，可知：

$$f_0(A) = \frac{bA^2}{2}, \qquad f_2(A) = \frac{bA^2}{2} \tag{5.4-35}$$

输出过程的低频分量(含直流)为

$$I_0 = f_0(A) = \frac{bA^2}{2} \tag{5.4-36}$$

故其直流分量为

$$\overline{I_0} = \overline{f_0(A)} = \int_{-\infty}^{\infty} f_0(A)p(A)\mathrm{d}A = \int_0^{\infty} \frac{bA^2}{2} \cdot \frac{A}{\sigma^2}\mathrm{e}^{-\frac{A}{2\sigma^2}}\mathrm{d}A = b\sigma^2 \tag{5.4-37}$$

因而输出过程的直流功率为

$$(\overline{I_0})^2 = b^2\sigma^4 \tag{5.4-38}$$

输出过程的低频分量均方值为

$$\overline{I_0^2} = \overline{f_0^2(A)} = \int_{-\infty}^{\infty} f_0^2(A)p(A)\mathrm{d}A = \int_0^{\infty} \left(\frac{bA^2}{2}\right)^2 \cdot \frac{A}{\sigma^2}\mathrm{e}^{-\frac{A}{2\sigma^2}}\mathrm{d}A = 2b^2\sigma^4 \tag{5.4-39}$$

故得输出过程的低频起伏功率为

$$\sigma_L^2 = \overline{I_0^2} - (\overline{I_0})^2 = 2b^2\sigma^4 - b^2\sigma^4 = b^2\sigma^4 \tag{5.4-40}$$

将上述两例与用直接法求解的例 5.2-1、例 5.2-2 作比较，可知结果相同，但显然缓变包络法的运算要简单得多，可见缓变包络法是求解平稳窄带过程通过包络检波器的重要方法。

5.4.2 有负载反作用的缓变包络法

在实际的包络检波器中，检波器负载电阻上的电压会对非线性器件产生反作用。当非线性变换中需要计及这种反作用时，可与确知信号通过包络检波器时一样，将这反作用影响反映于检波器的电压传输系数 K_d 中。

包络检波器的典型电路如图 5.4-3 所示。其电压传输系数被定义为输出信号与输入信号包络 $R(t)$之比，即

$$K_d = \frac{Y(t)}{R(t)} \tag{5.4-41}$$

式中：K_d 与负载 R_L、C_L 和非线性器件的内阻 R_i 有关，平方律检波时还与输入信号包络 $R(t)$的大小有关。当这些数值已知之后，K_d 就被确定。

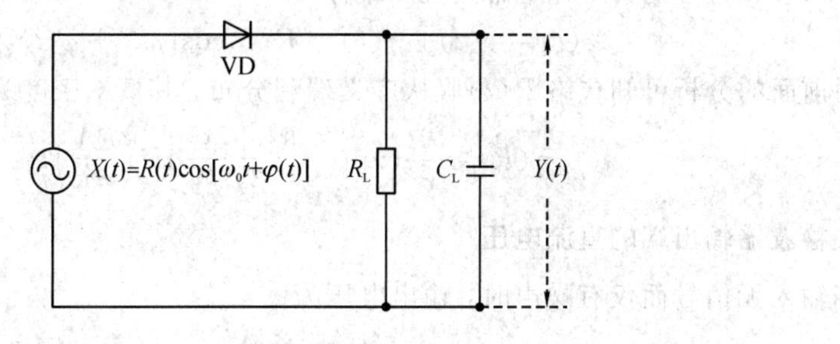

图 5.4-3　包络检波器的典型电路

包络检波器的作用是对调幅高频振荡进行解调制，取出载有信息的包络，它应满足窄带条件 $\Delta\omega/\omega_0 \ll 1$。为此，包络检波器的负载应该满足下列两个条件：

(1) 时间常数 $\tau(=RC)$要远大于高频周期 $T_0(=\omega_0/2\pi)$，即

$$\tau \gg T_0 \tag{5.4-42}$$

以便滤去输出过程中的高频分量；

(2) 负载上的电压变化要能跟得上输入过程的包络变化，不致产生波形的切削失真，故需时间常数 τ 远小于输入过程包络的相关时间 τ_0，即

$$\tau \ll \tau_0 \tag{5.4-43}$$

正确设计的包络检波器都能满足这两个条件，因而一般包络检波器的输出过程为

$$Y(t) = K_d R(t) \tag{5.4-44}$$

根据包络检波器的类别(线性或平方律)和电路的组件数值，由图 5.4-4 或图 5.4-5 所示的曲线，查得相应的电压传输系数 K_d，利用式(5.4-44)即可计算输出过程的统计特性。该两图所示曲线的导出原理详见附录 3。图中：R_L 为检波器负载电阻；R_i 为检波二极管的交流内阻；$b=1/R_i$；A 为输入包络电压。

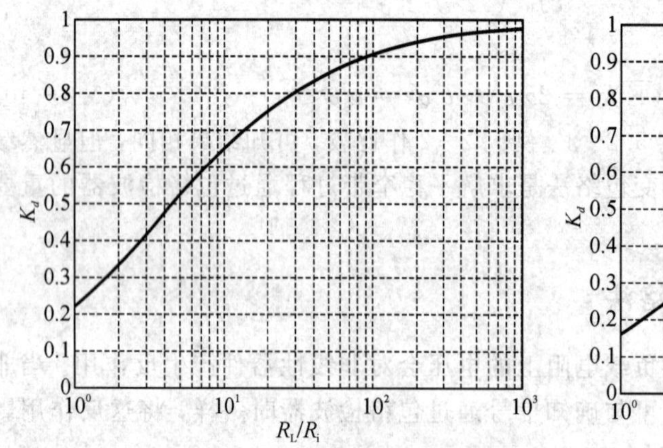

图 5.4-4 线性检波器 K_d 与 R_L/R_i的关系曲线

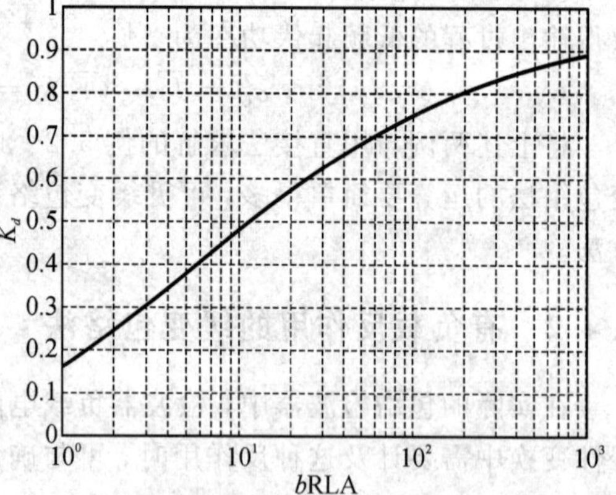

图 5.4-5 线性检波器 K_d 与 bRLA 的关系曲线

设输入信号 $s(t)$为随机初相信号：

$$s(t) = A\cos(\omega_0 t + \theta) \tag{5.4-45}$$

输入噪声 $n(t)$是零均值、方差为 σ^2 的平稳正态窄带过程：

$$n(t) = n_c(t)\cos\omega_0 t - n_s(t)\sin\omega_0 t \tag{5.4-46}$$

因而输入合成过程仍为平稳窄带过程，即有

$$X(t) = s(t) + n(t) = R(t)\cos[\omega_0 t + \varphi(t)] \tag{5.4-47}$$

由前面的分析可知包络 $R(t)$服从广义瑞利分布，其概率密度为

$$p(R) = \frac{R}{\sigma^2}\exp\left[-\frac{R^2 + A^2}{2\sigma^2}\right] I_0\left(\frac{RA}{\sigma^2}\right) \tag{5.4-48}$$

1. 检波器输出端的直流电压

当输入无信号而仅有噪声时，输出电压为

$$U_n = K_d A' \tag{5.4-49}$$

式中：A'为输入噪声电压的包络，K_d 为检波器电压传输系数。

对上式两端求均值，得

$$\overline{U_n}=K_d\overline{A'} \tag{5.4-50}$$

当信号与噪声同时输入时，输出电压为

$$U_{sn}=K_d R \tag{5.4-51}$$

式中：R 为输入合成电压的包络。

对上式两端求均值，得

$$\overline{U_{sn}}=K_d\overline{R} \tag{5.4-52}$$

故由输入信号所引起的输出电压增量为

$$\Delta U_s=\overline{U_{sn}}-\overline{U_n} \tag{5.4-53}$$

在检测雷达信号时，它代表输出电压中的信号成分。上述各量如图 5.4-6 所示。

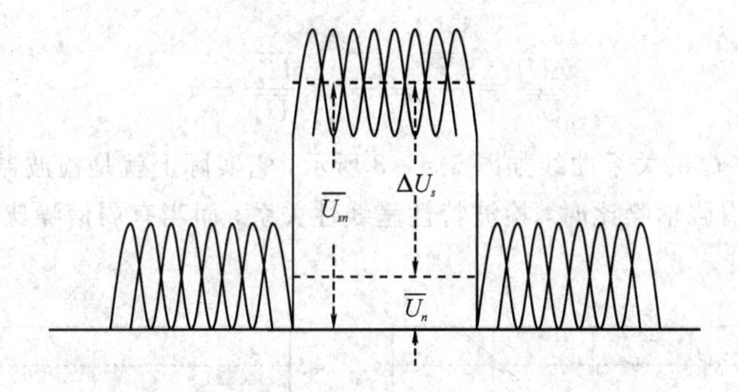

图 5.4-6　窄带噪声与等幅正弦信号通过检波器后的输出电压

下面求此检波器的检波特性和输出端信噪功率比。

$$\overline{R}=\int_{-\infty}^{\infty}R\cdot p(R)\mathrm{d}R=\int_{-\infty}^{\infty}\frac{R^2}{\sigma^2}\exp\left[-\frac{R^2+A^2}{2\sigma^2}\right]I_0\left(\frac{RA}{\sigma^2}\right)\mathrm{d}R \tag{5.4-54}$$

此式经积分运算(详见附录 4)后，可得

$$\overline{R}=\sqrt{\frac{\pi}{2}}\sigma\cdot\mathrm{e}^{-\sigma^2/2}\left[(1+Q^2)I_0\left(\frac{Q^2}{2}\right)+Q^2I_1\left(\frac{Q^2}{2}\right)\right] \tag{5.4-55}$$

式中：$Q=\dfrac{A}{\sqrt{2}\sigma}$，为输入端信噪电压比。

$I_0(\cdot)$和 $I_1(\cdot)$分别为零阶和一阶的第一类修正贝塞尔函数。

若输入无信号而仅有噪声，则 $Q=0$，由于 $I_0(0)=1$，$I_1(0)=0$，故由上式可得

$$\overline{R}=\overline{A'}=\sqrt{\frac{\pi}{2}}\sigma \tag{5.4-56}$$

因而在输入有信号与无信号这两种情况下，检波器负载电压之比为

$$\frac{\overline{U_{sn}}}{\overline{U_n}}=\frac{K_d\overline{R}}{K_d\overline{A'}}=\sigma\cdot\mathrm{e}^{-\sigma^2/2}\left[(1+Q^2)I_0\left(\frac{Q^2}{2}\right)+Q^2I_1\left(\frac{Q^2}{2}\right)\right] \tag{5.4-57}$$

有噪声时线性律检波器的上述关系式如图 5.4-7 中的曲线(1)所示。图中同时画出了无噪声时线性律检波器的上述关系曲线，如曲线(2)所示；有噪声时平方律检波器的上述关系曲线，如曲线(3)所示。

不难证明：图中曲线(1)具有下述两个渐近特性：

当有强信噪功率比($Q^2/2\gg 1$)时，有

$$\frac{\overline{U_{sn}}}{\overline{U_n}}\approx\frac{2}{\sqrt{\pi}}Q \tag{5.4-58}$$

即当 $Q\gg\sqrt{2}$时，曲线(1)的上段趋近于直线(2)，说明这时噪声的影响几乎可以忽略，有噪声的线性律检波器相当于无噪声的线性检波器。

当有弱信噪功率比($Q^2/2\ll 1$)时，有

$$\frac{\overline{U_{sn}}}{\overline{U_n}}\approx 1+\frac{Q^2}{2} \tag{5.4-59}$$

即当 $Q\ll\sqrt{2}$时，曲线(1)的下段趋近于曲线(3)，说明这时由于噪声的影响，$\overline{U_{sn}}/\overline{U_n}$与 Q 呈平方关系，有噪声时的线性律检波器相当于有噪声的平方律检波器。

由于

$$\frac{\Delta U_s}{\overline{U_n}}=\frac{\overline{U_{sn}}-\overline{U_n}}{\overline{U_n}}=\frac{\overline{U_{sn}}}{\overline{U_n}}-1 \tag{5.4-60}$$

因此可得 $\Delta U_s/\overline{U_n}\sim Q$ 的关系曲线如图 5.4-8 所示，它实际上就是检波器的检波特性曲线。由图可以看出，当有强信噪比时，检波特性呈线性关系，而当有弱信噪比时，检波特性呈平方关系。

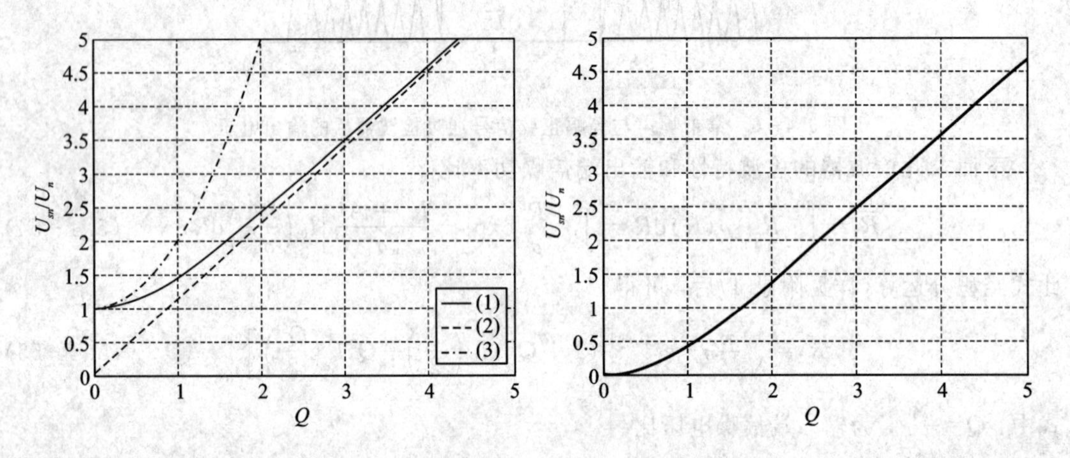

图 5.4-7　检波器的$\overline{U_{sn}}/\overline{U_n}\sim Q$关系曲线　　图 5.4-8　线性检波器的 $\Delta U_s/\overline{U_n}\sim Q$ 关系曲线

图 5.4-7 中曲线(1)的上述两个渐近特性可用非线性系统中特有的“强压弱”现象来作物理解释。当非线性系统同时输入强信号和弱信号时，负载上的电压主要取决于输入的强信号，若此电压也能加到非线性器件上，就会产生反作用，使工作点发生变化，不利于弱信号的传输，致使输出端的弱信号更加小于强信号，此即所谓“强压弱”现象。需要说明的是，所谓弱信号被强信号所压制，致使输出的相对值更小，并非弱信号被强信号所淹没而分辨不清。

当输入信号远强于噪声时，噪声被强信号所压制，因而噪声几乎无影响而使检波特性呈线性关系。

当输入信号远弱于噪声时，信号被相对较强的噪声所压制，因而信号的作用很小，致

使检波特性呈平方关系。

当输入信号与噪声的强度基本相等时，这种“强压弱”现象很不明显。

应该指出的是，在一般非线性系统中，都会发生“强压弱”现象，所以各种检波器的检波特性起始段均因噪声影响而呈平方关系。

在雷达检测信号时，包络检波器输出端的信噪功率比通常被定义为

$$\left(\frac{S}{N}\right)_{\mathrm{o}} = \frac{(\Delta U_s)^2}{\sigma_n^2} \tag{5.4-61}$$

式中：$\Delta U_s = \overline{U_{sn}} - \overline{U_n}$，为由信号所引起的输出直流电压增量；$\sigma_n^2$ 为无信号时的输出噪声方差。

不难证明，对于线性检波器，当有强信噪比（$\frac{Q^2}{2} \gg 1$）时，有

$$\left(\frac{S}{N}\right)_{\mathrm{o}} \approx \frac{1}{1-\frac{\pi}{4}}\left(\frac{S}{N}\right)_{\mathrm{i}} \tag{5.4-62}$$

而当有弱信噪比（$Q^2/2 \ll 1$）时，有

$$\left(\frac{S}{N}\right)_{\mathrm{o}} \approx \frac{1}{4\left(\frac{4}{\pi}-1\right)}\left(\frac{S}{N}\right)_{\mathrm{i}}^2 \tag{5.4-63}$$

因此，包络检波器输出信噪比与输入信噪比的关系曲线具有如图 5.4－9 所示的特点：弱信噪比时的特性曲线呈平方关系，而强信噪比时的特性曲线呈线性关系。

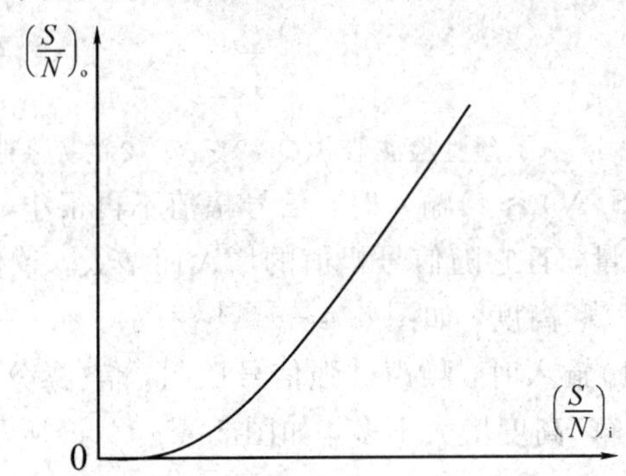

图 5－4－9　包括检波器输出信噪比与输入信噪比的关系曲线

2. 检波器输出端的低频起伏功率

根据式(5.4－13)可得输出端的低频起伏功率为方差：

$$\sigma_{\mathrm{L}}^2 = \overline{U_0^2} - (\overline{U_0})^2 = K_d^2\overline{R^2} - (K_d\overline{R})^2 = K_d^2[\overline{R^2} - (\overline{R})^2] \tag{5.4-64}$$

其中：

$$\overline{R} = \sqrt{\frac{\pi}{2}}\sigma \cdot \mathrm{e}^{-\sigma^2/2}\left[(1+Q^2)I_0\left(\frac{Q^2}{2}\right) + Q^2 I_1\left(\frac{Q^2}{2}\right)\right] = \sigma f\left(\frac{Q^2}{2}\right) \tag{5.4-65}$$

$$\overline{R^2} = \int_{-\infty}^{\infty} R^2 \cdot p(R)\,\mathrm{d}R = \int_{-\infty}^{\infty} R^2\,\frac{R}{\sigma^2}\exp\left[-\frac{R^2+A^2}{2\sigma^2}\right]I_0\left(\frac{RA}{\sigma^2}\right)\mathrm{d}R = \sigma^2 g\left(\frac{Q^2}{2}\right) \tag{5.4-66}$$

故得：

$$\sigma_{\mathrm{L}}^2=K_d^2\sigma^2\left[g\left(\frac{Q^2}{2}\right)-f^2\left(\frac{Q^2}{2}\right)\right]=K_d^2\sigma^2\varphi\left(\frac{Q^2}{2}\right) \tag{5.4-67}$$

式中：函数 $\varphi\left(\frac{Q^2}{2}\right)$ 与 $\frac{Q^2}{2}$ 的关系曲线如图 5.4－9 所示。

图 5.4－10 表明，当输入方差 σ^2 一定时，起伏强度 σ_{L}^2 随输入信噪功率比 Q^2 的增大而增大，然后逐渐趋于某个确定值。

当弱信号($(S/N)_{\mathrm{i}}\ll 1$)输入时，由于输入信号幅值很小，弱信号受相对较强的噪声压制，因而输出端信-噪分量很小，输出噪声中主要是噪-噪分量，如图 5.4－11(a)脉冲顶部的“茅草”所示，此“茅草”的高度基本上与脉冲两侧的“茅草”高度相等。

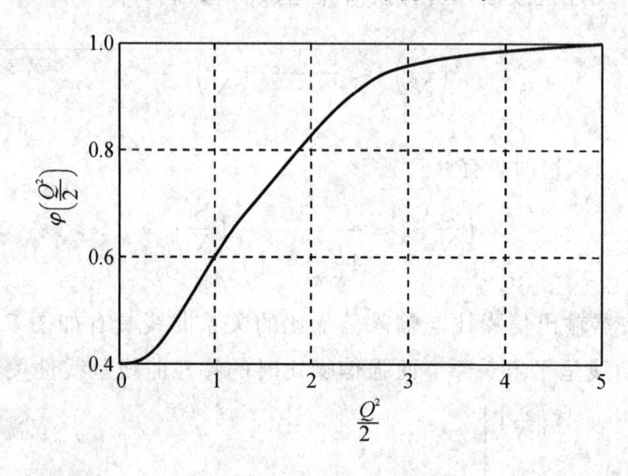

图 5.4－10 线性检波器 $\varphi(Q^2/2)\sim Q^2/2$ 的关系曲线

当中等强度的信号($(S/N)_{\mathrm{i}}\approx 1$)输入时，信号幅值不再很小，因而输出端噪声除了噪-噪分量之外，还有信-噪分量，且它随信号幅值的增大而增大，致使脉冲顶部的“茅草”高度越来越大于脉冲两侧的“茅草”高度，如图 5.4－11(b)所示。

当强信号($(S/N)_{\mathrm{i}}\gg 1$)输入时，噪声被强信号压制，信-噪分量随信号幅值增大而增大不多，因而脉冲顶部的“茅草”高度增大不多，如图 5.4－11(c)所示。

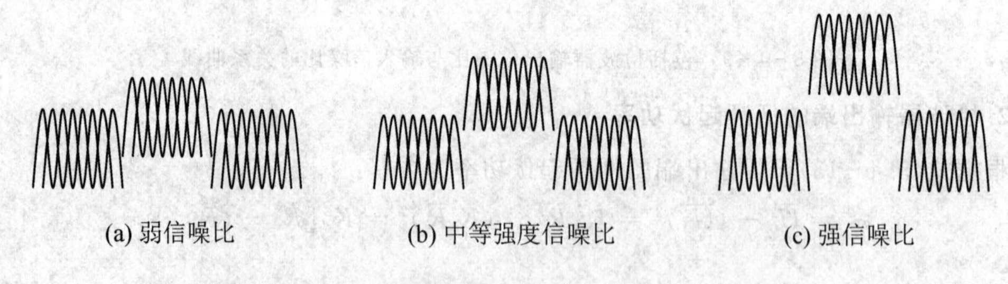

图 5.4－11 不同强度信噪比输入时检波器的输出信噪比

5.5 随机过程通过限幅器的分析

限幅器也是非线性电路，在雷达和干扰机中应用较多，它与检波器一样，也会改变随机信号的概率分布和功率谱。

5.5.1 限幅对概率分布的影响

限幅器的两种典型限幅特性曲线如图 5.5-1 所示。

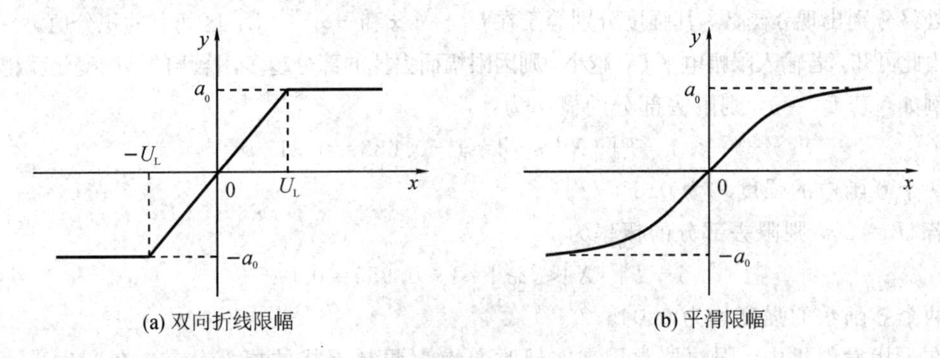

图 5.5-1　限幅特性曲线

图 5.5-1(a)为双向折线限幅，其限幅特性为

$$y=f(x)=\begin{cases}a_0, & x>U_L\\ sx, & |x|<U_L\\ -a_0, & x<-U_L\end{cases} \tag{5.5-1}$$

式中：s——限幅特性线性段的斜率；

U_L——输入限幅电平；

$|a_0|$——输出限幅电平。

图 5.5-1(b)为平滑限幅(俗称“软限幅”)，其限幅特性可用误差函数或双曲正切函数作近似表示。

当正态噪声通过如图 5.5-1(a)所示的双向折线限幅器时，噪声波形和概率分布的变化如图 5.5-2(a)所示。

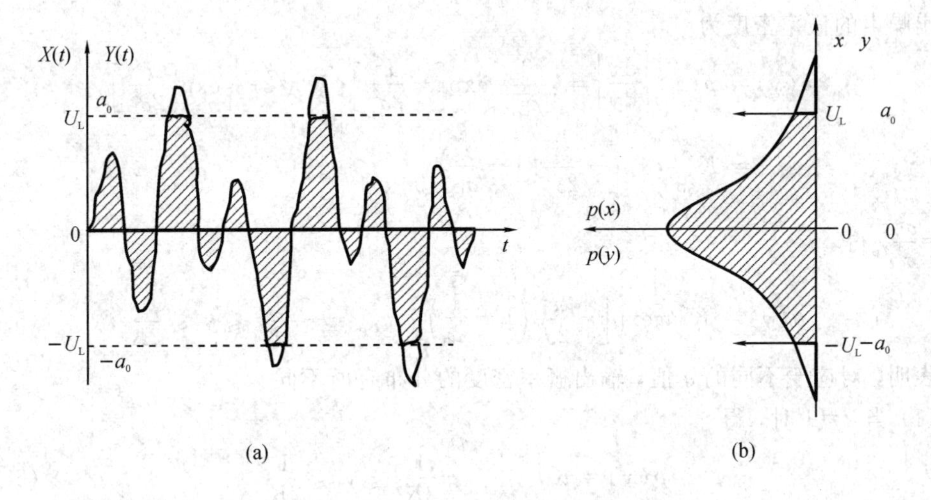

图 5.5-2　噪声的限幅波形和概率分布

图 5.5-2(a)中的阴影部分表示限幅器的输出波形，图 5.5-2(b)中的阴影部分表示限幅后的输出概率分布。图 5.5-2(b)表明，虽然输入概率密度为正态分布，但输出概率密度已变为限幅正态分布。由于$-a_0 \sim a_0$之间是线性变换，因而概率密度 $p(y)$仍应保持为输入正态分布曲线形状。而在 $y>a_0$ 和 $y<-a_0$ 处，则 $p(y)$变为零，但分布曲线下面的面积必须等于1，故在 a_0 和 $-a_0$ 处将分别出现 δ 函数，其强度分别等于在 $U_L\sim+\infty$和$-\infty\sim-U_L$ 区间上的积分值。

由此可知，若输入限幅电平 U_L 越小，则因限幅而去掉的部分越多，噪声的结构变化就越大。

例如：若 $U_L=\sigma$，则限去部分的概率为

$$1-P[|X|\leqslant\sigma]=1-0.683=0.317$$

这时两个 δ 函数的强度均为 0.317/2。

若 $U_L=2\sigma$，则限去部分的概率为

$$1-P[|X|\leqslant 2\sigma]=1-0.955=0.045$$

这时两个 δ 函数的强度均为 0.045/2。

在干扰发射机中，限幅器常用来实现改变噪声调制干扰的概率分布。在产生噪声调幅干扰时，常用双向折线限幅，把正态分布的源噪声变为限幅正态分布。在产生噪声调频干扰时，为了能使干扰均匀地覆盖一个较宽的波段，通常希望调频干扰的功率谱呈现矩形均匀分布，这就要把噪声调频干扰从正态分布变为矩形均匀分布，这种分布律的改变通常是用平滑限幅器来完成的。

设平滑限幅器的限幅特性是误差函数，其表示式为

$$y=\frac{1}{K\sqrt{2\pi}\sigma_L}\int_0^x \exp\left[-\frac{t^2}{2\sigma_L^2}\right]\mathrm{d}t,\qquad -\infty<x<\infty \tag{5.5-2}$$

式中：K——常数；

σ_L——表示限幅特性偏离双向理想限幅特性的参量。

今输入为正态噪声，其概率密度为

$$p(x)=\frac{1}{\sqrt{2\pi}\sigma}\exp\left[-\frac{x^2}{2\sigma^2}\right],\qquad -\infty<x<\infty \tag{5.5-3}$$

则输出噪声的概率密度为

$$p(y)=p(x)\left|\frac{\mathrm{d}x}{\mathrm{d}y}\right|=\frac{1}{\sqrt{2\pi}\sigma}\exp\left[-\frac{x^2}{2\sigma^2}\right]\cdot K\sqrt{2\pi}\sigma_L\exp\left[\frac{x^2}{2\sigma_L^2}\right]$$

$$=K\frac{\sigma_L}{\sigma}\exp\left[-\frac{x^2}{2\sigma^2}\left(1-\frac{\sigma^2}{\sigma_L^2}\right)\right] \tag{5.5-4}$$

令 $a=\dfrac{\sigma_L^2}{\sigma^2}$，得

$$p(y)=K\sqrt{a}\exp\left[-\frac{x^2}{2\sigma^2}\left(1-\frac{1}{a}\right)\right],\qquad -\frac{1}{2K}\leqslant y\leqslant\frac{1}{2K} \tag{5.5-5}$$

此式表明，对应于不同的 a 值，输出概率密度的分布有所不同。

(1) 当 $a=1$ 时，得

$$p(y)=K,\qquad -\frac{1}{2K}\leqslant y\leqslant\frac{1}{2K} \tag{5.5-6}$$

可见在限幅区间内，概率密度是均匀分布的，如图 5.5-3 所示。

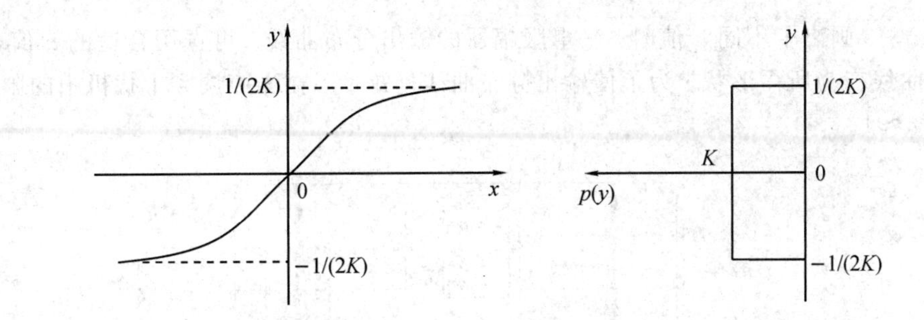

图 5.5-3　$a=1$ 时的限幅特性和输出分布曲线

(2) 当 $a\approx\infty$ 时，得

$$p(y)\approx K\sqrt{a}\exp\left[-\frac{x^2}{2\sigma^2}\right],-\frac{1}{2K}\leqslant y\leqslant\frac{1}{2K} \tag{5.5-7}$$

这时输出概率密度仍为正态分布。这并不难理解，因为 $a\approx\infty$ 相当于 $\sigma_L\approx\infty$，这时限幅特性曲线在限幅区间内变成平直而呈线性放大状态了，因而分布曲线的形状也不会改变，如图 5.5-4 所示。

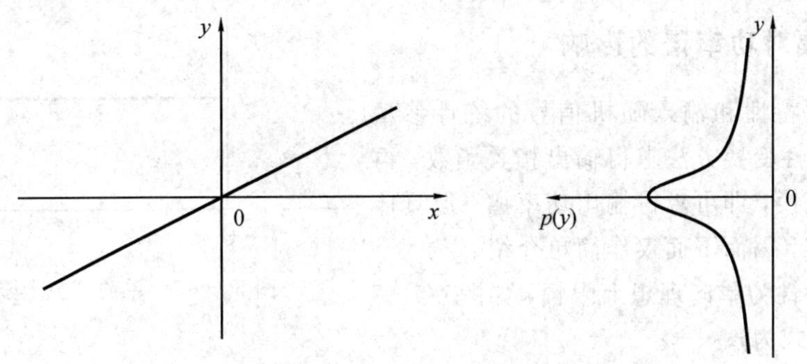

图 5.5-4　$a\approx\infty$ 时的限幅特性和输出分布曲线

(3)当 $a=0$ 时，得

$$p(y)=\begin{cases}\infty, & y=-\dfrac{1}{2K},\ \dfrac{1}{2K}\\ 0, & -\dfrac{1}{2K}<y<\dfrac{1}{2K}\end{cases} \tag{5.5-8}$$

因为分布曲线下面的面积应等于 1，故在两限幅电平处的概率密度均为 δ 函数，强度均为 1/2，如图 5.5-5 所示。

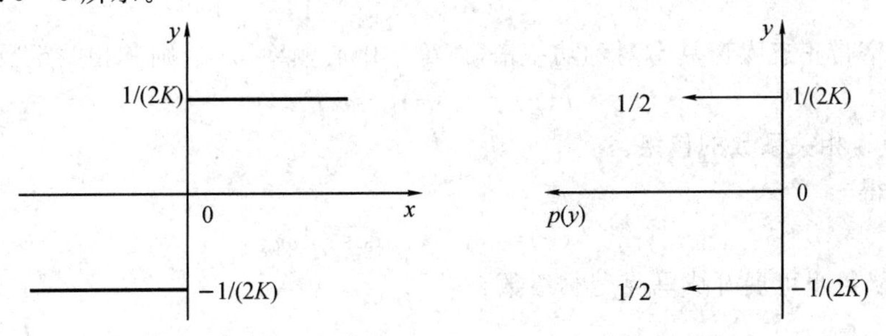

图 5.5-5　$a=0$ 时的限幅特性和输出分布曲线

图 5.5-6 画出了不同 a 值时，平滑限幅器的输出分布曲线。可选用合适的 a 值，以使输出分布曲线变为所需形状。为了使输出分布曲线呈矩形，在噪声调频干扰机中的限幅器，通常选用 $a\approx1$。

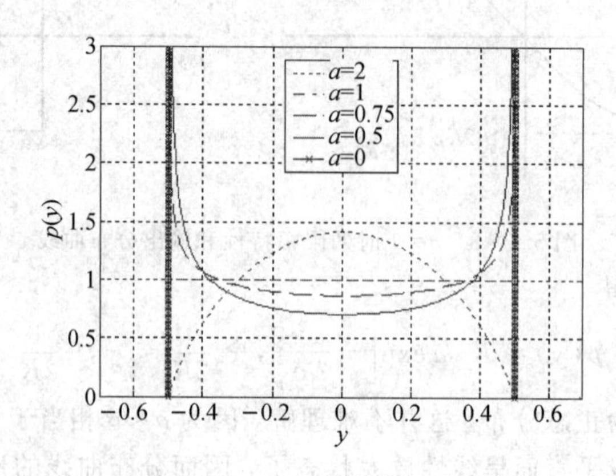

图 5.5-6　不同 a 值时平滑限幅器的输出分布曲线

5.5.2　限幅对功率谱的影响

给定限幅特性和输入随机信号的统计参量后，可用非线性变换方法求得输出相关函数，再作傅里叶正变换，即可求得输出功率谱。但具体的计算很繁难，因而下面仅作简单介绍。

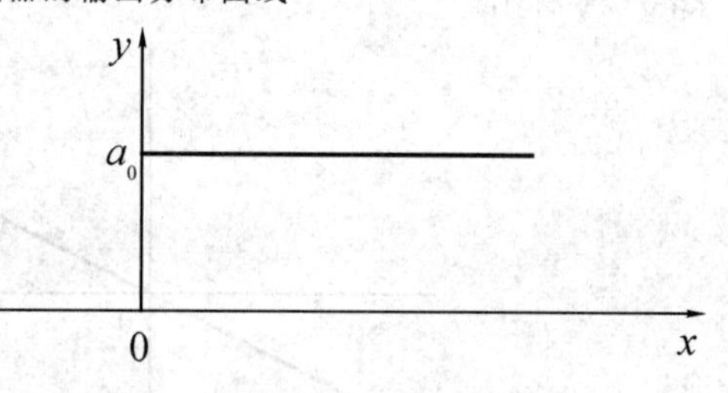

图 5.5-7　单向理想上限幅特性

设限幅特性为单向理想上限幅，如图5.5-7所示，其表示式为

$$y=f(x)=\begin{cases}a_0, & x\geqslant0\\0, & x<0\end{cases}\tag{5.5-9}$$

输入为平稳窄带正态噪声，其均值为零，方差为 σ^2。

可用普赖斯法或厄密特多项式法，求得输出相关函数为

$$R_Y(\tau)=\frac{\sigma_0^2}{4}\left[1+\frac{2}{\pi}\arcsin r(\tau)\right]\tag{5.5-10}$$

其中，$\arcsin r(\tau)$ 可展开成如下的马克劳林级数：

$$\arcsin r(\tau)=r(\tau)+\sum_{n=1}^{\infty}\frac{(2n-1)!!}{(2n)!!}\cdot\frac{r^{2n+1}(\tau)}{2n+1}\tag{5.5-11}$$

若输入平稳窄带正态噪声具有对称功率谱(对称于中心频率 ω_0)，则其相关系数为

$$r(\tau)=r_0(\tau)\cos\omega_0\tau\tag{5.5-12}$$

式中：$r_0(\tau)$ 为相关系数的包络。

由此式得

$$r^{2n+1}(\tau)=r_0^{2n+1}(\tau)\cos^{2n+1}\omega_0\tau\tag{5.5-13}$$

其中，余弦函数也可展开成马克劳林级数：

$$\cos^{2n+1}\omega_0\tau=2^{-2n}\sum_{k=0}^{n}C_{2n+1}^{k}\cos(2n+1-2k)\omega_0\tau\tag{5.5-14}$$

今为限幅中频放大器，其窄带滤波特性只让载频 ω_0 附近的高频基波分量通过，其余频率分量(直流、低频、高频谐波)均被滤除，因而上式的保留项只有取 $k=n$ 的那一项，这时输出相关函数为

$$R_Y(\tau)\Big|_{\omega=\omega_0}=\frac{\sigma_0^2}{2\pi}\left[r_0(\tau)+\sum_{n=1}^{\infty}\frac{(2n-1)!!}{(2n)!!}\cdot\frac{2^{-2n}}{2n+1}C_{2n+1}^{n}r_0^{2n+1}(\tau)\right]\cos\omega_0\tau \tag{5.5-15}$$

此式表明，$R_Y(\tau)$的包络中只包含 $r_0(\tau)$的奇次项$r_0(\tau)$，$r_0^3(\tau)$，$r_0^5(\tau)$，…，且当 n 越大时，其系数越小，对应的功率谱密度就越小。但是，输入窄带噪声相关函数的包络 $A(\tau)=\sigma^2 r_0(\tau)$，而相关函数与功率谱密度有傅里叶变换关系，故有

$$A_0^2(\tau)\leftrightarrow G_{A_0}(f)\otimes G_{A_0}(f)\otimes G_{A_0}(f) \tag{5.5-16}$$

因为卷积次数越多时其谱越宽，所以与 $r_0(\tau)$的高幂次项所对应的功率谱密度，将随幂次的增大而强度下降、宽度增大。

如果限幅电平 $U_L\neq 0$，限幅特性如图 5.5-8 所示，其式为

$$y=f(x)=\begin{cases}a_0, & x\geqslant U_L\\ 0, & x<U_L\end{cases} \tag{5.5-17}$$

这时输出噪声幅值被限幅于 a_0，输出噪声变为一串脉冲，脉冲间隔随机变化(与输入噪声的特性有关)，脉冲的起始和结束时间与输入噪声一致，如图 5.5-8 所示。

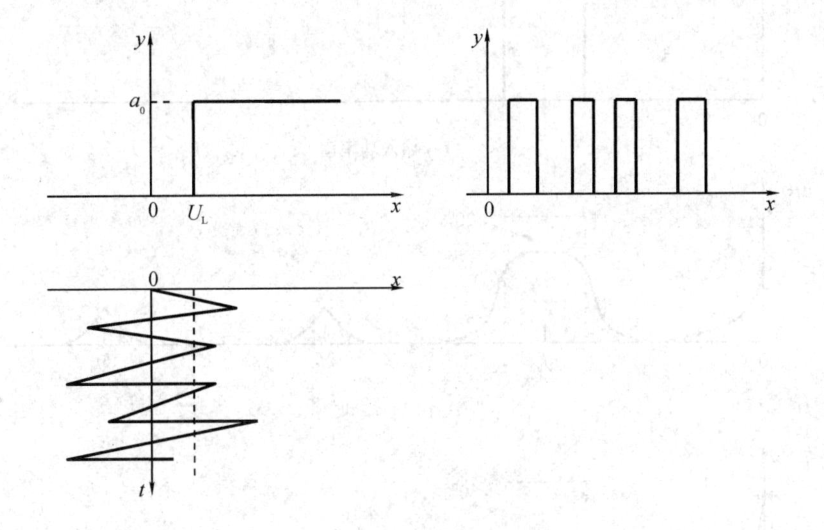

图 5.5-8　限幅特性和输入、输出波形

可以仿照上述方法计算输出相关函数，这时与上面结果不同的是，不仅有 $r_0(\tau)$的奇次幂项，而且还有偶次幂项，因而比较繁琐。列文(Левин)曾用变换法对此理想限幅器进行了详细分析，下面仅列出计算结果。

求得的输出相关函数为

$$R_Y(\tau)=a_0^2\left[1-\Phi\left(\frac{U_L}{\sigma}\right)\right]^2+\frac{a_0^2}{2\pi}e^{-\frac{U_L^2}{\sigma^2}}\sum_{k=1}^{\infty}H_{k-1}^2\left(\frac{U_L}{\sigma}\right)\frac{r^k(\tau)}{k!} \tag{5.5-18}$$

式中：σ^2 为输入噪声包络的方差。

将式(5.5－12)代上式(5.5－18)，得

$$R_Y(\tau)=a_0^2\left[1-\Phi\left(\frac{U_L}{\sigma}\right)\right]^2+\frac{a_0^2}{2\pi}e^{-\frac{U_L^2}{\sigma^2}}\left\{\sum_{k=1}^{\infty}H_{2k-1}^2\left(\frac{U_L}{\sigma}\right)\frac{C_{2k}^k}{(2k)!2^{2k}}r_0^{2k}(\tau)+\right.$$

$$\left[\sum_{k=1}^{\infty}H_{2k-2}^2\left(\frac{U_L}{\sigma}\right)\frac{C_{2k}^k}{(2k-1)!2^{2k-2}}r_0^{2k-1}(\tau)\right]\cos\omega_0\tau+$$

$$\sum_{r=2}^{\infty}\left[\sum_{k=r}^{\infty}H_{2k-2}^2\left(\frac{U_L}{\sigma}\right)\frac{C_{2k-1}^{k-r}}{(2k-1)!2^{2k-2}}r_0^{2k-1}(\tau)\right]\cos(2r-1)\omega_0\tau+$$

$$\left.\sum_{r=1}^{\infty}\left[\sum_{k=r}^{\infty}H_{2k-1}^2\left(\frac{U_L}{\sigma}\right)\frac{C_{2k}^{k-r}}{(2k)!2^{2k-1}}r_0^{2k}(\tau)\right]\cos 2r\omega_0\tau\right\} \quad (5.5-19)$$

对此式作傅里叶正变换，即可求得输出功率谱。此式表明，输出功率谱中含有直流、低频、高频基波和高频谐波分量，它们都与限幅电平 U_L 有关。下面只从上述分析结果所画出的功率谱曲线，来看限幅电平大小对功率谱的影响。

假设已知输入窄带噪声功率谱 $F_X(f)$ 如图 5.5－9(a)所示，这时可以求得不同限幅电平时的输出功率谱 $F_Y(f)$。

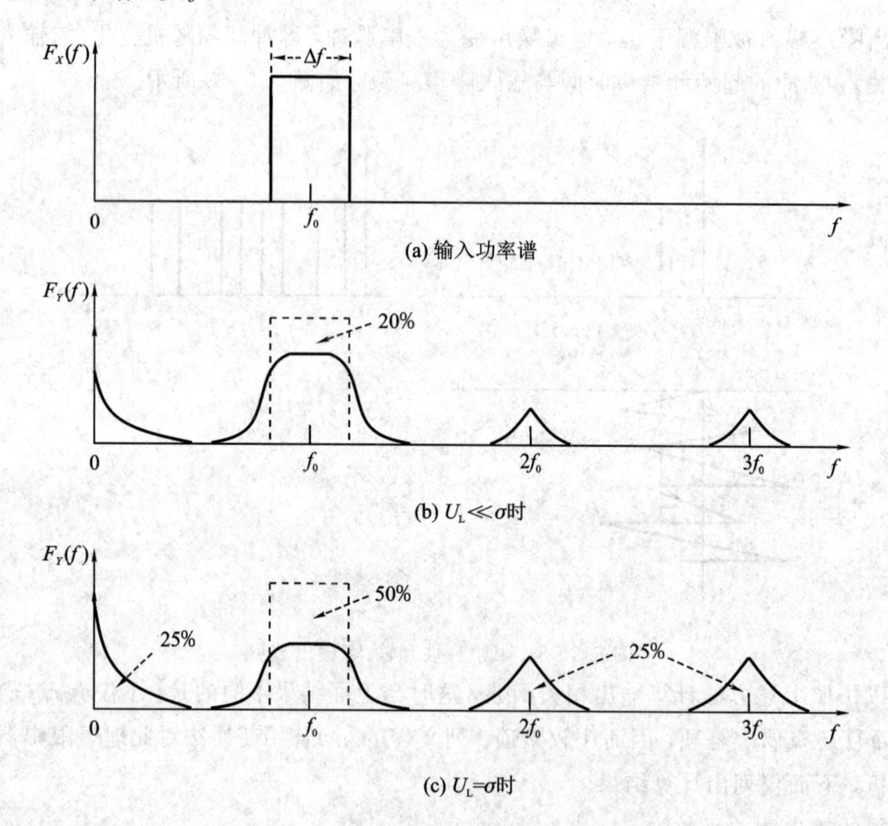

图 5.5－9　不同限幅电平时的输出功率谱

(1) 低限幅电平($U_L \ll \sigma$)时的输出功率谱如图 5.5－9(b)所示。图中的虚线方框表示对

应于输入功率谱的分量。此图表明，输出噪声功率主要仍集中分布于载频 f_0 附近，但有约 20%转变为直流、低频和高频谐波分量。由于输出噪声大多变为平顶脉冲，因而边频分量增多，f_0 处的功率谱被展宽 5%～15%。

(2) 高限幅电平($U_L=\sigma$)时的输出功率谱如图 5.5-9(c)所示。此图表明，约有 50%的噪声功率转变为低频(含直流)和高频谐波分量，且各约占 25%。由于输出噪声变为平顶脉冲的数量较少，因而 f_0 处的功率谱展宽也较少。

如果限幅电平很高($U_L\gg\sigma$)，则由限幅特性和输入、输出波形图可知，这时仅有极少量的高幅度噪声才能通过限幅器，因而输出功率谱基本上与输入功率谱相同。

应该指出，上面的 $R_Y(\tau)$ 表达式(5.5-19)和图 5.5-9 中包含了所有频率分量。实际上由于限幅中放的窄带滤波特性，所有的低频和高频谐波都被虑除，因此输出仅为高频基波 f_0 附近的分量，如果又通过窄带理想带通滤波，虽然可将输出恢复成输入的矩形功率谱，但变为其他分量的能量已不能追回。

5.5.3　噪声与正弦信号共同通过限幅中频放大器

达文波特(Davenport)用变换法分析了平稳窄带正态噪声与等幅正弦信号共同通过限幅中放后的输出信噪比，限幅器的非线性函数关系如图 5.5.1(a)所示，为双向折线限幅，限幅中放具有中心处于高频基波 ω_0 的理想带通特性。根据 5.3 节的分析，输出信号由信-信分量 $2h_{10}^2\cos\omega_0\tau$ 决定，输出噪声由噪-噪分量和信-噪分量决定。

当输入信噪功率比很小时，输出信噪功率比的减小将不超过输入信噪功率比的 $\pi/4$ (约-1 dB)。这说明弱信噪比输入时，弱信号虽然受到噪声的压制，但信噪功率比的损失不大。当输入信噪功率比很大时，如果限幅器互导 s 相当大，以致对任何输入信号都产生限幅，由于强信号压制弱噪声，输出信噪功率比可以改善一倍。但需注意，这时噪声功率谱也被展宽了。

加德纳(Gardner)进行了理论分析，求得了如下的似关系式：

$$\left(\frac{S}{N}\right)_o=\left(\frac{S}{N}\right)_i\frac{1+2\left(\frac{S}{N}\right)_i}{\frac{4}{\pi}+\left(\frac{S}{N}\right)_i}\tag{5.5-20}$$

故当 $(S/N)_i\ll1$ 时，有

$$\left(\frac{S}{N}\right)_o=\frac{\pi}{4}\left(\frac{S}{N}\right)_i\tag{5.5-21}$$

当 $(S/N)_i\gg1$，有

$$\left(\frac{S}{N}\right)_o=2\left(\frac{S}{N}\right)_i\tag{5.5-22}$$

其变化曲线如图 5.5-10 所示。

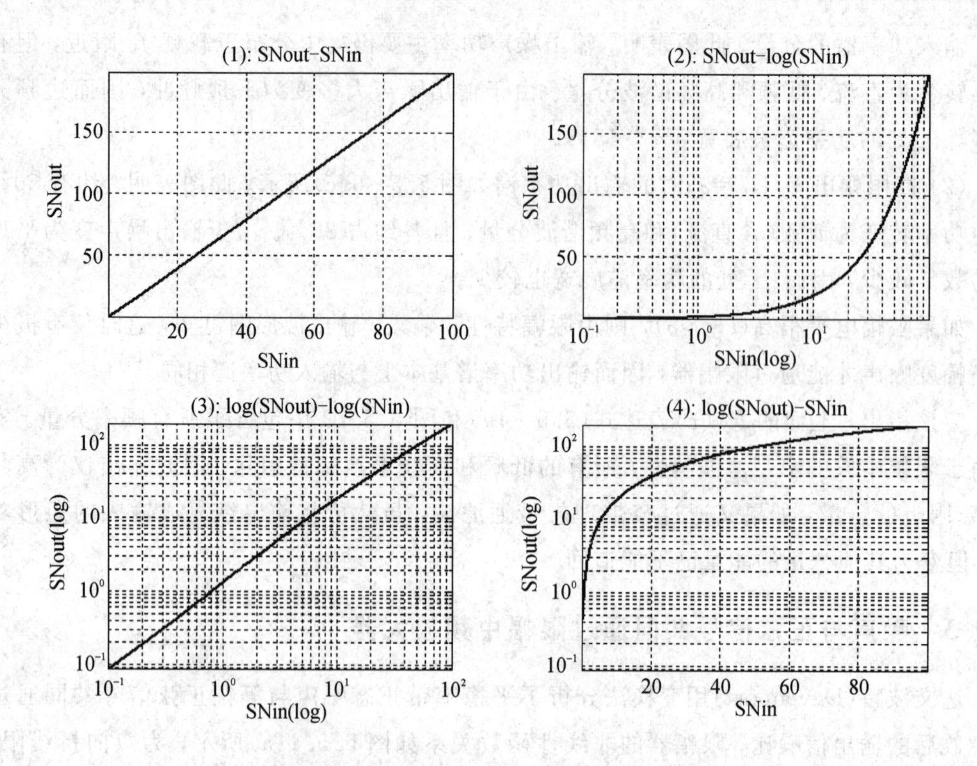

图 5.5-10　信号和噪声共同通过限幅放大器时的输入、输出信号比关系曲线

5.6　无线电系统输出端信噪比的计算

无线电系统传输信号时，不可避免地会伴有噪声(内部噪声或外部噪声)，这些噪声会影响对信号的检测和对信号参量的估计。在工程实际中，通常采用信号噪声功率比(简称信噪比)，并记为(S/N)来量度其影响。例如对于线性电路，常用噪声系数F来量度内部噪声的影响大小。

$$F=\frac{\left(\frac{S}{N}\right)_{\mathrm{i}}}{\left(\frac{S}{N}\right)_{\mathrm{o}}} \tag{5.6-1}$$

式中：$(S/N)_{\mathrm{i}}$、$(S/N)_{\mathrm{o}}$分别为线性系统输入、输出端的信噪比。但是噪声系数不适用于非线性电路，而无线电系统中通常还会含有非线性电路，因此估计噪声对整个无线电系统的影响，或表征此系统的抗干扰性能时，常以此系统输出端的信噪比作为标准。

一个无线电系统通常含有许多单元电路，它们或为线性电路，或为非线性电路。例如超外差式接收机通常可分成如图 5.6-1 所示的三个部分。其中线性电路Ⅰ包含高频放大器、混频器(本为非线性电路，但可看作准线性电路)和中频放大器；非线性电路为包络检波器；线性电路Ⅱ为低频或视频放大器。要计算此系统输出端的信噪比，只需自前至后依级求得信号功率和噪声功率即可。

图 5.6-1　超外差式接收机的组成部分

对于线性电路，由于它具有叠加性，且信号与噪声统计独立，因而允许将信号与噪声分开来考虑，可以分别通过线性电路。若它们都是平稳过程，则可分别根据前面的结论，即

$$G_Y(\omega)=G_X(\omega)\left|H(\omega)\right|^2 \tag{5.6-2}$$

求得输出端信号或噪声的功率谱密度，然后算得它们的功率。

对于非线性电路，由于它不具有叠加性，且信号与噪声在非线性电路中有相互作用，会产生新频谱分量，因而不能将信号与噪声分开来考虑，计算比较复杂。但其输出端的交变分量功率谱总可以分成如下的三个部分：

$G_{ss}(\omega)$——由信号的各个分量之间相互作用而产生的分量谱；

$G_{nn}(\omega)$——由噪声的各个分量之间相互作用而产生的分量谱；

$G_{sn}(\omega)$——由信号与噪声的各个分量之间相互作用而产生的分量谱。

在上述三个分量谱中，含有各种和频、差频与谐波分量，但非线性电路本身除了非线性器件之外，通常后接一个滤波网络(它由惰性组件组成，可归并到后级线性电路Ⅱ中)，滤除不需要的频率分量，只选择所需的频率分量。例如包络检波器中具有低通滤波器，限幅中放内具有中频带通滤波器。

上述三个分量谱中，信-信分量 $G_{ss}(\omega)$ 属于输出端的信号，噪-噪分量 $G_{nn}(\omega)$ 属于输出端的噪声，问题是既含有噪声又含有信号的信-噪分量 $G_{sn}(\omega)$ 应该算作输出端的信号还是噪声？这需要根据无线电系统的使用场合才能作出决定，可分成下述两种情况：

(1) $G_{sn}(\omega)$ 算作噪声。通信系统一般采用此准则，乃因信-噪分量为非规则信号，影响通信的质量(对听测式设备，会影响信号音响的清晰度；对观测式设备，会影响信号波形的保真度)。

同理，对雷达信号参量作估值时也用此准则，乃因信-噪分量会造成测量值误差。

(2) $G_{sn}(\omega)$ 算作信号。雷达系统检测信号时采用此准则，乃因信-噪分量中含有信号的信息量，它有助于从噪声背景中发现目标信号。

当算得非线性电路输出端的上述各个分量谱，且已知线性电路Ⅱ的频率响应特性 $H_{\mathrm{II}}(\omega)$ 之后，可以按如下内容计算无线电系统输出端的信噪比。

(1) $G_{sn}(\omega)$ 算作噪声。

输出端噪声由 $G_{nn}(\omega)$ 和 $G_{sn}(\omega)$ 决定，输出端信号由 $G_{ss}(\omega)$ 决定，因而系统输出端的信噪比为

$$\left(\frac{S}{N}\right)_0=\frac{\int_0^{\infty}\left|H_{\mathrm{II}}(\omega)\right|^2 G_{ss}(\omega)\mathrm{d}\omega}{\int_0^{\infty}\left|H_{\mathrm{II}}(\omega)\right|^2\left[G_{nn}(\omega)+G_{sn}(\omega)\right]\mathrm{d}\omega} \tag{5.6-3}$$

(2) $G_{sn}(\omega)$ 算作信号。

输出端噪声由 $G_{nn}(\omega)$ 决定，输出端信号由 $G_{ss}(\omega)$ 和 $G_{sn}(\omega)$ 决定，因而系统输出端的信噪比为

$$\left(\frac{S}{N}\right)_{o}=\frac{\int_{0}^{\infty}|H_{\mathrm{II}}(\omega)|^{2}[G_{ss}(\omega)+G_{sn}(\omega)]\mathrm{d}\omega}{\int_{0}^{\infty}|H_{\mathrm{II}}(\omega)|^{2}G_{nn}(\omega)\mathrm{d}\omega} \tag{5.6-4}$$

例 5.6-1　噪声 $n(t)$ 与信号 $s(t)$ 共同通过全波平方律检波器，非线性函数关系为 $y=bx^2$。$n(t)$ 是零均值、方差为 σ^2 的平稳正态噪声，其功率谱密度为

$$G_n(f)=\begin{cases}c, & f_0-\dfrac{\Delta f}{2}<|f|<f_0+\dfrac{\Delta f}{2}\\0, & 其他\end{cases} \tag{5.6-5}$$

输入信号为随机振幅、初相信号 $s(t)=A(t)\cos(\omega_0 t+\theta)$，其中相位 θ 在 $(0, 2\pi)$ 上均匀分布，$A(t)$ 是服从瑞利分布的低频随机调幅波，其谱宽小于 Δf。随机变数 $A(t)$ 与 θ 不相关，$s(t)$ 与 $n(t)$ 统计独立。

已知此检波器用于通信接收机中，其低通滤波器的幅频特性为

$$|H(f)|=\begin{cases}1, & 0<|f|<\Delta f\\0, & 其他\end{cases} \tag{5.6-6}$$

求此检波器输出端信噪比 $(S/N)_o$ 与输入端信噪比 $(S/N)_i$ 的关系式。

解　由于 $A(t)$ 与 θ 不相关，故得输入信号 $s(t)$ 的自相关函数为

$$R_s(\tau)=E[A(t)A(t+\tau)]\cdot E\{\cos(\omega_0 t+\theta)\cdot\cos[\omega_0(t+\tau)+\theta]\}=R_A(\tau)\frac{1}{2}\cos\omega_0\tau \tag{5.6-7}$$

式中：$R_A(\tau)=E[A(t)A(t+\tau)]$，为输入信号包络的相关函数。

仿照前面的分析，可求得非线性器件输出端自相关函数的三个分量如下：

信-信分量：

$$R_{ss}(\tau)=b^2\left[\frac{R_{A^2}(\tau)}{4}+\frac{R_{A^2}(\tau)}{8}\cos 2\omega_0\tau\right] \tag{5.6-8}$$

噪-噪分量：

$$R_{nn}(\tau)=b^2[\sigma^4+2R_n^2(\tau)] \tag{5.6-9}$$

信-噪分量：

$$R_{sn}(\tau)=b^2[R_A(0)\sigma^2+2R_A(\tau)R_n(\tau)\cos\omega_0\tau] \tag{5.6-10}$$

对上面的四个相关函数分别作傅里叶变换，即可求得相应的功率谱密度，它们的图形与例 5.2-2 的图形相似，差别只是图 5.2-2(a)、(b)中的各条线谱应改为窄带连续谱。

令上面的 $R_s(\tau)$ 表达式中的 $\tau=0$，得输入信号功率为

$$S_i=R_s(0)=\frac{1}{2}R_A(0)=\frac{1}{2}\int_0^{\infty}\frac{A^3}{\sigma_A^2}\mathrm{e}^{-\frac{A^2}{\sigma_A^2}}\mathrm{d}A=\sigma_A^2 \tag{5.6-11}$$

而输入噪声功率为 $N_i=A^2$。

此检波器用于通信接收机中，信-噪分量应该算作噪声。但具体确定检波器的输出信号和输出噪声时，必须考虑滤波器的幅频特性。由题中的低通滤波器的幅频特性表达式可知，低通滤波器只让所有的低频分量通过，而无直流和高频分量输出。据此，由上面的 $R_{ss}(\tau)$ 的表达式可以求得检波器输出(低频)信号功率为

$$S_o = b^2 \frac{R_{A^2}(0)}{4} = \frac{b^2}{4}\int_0^\infty \frac{A^5}{\sigma_A^2} e^{-\frac{A^2}{\sigma_A^2}} dA = 2b^2\sigma_A^2 = 2b^2 S_i^2 \tag{5.6-12}$$

由上面的 $R_{m}(\tau)$ 和 $R_{sn}(\tau)$ 表达式可以求得检波器输出(低频)噪声功率为

$$\begin{aligned} N_o &= \frac{1}{2}[2b^2R_n^2(0) + 2b^2R_A(0)R_n(0)] \\ &= b^2[\sigma^4 + \sigma^2 R_A(0)] \\ &= b^2N_i^2\left[1 + 2\frac{S_i}{N_i}\right] \end{aligned} \tag{5.6-13}$$

式中的系数 1/2 是由于平方律器件输出噪声功率的一半集中于零频附近，而另一半则集中于二倍载频附近。

由上两式求得检波器输出端的信噪比为

$$\left(\frac{S}{N}\right)_o = \frac{2\left(\frac{S}{N}\right)_i^2}{1 + 2\left(\frac{S}{N}\right)_i} \tag{5.6-14}$$

若 $(S/N)_i \gg 1$，则有

$$\left(\frac{S}{N}\right)_o \approx \left(\frac{S}{N}\right)_i \tag{5.6-15}$$

可见呈线性关系。

若 $(S/N)_i \ll 1$，则有

$$\left(\frac{S}{N}\right)_o \approx 2\left(\frac{S}{N}\right)_i^2 \tag{5.6-16}$$

可见呈平方关系。

将此例结果与前面 5.5 节最后的结果相比较，可知平方律检波器与线性检波器的关系式相似，差别只是比例常数不同。对于其他类型的检波器，同样具有上述特性。

应该指出，因为噪声是随机过程，且雷达的回波信号是由于目标闪烁等原因而引起的随机起伏，因而所谓“发现目标”是一随机事件，需用“检测概率”才能精确表达，仅知雷达系统输出端的信噪比是不够的。同理，为了精确估计无线电系统的抗干扰性能，也应根据无线电系统的不同使用条件，采取相应的某种概率准则。这些问题留待下章介绍。

根据概率准则来估计无线电系统的具体组成，通常需要求得系统输出端的取值概率分布，因而应该根据无线电系统的具体组成，自前至后地逐级分析其输出端的取值概率分布，例如对于 5.6 节的超外差式接收机的组成部分，根据第 3 章的分析可知，系统输出端的取值概率分布如下：

设系统的输入为正弦信号加噪声，则通过窄带中放后，输出过程的中频瞬时值为正态分布，而其包络值为广义瑞利分布。若包络检波器具有半波线性律特性，则检波器输出端的取值概率分布为广义瑞利分布。若视频放大器为宽带电路，则系统输出端的取值概率分布不变，仍为广义瑞利分布。

若包络检波器具有平方律特性，在视频电路中对检波输出的视频过程作隔周期(信号周期)独立取样，并作视频积累，则其积累值的概率分布为 χ^2 分布(无信号输入时)或非中心 χ^2 分布(有正弦信号输入时)。

习　题　5

5.1　假设无惰性的非线性函数关系式为 $y=e^{ax}$，输入一平稳正态随机过程，其均值为零，方差为 σ^2，相关系数为 $r(\tau)$。试用非线性变换的直接法证明：$R_Y(\tau)=\exp\{a^2\sigma^2[1+r(\tau)]\}$。

5.2　对于零均值正态实随机变量 X_1，X_2，X_3，X_4，有

$$\overline{X_1X_2X_3X_4}=\overline{X_1X_2}\cdot\overline{X_3X_4}+\overline{X_1X_3}\cdot\overline{X_2X_4}+\overline{X_1X_4}\cdot\overline{X_2X_3}$$

假设全波平方律器件的非线性函数为 $y=bx^2$，输入一平稳正态噪声，其均值为零，方差为 σ^2，相关系数为 $r(\tau)$。试证明输出随机过程的相关系数为 $r_Y(\tau)=r^2(\tau)$。

5.3　假设窄带随机过程 $Z(t)=s(t)+n(t)$。其中 $s(t)=A\cos(\omega_0t+\theta)$ 为确知信号，$n(t)=X(t)\cos\omega_0t-Y(t)\sin\omega_0t$ 为平稳正态噪声，其均值为零，方差为 σ^2。试利用已知的分析结果证明，$Z(t)$ 包络平方的相关函数为

$$R_Z(\tau)=A^4+4A^2\sigma^2+4\sigma^4+4[A^2R_X(\tau)+R_X^2(\tau)+R_{XY}^2(\tau)]$$

5.4　假设均值为零、方差为 σ^2 的平稳正态噪声 $X(t)$ 通过全波平方律器件，其非线性函数关系为 $y=bx^2$。试用厄密特多项式法求输出噪声 $Y(t)$ 的相关函数 $R_Y(\tau)$。

5.5　假设全波平方律检波器和半波线性律检波器的非线性函数关系式分别为

$$y_1=x^2$$

$$y_2=\begin{cases}x, & x>0\\ 0, & x\leqslant 0\end{cases}$$

输入为平稳窄带正态噪声(理想矩形对称谱)，其均值为零，方差为 σ^2。试利用已知的分析结果，计算各检波器输出的直流功率、低频起伏功率、高频起伏功率(忽略检波器的负载影响)。

5.6　假设均值为零、方差为 σ^2 的平稳正态噪声 $X(t)$ 通过理想限幅器，其限幅特性为

$$y=f(x)=\begin{cases}a_0, & x>0\\ 0, & x\leqslant 0\end{cases}$$

(1) 试用普赖斯法求输出噪声 $Y(t)$ 的相关函数 $R_Y(\tau)$；

(2) 用厄密特多项式法求输出噪声 $Y(t)$ 的相关函数 $R_Y(\tau)$。

5.7　假设检波组件的非线性函数关系为 $y=bx^4$，输入为对称谱高频窄带平稳正态噪声，其均值为零，方差为 σ^2。试用包络法求检波组件中的直流功率和低频起伏功率。

5.8　假设双向折线限幅器的限幅特性如题 5.8 图所示。输入为正态噪声(均值为零，方差为 1)。

(1) 试写出限幅特性的表示式；

(2) 试求限幅器输出噪声的概率密度 $p(y)$，并画出曲线；

(3) 计算限幅器输出噪声的方差。

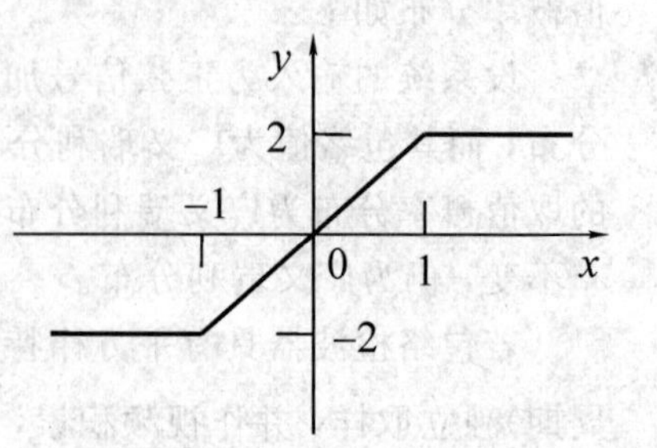

题 5.8 图

5.9　假设限幅器的限幅特性为

$$y = a + \frac{1}{K\sqrt{2\pi}\sigma_L}\int_0 e^{-\frac{t^2}{2\sigma_L^2}}dt$$

试求正态噪声(均值为零、方差为 σ^2)通过限幅器后的概率密度 $p(y)$。

5.10　假设系统的组成如题 5.10 图所示。$n(t)$为零均值、谱密度均匀的实平稳正态噪声，$G_n(\omega)=N_0/2$。低通滤波器的限幅特性为

$$|H_3(\omega)|=\begin{cases}1, & |\omega|\leqslant\frac{2}{RC}\\ 0, & |\omega|>\frac{2}{RC}\end{cases}$$

式中：RC 为积分电路的参数。

(1) 试问：$n_1(t)$、$n_2(t)$是何分布？

(2) 求 $n_2(t)$的自相关函数和功率谱密度；

(3) 画出 $n(t)$、$n_1(t)$、$n_2(t)$的自相关函数和功率谱密度的图形；

(4) 计算系统输出端的直流功率和起伏功率。

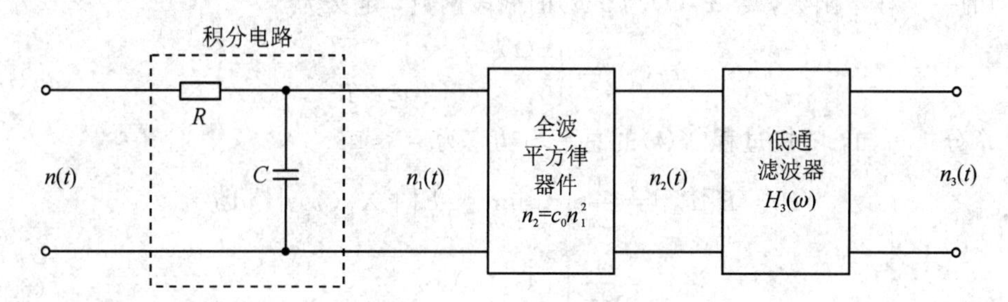

题 5.10 图

5.11　假设某非线性系统的传输特性为：$y=g(x)=\beta\alpha^x\ (\alpha>0)$。其输入 $X(t)$为均值为零、方差为 σ_X^2 的平稳高斯噪声，且相关函数为 $R_X(\tau)$。试用多项式矩函数法求输出的自相关函数($g(x)$只取三项)。

5.12　上机题：利用 MATLAB 程序分别设计一正弦型信号、高斯白噪声信号。分别分析正弦信号、高斯白噪声信号以及两者的复合信号分别通过以下四种非线性器件前后的功率谱和幅度分布变化：① 全波平方律器件；② 半波线性律器件；③ 单向理想限幅器；④ 平滑限幅器。

第 6 章 平稳随机过程的谱估计

6.1 概 述

我们已经知道，对确知信号进行傅里叶变换，可求得信号的频谱函数，从而实现对信号频率构成的研究，即进行频谱分析。但是对于随机过程，持续时间一般是无限长的，不满足傅里叶变换的绝对可积条件，且随机过程由大量样本函数集合构成，因此不能直接由傅里叶变换对随机过程进行谱分析。

随机过程的平均功率一般是有限的，故可以分析它的功率谱密度。假设 $x(t)$为随机过程 $X(t)$的一个样本函数，令 $x_T(t)$为 $x(t)$的截段函数，定义为

$$x_T(t)=\begin{cases}x(t), & |t|<T\\ 0, & |t|\geqslant T\end{cases} \tag{6.1-1}$$

由第 2 章分析可知，随机过程 $X(t)$的总平均功率为

$$\begin{aligned}P=E[P_x]&=\frac{1}{2\pi}\int_{-\infty}^{\infty}\lim_{T\to\infty}\frac{1}{2T}E[|X_T(\omega)|^2]\mathrm{d}\omega\\&=\frac{1}{2\pi}\int_{-\infty}^{\infty}G_X(\omega)\mathrm{d}\omega\end{aligned} \tag{6.1-2}$$

式中，$X_T(\omega)$是 $x_T(t)$的傅里叶变换，$G_X(\omega)=\lim\limits_{T\to\infty}\frac{1}{2T}E[|X_T(\omega)|^2]$定义为随机过程的功率谱密度函数，简称为功率谱。可以看出，功率谱密度函数是这样一个频率函数：

(1) 描述了在各个频率分量上功率的分布情况；

(2) 在整个频率范围内，对其进行积分便得到信号的总平均功率；

(3) 表示随机过程在单位频带内 1 Ω 电阻上的平均功率值。

由维纳-辛钦定理，平稳随机过程的功率谱与自相关函数是傅里叶变换对。考虑到随机过程由无限多个样本函数构成，而由每一个样本函数可以求得一个时间自相关函数，因此平稳随机过程的功率谱取决于无限多个时间自相关函数值。当随机过程满足各态历经性时，时间自相关函数以概率 1 收敛于统计自相关函数。但在实际应用中，观测数据往往是有限的，即样本个数有限、数据长度有限，也就是说自相关函数的估计精度是有限的，导致非常精确地计算功率谱是不可能的。功率谱估计，简称谱估计，就是用已观测的有限样本数据估计平稳随机信号的功率谱。目前，功率谱估计广泛应用于雷达、声呐、通信、生物医学、地震勘探等诸多信号处理领域。在雷达信号处理中，由回波信号功率谱，包括谱峰的密度、高度和位置，可以确定运动目标的位置、辐射强度和运动速度等；利用无源声呐信号功率谱，可以计算出鱼雷的方位；在生物医学信号处理中，根据生理电信号功率谱的谱峰可以反映出癫痫病的发作周期；在电子战中，功率谱估计可用于对目标的分类、识别等；根据信号、干扰与噪声的功率谱，可以设计适当的滤波器，最大限度地抑制干扰与噪声来重现

原始信号。同时，功率谱估计也被用于检测淹没在宽带噪声中的窄带信号、估计线性系统的参数等。因此，随机信号的谱估计是信号检测与估计的一个重要研究内容。

6.2　自相关函数估计

由维纳-辛钦定理，平稳随机过程的自相关函数 $R_X(\tau)$ 和功率谱密度 $G_X(\omega)$ 是一对傅里叶变换对：

$$G_X(\omega) = \int_{-\infty}^{\infty} R_X(\tau) e^{-j\omega\tau} d\tau \tag{6.2-1}$$

$$R_X(\tau) = \frac{1}{2\pi} \int_{-\infty}^{\infty} G_X(\omega) e^{j\omega\tau} d\omega \tag{6.2-2}$$

因此，自相关函数也是随机信号的重要特征。本节将介绍自相关函数的几种估计方法。

实际的信号都是有限长、时间连续的，为了便于计算机处理，往往对信号进行离散采样，使其变成离散时间平稳随机信号(注意，有的随机信号本身就是随机序列)。例如，对平稳随机信号 $x(t)$ 进行离散采样，得到离散时间平稳随机序列 $x(n)$。$x(n)$ 的自相关序列为

$$R_X(m) = E[x^*(n)x(n+m)] \tag{6.2-3}$$

其与功率谱密度之间的关系为

$$G_X(e^{j\omega}) = \sum_{m=-\infty}^{\infty} R_X(m) e^{-j\omega m} \tag{6.2-4}$$

$$R_X(m) = \frac{1}{2\pi} \int_{-\pi}^{\pi} G_X(e^{j\omega}) e^{j\omega m} d\omega \tag{6.2-5}$$

通常，平稳随机过程满足各态历经性，因此可以用一个信号样本的自相关函数来代替整个随机信号的自相关函数。由有限的样本数据计算自相关函数，称为自相关函数估计。自相关函数估计通常有两大类方法：一类是非参数估计法，即对每一个时间延迟 τ 估计一个自相关函数 $R(\tau)$；另一类是参数估计方法，即首先假定自相关函数具有一定的解析形式，然后估计该解析形式中的未知参数。前一类方法一般可以作为后一类方法的参考依据，因为用前一类方法可以获得自相关函数的初步知识，然后才能对自相关函数的解析形式做出合理的假设。下面只讨论自相关函数的非参数估计，通常有两种方法：直接估计法和快速傅里叶变换(FFT)估计法。

6.2.1　直接估计法

如果随机序列 $x(n)$ 是各态历经的，那么其自相关序列也具有各态历经性，可以用时间自相关函数估计随机序列的自相关函数，定义为

$$\hat{R}_X(m) = \lim_{N\to\infty} \frac{1}{N} \sum_{n=0}^{N-1} x(n)x(n+m) \tag{6.2-6}$$

设随机信号 $x_N(n)$ 是一个样本数为 N 的样本序列 $\{x_N(0), x_N(1), \cdots, x_N(N-1)\}$，现利用它们对自相关函数进行估计，有

$$\hat{R}_X(m) = \frac{1}{N} \sum_{n=0}^{N-1} x_N(n) x_N(n+m) \tag{6.2-7}$$

因为只观测到$0\leqslant n\leqslant N-1$区间内的$N$个数据，在这个区间以外的数据是未知的，因此对每一个m值，可以利用的数据只有$N-|m|$个。m取绝对值是由于考虑到实平稳随机过程自相关函数满足$R_X(m)=R_X(-m)$。将$x_N(n)$简写为$x(n)$，上式改写为

$$\hat{R}_X(m)=\frac{1}{N-|m|}\sum_{n=0}^{N-|m|-1}x(n)x(n+|m|) \tag{6.2-8}$$

其中，$\hat{R}_X(m)$为时间自相关函数，是$R_X(m)$的无偏估计。当N远大于$|m|$时，上述时间自相关函数估计可简化为

$$\hat{R}_X(m)=\frac{1}{N}\sum_{n=0}^{N-|m|-1}x(n)x(n+|m|) \tag{6.2-9}$$

式(6.2-9)中的$\hat{R}_X(m)$称为$R_X(m)$的有偏估计。但是当N趋于无穷时，它是渐近无偏的。

需要注意的是，数据记录为有限长，观察区间外没有更进一步的信息，因此，当$|m|\geqslant N$时，$R_X(m)$的合理估计是不可能得到的。甚至当$|m|$接近于N时，由于只有很少的数据可用于求和平均，因此其自相关估计也是不可靠的。工程上的自相关函数估计一般要求：N至少为50，并且$|m|\leqslant N/4$。由式(6.2-8)给出的自相关估计$\hat{R}_X(m)$可以表示为自相关矩阵$\hat{\boldsymbol{R}}_X(m)$(如式(6.2-10)所示)，满足非负定性。

$$\hat{\boldsymbol{R}}_X(m)=\begin{bmatrix}\hat{R}_X(0) & \hat{R}_X(1) & \cdots & \hat{R}_X(N-1)\\ \hat{R}_X(1) & \hat{R}_X(0) & \cdots & \hat{R}_X(N-2)\\ \vdots & \vdots & & \vdots\\ \hat{R}_X(N-1) & \hat{R}_X(N-2) & \cdots & \hat{R}_X(0)\end{bmatrix} \tag{6.2-10}$$

接下来，考虑直接法估计自相关函数的计算机仿真实现。

例 6.2-1　已知随机初相信号加白噪声构成的合成信号$x(n)$：

$$x(n)=A\cos(\omega_0 n+\varphi)+v(n)$$

其中，A为常数，φ为在区间$[0, 2\pi]$内均匀分布的随机变量，$v(n)$是方差为σ_v^2的零均值白噪声。设白噪声过程与正弦过程不相关，则可推导$x(n)$的自相关函数为

$$R_X(m)=\frac{1}{2}A^2\cos(m\omega_0)+\sigma_v^2\delta(m)$$

请利用直接法估计该合成信号的自相关函数并画图。

解　在程序中，取$A=1$，$\omega_0=0.05\pi$(即正弦序列的周期为40)，然后利用长度为200的样本序列进行自相关函数估计，m取$N/4$，即50。参考程序如下：

```
N=200;
m=N/4;
n=0:N-1;
phi=2*pi*rand;                                   %随机初相
x=cos(0.05*pi*n+phi)+0.5*randn(size(n));        %信号+噪声
%自相关序列估计
```

```
r=zeros(m, 1);
for k=1:m
    x1=x(k:N);
    x2=x(1:N+1-k);
    r(k)=x1 * x2';
end
r=r/N;
figure
plot([0:N-1], x);                       %绘制采样序列
title('采样序列');
xlabel('n');ylabel('幅度');
figure
stem([0:m-1], r);                       %绘制自相关序列
title('自相关序列');
xlabel('m');ylabel('R(m)');
```

图 6.2-1 为程序运行结果，从图中可以很容易地观察到，随机过程的样本序列具有准周期性，但也有很明显的随机性，然而在自相关序列中已经没有明显的随机性。

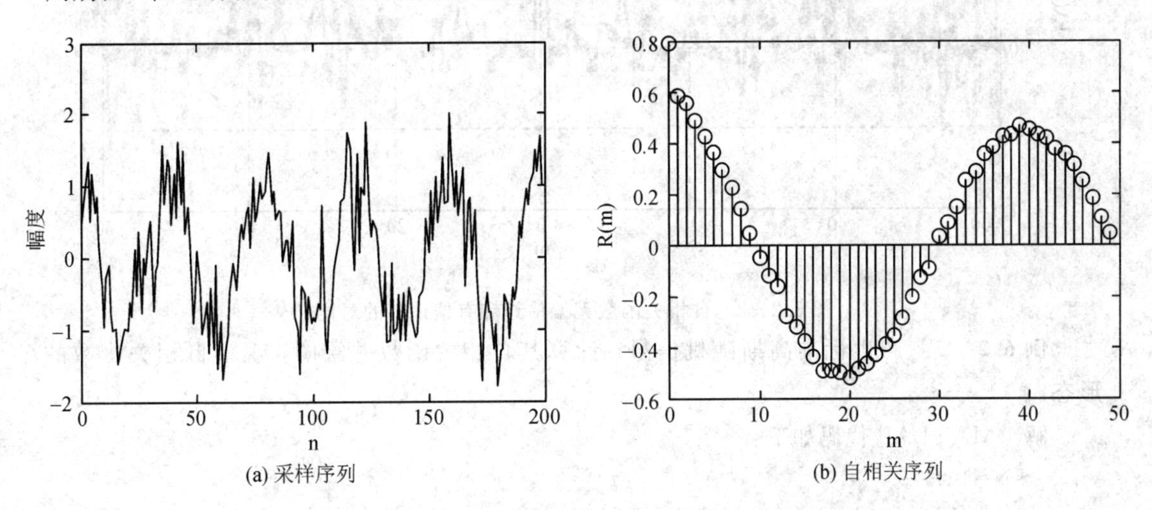

图 6.2-1　正弦信号加白噪声的样本序列及其自相关函数的估计

例 6.2-2　用 MATLAB 产生长度为 64 的标准正态分布随机序列，分别进行自相关函数的无偏和有偏估计，并绘图比较。

解　使用 MATLAB 中的 xcorr 函数可以方便地求出自相关函数的估计，代码如下：

```
N=64;
x=randn(1, N);                          %产生 64 点标准正态分布随机数
Rx1=xcorr(x, 'unbiased');               %自相关无偏估计
Rx2=xcorr(x, 'biased');                 %自相关有偏估计
m=(-N+1):(N-1);
figure
```

```
plot(m, Rx1, '-g', 'linewidth', 2);         %自相关无偏估计绘图
hold on;
plot(m, Rx2, '-..', 'linewidth', 1.5);      %自相关有偏估计绘图
axis([-N+1, N-1, -1, 1.5]);
xlabel('m');ylabel('Rx');
legend('无偏估计', '有偏估计');
grid on;
```

运行结果如图 6.2-2 所示，由图可见，当$|m|$值较小时，无偏估计和有偏估计较为接近；当$|m|$值较大时，无偏估计和有偏估计差别较大。不论是无偏估计还是有偏估计，自相关函数都是关于$m=0$对称的。这里，采用 MATLAB 工具箱函数“xcorr”分别实现式(6.2-8)和式(6.2-9)的无偏估计和有偏估计。

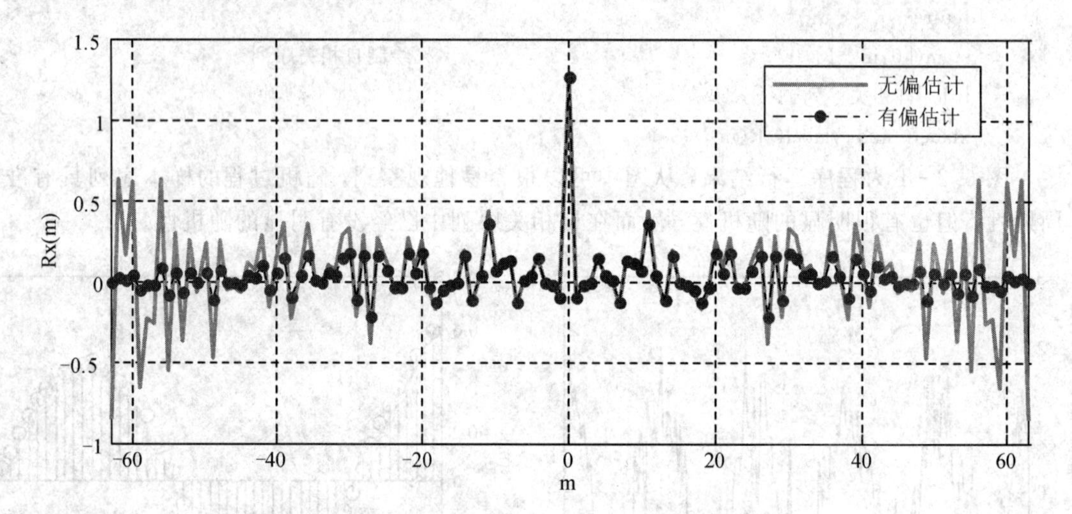

图 6.2-2　自相关函数无偏估计和有偏估计的对比

例 6.2-3　产生标准高斯随机信号，计算其自相关函数并绘图，观察自相关函数的形态。

解　MATLAB 代码如下：

```
N=10000;
n=-(N-1):(N-1);
signal=randn(1, N);
correlation=xcorr(signal, 'biased');
figure
plot(n, correlation);
xlabel('m', 'FontSize', 10);
ylabel('Rx(m)', 'FontSize', 10);
```

运行结果如图 6.2-3 所示。

如果不考虑计算的复杂性，直接估计法可以较好地计算自相关函数。当参与计算的点数增加时，计算的工作量急剧增加，这时，可以利用快速傅里叶变换(FFT)来降低计算量。

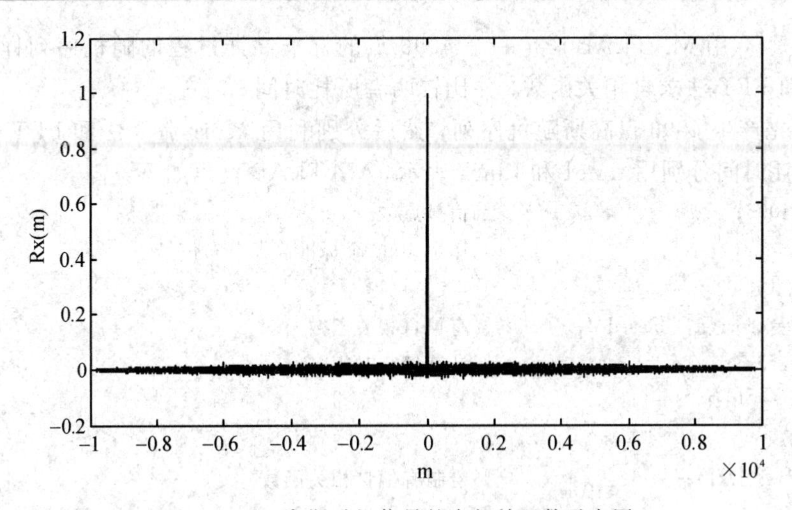

图 6.2-3　高斯随机信号的自相关函数示意图

6.2.2　快速傅里叶变换(FFT)估计法

利用自相关函数和卷积计算公式的相似性，可以将自相关函数的计算转化为卷积的计算。设有两个随机序列 $\{x(0), x(1), \cdots, x(N-1)\}$ 和 $\{y(0), y(1), \cdots, y(N-1)\}$，计算它们的互相关函数：

$$\begin{aligned}\hat{R}_{XY}(m) &= \frac{1}{N}\sum_{n=0}^{N-1} x(n-m)y(n) = \frac{1}{N}\sum_{n=0}^{N-1} x(-(m-n))y(n) \\ &= \frac{1}{N}\sum_{n=0}^{N-1} x_1(m-n)y(n) = \frac{1}{N}x_1(m) * y(m) \\ &= \frac{1}{N}x(-m) * y(m)\end{aligned} \tag{6.2-11}$$

其中，$x_1(m)=x(-m)$，“$*$”为卷积运算符。令 $y(m)=x(m)$，即得自相关函数估计公式为

$$\hat{R}_X(m) = \frac{1}{N}x(-m) * x(m) \tag{6.2-12}$$

将自相关函数的计算化为线性卷积的计算，就可以利用 FFT 对自相关函数进行快速计算。当数据量较大时，该方法优势尤为明显。

根据卷积定理，有

$$\text{DTFT}[x(-m) * x(m)] = |X(e^{j\omega})|^2 \tag{6.2-13}$$

对上式求逆变换，即得自相关函数估计为

$$\hat{R}_X(m) = \text{IDTFT}\left\{\frac{1}{N}|X(e^{j\omega})|^2\right\} \tag{6.2-14}$$

由于 DTFT(离散时间傅里叶变换)和 IDTFT(离散时间傅里叶反变换)可以用 FFT 和 IFFT 来实现，因此自相关函数的估计可以利用下面两个公式来实现：

$$X(k) = \text{FFT}[x(n)] \tag{6.2-15}$$

$$\hat{R}_X(m) = \text{IFFT}\left\{\frac{1}{N}|X(k)|^2\right\} \tag{6.2-16}$$

例 6.2-4　用 MATLAB 产生一个 4096 点的标准高斯过程的随机序列样本，分别用 xcorr 命令和 FFT 法求自相关函数，并比较两者所耗时间。

解　首先产生 4096 点高斯随机序列，然后分别利用 xcorr 命令法和 FFT 法计算自相关函数，所耗时间分别用 time1 和 time2 表示。MATLAB 代码如下：

```
N=4096;                          %信号点数
x=randn(1, N);                   %产生 4096 个标准高斯分布信号
tic
Rx1=xcorr(x, 'biased');          %有偏自相关函数
time1=toc                        %计算运行时间
m=(-N+1:N-1);
figure
plot(m, Rx1);                    %绘制有偏自相关函数
axis([-N+1, N-1, -0.5, 1.5]);
xlabel('m');ylabel('Rx1');
title('xcorr 命令法');
gridon;
tic
Xk=fft(x, 2*N);
Rx2=ifft((abs(Xk).^2)/N);        %用 FFT 计算自相关函数
time2=toc                        %计算运行时间
m=-N:(N-1);
figure
plot(m, fftshift(Rx2));          %绘制 FFT 法计算的自相关函数
axis([-N+1, N-1, -0.5, 1.5]);
xlabel('m');ylabel('Rx2');
title('FFT 法');
gridon;
```

得到的结果如图 6.2-4 所示。

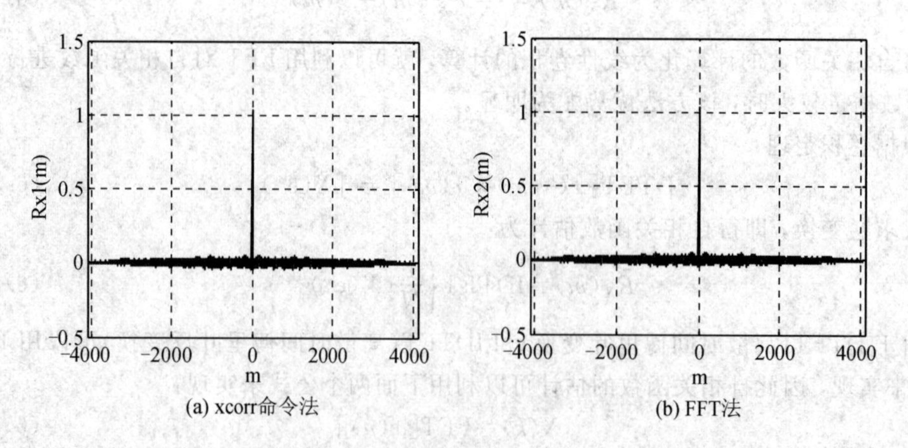

(a) xcorr命令法　　(b) FFT法

图 6.2-4　信号长度为 4096 时两种方法的比较

经运行可得 time1＝0.0025(s)，time2＝9.9267×10^{-4}(s)。可见，当点数较大时，用 xcorr 命令的运行速度明显比用 FFT 算法计算自相关函数的运行速度慢。

6.3　经典功率谱估计

对于平稳随机信号，由于信号能量的无限性，其傅里叶变换不存在。由于不同段的频谱几乎不同，即使截取一段随机序列来进行频谱分析，也没有意义。但平稳随机信号的自相关函数是一个能量有限的确定性序列，满足傅里叶变换绝对可积条件，且其傅里叶变换恰为平稳随机信号的功率谱，即组成平稳随机信号的各种频率分量的平均功率是确定和有限的，因而可以用功率谱来完整地表征平稳随机信号的统计特征。

功率谱估计分为两类，一类是基于傅里叶变换的经典谱估计法，又称为非参数谱估计法；另一类是基于随机信号模型的现代谱估计法，又称为参数谱估计法。经典谱估计又分为两种，一种是间接法，另一种是直接法。在间接法中，功率谱估计是通过自相关函数估计间接得到的，由布莱克曼(Blackman)和图基(Tukey)于 1958 年提出，故又以他们的名字命名，称为 BT 法。在直接法中，功率谱估计是直接由傅里叶变换得到的，它最早由舒斯特(Schuster)为了寻找数据中隐含的周期性而提出的，因而又称为周期图法。直接法与间接法相比，不需要估计自相关函数，且可利用 FFT 进行计算，因此获得了更广泛的应用。

经典谱估计计算效率高，但频率分辨率低，常常用于对频率分辨率要求不高的场合。经典谱估计的缺陷存在的根本原因在于，观测区以外的数据全部假设为零。这一假设相当于时域乘以矩阵窗函数，频域卷积 sinc 函数，而 sinc 函数不同于 δ 函数，它有主瓣和旁瓣。主瓣引起功率谱向附近频域扩展，造成谱的模糊，降低谱的分辨率；而旁瓣则引起谱泄露，造成强谱分量的旁瓣影响弱谱分量检测，甚至淹没弱谱分量。为了克服经典谱估计的局限性，学者们提出了另一类谱估计方法——现代谱估计。现代谱估计对信号观测区以外的数据不假设为零，而是利用已知观测数据的先验知识来合理外推未知样本和未知自相关函数，提高了功率谱估计的分辨率。具有代表性的现代谱估计法有：1967 年，J. P. Burg 受线性预测方法的启发提出了最大熵谱估计，开启了现代谱估计的先河；1968 年，E. Pazen 正式提出 AR 模型谱估计，它是现代谱估计中最重要的一种参数模型法；此外还有最小交叉熵分析法、ARMA 模型法、谐波分析法、最大似然法、复极点模型法、自回归移动平均法、基于矩阵奇异值分解或特征值分解的超分辨率谱估计法等，它们为功率谱估计的广泛应用提供了有力的技术支撑。

对一般平稳随机信号 $x(n)$ 而言，往往在预处理时要去除均值，即 $m_X=0$，$R_X(\infty)=0$，换句话说，$R_X(m)$ 是趋于 0 的衰减序列。本节为了分析方便，在以下分析中，如没有特别声明，研究的随机信号均为零均值实平稳随机信号。

6.3.1　间接法

间接法中，$G_X(\omega)$ 是通过 $x(n)$ 的自相关函数 $R_X(m)$ 间接得到的。首先，计算随机信号 $x(n)$ 的自相关函数 $R_X(m)=E[x(n)x(n+m)]$，若 $\sum\limits_{m=-\infty}^{\infty}|R_X(m)|<\infty$，可由 $R_X(m)$ 的傅里

叶变换得到随机信号的功率谱，即 $G_X(\omega)=\sum\limits_{m=-\infty}^{\infty}R_X(m)\mathrm{e}^{-\mathrm{j}m\omega}$。

6.2 节已介绍了自相关函数的估计方法，包括有偏和无偏估计，这里不再赘述。通过对 $\hat{R}_X(m)$进行傅里叶变换，得到随机信号 $x(n)$的功率谱估计值

$$\hat{G}_X(\omega)=\sum_{m=-M+1}^{M-1}\hat{R}_X(m)\mathrm{e}^{-\mathrm{j}m\omega},\ M\leqslant N \tag{6.3-1}$$

1965 年，图基和库利(Cooley)提出快速傅里叶变换(FFT)，人们利用 FFT 来计算离散傅里叶(DFT)变换，大大提高了计算速度，使间接法得以发展并沿用至今。目前利用间接法进行功率谱估计的思路是把截断序列 $x_N(n)$看作一个能量信号，由相关卷积定理可将式(6.2-7)改写为

$$\hat{R}_X(m)=\frac{1}{N}[x_N(-m)*x_N(m)] \tag{6.3-2}$$

对上式两边做 $2N-1$ 点的离散傅里叶变换，根据时域卷积定理可知

$$\hat{G}'_X(k)=\frac{1}{N}[X^*_{2N-1}(k)\cdot X_{2N-1}(k)]=\frac{1}{N}\mid X_{2N-1}(k)\mid^2 \tag{6.3-3}$$

离散傅里叶变换 $\hat{G}'_X(k)$表示在区间$[0,2\pi]$上对 $\hat{G}'_X(\omega)$的 $2N-1$ 点等间隔采样。

为了通过 DFT 实现间接法谱估计，首先进行补零操作，实现利用圆周卷积替代线性卷积，以便利用快速相关方法获得自相关函数的估计值，再利用 DFT 运算获得谱估计。利用 DFT 通过间接法求解谱估计的具体步骤如下：

(1) 对长度为N的观测序列 $x_N(n)$补充 $N-1$ 个零，形成长度为 $2N-1$ 的序列 $x_{2N-1}(n)$，实现用圆周卷积代替线性卷积，以便采用 DFT 求解。

(2) 对 $2N-1$ 点序列做 DFT，得

$$X_{2N-1}(k)=\sum_{n=0}^{2N-2}x_{2N-1}(n)W^{nk}_{2N-1},\ n,\ k=0,1,\cdots,2N-2 \tag{6.3-4}$$

其中，$W_{2N-1}=\mathrm{e}^{-\mathrm{j}\left(\frac{2\pi}{2N-1}\right)}$，$W^{nk}_{2N-1}=\mathrm{e}^{-\mathrm{j}\left(\frac{2\pi}{2N-1}\right)nk}$。

(3) 求解 $\hat{G}'_X(k)=\frac{1}{N}|X_{2N-1}(k)|^2$。

(4) 求 $2N-1$ 点离散傅里叶逆变换(IDFT)，得

$$\hat{R}'_X(m)=\frac{1}{2N-1}\sum_{k=-(N-1)}^{N-1}\frac{1}{N}\mid X_{2N-1}(k)\mid^2W^{-mk}_{2N-1} \tag{6.3-5}$$

(5) 对由快速相关法获得的 $2N-1$ 点的自相关函数估计值进行加延迟窗处理，得到

$$\hat{R}_X(m)=\hat{R}'_X(m)\cdot d_M(m) \tag{6.3-6}$$

其中，$d_M(m)$是平滑矩形窗函数，且窗宽 $M\ll N$。

(6) 对 $\hat{R}_X(m)$求解 $2M-1$ 点的 DFT，得

$$\hat{G}_X(k)=\sum_{m=-(M-1)}^{M-1}\hat{R}_X(m)W^{mk}_{2M-1} \tag{6.3-7}$$

图 6.3-1 给出了利用 DFT 进行间接谱估计法的原理框图。

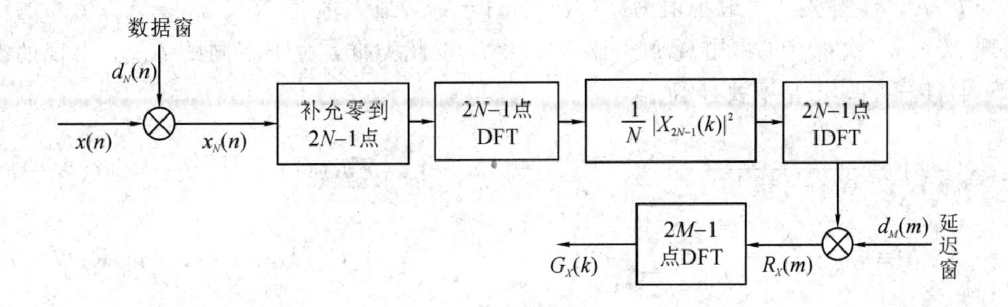

图 6.3-1　间接法谱估计运算原理框图

下面对间接法谱估计的性能进行分析。

(1) 当 $N\to\infty$ 且 $|m|\ll N$ 时，$\hat{R}_X(m)$ 是 $R_X(m)$ 的一致估计。

证明：对式(6.2-7)两边分别取数学期望可得

$$E[\hat{R}_X(m)]=\frac{1}{N-|m|}\sum_{n=0}^{N-|m|-1}E[x(n)x(n+m)]=\frac{1}{N-|m|}\sum_{n=0}^{N-|m|-1}R_X(m)=R_X(m),\quad |m|\leqslant N-1 \tag{6.3-8}$$

即 $\hat{R}_X(m)$ 是 $R_X(m)$ 的无偏估计。同时，由方差的定义式有

$$\mathrm{var}[\hat{R}_X(m)]=E[\hat{R}_X^2(m)]-E^2[\hat{R}_X(m)]=E[\hat{R}_X^2(m)]-R_X^2(m) \tag{6.3-9}$$

根据式(6.2-7)可知，$E[\hat{R}_X^2(m)]$ 可以表示为

$$E[\hat{R}_X^2(m)]=\frac{1}{(N-|m|)^2}\sum_{n=0}^{N-|m|-1}\sum_{k=0}^{N-|m|-1}E[x(n)x(n+m)x(k)x(k+m)] \tag{6.3-10}$$

假设信号为实白高斯序列，且 $E[x(n)]=0$，由多元正态随机变量的多阶矩公式有

$$\begin{aligned}&E[x(n)x(n+m)x(k)x(k+m)]\\&=E[x(n)x(n+m)]E[x(k)x(k+m)]+\\&\quad E[x(n)x(k)]E[x(n+m)x(k+m)]+\\&\quad E[x(n)x(k+m)]E[x(n+m)x(k)]\\&=R_X^2(m)+R_X^2(k-n)+R_X(k+m-n)R_X(k-m-n)\end{aligned} \tag{6.3-11}$$

将上式代入(6.3-10)，得

$$E[\hat{R}_X^2(m)]=R_X^2(m)+\frac{1}{(N-|m|)^2}\sum_{n=0}^{N-|m|-1}\sum_{k=0}^{N-|m|-1}[R_X^2(k-n)+R_X(k+m-n)R_X(k-m-n)] \tag{6.3-12}$$

将上式代入式(6.3-9)，得

$$\mathrm{var}[\hat{R}_X(m)]=\frac{1}{(N-|m|)^2}\sum_{n=0}^{N-|m|-1}\sum_{k=0}^{N-|m|-1}[R_X^2(k-n)+R_X(k+m-n)R_X(k-m-n)] \tag{6.3-13}$$

令 $l=k-n$，显然 l 的最小值为 $-(N-|m|-1)$，最大值为 $N-|m|-1$，$l=0$ 的情况将出现 $N-|m|$ 次，$l=1$ 将出现 $N-|m|-1$ 次，以此类推，对于不同的 l 值，出现的次数为 $N-|m|-|l|$，于是上式变为

$$\begin{aligned}\text{var}[\hat{R}_X(m)] &= \frac{1}{(N-|m|)^2}\sum_{l=-(N-|m|-1)}^{N-|m|-1}(N-|m|-|l|)[R_X^2(l)+R_X(l+m)R_X(l-m)] \\ &= \frac{N}{(N-|m|)^2}\sum_{l=-(N-|m|-1)}^{N-|m|-1}\left(1-\frac{|m|+|l|}{N}\right)[R_X^2(l)+R_X(l+m)R_X(l-m)] \\ &\leqslant \frac{N}{(N-|m|)^2}\sum_{l=-(N-|m|-1)}^{N-|m|-1}[R_X^2(l)+R_X(l+m)R_X(l-m)] \end{aligned} \tag{6.3-14}$$

由上式可知，当 $|m|\ll N$ 时，$\text{var}[\hat{R}_X(m)]$ 以 $\frac{1}{N}$ 趋于 0，于是有

$$\lim_{N\to\infty}\text{var}[\hat{R}_X(m)]\to 0 \tag{6.3-15}$$

故，当 $N\to\infty$ 且 $|m|\ll N$ 时，$\hat{R}_X(m)$ 是 $R_X(m)$ 的一致估计。

在一般情况下，$|m|\ll N$ 的条件不容易满足，也就是说，当 $|m|$ 接近于 N 时，$\text{var}[\hat{R}_X(m)]$ 就变得非常大，这时常常采用式(6.2-8)的有偏估计公式。

(2) 在矩形窗平滑截断时，$\hat{G}_X(\omega)$ 是 $G_X(\omega)$ 的有偏估计。

证明：由间接法的计算公式可知

$$\hat{G}_X(\omega)=\sum_{m=-(M-1)}^{M-1}\hat{R}'_X(m)d_M(m)\mathrm{e}^{-\mathrm{j}m\omega} \tag{6.3-16}$$

这里，设 $\hat{R}'_X(m)$ 和 $d_M(m)$ 的傅里叶变换分别为 $\hat{G}'_X(\omega)$ 和 $D_M(\omega)$，由帕塞瓦尔定理，可将上式转换为

$$\hat{G}_X(\omega)=\frac{1}{2\pi}\int_{-\pi}^{\pi}\hat{G}'_X(\omega)D_M(\omega-\theta)\mathrm{d}\theta \tag{6.3-17}$$

对式(6.3-17)两边取数学期望可知

$$E[\hat{G}_X(\omega)]=\frac{1}{2\pi}\int_{-\pi}^{\pi}E[\hat{G}'_X(\omega)]D_M(\omega-\theta)\mathrm{d}\theta \tag{6.3-18}$$

在此，由式(6.3-6)可知

$$E[\hat{G}_X(\omega)]=Q(\omega)*G_X(\omega) \tag{6.3-19}$$

其中，$Q(\omega)$ 是 $q(m)$ 的傅里叶变换，而 $q(m)$ 为

$$q(m)=\frac{1}{N}\left[\sum_{n=-\infty}^{\infty}d_N(n)d_N(n+m)\right]=\begin{cases}1-\dfrac{|m|}{N}, & |m|\leqslant N-1\\ 0, & \text{其他}\end{cases} \tag{6.3-20}$$

因而，式(6.3-18)可以转化为

$$\begin{aligned}E[\hat{G}_X(\omega)] &= G_X(\omega)*Q(\omega)*D_M(\omega) \\ &= \sum_{m=-(M-1)}^{M-1}R_X(m)q(m)d_M(m)\mathrm{e}^{-\mathrm{j}m\omega}\end{aligned} \tag{6.3-21}$$

因为 $M \ll N$，所以 $q(m) \approx 1$，于是上式可近似表示为

$$E[\hat{G}_X(\omega)] \approx \frac{1}{2\pi}\int_{-\pi}^{\pi} G_X(\omega) D_M(\omega-\theta)\mathrm{d}\theta \tag{6.3-22}$$

由于采用矩形窗函数作为平滑截段，所以 $D_M(\omega)$一定不是 δ 函数，也就是说，$E[\hat{G}_X(\omega)] \neq G_X(\omega)$，所以 $\hat{G}_X(\omega)$不是 $G_X(\omega)$的无偏估计，而是有偏的。

例 6.3-1　用间接法估计下列随机过程的功率谱：

$$x(n) = \cos(0.35\pi n + \varphi_1) + 2\cos(0.4\pi n + \varphi_2) + 0.5\cos(0.8\pi n + \varphi_3) + v(n)$$

其中，φ_1，φ_2，φ_3 为均匀分布的随机初始相位，$v(n)$是方差为 1 的零均值白噪声。

解　自相关序列具有偶对称性，即 $\hat{R}_X(m) = \hat{R}_X(-m)$，$m=0, \pm 1, \cdots, \pm L-1$，因此，用式(6.3-1)计算的功率谱一定是实的。为了使用 FFT 函数计算功率谱，我们对自相关序列进行移位运算，使该序列没有负的下标。根据 DTFT 的性质，时域移位只影响相位谱，而不影响幅度谱。用间接法实现谱估计的 MATLAB 程序如下，估计结果如图 6.3-2 所示。

```
N=256;
L=N/2;
Nfft=512;
n=0:N-1;
ph=2*pi*rand(1, 3);
x=cos(0.35*pi*n+ph(1))+2*cos(0.4*pi*n+ph(2))+0.5*cos(0.8*pi*n+ph(3));
x=x+randn(1, N);
%自相关序列估计
r=zeros(2*L-1, 1);
for k=1:L
    x1=x(k:N);
    x2=x(1:N+1-k);
    r(L+k-1)=x1*x2'/N;
    r(L-k+1)=r(L+k-1);
end
%用矩形窗估计功率谱
rx=r;
Sx=fft(rx, Nfft);
Sxdb=10*log10(abs(Sx(1:Nfft/2)));
f=[0:Nfft/2-1]/(Nfft/2-1);
figure
plot(f, Sxdb);
xlabel('频率(\omega/\pi)');
ylabel('幅度(dB)');
axis([0, 1, -20, 30]);
```

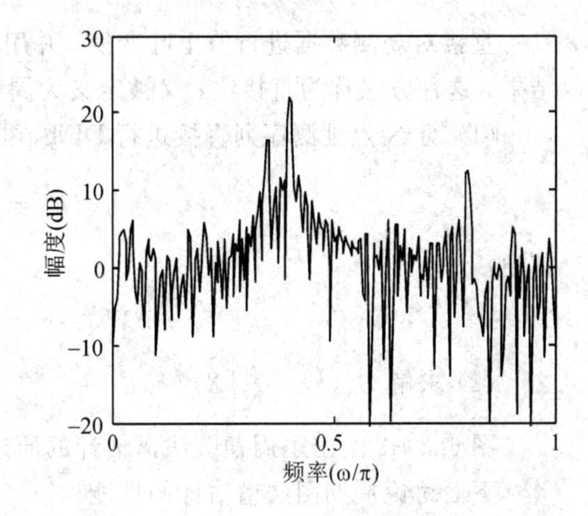

图 6.3-2　余弦过程加白噪声的间接法谱估计

6.3.2 周期图法

由式(6.3-1)可得

$$\begin{aligned}
\hat{G}_X(\omega) &= \sum_{m=-\infty}^{\infty}\hat{R}_X(m)e^{-jm\omega}\\
&= \frac{1}{N}\sum_{m=-\infty}^{\infty}\sum_{n=0}^{N-1}x(n)x(n+m)e^{-jm\omega}\\
&= \frac{1}{N}\sum_{m=-\infty}^{\infty}\sum_{n=-\infty}^{\infty}x_N(n)x_N(n+m)e^{-jm\omega}\\
&= \frac{1}{N}\sum_{m=-\infty}^{\infty}\sum_{n=-\infty}^{\infty}x_N(n)x_N(n+m)e^{jn\omega}e^{-j(n+m)\omega}\\
&= \frac{1}{N}\left[\sum_{m=-\infty}^{\infty}x_N(n+m)e^{-j(n+m)\omega}\right]\left[\sum_{n=-\infty}^{\infty}x_N(n)e^{jn\omega}\right] \qquad (6.3-23)
\end{aligned}$$

令 $l=n+m$，代入上式，得

$$\begin{aligned}
\hat{G}_X(\omega) &= \frac{1}{N}\left[\sum_{m=-\infty}^{\infty}x_N(n+m)e^{-j(n+m)\omega}\right]\left[\sum_{n=-\infty}^{\infty}x_N(n)e^{jn\omega}\right]\\
&= \frac{1}{N}\left[\sum_{l=-\infty}^{\infty}x_N(l)e^{-jl\omega}\right]\left[\sum_{n=-\infty}^{\infty}x_N(n)e^{jn\omega}\right]\\
&= \frac{1}{N}X_N(e^{j\omega})X_N^*(e^{j\omega})\\
&= \frac{1}{N}\mid X_N(e^{j\omega})\mid^2,\ -\pi\leqslant\omega\leqslant\pi \qquad (6.3-24)
\end{aligned}$$

其中，$X_N(e^{j\omega})=\sum_{n=-\infty}^{\infty}x_N(n)e^{-jn\omega}=\sum_{n=0}^{N-1}x(n)e^{-jn\omega}$。

直接对观测数据进行傅里叶变换，并用 $X_N(e^{j\omega})$的模平方除以 N，可以得到功率谱估计结果，这种方法称为直接法，又被定义为周期图法。周期图法求解谱估计的具体步骤如下：

(1) 对 N 点观测序列直接进行 DFT，得

$$X_N(k)=\sum_{n=0}^{N-1}x(n)W_N^{nk} \qquad (6.3-25)$$

其中：

$$W_N=e^{-j\frac{2\pi}{N}},\ W_N^{nk}=e^{-j\frac{2\pi}{N}nk}$$

(2) 求解 $\hat{G}_X(k)=\frac{1}{N}|X_N(k)|^2$。

图 6.3-3 给出了周期图法谱估计的原理框图。

下面讨论周期图法谱估计的性能。

(1)当 $N\to\infty$时，$\hat{G}_X(\omega)$是 $G_X(\omega)$的渐进无偏估计。

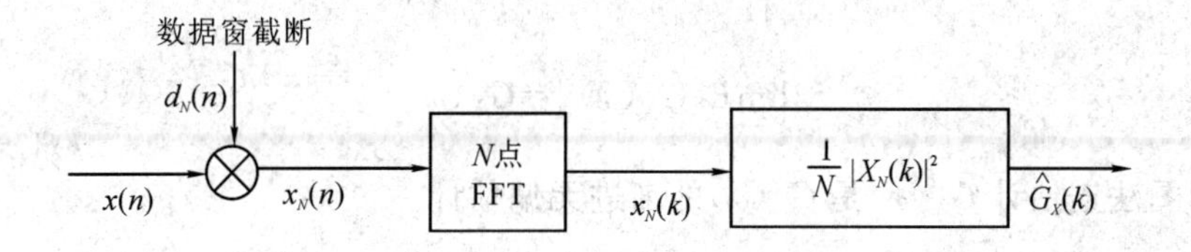

图 6.3-3　周期图法谱估计运算的原理框图

证明：

$$\begin{aligned}E[\hat{G}_X(\omega)] &= \sum_{m=-\infty}^{\infty} E[\hat{R}_X(m)]\mathrm{e}^{-\mathrm{j}m\omega}\\&= \frac{1}{N}\sum_{m=-\infty}^{\infty}\sum_{n=-\infty}^{\infty} E[x_N(n)x_N(n+m)]\mathrm{e}^{-\mathrm{j}m\omega}\\&= \frac{1}{N}\sum_{m=-\infty}^{\infty}\sum_{n=-\infty}^{\infty} E[d_N(n)x(n)d_N(n+m)x(n+m)]\mathrm{e}^{-\mathrm{j}m\omega}\\&= \frac{1}{N}\sum_{m=-\infty}^{\infty}\sum_{n=-\infty}^{\infty} d_N(n)d_N(n+m)\cdot E[x(n)x(n+m)]\mathrm{e}^{-\mathrm{j}m\omega}\end{aligned} \tag{6.3-26}$$

由实平稳随机信号自相关函数的定义式可知

$$E[x(n)x(n+m)] = R_X(m) \tag{6.3-27}$$

将上式代入式(6.3-26)得

$$\begin{aligned}E[\hat{G}_X(\omega)] &= \frac{1}{N}\sum_{m=-\infty}^{\infty} R_X(m)\mathrm{e}^{-\mathrm{j}m\omega}\sum_{n=-\infty}^{\infty} d_N(n)d_N(n+m)\\&= \sum_{m=-\infty}^{\infty} R_X(m)\mathrm{e}^{-\mathrm{j}m\omega}\frac{1}{N}\left[\sum_{n=-\infty}^{\infty} d_N(n)d_N(n+m)\right]\\&= \sum_{m=-\infty}^{\infty} q(m)R_X(m)\mathrm{e}^{-\mathrm{j}m\omega}\end{aligned} \tag{6.3-28}$$

其中，$q(m)$的定义见式(6.3-20)，其傅里叶变换为

$$Q(\omega) = \frac{1}{N}\left[\frac{\sin(\omega N/2)}{\sin(\omega/2)}\right]^2 \tag{6.3-29}$$

根据频域卷积定理，两个函数相乘的傅里叶变换等于它们各自傅里叶变换的卷积，所以式(6.3-28)可表示为

$$E[\hat{G}_X(\omega)] = Q(\omega) * G_X(\omega) = \frac{1}{2\pi}\int_{-\pi}^{\pi} G_X(\omega)Q(\omega-\theta)\mathrm{d}\theta \tag{6.3-30}$$

由上式可知，周期图法的数学期望是功率谱与窗函数卷积得到的一种局部平均结果。显然只有$Q(\omega)$为δ函数时，$E[\hat{G}_X(\omega)]=G_X(\omega)$，故通过周期图法估计的功率谱结果是有偏的。

当$N\to\infty$时，有

$$q(m) = 1 - \frac{|m|}{N} \to 1 \tag{6.3-31}$$

即

$$\lim_{N\to\infty} Q(\omega) = \delta(\omega) \tag{6.3-32}$$

则

$$\lim_{N\to\infty}E[\hat{G}_X(\omega)]=G_X(\omega) \tag{6.3-33}$$

因此，周期图法谱估计 $\hat{G}_X(\omega)$ 是 $G_X(\omega)$ 的渐进无偏估计。

(2) $\hat{G}_X(\omega)$ 不是 $G_X(\omega)$ 的一致估计。假定序列 $x(n)$ 是零均值、方差为 σ_x^2 的实高斯白噪声序列，当 $N\to\infty$ 时，$\hat{G}_X(\omega)$ 的方差趋于 $\sigma_x^4\neq 0$。

证明：由方差的定义有

$$\mathrm{var}[\hat{G}_X(\omega)]=E[\hat{G}_X^2(\omega)]-E^2[\hat{G}_X(\omega)] \tag{6.3-34}$$

根据式(6.3-24)，周期图法可表示为

$$\begin{aligned}\hat{G}_X(\omega)&=\frac{1}{N}\mid X_N(\mathrm{e}^{\mathrm{j}\omega})\mid^2=\frac{1}{N}\sum_{m=-\infty}^{\infty}x_N(m)\mathrm{e}^{-\mathrm{j}m\omega}\sum_{l=-\infty}^{\infty}x_N(l)\mathrm{e}^{\mathrm{j}l\omega}\\&=\frac{1}{N}\sum_{m=-\infty}^{\infty}\sum_{l=-\infty}^{\infty}x_N(m)x_N(l)\mathrm{e}^{-\mathrm{j}(m-l)\omega}\end{aligned} \tag{6.3-35}$$

对上式两边取数学期望，得

$$\begin{aligned}E[\hat{G}_X(\omega)]&=\frac{1}{N}\sum_{m=-\infty}^{\infty}\sum_{l=-\infty}^{\infty}E[x_N(m)x_N(l)]\mathrm{e}^{-\mathrm{j}(m-l)\omega}\\&=\frac{1}{N}\sum_{m=-\infty}^{\infty}\sum_{l=-\infty}^{\infty}d_N(m)d_N(l)E[x(m)x(l)]\mathrm{e}^{-\mathrm{j}(m-l)\omega}\end{aligned} \tag{6.3-36}$$

其中，$E[x(m)x(l)]=R_X(m-l)$。由于信号为实高斯白噪声序列，故将 $R_X(m-l)=\sigma_x^2d(m-l)$ 代入上式得

$$\begin{aligned}E[\hat{G}_X(\omega)]&=\frac{1}{N}\sum_{m=-\infty}^{\infty}\sum_{l=-\infty}^{\infty}E[x_N(m)x_N(l)]\mathrm{e}^{-\mathrm{j}(m-l)\omega}\\&=\frac{1}{N}\sum_{m=-\infty}^{\infty}\sum_{l=-\infty}^{\infty}d_N(m)d_N(l)E[x(m)x(l)]\mathrm{e}^{-\mathrm{j}(m-l)\omega}\\&=\frac{1}{N}\sum_{m=-\infty}^{\infty}d_N^2(m)\sigma_x^2\\&=\frac{\sigma_x^2}{N}\cdot\sum_{m=-\infty}^{\infty}d_N^2(m)=\sigma_x^2\end{aligned} \tag{6.3-37}$$

为了获得 $E[\hat{G}_X^2(\omega)]$，先计算 $\hat{G}_X(\omega)$ 在两个频率 ω_1 和 ω_2 处的协方差，即

$$\begin{aligned}E[\hat{G}_X(\omega_1)\hat{G}_X(\omega_2)]&=\frac{1}{N^2}\sum_{k=0}^{N-1}\sum_{l=0}^{N-1}\sum_{m=0}^{N-1}\sum_{n=0}^{N-1}E[x(k)x(l)x(m)x(n)]\mathrm{e}^{-\mathrm{j}[\omega_1(k-l)+\omega_2(m-n)]}\\&=\frac{1}{N^2}\sum_{k=0}^{N-1}\sum_{l=0}^{N-1}\sum_{m=0}^{N-1}\sum_{n=0}^{N-1}[R_X(k-l)R_X(m-n)+R_X(k-m)R_X(l-n)+\\&\quad R_X(k-n)R_X(l-m)]\mathrm{e}^{-\mathrm{j}[\omega_1(k-l)+\omega_2(m-n)]}\end{aligned} \tag{6.3-38}$$

考虑到信号是实白高斯序列，有

$$E[x(k)x(l)x(m)x(n)]=\begin{cases}\sigma_x^4\text{，当 } k=l \text{ 且 } m=n\text{，或 } k=m \text{ 且 } l=n\text{，或 } k=n \text{ 且 } l=m \\ 0\text{ ，其他}\end{cases} \tag{6.3-39}$$

将式(6.3－39)代入式(6.3－38)得

$$E[\hat{G}_X(\omega_1)\hat{G}_X(\omega_2)]=\frac{\sigma_x^4}{N^2}\left[N^2+\sum_{m=0}^{N-1}\sum_{n=0}^{N-1}\mathrm{e}^{-\mathrm{j}(m-n)(\omega_1+\omega_2)}+\sum_{m=0}^{N-1}\sum_{n=0}^{N-1}\mathrm{e}^{-\mathrm{j}(m-n)(\omega_1-\omega_2)}\right] \tag{6.3-40}$$

其中：

$$\begin{aligned}\sum_{m=0}^{N-1}\sum_{n=0}^{N-1}\mathrm{e}^{-\mathrm{j}(m-n)(\omega_1+\omega_2)}&=\sum_{m=0}^{N-1}\mathrm{e}^{-\mathrm{j}m(\omega_1+\omega_2)}\sum_{n=0}^{N-1}\mathrm{e}^{\mathrm{j}n(\omega_1+\omega_2)}\\&=\frac{1-\mathrm{e}^{-\mathrm{j}N(\omega_1+\omega_2)}}{1-\mathrm{e}^{-\mathrm{j}(\omega_1+\omega_2)}}\cdot\frac{1-\mathrm{e}^{\mathrm{j}N(\omega_1+\omega_2)}}{1-\mathrm{e}^{\mathrm{j}(\omega_1+\omega_2)}}\\&=\frac{\mathrm{e}^{-\mathrm{j}N(\omega_1+\omega_2)/2}[\mathrm{e}^{\mathrm{j}N(\omega_1+\omega_2)/2}-\mathrm{e}^{-\mathrm{j}N(\omega_1+\omega_2)/2}]}{\mathrm{e}^{-\mathrm{j}(\omega_1+\omega_2)/2}[\mathrm{e}^{\mathrm{j}(\omega_1+\omega_2)/2}-\mathrm{e}^{-\mathrm{j}(\omega_1+\omega_2)/2}]}\times\\&\quad\frac{\mathrm{e}^{\mathrm{j}N(\omega_1+\omega_2)/2}[\mathrm{e}^{-\mathrm{j}N(\omega_1+\omega_2)/2}-\mathrm{e}^{\mathrm{j}N(\omega_1+\omega_2)/2}]}{\mathrm{e}^{\mathrm{j}(\omega_1+\omega_2)/2}[\mathrm{e}^{-\mathrm{j}(\omega_1+\omega_2)/2}-\mathrm{e}^{\mathrm{j}(\omega_1+\omega_2)/2}]}\\&=\left[\frac{\mathrm{e}^{\mathrm{j}N(\omega_1+\omega_2)/2}-\mathrm{e}^{-\mathrm{j}N(\omega_1+\omega_2)/2}}{\mathrm{e}^{\mathrm{j}(\omega_1+\omega_2)/2}-\mathrm{e}^{-\mathrm{j}(\omega_1+\omega_2)/2}}\right]^2\\&=\left[\frac{\sin(N(\omega_1+\omega_2)/2)}{\sin((\omega_1+\omega_2)/2)}\right]^2\end{aligned} \tag{6.3-41}$$

同理可得

$$\sum_{m=0}^{N-1}\sum_{n=0}^{N-1}\mathrm{e}^{-\mathrm{j}(m-n)(\omega_1-\omega_2)}=\left[\frac{\sin(N(\omega_1-\omega_2)/2)}{\sin((\omega_1-\omega_2)/2)}\right]^2 \tag{6.3-42}$$

将上两式代入式(6.3－40)得

$$\begin{aligned}E[\hat{G}_X(\omega_1)\hat{G}_X(\omega_2)]&=\frac{\sigma_x^4}{N^2}\left[N^2+\sum_{m=0}^{N-1}\sum_{n=0}^{N-1}\mathrm{e}^{-\mathrm{j}(m-n)(\omega_1+\omega_2)}+\sum_{m=0}^{N-1}\sum_{n=0}^{N-1}\mathrm{e}^{-\mathrm{j}(m-n)(\omega_1-\omega_2)}\right]\\&=\frac{\sigma_x^4}{N^2}\left[N^2+\left[\frac{\sin(N(\omega_1+\omega_2)/2)}{\sin((\omega_1+\omega_2)/2)}\right]^2+\left[\frac{\sin(N(\omega_1-\omega_2)/2)}{\sin((\omega_1-\omega_2)/2)}\right]^2\right]\\&=\sigma_x^4\left[1+\left[\frac{\sin(N(\omega_1+\omega_2)/2)}{N\sin((\omega_1+\omega_2)/2)}\right]^2+\left[\frac{\sin(N(\omega_1-\omega_2)/2)}{N\sin((\omega_1-\omega_2)/2)}\right]^2\right]\end{aligned} \tag{6.3-43}$$

当 $\omega_1=\omega_2=\omega$ 时，得

$$E[\hat{G}_X^2(\omega)]=\sigma_x^4\left[1+\left[\frac{\sin(N\omega)}{N\sin\omega}\right]^2+1\right] \tag{6.3-44}$$

故而

$$\begin{aligned}\mathrm{var}[\hat{G}_X(\omega)]&=E[\hat{G}_X^2(\omega)]-E^2[\hat{G}_X(\omega)]=\sigma_x^4\left[2+\left[\frac{\sin(N\omega)}{N\sin\omega}\right]^2\right]-\sigma_x^4\\&=\sigma_x^4\left[1+\left[\frac{\sin(N\omega)}{N\sin\omega}\right]^2\right]\end{aligned} \tag{6.3-45}$$

由上式可知，当 $N\to\infty$ 时，$\hat{G}_X(\omega)$ 的方差趋于 σ_x^4，即周期图法不是一致估计。

例 6.3-2 已知随机信号

$$X(t)=\cos(2\pi f_1 t+\varphi_1)+2\cos(2\pi f_2 t+\varphi_2)+N(t)$$

其中，$f_1=30$ Hz，$f_2=70$ Hz，φ_1 和 φ_2 为在$[0, 2\pi]$内均匀分布的随机变量，$N(t)$是均值为0、方差为1的高斯白噪声。仿真 $X(t)$的一个1024点样本序列，用周期图法估计其功率谱密度。

解 该随机信号具有典型性，它是两个频率分别为30 Hz和70 Hz的正弦信号及一个标准高斯分布噪声信号的叠加，可以预想其功率谱是噪声功率谱上叠加两根谱线，仿真也证明了这一点，但是在时域中是看不出任何特征的，由此可见频域分析的重要性。MATLAB代码如下：

```
N=1024;                                        %序列长度
fs=1000;                                       %采样频率
n=(0:(N-1))/fs;
ph=2*pi*rand(1, 2);                            %相位
f1=30;f2=70;
x=cos(2*pi*f1*n+ph(1))+2*cos(2*pi*f2*n+ph(2))+randn(1, N);
                                               %含噪声信号序列
Sx=abs(fft(x).^2)/N;                           %功率谱估计
f=(0:N/2-1)*fs/N;                              %频率范围
figure
plot(f, 10*log10(Sx(1:N/2)));                  %绘制功率谱图形
axis([0, 500, -30, 40]);
xlabel('频率(Hz)');
ylabel('功率谱(dB/Hz)');
gridon;
```

当 $N=1024$ 时，运行结果如图6.3-4(a)所示。可以看出，在 $f=30$ Hz附近和 $f=70$ Hz附近分别有两个谱峰，但谱峰较宽，说明它的频率分辨率不高，这是由于仿真的信号点数太少造成的，同时功率谱的起伏很大，说明其方差较大。当点数增加时，例如取 $N=4096$，功率谱的分辨率明显提高，如图6.3-4(b)所示，可以看出两个谱峰更加尖锐，但是估计的功率谱起伏仍然很大，说明它的方差很大。理论上可以证明，周期图法估计的功率谱方差不随样本数的增大而趋于零，这是周期图法估计的重大缺陷。

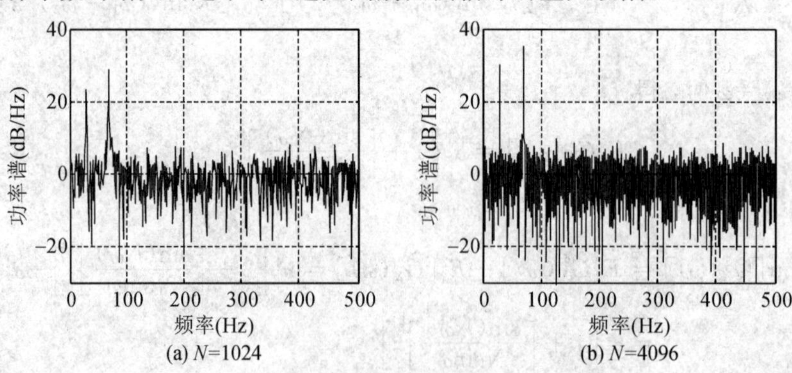

图 6.3-4 不同点数下的周期图法功率谱估计

6.3.3　周期图法的改进方法

周期图法的主要优点是计算简单，主要缺点有：① 由于加窗效应造成的主瓣平滑作用(使频率分辨率下降)和旁瓣泄漏作用(掩盖幅度较小的窄带成分)；② 当 N 趋近于∞时，方差不趋近于零而等于常数，使得任何一次估计得到的周期图的一致性或稳定性差。在实际应用中，为了提高周期图谱估计的性能，减小估计方差，可以采用分段平均法或加窗平滑法。

1. 分段平均法

周期图谱估计是功率谱的渐进无偏估计，但是周期图的方差却不随 N 趋近于∞而趋近于零，因此周期图法不是一致估计。式(6.3-33)表明，当 $N\to\infty$ 时，周期图谱估计结果的期望值趋近于真实功率谱，即

$$\lim_{N\to\infty}E[\hat{G}_X(\omega)]=G_X(\omega)$$

这启发我们：如果能够找到 $E[\hat{G}_X(\omega)]$ 的一致估计，也就找到了 $G_X(\omega)$ 的一致估计。一个随机变量的一组互不相关的观测数据的算术平均(即样本均值)，是该随机变量的均值的一致估计。因此，如果对一个随机过程的若干个互不相关的样本序列的周期图进行算术平均，那么得到的周期图的平均将是该随机过程的功率谱的一致估计。事实上，将互不相关的随机变量取平均，是一种保持随机变量期望值不变，同时将方差减小的常用方法。

一般而言，K 个相互独立同分布的随机变量和的方差是其中单个变量方差的 $1/K$，所以，为了减小周期图的方差，可以将序列分为若干数据段，每段分别用周期图法计算其功率谱，然后再叠加平均，得到整个序列的功率谱估计，这种改进方法称为分段平均法。分段平均法估计的功率谱的方差和均方差都有所降低，但分辨率也同时降低，即它是以降低分辨率为代价来换取方差的减小的。分段平均法求解谱估计的具体步骤如下：

(1) 将数据 $\{x(n),\ 0\leqslant n\leqslant N-1\}$ 分为 K 段，令

$$x_i(n)=x(iD+n)w(n),\ 0\leqslant n\leqslant M-1,\ 0\leqslant i\leqslant K-1 \tag{6.3-46}$$

其中，$w(n)$ 是长度为 M 的窗函数，D 是偏移量。第 i 段的周期图定义为

$$\hat{G}_{X,i}(\omega)=\frac{1}{M}\left|X_i(\mathrm{e}^{\mathrm{j}\omega})\right|^2=\frac{1}{M}\left|\sum_{n=0}^{M-1}x_i(n)\mathrm{e}^{-\mathrm{j}\omega n}\right|^2 \tag{6.3-47}$$

(2) 通过对 K 个周期图求平均，可以得到谱估计 $\hat{G}_X^{(\mathrm{PA})}(\omega)$，即

$$\hat{G}_X^{(\mathrm{PA})}(\omega)=\frac{1}{K}\sum_{i=0}^{K-1}\hat{G}_{X,i}(\omega)=\frac{1}{KM}\sum_{i=0}^{K-1}\left|X_i(\mathrm{e}^{\mathrm{j}\omega})\right|^2 \tag{6.3-48}$$

其中，上标 PA 表示周期图平均。在数据分段过程中，若 $D=M$，则相邻数据段之间没有数据点重叠并且是连续的，这种周期图平均方法称为 Bartlett 方法；若 $D=M/2$，则相邻段之间有一半的数据点重叠，这种周期图平均方法称为 Welch 方法。在式(6.3-46)中，$w(n)$ 称为数据窗。数据窗函数不要求满足以原点为中心的偶对称性，使用数据窗的目的是控制频谱泄漏，以及减少数据分段的端点效应。在功率谱估计中，常用的数据窗包括矩形窗、汉宁(Hanning)窗、汉明(Hamming)窗等。

矩形窗：

$$w_{\mathrm{r}}(n)=\begin{cases}1,\ 0\leqslant n\leqslant N-1\\0,\ \text{其他}\end{cases}\tag{6.3-49}$$

Hanning 窗：

$$w_{\mathrm{Hn}}(n)=\begin{cases}0.5-0.5\cos\dfrac{2\pi n}{N-1},\ 0\leqslant n\leqslant N-1\\0,\ \text{其他}\end{cases}\tag{6.3-50}$$

Hamming 窗：

$$w_{\mathrm{Hm}}(n)=\begin{cases}0.54-0.46\cos\dfrac{2\pi n}{N-1},\ 0\leqslant n\leqslant N-1\\0,\ \text{其他}\end{cases}\tag{6.3-51}$$

设 K 个数据分段之间互不相关，则平均周期图估计的方差为

$$\mathrm{var}[\hat{G}_X^{(\mathrm{PA})}(\omega)]=\frac{1}{K}\mathrm{var}[\hat{G}_X(\omega)]\tag{6.3-52}$$

由上式可以看出，当 K 趋近于∞时，方差将趋近于零。所以，$\hat{G}_x^{(\mathrm{PA})}(\omega)$是 $G_x(\omega)$的一致估计。如果 N 固定，且 $N=KM$，可以看出，为了降低方差而增加 K，会导致 M 减小，即导致分辨率下降。

例 6.3-3 用周期图分段平均法估计下列随机过程的功率谱：

$x(n)=\cos(0.35\pi n+\varphi_1)+2\cos(0.4\pi n+\varphi_2)+0.5\cos(0.8\pi n+\varphi_3)+v(n)$

其中，φ_1，φ_2，φ_3 为均匀分布的随机初始相位，$v(n)$是方差为 1 的零均值白噪声。

解 下面的程序分别通过 Bartlett 方法和 Welch 方法获得谱估计。其中，在 Welch 方法中采用 Hamming 窗作为数据窗，而在 Bartlett 方法中没有使用数据窗(或者可认为使用了矩形窗)。

```
%平均周期图法谱估计
N=512;n=0:N-1;
ph=2*pi*rand(1, 3);
x=cos(0.35*pi*n+ph(1))+2*cos(0.4*pi*n+ph(2))+0.5*cos(0.8*pi*n+ph(3));
x=x+randn(1, N);
%Bartlett 法功率谱估计
Nfft=1024;
K=4;M=N/K;
Sx=zeros(1, Nfft/2);
for k=1:K
    ks=(k-1)*M+1;
    ke=ks+M-1;
X=fft(x(ks:ke), Nfft);
X=(abs(X)).^2;
for i=1:Nfft/2
        Sx(i)= Sx(i)+X(i);
    end
```

```
end
for i=1:Nfft/2
    Sx(i)=10 * log10(Sx(i)/(K * M));
end
f=[0:Nfft/2-1]/(Nfft/2-1);
figure
subplot(2, 1, 1);
plot(f, Sx);
axis([0, 1, -15, 25]);
xlabel('频率(\omega/\pi)');
ylabel('幅度(dB)');
title('Bartlett 法功率谱估计, N=512, K=4, M=128');
%Welch 法功率谱估计
Nfft=1024;
K=4;
D=fix(N/(K+1));
M=2 * D;
Sx=zeros(1, Nfft/2);
w=(window('hamming', M))';
for k=1:K
    ks=(k-1) * D+1;
    ke=ks+M-1;
    xk=x(ks:ke). * w;
    X=fft(xk, Nfft);
      X=(abs(X)).^2;
    for i=1:Nfft/2
            Sx(i)= Sx(i)+X(i);
        end
    end
    for i=1:Nfft/2
            Sx(i)=10 * log10(Sx(i)/(K * M));
    end
    f=[0:Nfft/2-1]/(Nfft/2-1);
    subplot(2, 1, 2);
    plot(f, Sx);
    axis([0, 1, -15, 25]);
    xlabel('频率(\omega/\pi)');
    ylabel('幅度(dB)');
    title('Welch 法功率谱估计, N=512, K=4, M=204');
```

程序运行结果如图 6.3-5 所示。

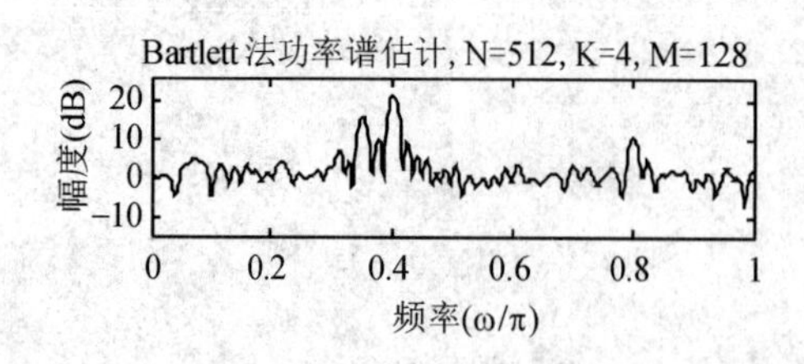

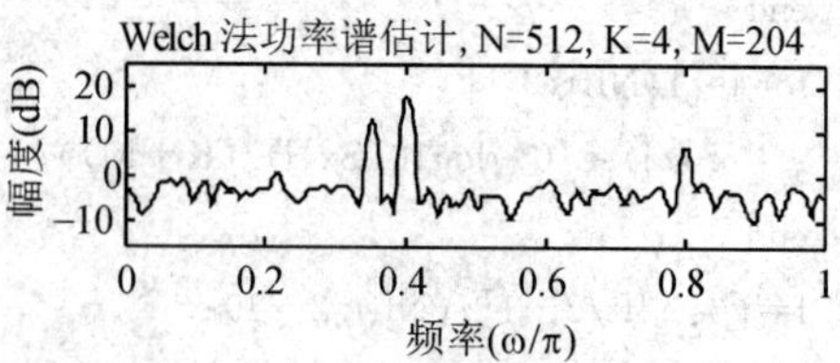

图 6.3-5 余弦过程加白噪声的周期图分段平均法功率谱估计

2. 加窗平滑法

Bartlett 法和 Welch 法均对周期图进行平均，从而达到了减小方差的目的。另一种减小周期图分散性(或不一致性)的方法是对周期图进行加窗平滑，这种方法常被称为加窗平滑法。

周期图法谱估计等于自相关序列 $R_X(m)$的有偏(但一致)估计的傅里叶变换。然而，对于接近于数据长度 N 的 m 来说，由于数据量非常少(例如，对于 $m=N-1$，只有一个滞后积 $x(N-1)x(0)$)，所以得到的自相关估计值 $\hat{R}_X(m)$是很不可靠或者方差很大的。无论怎样增加 N，情况都是如此。因此，为了减小周期图的方差，就应该减小 m 接近于 N 时的 $\hat{R}_X(m)$的方差，或者说，就应该减小这些不可靠的自相关估计值对周期图的贡献。在 Bartlett 法和 Welch 法中，为了减小周期图的方差，实际上采取的是将自相关序列的估计进行平均的办法。而在加窗平滑法中，为了减小周期图的方差，采取的办法是对自相关序列的估计 $\hat{R}_X(m)$进行加窗处理，减小 $\hat{R}_X(m)$中那些不可靠的估计值(对应接近于 N 的 m)对周期图的贡献。具体来说，加窗平滑法谱估计定义为

$$\hat{G}_X^{(\mathrm{WS})}(\omega)=\sum_{m=-M}^{M}\hat{R}_X(m)w(m)\mathrm{e}^{-\mathrm{j}m\omega},\ |M|\leqslant N-1 \tag{6.3-53}$$

其中，上标 WS 表示加窗平滑，$w(m)$是加在 $\hat{R}_X(m)$上的滞后窗，$\hat{R}_X(m)$是自相关序列的一致估计。例如，若将 m 从 $-M$ 到 M 的矩形窗作为滞后窗，并设$|M|\leqslant N-1$，那么加窗的结果就是把方差最大的(即滞后窗外的)$\hat{R}_X(m)$值置为零，因此，用于功率谱估计的 $\hat{R}_X(m)$数目减少了。

$\hat{G}_X^{(\mathrm{WS})}(\omega)$是乘积 $\hat{R}_X(m)w(m)$的傅里叶变换，它等于 $\hat{R}_X(m)$和 $w(m)$各自傅里叶变换的频域卷积，即

$$\hat{G}_X^{(\mathrm{WS})}(\omega)=\frac{1}{2\pi}\hat{G}_X(\omega)*W(\omega)=\frac{1}{2\pi}\int_{-\pi}^{\pi}\hat{G}_X(\theta)W(\omega-\theta)\mathrm{d}\theta \tag{6.3-54}$$

也就是说，$\hat{G}_X^{(\mathrm{WS})}(\omega)$是 $\hat{G}_X(\omega)$被滞后窗 $W(\omega)$进行平滑处理后的结果。

为分析 $\hat{G}_X^{(\mathrm{WS})}(\omega)$的性能，首先计算 $\hat{G}_X^{(\mathrm{WS})}(\omega)$的期望值，由式(6.3-54)可知

$$E[\hat{G}_X^{(\mathrm{WS})}(\omega)]=\frac{1}{2\pi}E[\hat{G}_X(\omega)]*W(\omega)$$

将式(6.3-30)代入上式，得到

$$E[\hat{G}_X^{(\mathrm{WS})}(\omega)]=\frac{1}{2\pi}G_X(\omega)*Q(\omega)*W(\omega) \tag{6.3-55}$$

这等效于

$$E[\hat{G}_X^{(\mathrm{WS})}(\omega)]=\sum_{m=-M}^{M}R_X(m)q(m)w(m)\mathrm{e}^{-\mathrm{j}m\omega} \tag{6.3-56}$$

式中，$q(m)$是一个宽度为 $2N+1$ 的三角窗，$w(m)$是一个宽度为 $2M+1$ 的任意形状的滞后窗。从式(6.3-56)可以看出，加窗平滑周期图法的期望值等于自相关序列连续两次加窗后的傅里叶变换。令 $w_{\mathrm{WS}}(m)=q(m)w(m)$是一个加在 $R_X(m)$上的组合窗，利用频域卷积定理，可得

$$E[\hat{G}_X^{(\mathrm{WS})}(\omega)]=\frac{1}{2\pi}G_X(\omega)*W_{\mathrm{WS}}(\omega) \tag{6.3-57}$$

如果选择 $M=N$，使 $q(m)w(m)\gg w(m)$，则上式变为

$$E[\hat{G}_X^{(\mathrm{WS})}(\omega)]\approx\frac{1}{2\pi}G_X(\omega)*W(\omega) \tag{6.3-58}$$

其中，$W(\omega)$是滞后窗 $w(m)$的傅里叶变换。当 N 趋近于∞时，$W(\omega)$趋近于具有单位面积的冲激函数，那么，由式(6.3-58)可以看出，$\hat{G}_X^{(\mathrm{WS})}(\omega)$是功率谱的渐进无偏估计。下面推导 $\hat{G}_X^{(\mathrm{WS})}(\omega)$的方差的计算公式。

由式(6.3-54)得

$$[\hat{G}_X^{(\mathrm{WS})}(\omega)]^2=\frac{1}{4\pi^2}\int_{-\pi}^{\pi}\int_{-\pi}^{\pi}\hat{G}_X(u)\hat{G}_X(v)W(\omega-u)W(\omega-v)\mathrm{d}u\mathrm{d}v$$

因而，$\hat{G}_X^{(\mathrm{WS})}(\omega)$的均方值为

$$E[\hat{G}_X^{(\mathrm{WS})}(\omega)]^2=\frac{1}{4\pi^2}\int_{-\pi}^{\pi}\int_{-\pi}^{\pi}E[\hat{G}_X(u)\hat{G}_X(v)]W(\omega-u)W(\omega-v)\mathrm{d}u\mathrm{d}v$$

将式(6.3-43)代入上式，得到 $E[\hat{G}_X^{(\mathrm{WS})}(\omega)]^2$的近似表达式，式中包含两项，其中第一项为

$$\begin{aligned}&\frac{1}{4\pi^2}\int_{-\pi}^{\pi}\int_{-\pi}^{\pi}G_X(u)G_X(v)W(\omega-u)W(\omega-v)\mathrm{d}u\mathrm{d}v\\&=\left[\frac{1}{2\pi}\int_{-\pi}^{\pi}G_X(u)W(\omega-u)\mathrm{d}u\right]^2=[E[\hat{G}_X^{(\mathrm{WS})}(\omega)]]^2\end{aligned} \tag{6.3-59}$$

这里利用了式(6.3-58)的结果。由于 $\hat{G}_X^{(\mathrm{WS})}(\omega)$的方差

$$\mathrm{var}[\hat{G}_X^{(\mathrm{WS})}(\omega)]=E[\hat{G}_X^{(\mathrm{WS})}(\omega)]^2-[E[\hat{G}_X^{(\mathrm{WS})}(\omega)]]^2 \tag{6.3-60}$$

其中，$E[\hat{G}_X^{(\mathrm{WS})}(\omega)]^2$ 近似表达式的第一项与上式的第二项相抵消，因此，$\mathrm{var}[\hat{G}_X^{(\mathrm{WS})}(\omega)]$等于 $E[\hat{G}_X^{(\mathrm{WS})}(\omega)]^2$近似表达式的第二项，即

$$\mathrm{var}[\hat{G}_X^{(\mathrm{WS})}(\omega)]=\frac{1}{4\pi^2}\int_{-\pi}^{\pi}\int_{-\pi}^{\pi}G_X(u)G_X(v)\left[\frac{\sin[N(u-v)/2]}{N\sin[(u-v)/2]}\right]^2W(\omega-u)W(\omega-v)\mathrm{d}u\mathrm{d}v \tag{6.3-61}$$

由于

$$Q(\omega)=\frac{1}{N}\left[\frac{\sin(\omega N/2)}{\sin(\omega/2)}\right]^2$$

是 Bartlett 窗 $q(m)$的傅里叶变换，当 N 趋近于∞时，$q(m)$趋近于常数，而 $Q(\omega)$趋近于一个冲激函数，因此，当 N 的值足够大时，式(6.3-61)中的方括号部分近似于一个面积为 $2P/N$ 的冲激函数，即

$$\left[\frac{\sin[N(u-v)/2]}{N\sin[(u-v)/2]}\right]^2 \approx \frac{2\pi}{N}\delta(u-v)$$

这样，对于很大的 N 值，加窗平滑周期图法的方差近似为

$$\mathrm{var}[\hat{G}_X^{(\mathrm{WS})}(\omega)] = \frac{1}{2\pi N}\int_{-\pi}^{\pi} G_X^2(u)W^2(\omega-u)\mathrm{d}u$$

如果 M 足够大以致可假设在 $W(\omega)$的主瓣范围内 $G_X(\omega)$ 是恒定不变的值，那么，上式积分内的 $G_X^2(u)$可以从积分符号中提取出来，于是有

$$\mathrm{var}[\hat{G}_X^{(\mathrm{WS})}(\omega)] = \frac{1}{2\pi N}G_X^2(\omega)\int_{-\pi}^{\pi} W^2(\omega-u)\mathrm{d}u$$

利用帕塞瓦尔定理，由上式得到

$$\mathrm{var}[\hat{G}_X^{(\mathrm{WS})}(\omega)] = G_X^2(\omega)\frac{1}{N}\sum_{m=-M}^{M} w^2(m) \tag{6.3-62}$$

应注意，上式是在 $N\gg M\gg 1$ 的条件下推导出来的。由式(6.3-56)和式(6.3-62)可以看出，加窗平滑周期图法的估计结果是功率谱的一致估计，可以在估计偏差和方差之间折中选择 M 的值。具体来说，为了得到较小的偏差，应选择较大的 M 值以减小 $W(\omega)$的主瓣宽度；而为了减小方差，应选择较小的 M 值以减小式(6.3-62)中和式的值。一般推荐将 M 值选为 $N/5$，这也是 M 的最大值。

以上介绍了各种经典功率谱估计，总结如下：

(1) 经典功率谱估计的物理概念明确，可用 FFT 实现快速算法，是易于接受的谱估计方法；

(2) 间接法和周期图法的分辨率都受到信号点数的限制；

(3) 间接法和周期图法都不是一致估计，当信号点数增加时，分辨率增大，但功率谱曲线起伏加剧。

经典谱估计中，采用观测到的 N 个样本值估计功率谱，认为在观察到的 N 个数据以外的数据值都为 0，这与实际情况是不符合的，从而造成分辨率的降低。解决的办法是选择一个合适的模型，认为观测到的有限数据是白噪声通过此模型产生的，从而不必认为有限数据以外的信号为 0，这就是下一节将要介绍的现代谱估计方法。

6.4 现代谱估计

为了克服经典谱估计频谱分辨率低的缺陷，人们提出了现代谱估计方法，也称为参数谱估计，它从根本上消除了对未知数据假设为零的限制。

由随机信号的知识可知，具有连续功率谱密度的平稳随机信号 $x(n)$都可由白噪声序列激励一个稳定的线性时不变系统产生。参数谱估计法的基本思想是，选择一个合适的线性时不变系统(模型)，认为 $x(n)$是白噪声通过此模型产生的，利用观测样本数据估计出模型的参数(即得到了频率响应 $H(\mathrm{e}^{\mathrm{j}\omega})$)，再通过模型参数获得输出信号 $x(n)$的功率谱估计

$$\hat{G}_X(\omega)=\sigma_w^2|H(\mathrm{e}^{\mathrm{j}\omega})|^2$$

其中，σ_w^2 是白噪声的方差；$H(\mathrm{e}^{\mathrm{j}\omega})$是模型的传递参数。

参数谱估计法的设计步骤为：

(1) 选择合适的信号模型；

(2) 用已观测到的样本数据或自相关函数数据(如果已知或可以估计出)估计模型参数；

(3) 由模型参数获得功率谱估计。

6.4.1 信号模型及其选择

在实际中，随机过程总可以用一个具有有理分式的传递函数模型来表示，因此可以用一个线性差分方程作为产生随机信号序列 $x(n)$的系统模型：

$$x(n)=\sum_{l=0}^{q}b_l w(n-l)-\sum_{k=1}^{p}a_k x(n-k) \tag{6.4-1}$$

这里，$w(n)$表示白噪声，将式(6.4-1)进行 Z 变换得

$$\sum_{k=0}^{p}a_k X(z)z^{-k}=\sum_{l=0}^{q}b_l W(z)z^{-l} \tag{6.4-2}$$

在此，$a_0=1$。该模型的传递参数为

$$H(z)=\frac{X(z)}{W(z)}=\frac{\sum\limits_{l=0}^{q}b_l z^{-l}}{\sum\limits_{k=0}^{p}a_k z^{-k}}=\frac{B(z)}{A(z)} \tag{6.4-3}$$

其中：

$$A(z)=\sum_{k=0}^{p}a_k z^{-k} \tag{6.4-4}$$

$$B(z)=\sum_{l=0}^{q}b_l z^{-l} \tag{6.4-5}$$

输入白噪声的功率谱为 $G_w(z)=\sigma_w^2$，则输出功率谱为

$$G_X(z)=\sigma_w^2 H(z)H(z^{-1})=\sigma_w^2\frac{B(z)\cdot B(z^{-1})}{A(z)\cdot A(z^{-1})} \tag{6.4-6}$$

将 $z=\mathrm{e}^{\mathrm{j}\omega}$代入上式得

$$G_X(\omega)=G_X(\mathrm{e}^{\mathrm{j}\omega})=\sigma_w^2\left|\frac{B(\mathrm{e}^{\mathrm{j}\omega})}{A(\mathrm{e}^{\mathrm{j}\omega})}\right|^2 \tag{6.4-7}$$

这样，如果能确定 σ_w^2 与各参数 a_k 及 b_l，即可得到 $G_X(\omega)$。

如果除 $b_0=1$ 外的所有 b_l 均为 0，则式(6.4-1)转化为

$$x(n)=-\sum_{k=1}^{p}a_k x(n-k)+w(n) \tag{6.4-8}$$

上式的形式称为 p 阶自回归(Autoregressive, AR)模型，将上式进行 Z 变换，可得 AR 模型的传递函数为

$$H(z)=\frac{X(z)}{W(z)}=\frac{1}{A(z)}=\frac{1}{1+\sum_{k=1}^{p}a_k z^{-k}} \tag{6.4-9}$$

自回归模型 $H(z)$只有极点，没有除原点以外的零点，因此又称为全极点模型。当采用自回归模型时，功率谱变为

$$G_X(\omega)=\frac{\sigma_w^2}{|A(\mathrm{e}^{\mathrm{j}\omega})|^2}=\frac{\sigma_w^2}{\left|1+\sum_{k=1}^{p}a_k\mathrm{e}^{-\mathrm{j}\omega k}\right|^2} \tag{6.4-10}$$

如果除 $a_0=1$ 外所有的 a_k 均为 0，则式(6.4-1)可转换为

$$x(n)=\sum_{l=0}^{q}b_l w(n-l) \tag{6.4-11}$$

上式的形式称为 q 阶移动平均(Moving Average，MA)模型，将上式进行 Z 变换，可得 MA 模型的传递函数为

$$H(z)=B(z)=1+\sum_{l=1}^{q}b_l z^{-l} \tag{6.4-12}$$

MA 模型 $H(z)$只有零点，除原点以外没有极点，因此又称为全零点模型。当采用 MA 模型时，功率谱变为

$$G_X(\omega)=\sigma_w^2\,|B(\mathrm{e}^{\mathrm{j}\omega})|^2=\sigma_w^2\left|1+\sum_{l=1}^{q}b_l\mathrm{e}^{-\mathrm{j}\omega l}\right|^2 \tag{6.4-13}$$

除了 a_0 和 b_0 以外，如果 a_k 和 b_l 均不完全为 0 时，系统称为自回归移动平均(ARMA)模型，式(6.4-1)和式(6.4-7)分别表示了 ARMA 模型的差分方程和功率谱估计。如在语音信号处理中，ARMA 模型常常被用于描述声道传输特性。

基于模型的参数谱估计法的关键在于模型的选择，如果模型选择不合适，将直接影响谱估计分辨率及谱的保真度。但遗憾的是，尚无任何理论能指导模型的选择，通常是依据信号的一些先验知识来选择。下面介绍一些主要的考虑原则。

模型选择主要考虑的是模型能够表示谱峰、谱谷和滚降的能力。对于具有尖峰的谱，应该选用具有极点的模型，如 AR 和 ARMA 模型；对于具有平坦的谱峰和深谷的信号，可以选用 MA 模型；对于既有极点又有零点的谱，应选用 ARMA 模型。

其实三种模型可以相互转化。沃尔德(Wold)分解定理表明，任何有限方差的 ARMA 或 MA 平稳随机过程都可以用阶数足够大的 AR 模型近似描述；同样，任何 ARMA 或者 AR 模型都可以用阶数足够大的 MA 模型表示。因此，即使选择了一个不合适的模型，只要阶数足够高，仍能够较好地逼近所要的随机过程。由于 AR 模型的参数估计只需要求解一个线性方程组，计算简便，因而现代谱估计主要集中在讨论 AR 模型谱估计上。

6.4.2　AR 模型谱估计法

模型确定后，参数谱估计法的重点集中在参数的求解上。为了求解 AR 模型中的参数 a_1，a_2，…，a_p 及 σ_w^2，首先来研究这些参数与自相关函数间的关系。将式(6.4-8)代入自相关函数的表达式中，得

$$\begin{aligned}R_X(m) &= E[x(n)x(n+m)] \\ &= E\left\{x(n)\left[-\sum_{k=1}^{p} a_k x(n+m-k) + w(n+m)\right]\right\} \\ &= -\sum_{k=1}^{p} a_k R_X(m-k) + E[x(n)w(n+m)]\end{aligned} \tag{6.4-14}$$

由式(6.4-8)可知，$x(n)$只与$w(n)$相关而与$w(n+m)$无关($m\geqslant 1$)。式(6.4-8)两端乘以$w(n+m)$，并取数学期望，得

$$E[x(n)w(n+m)] = E[w(n)w(n+m)] = \begin{cases}\sigma_w^2,\ m=0\\ 0,\ m>0\end{cases} \tag{6.4-15}$$

将上式代入(6.4-14)得

$$R_X(m) = \begin{cases}-\sum_{k=1}^{p} a_k R_X(m-k) + \sigma_w^2,\ m=0\\ -\sum_{k=1}^{p} a_k R_X(m-k),\ m>0\end{cases} \tag{6.4-16}$$

将$m=0, 1, 2, \cdots, p$代入上式，将其改写为矩阵形式：

$$\begin{bmatrix}R_X(0) & R_X(-1) & \cdots & R_X(-p)\\ R_X(1) & R_X(0) & \cdots & R_X(-(p-1))\\ \vdots & \vdots & & \vdots\\ R_X(p) & R_X(p-1) & \cdots & R_X(0)\end{bmatrix}\begin{bmatrix}1\\ a_1\\ \vdots\\ a_p\end{bmatrix} = \begin{bmatrix}\sigma_w^2\\ 0\\ \vdots\\ 0\end{bmatrix} \tag{6.4-17}$$

上式为 AR 模型的 Yule-Walker 方程。对于实随机平稳序列，由于$R_X(m)=R_X(-m)$，因此只要估计出$p+1$个自相关函数值，便可由 Yule-Walker 方程求解出$p+1$个模型参数a_1，a_2，…，a_p及σ_w^2，根据这些参数便可得到随机信号的功率谱估计。

求解 Yule-Walker 方程，可以采用矩阵求逆的方法，但运算量大，而且每当模型阶数增加一阶，就必须全部重新计算，特别是当方程的阶数过大时，矩阵的求逆运算几乎无法实现。为此，人们提出了一些高效快捷的求解方法，限于篇幅，本书不再赘述。关于现代谱估计的内容读者可参考相关书籍。

6.5　谱估计的应用实例

6.5.1　非相干散射雷达的自相关函数与功率谱估计

随着科技的发展，电离层对卫星导航、无线电通信、广播、空间探测等人类活动的影响越来越显著。因此，对电离层的探测技术也越来越重要。非相干散射雷达(ISR)是地面探测电离层的最有效的手段，具有时空分辨率高、覆盖空间范围广等突出优点，能检测到电离层的微弱散射信号。非相干散射雷达接收到的是随机散射信号，通过估计回波信号的功率谱来反演电离层参数。

我国云南曲靖非相干散射雷达的信号处理流程如图 6.5-1 所示。500 MHz 的散射信

号经过两次下变频，得到 30 MHz 的中频信号。接着用模/数转换器(ADC)对其进行采样处理，得到数字信号。再经过数字下变频得到基带信号，然后对其进行滤波处理以抑制噪声。接着通过采样点求出散射信号的自相关，并将同一高度不同探测周期的自相关函数进行累积，最后由解模糊之后的自相关函数求出其功率谱。

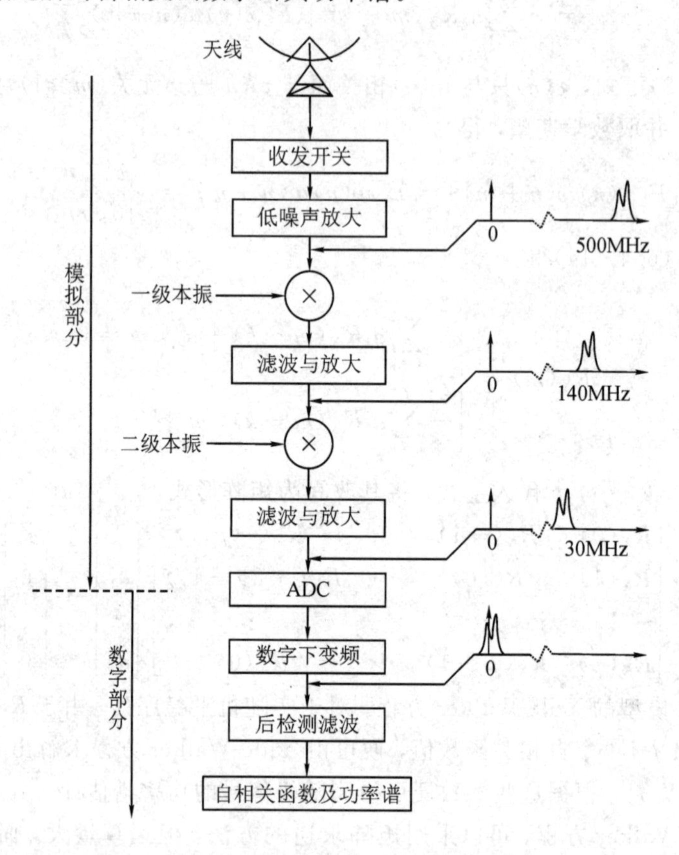

图 6.5-1 曲靖非相干散射雷达信号处理流程

长脉冲编码是最简单也是最经典的非相干散射雷达调制技术。尽管调制方法本身很简单，但由于这种调制方式的数据采样和距离门的确定比较困难，与多脉冲技术相比，它的实际应用更为复杂。长脉冲编码的高度分辨率在 10 km～30 km 之间，因此通常应用于 F 层的探测。长脉冲的带宽很小，因此滤波器的带宽主要由非相干散射谱的宽度决定，这使得单位脉冲响应的长度要小于调制脉冲长度。此外，lag 时延采样间隔小于脉冲长度，这就意味着我们可以使用单脉冲获得多个时延点。通常在实际实验中，我们让滤波器系数的长度与 lag 时延间隔相等，且幅度为 1。由式(6.5-1)，滤波时只需对每隔 lag 时延间隔宽度内的点进行求和，便得到相应采样时刻的滤波值。它可以求自相关剖面，自相关的点数为脉冲宽度与 lag 时延间隔的比值。

长脉冲编码方式下的自相关函数求法略为复杂，假设脉冲宽度为 lag 时延间隔的 6 倍，即可以求 lag0～lag5，传统的求法如图 6.5-2 所示。图中的阴影部分表示一个距离门，即反映的是同一高度的信息，横轴和纵轴均表示波门内所有的滤波点。

由图 6.5-2 所示，每个单元格代表对应滤波点的乘积，将这些乘积沿主对角线方向相

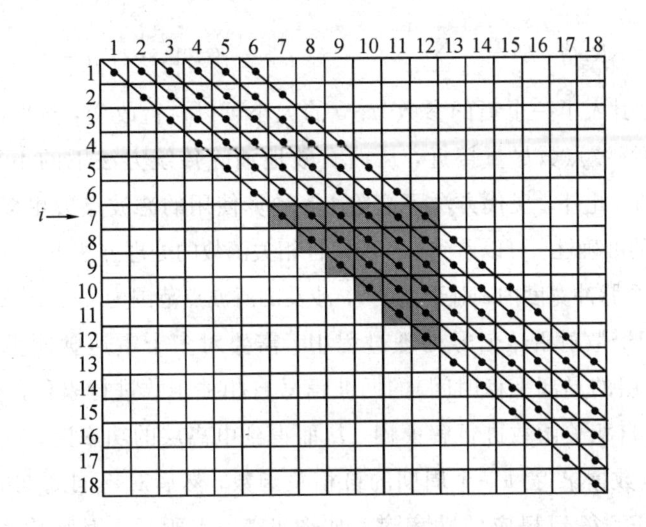

图 6.5-2　传统长脉冲编码的自相关函数求解方法

加就得到相应时延的自相关，具体可以表示为

$$R_z(i,k)=\sum_{j=i}^{n+i-k-1}x_j\cdot x_{j+k}^*,\quad i,j,k=0,1,\cdots,n-1\tag{6.5-1}$$

其中，i 表示第 i 个高度的距离门，n 为脉冲宽度与 lag 时延间隔的比值。

传统的处理方法有两个明显缺点：首先，由于非相干散射信号很微弱，由图 6.5-2 可以看到，对于高阶的 lag 计算，涉及的信号点很少，因此信噪比很低，导致高阶 lag 的计算是不准确的；其次，对于高阶 lag，其距离模糊函数覆盖的范围很小，而对于零时延处的 lag，其距离模糊函数对应的距离范围很宽，且随着脉冲宽度与 lag 时延间隔比值的增大，这种不平衡性更为明显。为此，人们提出了一种新的处理方法，即长脉冲的现代自相关函数估计法，如图 6.5-3 所示。

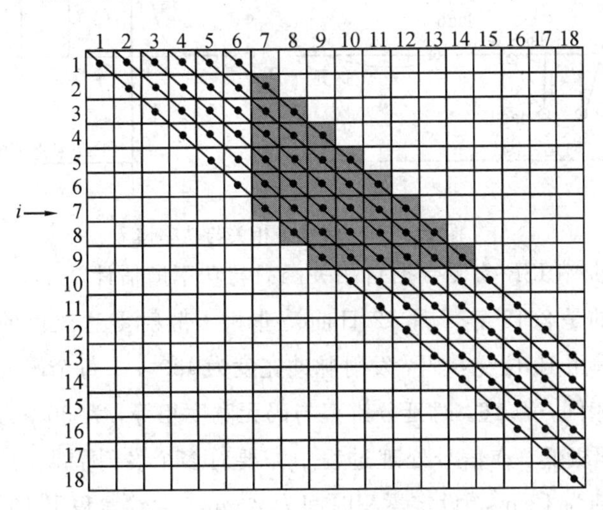

图 6.5-3　现代长脉冲编码的自相关函数求解方法

现代自相关函数的求法可以用下式表示，

$$R_z(i,\ k) = \sum_{j=i}^{i+k+v-1} x_{j-k} \cdot x_j^*,\ k = 0, 1, \cdots, n-1 \tag{6.5-2}$$

式(6.5-2)中引入了一个新的参数 v。v 的大小可以自行改变，选取的准则在于使得所有 lag 求解涉及的滤波点数尽量接近，从而有效地消除传统方法下的不平衡性。实际试验中，一般假设 $v=3$。此外，现代方法下高阶 lag 计算使用的滤波点数更多，可以有效地提高信噪比，保证计算的准确性。可以看到，在现代自相关函数的处理方法下，一个高度所涉及的滤波点不再局限于一个脉冲宽度内，对于高度 i，涉及的滤波点范围为 $(i-n+1,\ i+n+v-2)$。

在实际的非相干散射雷达信号处理过程中，需要对多个雷达脉冲重复周期(一般为上千个，取决于电离层的局部平稳时间)的回波信号自相关函数进行累积，从而抑制噪声的影响。最后对累积的自相关函数进行解模糊，从而得到电离层的功率谱。

首先通过回波数据求得每一个周期的自相关函数，然后对不同周期的自相关函数进行累积，最后通过 FFT 得到相应的功率谱，如图 6.5-4 所示。因此功率谱的宽度范围为 $(-1/(2\Delta t),\ 1/(2\Delta t))$。假设自相关的最大时延为 $\tau_n = n\Delta t$，则功率谱的分辨率为 $1/(2\tau_n)$。可以看出 ISR 的谱分辨率由其自相关的最大时延所决定，自相关函数的分辨率由分析带宽决定。

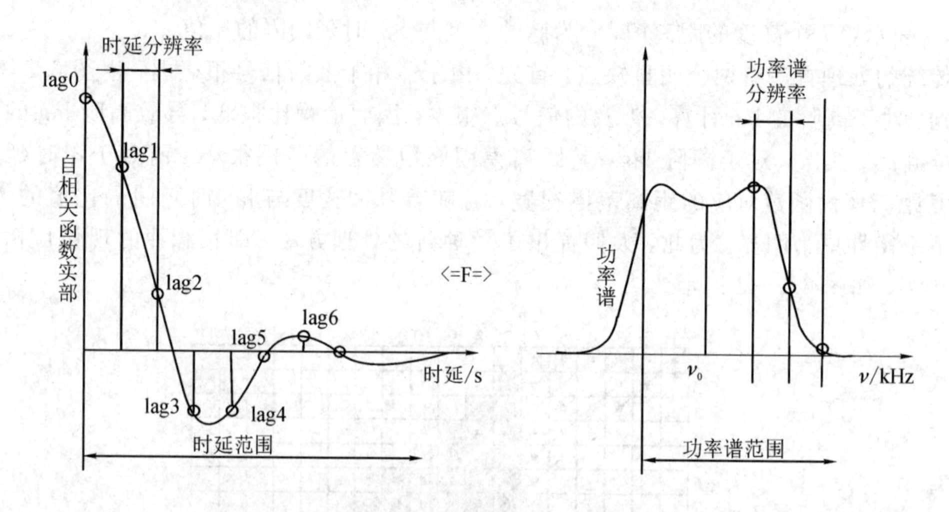

图 6.5-4　信号自相关与功率谱

实例 6.5-1　曲靖 ISR 实测数据自相关函数与功率谱估计。

本次试验针对的是 2015 年 1 月 12 日曲靖非相干散射雷达获得的实测电离层回波数据。雷达发射脉冲采用 16 位交替码，发射脉冲宽度为 480 μs，每个码元宽度为 30 μs，时延个数与交替码位数相同，为 16，时延分辨率与码元宽度相等，为 30 μs。电离层回波信号比较微弱，因此信噪比极低，在信号处理过程中需要对多个发射周期的回波数据进行累积。试验中脉冲重复周期为 12 ms，设定累积时间为 2 min，大约累积了 10 000 个周期的数据。

使用非相干散射雷达信号处理算法对实测数据进行处理，得到探测高度 402 km 处的自相关函数，如图 6.5-5 所示，其多高度功率谱图如图 6.5-6 所示。由图 6.5-6 的能量分布可以看出，电离层主要分布在[250，400] km 高度范围内。

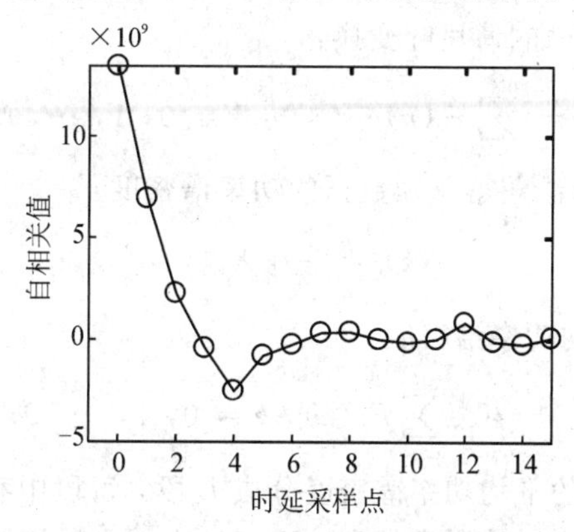

图 6.5-5　曲靖 ISR 自相关函数图

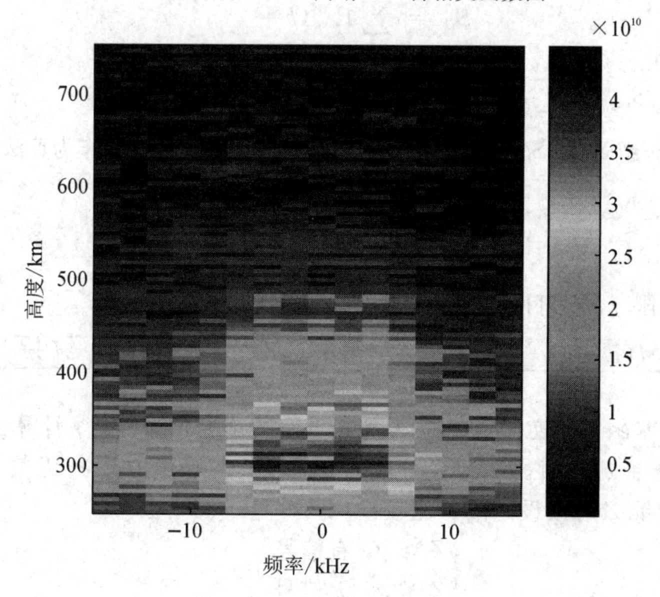

图 6.5-6　曲靖 ISR 多高度功率谱图

6.5.2　无线电频谱感知中的功率谱估计

本节主要考虑无线通信中的被动频谱感知问题。随着无线通信技术的快速发展，当前无线通信采用跳频、扩频等多种编码方式，具有较强的抗干扰能力和较低的截获率，给被动信号检测与侦查带来极大的困难与挑战。

考虑到算法的实时性要求，本节介绍一种基于功率谱对消的信号检测算法。功率谱对消算法无需知道信号的先验知识，依据傅里叶变换的渐近正态性和相互独立性，计算出功率谱的统计特性，利用检测频带内部分谱线强度和全部谱线强度和的比值作为检验统计量，进行信号存在与否的判断。功率谱对消算法步骤如下：

假设接收信号为 $x(n)$，$n=0, 1, \cdots, N-1$。

(1) 把接收信号分成 U 帧，每段数据的点数为 M，即 $N=MU$。记第 u 段数据为 $x_u(n)$，$n=$

$0, 1, \cdots, M-1, u=1, 2, \cdots, U$。

(2) 计算每段数据 $x_u(n)$的傅里叶变换：

$$X_u(k)=\sum_{n=0}^{M-1}x_u(n)\mathrm{e}^{-2\pi jkn/N},\ k=0, 1, \cdots, M-1 \tag{6.5-3}$$

(3) 通过周期图谱估计法获得每帧数据的功率谱密度：

$$P_u(k)=\frac{1}{M}\mid X_u(k)\mid^2 \tag{6.5-4}$$

(4) 求 U 段数据的平均功率谱密度：

$$P_{\text{avg}}(k)=\frac{1}{U}\sum_{u=1}^{U}P_u(k),\ k=0, 1, \cdots, M-1 \tag{6.5-5}$$

(5) 将步骤(4)中得到的平均功率谱密度分成 L 段，每段中有 T 根谱线，定义 S_{all}为功率谱密度平均值 $P_{\text{avg}}(k)$所有谱线强度的和，$P_{\text{avg}}(k)$中的一段谱线强度和为 S_{seg}，则有

$$S_{\text{all}}=\sum_{k=0}^{M-1}P_{\text{avg}}(k) \tag{6.5-6}$$

$$S_{\text{seg}}=\sum_{k=0}^{T-1}P_{\text{avg}}[(l-1)T+k],\ l=1, 2, \cdots, L \tag{6.5-7}$$

(6) 将得到的每一组 S_{all}和 S_{seg}进行分段对消，对消比值的最大值 Z 作为算法的检验统计量：

$$r(l)=\frac{S_{\text{seg}}}{S_{\text{all}}},\ l=1, 2, \cdots, L \tag{6.5-8}$$

$$Z=\max\{r(l)\} \tag{6.5-9}$$

(7) 设定检测门限 γ，它可由公式推得：

$$\gamma=\frac{1}{L}+\frac{2\sqrt{UM(L-1)[\Phi^{-1}(1-2P_f)]^2-4(L-1)[\Phi^{-1}(1-2P_f)]^4}}{UML-4L[\Phi^{-1}(1-2P_f)]^2} \tag{6.5-10}$$

其中，$\Phi^{-1}(\cdot)$为误差函数的逆函数，P_f 为预先设定的虚警概率。由 γ 计算公式可知，γ 值与参与运算的虚警概率 P_f、帧长 U 以及分段数 L 有关，与噪声方差 σ_0^2 无关。

(8) 将检验统计量 Z 与预设门限 γ 比较：

$$\begin{cases}Z\geqslant\gamma,\ \text{有信号}\\ Z<\gamma,\ \text{无信号}\end{cases} \tag{6.5-11}$$

上述就是基于功率谱对消的信号检测算法。从检测门限的公式可知，检测门限受到信号帧数 U、虚警概率 P_f、分段数 L 和信号采样点数 M 的影响。图 6.5-7 描述了基于功率谱对消和非相干累加的盲检测算法的具体流程。

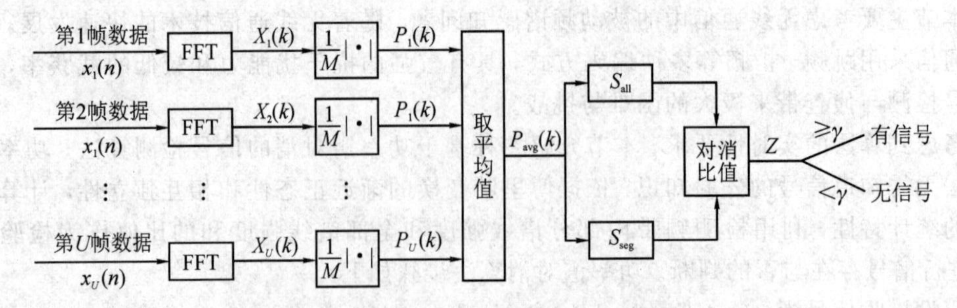

图 6.5-7 基于功率谱对消的信号检测算法流程

实例 6.5-2　基于功率谱对消的宽带干扰信号检测。

```
% 功率谱对消算法
U = 30;                                               %分段数
N = 64 * 1024;                                        %分段长度
M = 1024;
T = N/M/2;
t = [1:U * N]-1;                                      %归一化采样频率
s1 = cos(2 * pi * 0.09 * t+2 * pi * rand);
N1 = 1024;
data1 = randi([0, 1], 1, N1); %随机产生 N1 个属于{0, 1,… , M-1}的数
data2 = real(pskmod(data1, 2));                       %码元信号
T1 = U * N/N1;
data2 = repmat(data2, [T1, 1]);
s_base =data2(:);
s2 =s_base'. * cos(2 * pi * 0.17 * t+2 * pi * rand);  % BPSK 信号
S = s1+s2;
snr1 = 3;                                             %信噪比
Fx=zeros(1, N/2);
for k = 1:U
    x1 = S(N * (k-1)+1:N * k);                        %信号
    x = awgn(x1, snr1, 'measured');
    Fx1 = fft(x);                                     %分段 FFT
    Fx = Fx + (Fx1(1:N/2)). * conj(Fx1(1:N/2))/U;     %U 段平均周期图
end
dx1 = zeros(1, M);
for u = 1:M
    dx = sum(abs(Fx));                                %平均功率谱全部谱线之和
    dx1(u) = sum(Fx((T * (u-1)+1):T * u));            %一段内谱线加和
end
rl = dx1/dx;
f1 = linspace(0, 0.5, length(Fx));
figure;
plot(f1, Fx)
f2 = linspace(0, 0.5, length(rl));
figure;
plot(f2, rl)
```

在实例 6.5-2 中，待检测的合成信号包含一个单频信号和一个线性调频信号。考虑将信号分为 30 段，每段采样点数为 65 536 点。图 6.5-8 给出了 30 段信号的功率谱的非相干累积结果，即式(6.5-5)的结果。可以看出，虽然该单频信号和线性调频信号的功率相等，但是表现在功率谱图中，单频信号的频谱峰值远大于线性调频信号。因此，采用功率谱对消技术，如式(6.5-8)所示，这里取 $T=32$，得到的功率谱对消结果如图 6.5-9 所示。可以看出，采用功率谱对消技术，有效增强了宽带信号的频谱峰值，进而可以提高对宽带信号的检测性能。

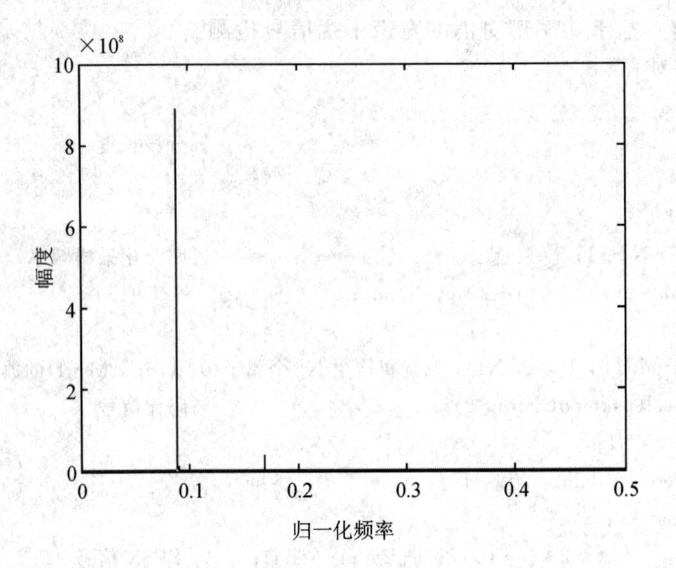

图 6.5-8 功率谱的非相干积累结果

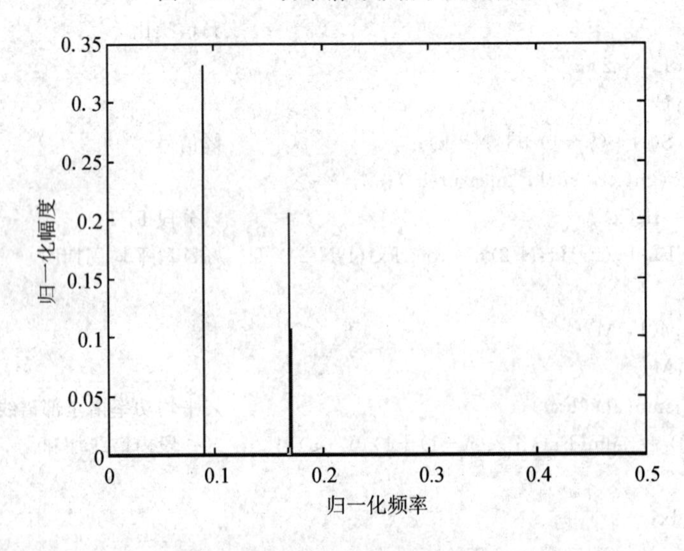

图 6.5-9 功率谱对消结果

习 题 6

6.1 试求非周期序列

$$x(n)=a^n u(n)$$

的傅里叶频谱，并利用 MATLAB 计算幅度谱和相位谱。

6.2 随机幅度正弦信号 $X(t)=V\cos 2t$，其中 V 是均值为 5，方差为 4 的高斯随机噪声。画出随机幅度正弦信号任意 4 个样本及其均值的波形。

6.3 设随机序列为

$$x_k=\sin(2\pi f_1 k)+2\cos(2\pi f_2 k)+e_k,\ k=0,1,\cdots,1023$$

式中，$f_1=0.05$，$f_2=0.12$，e_k 为标准高斯白噪声。要求编写 MATLAB 程序，计算：

(1) 随机序列 x_k 的均值、均方值和均方差；

(2) 随机序列 x_k 的功率谱。

6.4　已知随机信号

$$X(t)=\cos(2\pi f_1 t+\varphi_1)+2\cos(2\pi f_2 t+\varphi_2)+N(t)$$

其中，$f_1=30$ Hz，$f_2=70$ Hz，φ_1 和 φ_2 为在[0，2π]内均匀分布的随机变量，$N(t)$是均值为 0、方差为 1 的高斯白噪声。仿真 $X(t)$的一个 1024 点样本序列，估计其自相关函数及功率谱密度(使用间接法)。

6.5　用 Welch 法估计习题 6.4 给定的随机信号的功率谱。

6.6　利用周期图法估计信号 $x(n)$的功率谱，并说明数据点数 N 对功率谱估计性能好坏的影响。信号 $x(n)$为三个正弦函数和白噪声叠加构成的一个随机信号，其数学形式为

$$x(n)=\sum_{k=1}^{3}A_k\cos(2\pi f_k n+\varphi_k)+1.5v(n)$$

其中，$f_1=50$，$f_2=125$，$f_3=135$，$A_1=1$，$A_2=1.5$，$A_3=1$，相位 φ_k 为相互独立的、在[−π，π]上服从均匀分布的随机相位，$v(n)$为均值为 0、方差为 1 的实高斯白噪声。

6.7　利用分段平均周期图法估计习题 6.6 中信号 $x(n)$的功率谱，并结合理论分析分段数目对功率谱估计性能的影响。

附录 1　非平稳随机过程的功率谱密度

对于非平稳随机过程 $X(t)$，相关函数不仅与时间间隔 τ 有关，还与时间 t 有关，记

$$R_X(\tau, t) = R_X(t, t+\tau) = E[X(t)X(t+\tau)] \tag{F1-1}$$

称为瞬时相关函数。其傅里叶正变换为

$$G_X(\omega, t) = \int_{-\infty}^{\infty} R_X(\tau, t)\mathrm{e}^{-\mathrm{j}\omega\tau}\mathrm{d}t \tag{F1-2}$$

$G_X(\omega, t)$也与时间 t 有关，称为瞬时功率谱密度。需要对它作时间平均，才能使功率谱密度成为频率的单值函数，因而定义非平稳随机过程的功率谱密度为

$$\widetilde{G}_X(\omega) = \lim_{T\to\infty}\frac{1}{2T}\int_{-T}^{T} G_X(\omega, t)\mathrm{d}t \tag{F1-3}$$

或

$$\widetilde{G}_X(\omega) = \lim_{T\to\infty}\frac{1}{2T}\int_{-T}^{T}\left[\int_{-\infty}^{\infty} R_X(\tau, t)\mathrm{e}^{-\mathrm{j}\omega\tau}\mathrm{d}\tau\right]\mathrm{d}t \tag{F1-4}$$

用上式计算时，由于时间平均与积分运算的次序可以互换，因而有两种算法：

(1) 算法一：

先作傅里叶变换：

$$G_X(\omega, t) = \int_{-\infty}^{\infty} R_X(\tau, t)\mathrm{e}^{-\mathrm{j}\omega\tau}\mathrm{d}\tau$$

再作时间平均，得

$$\widetilde{G}_X(\omega) = \lim_{T\to\infty}\frac{1}{2T}\int_{-T}^{T} G_X(\omega, t)\mathrm{d}t$$

(2) 算法二：

先作时间平均：

$$\langle R_X(\tau)\rangle = \lim_{T\to\infty}\frac{1}{2T}\int_{-T}^{T} R_X(\tau, t)\mathrm{d}t \tag{F1-5}$$

再作傅里叶变换，得

$$\widetilde{G}_X(\omega) = \int_{-\infty}^{\infty} < R_X(\tau) > \mathrm{e}^{-\mathrm{j}\omega\tau}\mathrm{d}\tau \tag{F1-6}$$

一般来说，算法二的计算稍微简便些。

例 F1-1　已知窄带噪声调幅振荡 $X(t)=n(t)\cos\omega_0 t$，其中常量 ω_0 为载波的角频率，$n(t)$为零均值平稳噪声，其相关函数为 $R_n(\tau)$。求非平稳随机过程 $X(t)$的功率谱密度$\widetilde{G}_X(\omega)$。

解

$$\begin{aligned} R_X(\tau, t) &= E[X(t)X(t+\tau)] \\ &= E[n(t)n(t+\tau)\cos\omega_0 t\cos\omega_0(t+\tau)] \\ &= \frac{1}{2}R_n(\tau)[\cos\omega_0\tau + \cos\omega_0(2t+\tau)] \end{aligned} \tag{F1-7}$$

用算法二计算，先将式(F1-7)代入式(F1-5)，得

$$\langle R_X(\tau)\rangle = \frac{1}{2}R_n(\tau)\cos\omega_0\tau \tag{F1-8}$$

再将式(F1-8)代入式(F1-6)，得

$$\begin{aligned}\widetilde{G}_X(\omega) &= \int_{-\infty}^{\infty}\frac{1}{2}R_n(\tau)\cos\omega_0\tau e^{-j\omega\tau}\,d\tau \\ &= \int_0^{\infty}R_n(\tau)\cos\omega_0\tau\cos\omega\tau\,d\tau \\ &= \int_0^{\infty}\frac{1}{2}R_n(\tau)[\cos(\omega-\omega_0)\tau+\cos(\omega+\omega_0)\tau]d\tau\end{aligned}$$

利用式(2.6-33)，即可算得

$$\widetilde{G}_X(\omega) = \frac{1}{4}[G_n(\omega-\omega_0)+G_n(\omega+\omega_0)] \tag{F1-9}$$

上式表明，与确知信号的调幅振荡一样，噪声调幅振荡的功率谱也是分布在载频 ω_0 附近的两个边带内，其形状与低频噪声功率谱 $G_n(\omega)$相同，但模值减小为原来的 1/4，如图 F1-1 所示。

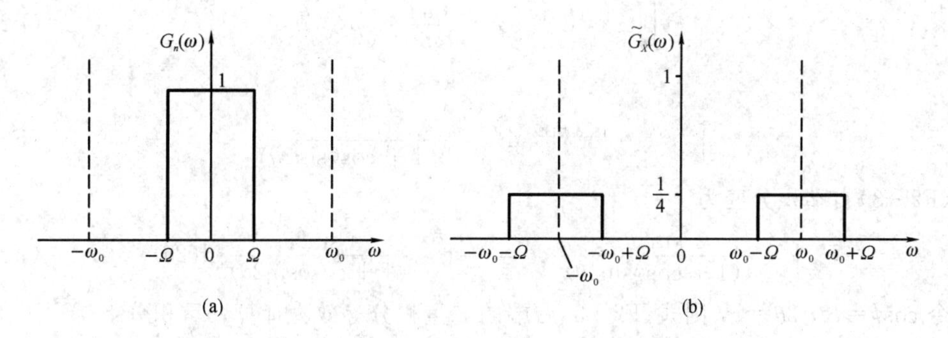

图 F1-1　窄带噪声调幅振荡的功率谱

附录 2 一个二重积分公式的证明

当 $0\leqslant\phi\leqslant 2\pi$ 时，有积分公式：

$$\int_0^\infty\int_0^\infty Z_1Z_2\exp[-(Z_1^2+Z_2^2+2Z_1Z_2\cos\phi)]\mathrm{d}Z_1\mathrm{d}Z_2=\frac{1}{4}\csc^2\phi(1-\phi\cot\phi) \quad (\text{F2-1})$$

证：将直角坐标 Z_1、Z_2 变换为极坐标 r、θ，令：

$$Z_1=r\cos\theta,\ Z_2=r\sin\theta \quad (\text{F2-2})$$

则

$$\int_0^\infty\int_0^\infty Z_1Z_2\exp[-(Z_1^2+Z_2^2+2Z_1Z_2\cos\phi)]\mathrm{d}Z_1\mathrm{d}Z_2=\int_0^{\pi/2}\sin\theta\cos\theta\int_0^\infty r^3\mathrm{e}^{-r^2(1+\cos\phi\sin2\theta)}\mathrm{d}r\mathrm{d}\theta \quad (\text{F2-3})$$

因为

$$\int_0^\infty x^{2a+1}\mathrm{e}^{-px^2}\mathrm{d}x=\frac{a!}{2p^{a+1}},\ p>0 \quad (\text{F2-4})$$

所以

$$\int_0^\infty r^3\mathrm{e}^{-r^2(1+\cos\phi\sin2\theta)}\mathrm{d}r=\frac{1}{2(1+\cos\phi\sin2\theta)^2} \quad (\text{F2-5})$$

故式(F2-3)右端积分变为

$$\int_0^{\pi/2}\frac{\sin2\theta}{4(1+\cos\phi\sin2\theta)^2}\mathrm{d}\theta=\frac{1}{8}\int_0^{\pi/2}\frac{\sin2\theta}{(1+\cos\phi\sin2\theta)^2}\mathrm{d}(2\theta) \quad (\text{F2-6})$$

令 $\cos\phi=K$，$2\theta=x$，则式(F2-3)右端的二重积分等效为计算一重积分：

$$\frac{1}{8}\int_0^\pi\frac{\sin x}{(1+K\sin x)^2}\mathrm{d}x \quad (\text{F2-7})$$

利用积分公式：

$$\int_0^\pi\frac{\alpha+\beta\sin x}{(a+b\sin x)^n}\mathrm{d}x$$

$$=\frac{1}{(n-1)(a^2-b^2)}\left[\frac{(b\alpha-a\beta)\cos x}{(a+b\sin x)^{n-1}}+\int\frac{(a\alpha-b\beta)(n-1)+(a\beta-b\alpha)(n-2)\sin x}{(a+b\sin x)^{n-1}}\mathrm{d}x\right] \quad (\text{F2-8})$$

得

$$\int_0^\pi\frac{\sin x}{(1+K\sin x)^2}\mathrm{d}x=\frac{1}{1-K^2}\left[\frac{-\cos x}{1+K\sin x}\Bigg|_0^\pi+\int_0^\pi\frac{-K}{(1+K\sin x)^2}\mathrm{d}x\right]$$

$$=\frac{1}{1-K^2}\left[2-K\int_0^\pi\frac{1}{(1+K\sin x)^2}\mathrm{d}x\right] \quad (\text{F2-9})$$

再利用积分公式

$$\int\frac{1}{a+b\sin x}\mathrm{d}x=\frac{2}{\sqrt{a^2-b^2}}\arctan\left(\frac{a\tan\frac{x}{2}+b}{\sqrt{a^2-b^2}}\right),\ a^2>b^2 \quad (\text{F2-10})$$

得

$$\begin{aligned}
&\int_0^{\pi} \frac{\sin x}{(1+K\sin x)^2}\mathrm{d}x \\
&= \frac{1}{1-K^2}\left[2-\frac{2K}{\sqrt{1-K^2}}\arctan\left(\frac{\tan\dfrac{x}{2}+K}{\sqrt{1-K^2}}\right)\bigg|_0^{\pi}\right] \\
&= \frac{2}{1-K^2}\left[1-\frac{K}{\sqrt{1-K^2}}\left(\frac{\pi}{2}-\arctan\frac{K}{\sqrt{1-K^2}}\right)\right] \\
&= \frac{2}{\sin^2\phi}\left[1-\frac{\cos\phi}{\sin\phi}\left(\frac{\pi}{2}-\arctan\frac{\cos\phi}{\sin\phi}\right)\right] \\
&= 2\csc^2\phi\left[1-\cot\phi\left(\frac{\pi}{2}-\arctan\frac{1}{\tan\phi}\right)\right]
\end{aligned} \tag{F2-11}$$

利用反三角函数恒等式

$$\arctan x = \frac{\pi}{2}-\arctan\frac{1}{x} \tag{F2-12}$$

求得

$$\frac{\pi}{2}-\arctan\frac{1}{\tan\phi} = \arctan(\tan\phi) = \phi \tag{F2-13}$$

故有

$$\frac{1}{8}\int_0^{\pi}\frac{\sin x}{(1+K\sin x)^2}\mathrm{d}x = \frac{1}{4}\csc^2\phi(1-\phi\cot\phi) \tag{F2-14}$$

由此得证等效的二重积分式(F2－1)成立。

附录 3　检波器电压传输系数的推导

当非线性电路负载上的电压对非线性器件有反作用，且此影响不能忽略时，应该列出非线性随机微分方程，然后求解随机过程的非线性变换。计及包络检波器负载电压的反作用时，就需要采用这种方法。设包络检波器的典型电路如图 5.4 - 3 所示。已知非线性器件的伏安特性为

$$i = f(u) \tag{F3-1}$$

检波器的输入电压为高频窄带过程：

$$X(t) = A(t)\cos(\omega_0 t + \varphi(t)) \tag{F3-2}$$

检波器的输出电压为 $Y(t)$。忽略输入电压源的内阻。由图 5.4 - 3 可得下列关系式：

$$i = i_1 + i_2 \tag{F3-3}$$

$$Y(t) = \frac{1}{C_L}\int i_1 \mathrm{d}t = i_2 R_L \tag{F3-4}$$

$$u = X(t) - Y(t) \tag{F3-5}$$

由上不难求得此电路的非线性随机微分方程为

$$\frac{\mathrm{d}Y(t)}{\mathrm{d}t} + \frac{1}{R_L C_L}Y(t) = \frac{1}{C_L}f[X(t) - Y(t)] \tag{F3-6}$$

将式(F3 - 2)代入上式，令 $\phi(t)=\omega_0 t+\varphi(t)$，并隐去时间变量 t，可得

$$\frac{\mathrm{d}Y}{\mathrm{d}t} + \frac{1}{R_L C_L}Y = \frac{1}{C_L}f[A\cos\phi - Y] \tag{F3-7}$$

精确求解此非线性微分方程将很困难，通常是求其近似解。

当满足包络检波器的两个条件($\tau \gg T_0$，$\tau \ll \tau_0$)时，检波器输出电压 $Y(t)$ 中仅有低频电压 $Y_0(t)$ 瞬时地由其输入窄带过程的包络 $A(t)$ 所决定，亦即对这两个电压来说，检波器相当于无惰性一样，故可采用无惰性的缓变包络法来作分析。

由于反作用电压 $Y(t)$ 近似认为只有低频分量 $Y_0(t)$，而此电压也是输入电压 $A\cos\varphi$ 的函数，故与不计及反作用的缓变包络法时一样，非线性函数 $f(A\cos\phi - Y)$ 仍为非随机变量 ϕ 的周期性函数，可以展开成傅里叶级数。忽略上式两端的高频分量($\mathrm{d}Y/\mathrm{d}t$ 属于高频分量)，仅取其中的低频分量，求得关系式：

$$Y_0 = \frac{R_L}{\pi}f_0(A\cos\phi - Y_0) \tag{F3-8}$$

式中：

$$f_0[A\cos\phi - Y_0] = \frac{1}{\pi}\int_0^{\pi} f(A\cos\phi - Y_0)\mathrm{d}\phi \tag{F3-9}$$

为非线性器件中的低频电流分量(含直流)。故得输出电压 $Y_0(t)$ 与输入包络电压 $A(t)$ 之间的无惰性变换关系式为

$$Y_0 = \frac{R_L}{\pi}\int_0^{\pi} f(A\cos\phi - Y_0)\mathrm{d}\phi \tag{F3-10}$$

已知非线性器件的具体伏安特性 $i=f(u)$ 后，利用上式即可求解检波器的输出低频电压 $Y_0(t)$。

F3.1　半波线性检波器

设伏安特性为

$$i=f(u)=\begin{cases} bu, & u\geqslant 0 \\ 0, & u<0 \end{cases} \tag{F3-11}$$

即

$$f[A\cos\phi-Y_0]=\begin{cases} b[A\cos\phi-Y_0], & |\phi|\leqslant \arccos\dfrac{Y_0}{A} \\ 0, & \text{其他} \end{cases} \tag{F3-12}$$

由式(F3-10)可得

$$Y_0=\frac{bR_\mathrm{L}A}{\pi}\int_0^{\arccos\frac{Y_0}{A}}\left[\cos\phi-\frac{Y_0}{A}\right]\mathrm{d}\phi \tag{F3-13}$$

如果令 $Y_0/A=K_d$，则

$$Y_0=\frac{bR_\mathrm{L}A}{\pi}\int_0^{\arccos K_d}[\cos\phi-K_d]\mathrm{d}\phi=\frac{bR_\mathrm{L}A}{\pi}[\sin(\arccos K_d)-K_d\arccos K_d] \tag{F3-14}$$

由于 $\sin(\arccos K_d)=\sqrt{1-[\cos(\arccos K_d)]^2}=\sqrt{1-K_d^2}$，故得

$$K_d=\frac{Y_0}{A}=\frac{bR_\mathrm{L}}{\pi}[\sqrt{1-K_d^2}-K_d\arccos K_d] \tag{F3-15}$$

或

$$bR_\mathrm{L}=\frac{K_d\pi}{\sqrt{1-K_d^2}-K_d\arccos K_d} \tag{F3-16}$$

上式表明，线性检波器的电压传输系数 K_d 仅与 bR_L 有关，而与输入包络电压 $A(t)$ 无关。

对于二极管检波器，$b=1/R_\mathrm{i}$，R_i 为二极管的交流内阻，它随工作点的改变而变化。根据该式得到的 K_d 与 $R_\mathrm{L}/R_\mathrm{i}$ 的关系曲线如图 5.4-4 所示。已知 $R_\mathrm{L}/R_\mathrm{i}$ 后，由图即可确定 K_d，这时有关系式：

$$Y_0=K_dA \tag{F3-17}$$

说明线性检波器的输出电压 $Y_0(t)$ 与输入包络电压 $A(t)$ 成正比。

F3.2　全波平方律检波器

设伏安特性为

$$i=f(u)=\begin{cases} bu^2, & u\geqslant 0 \\ 0, & u<0 \end{cases} \tag{F3-18}$$

即

$$f[A\cos\phi - Y_0] = \begin{cases} b[A\cos\phi - Y_0]^2, & |\phi| \leqslant \arccos\dfrac{Y_0}{A} \\ 0, & \text{其他} \end{cases} \tag{F3-19}$$

仿上可求得

$$Y_0 = \frac{bR_LA^2}{\pi}\int_0^{\arccos K_d}[\cos\phi - K_d]^2\mathrm{d}\phi = \frac{bR_LA^2}{\pi}\int_0^{\arccos K_d}[\cos^2\phi - 2K_d\cos\phi + K_d^2]\mathrm{d}\phi \tag{F3-20}$$

经积分后可得

$$Y_0 = \frac{bR_LA^2}{2\pi}\left[(1+2K_d^2)\arccos K_d - 3K_d\sqrt{1-K_d^2}\right] \tag{F3-21}$$

或

$$bR_LA = \frac{2\pi K_d}{(1+2K_d^2)\arccos K_d - 3K_d\sqrt{1-K_d^2}} \tag{F3-22}$$

式中：$K_d = Y_0/A$。该式如图 5.4-5 所示。此式表明，平方律检波器的电压传输系数 K_d 不仅与 bR_L 有关，还与输入包络电压 $A(t)$有关。

当 $bR_LA < 0.1$ 时，有 $K_d \ll 1$，可近似认为 $\arccos K_d \approx \pi/2$，代入上式得

$$bR_LA \approx \frac{2\pi K_d}{\pi/2} = 4K_d \tag{F3-23}$$

或

$$K_d \approx \frac{1}{4}bR_LA \tag{F3-24}$$

故输出电压为

$$Y_0 = K_dA \approx \frac{1}{4}bR_LA^2 \tag{F3-25}$$

说明平方律检波器的输出电压 $Y_0(t)$是输入包络电压 $A(t)$的平方。

附录 4　赖斯分布随机过程统计均值的求解推导

根据均值的定义式，有

$$\begin{aligned}\bar{R}&=\int_{-\infty}^{\infty}R\cdot p(R)\mathrm{d}R=\int_{-\infty}^{\infty}\frac{R^2}{\sigma^2}\exp\left[-\frac{R^2+A^2}{2\sigma^2}\right]I_0\left(\frac{RA}{\sigma^2}\right)\mathrm{d}R\\&=\frac{1}{\sigma^2}\exp\left[-\frac{A^2}{2\sigma^2}\right]\int_0^{\infty}R^2\exp\left[-\frac{R^2}{2\sigma^2}\right]I_0\left(\frac{RA}{\sigma^2}\right)\mathrm{d}R\end{aligned}\tag{F4-1}$$

贝塞尔函数有如下的积分公式：

$$\int_0^{\infty}I_0(at)\mathrm{e}^{-ht^2}\mathrm{d}t=\frac{1}{2}\sqrt{\frac{\pi}{h}}\mathrm{e}^{\frac{a^2}{8h}}I_0\left(\frac{a^2}{8h}\right)\tag{F4-2}$$

上式两端各对参量 h 求导数，并利用贝塞尔函数的性质

$$\frac{\mathrm{d}}{\mathrm{d}x}I_0(x)=I_1(x)\tag{F4-3}$$

可得

$$\int_0^{\infty}I_0(at)\mathrm{e}^{-ht^2}t^2\mathrm{d}t=\frac{\sqrt{\pi}}{4h^{3/2}}\mathrm{e}^{\frac{a^2}{8h}}\left\{I_0\left(\frac{a^2}{8h}\right)+\frac{a^2}{4h}\left[I_0\left(\frac{a^2}{8h}\right)+I_1\left(\frac{a^2}{8h}\right)\right]\right\}\tag{F4-4}$$

令：

$$a=\frac{A}{\sigma^2},\ h=\frac{1}{2\sigma^2},\ Q=\frac{A}{\sqrt{2}\sigma}\tag{F4-5}$$

则

$$\frac{a^2}{8h}=\frac{A^2}{4\sigma^2}=\frac{Q^2}{2}\tag{F4-6}$$

代入式(F4－4)，得

$$\int_0^{\infty}R^2\exp\left[-\frac{R^2}{2\sigma^2}\right]I_0\left(\frac{RA}{\sigma^2}\right)\mathrm{d}R=\sqrt{\frac{\pi}{2}}\sigma^3\mathrm{e}^{-\frac{Q^2}{2}}\left\{I_0\left(\frac{Q^2}{2}\right)+Q^2\left[I_0\left(\frac{Q^2}{2}\right)+I_1\left(\frac{Q^2}{2}\right)\right]\right\}\tag{F4-7}$$

再将上式代入式(F4－1)，即可得证：

$$\bar{R}=\sqrt{\frac{\pi}{2}}\sigma\cdot\mathrm{e}^{-\sigma^2/2}\left[(1+Q^2)I_0\left(\frac{Q^2}{2}\right)+Q^2I_1\left(\frac{Q^2}{2}\right)\right]\tag{F4-8}$$

附录 5 一些公式

1. $\int_0^\infty e^{-a^2x^2}\,dx = \frac{\sqrt{\pi}}{2a} \qquad (a>0)$

2. $\int_{-\infty}^\infty e^{-ax^2 \pm bx}\,dx = e^{\frac{b^2}{4a}}\sqrt{\frac{\pi}{a}} \qquad (a>0)$

3. $\int_0^\infty e^{-ax}\cos bx\,dx = \frac{a}{a^2+b^2} \qquad (a>0)$

4. $\int_0^\infty e^{-ax}\sin bx\,dx = \frac{b}{a^2+b^2} \qquad (a>0)$

5. $\int_0^\infty \frac{\cos bx}{a^2+x^2}\,dx = \frac{\pi}{2a}e^{-ab} \qquad (a,\ b>0)$

6. $\int_0^\infty \frac{\cos bx}{a^2-x^2}\,dx = \frac{\pi}{2a}\sin ab \qquad (a,\ b>0)$

7. $\int_0^\infty \frac{x\sin bx}{a^2-x^2}\,dx = -\frac{\pi}{2}\cos ab \qquad (b>0)$

8. $\int_0^\infty \frac{\sin bx}{x}\,dx = \begin{cases} \frac{\pi}{2} & (b>0) \\ 0 & (b=0) \\ -\frac{\pi}{2} & (b<0) \end{cases}$

9. $\int_{-\infty}^\infty f(x)\delta(x-x_0)\,dx = f(x_0)$

10. $\int_{-\infty}^\infty \cos\omega x\,dx = 2\pi\delta(\omega)$

附录6　实　　验

实验一

(1) 不同分布随机数的产生：使用MATLAB产生高斯分布、均匀分布、瑞利分布随机数，并画图。

(2) 绘制正态分布 $N(0, 1)$与 $N(3, 5)$的概率密度函数曲线。

实验二

模拟产生一个正态随机序列 $X(n)$，要求自相关函数满足

$$R_X(m) = \frac{1}{1-0.64}0.8^{|m|}$$

画出产生的随机序列波形。

实验三

利用MATLAB程序设计一正弦型信号加高斯白噪声的复合信号。

(1) 分析复合信号的功率谱密度、幅度分布特性；

(2) 分析复合信号通过 RC 积分电路后的功率谱密度和相应的幅度分布特性；

(3) 分析复合信号通过理想低通系统后的功率谱密度和相应的幅度分布特性。

实验四

利用MATLAB模拟产生一个窄带随机过程，首先产生两个互相独立的随机过程 $A_c(t)$ 和 $A_s(t)$，并将其用两个正交载波 $\cos 2\pi f_0 t$ 和 $\sin 2\pi f_0 t$ 进行调制，如图 F6-1 所示，然后进行抽样，得到窄带随机过程的抽样。

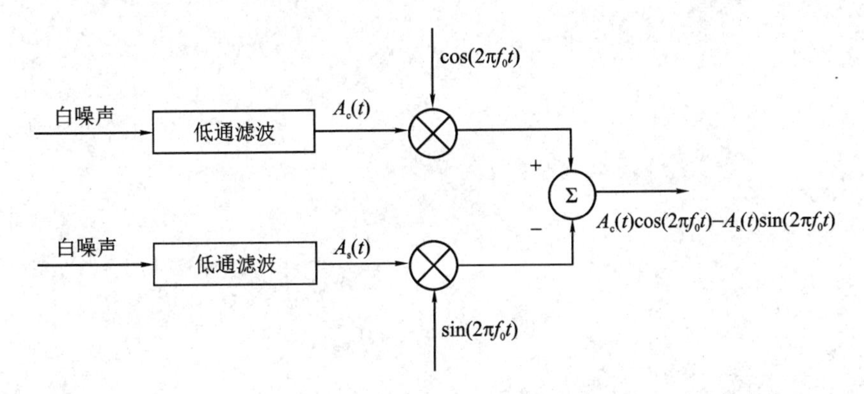

图 F6-1　窄带随机过程的产生

低通过程 $A_c(t)$和 $A_s(t)$的抽样是采用将两个独立的白噪声序列通过两个相同的低通滤波器产生的，分别得到 $A_c(t)$和 $A_s(t)$的抽样 $A_c(n)$和 $A_s(n)$，低通滤波器的传递函数为

$$H(z) = \frac{1}{1-0.9z^{-1}}$$

然后将 $A_c(n)$乘以 $\cos(2\pi f_0 nT)$，$A_s(n)$乘以 $\sin(2\pi f_0 nT)$，再通过相减得到窄带随机

过程的抽样值，其中 T 为抽样间隔，$f_0=1000/\pi$。估计出窄带随机过程的功率谱密度和相应的幅度分布特性。

实验五

产生一频率为 300 Hz 的谐波信号，叠加高斯白噪声，分别利用周期图法、Welch 法、AR 模型法和 Burg 法估计该混合信号的功率谱并比较。

实验六

利用 MATLAB 程序设计和实现图 4.5-2 所示的视频信号积累的检测系统，对系统中每个模块的输入、输出信号进行频域、时域分析，并分析相应信号的统计特性。

实验七

分别用间接法和周期图法估计下列随机过程的功率谱：

$$x(n)=\cos(0.4\pi n+\varphi_1)+2\cos(0.35\pi n+\varphi_2)+0.5\cos(0.8\pi n+\varphi_3)+v(n)$$

其中，φ_1，φ_2，φ_3 为均匀分布的随机初始相位，$v(n)$是方差为 1 的零均值白噪声。

附录 7　部分习题参考答案

第 1 章

1.1　（略）

1.2　(1) $k=\dfrac{1}{6}$　(2) $F(x)=\begin{cases}0, & x<0\\ \dfrac{x^2}{12}, & 0\leqslant x<3\\ -3+2x-\dfrac{x^2}{4}, & 3\leqslant x<4\\ 1, & x\geqslant 4\end{cases}$　(3) $\dfrac{41}{48}$

1.3　(1) $k=1$　(2) 0.4　(3) $f(x)=\begin{cases}2x, & 0\leqslant x\leqslant 1\\ 0, & \text{其他}\end{cases}$

1.4　(1) $k=\dfrac{1}{2}$　(2) $\dfrac{1}{2}(1-\dfrac{1}{\mathrm{e}})$　(3)（略）

1.5　$E[X]=\int_{-\infty}^{\infty}xp(x)\mathrm{d}x=\int_0^{\infty}\dfrac{x^2}{\sigma^2}\mathrm{e}^{-\frac{x^2}{2\sigma^2}}\mathrm{d}x=\sqrt{\dfrac{\pi}{2}}\sigma;D[X]=\dfrac{4-\pi}{2}\sigma^2$

1.6　(1) $E[X]=2$, $E[Y]=0$；　(2) $E[Z]=-\dfrac{1}{15}$；　(3) $E[Z]=5$

1.7　$f(y)=\begin{cases}\dfrac{1}{\sqrt{2\pi}\sigma y}\mathrm{e}^{-\frac{(\ln y-m)^2}{2\sigma^2}}, & y>0\\ 0, & y\leqslant 0\end{cases}$

1.8　（略）

1.9　(1) $b=\dfrac{1}{1-\mathrm{e}^{-1}}$

(2) 边缘密度函数分别为

$$f_X(x)=\int_{-\infty}^{\infty}f(x,y)\mathrm{d}y=\int_0^{\infty}\frac{1}{1-\mathrm{e}^{-1}}\mathrm{e}^{-(x+y)}\mathrm{d}y=\begin{cases}\dfrac{\mathrm{e}^{-x}}{1-\mathrm{e}^{-1}}, & 0<x<1\\ 0, & \text{其他}\end{cases}$$

$$f_Y(y)=\int_{-\infty}^{\infty}f(x,y)\mathrm{d}x=\int_0^{1}\frac{1}{1-\mathrm{e}^{-1}}\mathrm{e}^{-(x+y)}\mathrm{d}x=\begin{cases}\mathrm{e}^{-y}, & y>0\\ 0, & \text{其他}\end{cases}$$

1.10　(1) X 和 Y 不统计独立　(2) $f_Z(z)=\begin{cases}\dfrac{1}{2}z^2\mathrm{e}^{-z}, & z>0\\ 0, & \text{其他}\end{cases}$

1.11　$E[X]=\dfrac{1}{p};D[X]=\dfrac{q}{p^2}$

1.12　(1) $\dfrac{1}{\mathrm{j}10\lambda}(\mathrm{e}^{\mathrm{j}11\lambda}-\mathrm{e}^{\mathrm{j}\lambda})$　(2) $0.3\mathrm{e}^{\mathrm{j}\lambda}+0.7$　(3) $-\dfrac{3}{\mathrm{j}\lambda-3}$

1.13　(1) $\Phi_1(\lambda)\Phi_2(\lambda)$　　(2) $\Phi_1(\lambda)\Phi_2(\lambda)\Phi_3(\lambda)$

(3) $\Phi_1(\lambda)\Phi_2(2\lambda)\Phi_3(3\lambda)$　　(4) $\Phi_1(2\lambda)\Phi_2(\lambda)\Phi_3(4\lambda)e^{j10\lambda}$

1.14　$f(x, y) = \dfrac{1}{6\sqrt{3}\pi}\exp\{-\dfrac{2}{3}[\dfrac{x^2}{4} - \dfrac{x(y-1)}{6} + \dfrac{(y-1)^2}{9}]\}$

1.15　$f(x_1, x_2, \cdots, x_n) = \dfrac{1}{(\sqrt{2\pi}\sigma)^n}\exp\{-\dfrac{1}{2\sigma^2}\sum_{i=1}^{n}(x_i - m)^2\}$

$f_X(x) = \dfrac{1}{\sigma}\sqrt{\dfrac{n}{2\pi}}e^{-\frac{n(x-m)^2}{2\sigma^2}}$

其余略。

1.16　$E[X] = j^{-1}\left.\dfrac{d\Phi(\lambda)}{d\lambda}\right|_{\lambda=0} = 0; D[X] = \sigma^2$

1.17　$\Phi_Y(\lambda) = \exp\{j(2m+1)\lambda - 2\sigma^2\lambda^2\}$, $f(y) = \dfrac{1}{2\sqrt{2\pi}\sigma}\exp\{-\dfrac{[y-(2m+1)]^2}{8\sigma^2}\}$

1.18　$E[X] = a$, $E[X^2] = a^2 + b^2$, $E[X^3] = b^2 - 2jab^2 + a^3$，其余略

1.19　(略)

第2章

2.1　(1) $F_1\left(x, \dfrac{1}{2}\right) = \begin{cases} 0, & x < 0 \\ 1/2, & 0 \leqslant x < 1 \\ 1, & x \geqslant 1 \end{cases}$, $F_1(x, 1) = \begin{cases} 0, & x < -1 \\ 1/2, & -1 \leqslant x < 2 \\ 1, & x \geqslant 2 \end{cases}$

(2) $F_2\left(x_1, x_2; \dfrac{1}{2}, 1\right) = \begin{cases} 0, & x_1 < 0 \text{ 或 } x_2 < -1 \\ 1/4, & 0 \leqslant x_1 < 1 \text{ 且 } -1 \leqslant x_2 < 2 \\ 1/2, & x_1 \geqslant 1 \text{ 且 } -1 \leqslant x_2 < 2 \\ 1/2, & 0 \leqslant x_1 < 1 \text{ 且 } x_2 \geqslant 2 \\ 1, & x_1 \geqslant 1 \text{ 且 } x_2 \geqslant 2 \end{cases}$

2.2　(略)

2.3　$p(x, 0) = \begin{cases} 1, & 0 < x < 1 \\ 0, & \text{其他} \end{cases}$; $p(x, \dfrac{\pi}{4\omega}) = \begin{cases} \sqrt{2}, & 0 < x < \dfrac{\sqrt{2}}{2} \\ 0, & \text{其他} \end{cases}$;

$p(x, \dfrac{\pi}{2\omega}) = \delta(x)$

2.4　均值：$E[Y(t)] = m_X(t) + s(t)$；协方差函数：$C_Y(t_1, t_2) = C_X(t_1, t_2)$

2.5　均值：$E[X(t)] = 0$

方差：$D[X(t)] = 1$

相关函数：$R_X(t_1, t_2) = \cos[\omega(t_2 - t_1)]$

协方差函数：$C_X(t_1, t_2) = \cos[\omega(t_2 - t_1)]$

均方值：$E[X^2(t)] = 1$

标准差：$\sigma_X(t) = 1$

2.6　特征函数 $\varphi_X(\lambda, \frac{\pi}{3\omega_0}) = e^{-\frac{\lambda^2}{8}}$；数学期望为 0；方差为$\frac{1}{4}$；均方值为$\frac{1}{4}$

2.7　$X(t)$ 至少是广义平稳随机过程。

2.8　(1) $p_1(z, t) = \frac{1}{\sqrt{2\pi}\sigma} e^{-\frac{(z-A\cos\omega t)^2}{2\sigma^2}}$　(2) $E[Z(t)] = A\cos\omega t$，所以 $Z(t)$ 不平稳

2.9　(1) $X(t)$ 的数学期望 $E[X(t)] = 0$；方差 $D[X(t)] = \frac{1}{2}\sigma^2$；

相关函数 $R_X(t_1, t_2) = \frac{1}{2}\sigma^2\cos[\omega(t_2 - t_1)]$　(2) $X(t)$ 平稳

2.10　证明略

2.11　(1) $G_X(\omega) = \frac{\alpha\sigma^2}{\alpha^2 + (\omega - \beta)^2} + \frac{\alpha\sigma^2}{\alpha^2 + (\omega + \beta)^2}$

$$F_X(\omega) = \frac{2\alpha\sigma^2}{\alpha^2 + (\omega - \beta)^2} + \frac{2\alpha\sigma^2}{\alpha^2 + (\omega + \beta)^2},\ \omega > 0$$

$$F_X(f) = \frac{2\alpha\sigma^2}{\alpha^2 + (2\pi f - \beta)^2} + \frac{2\alpha\sigma^2}{\alpha^2 + (2\pi f + \beta)^2},\ f > 0$$

(2) $r_X(\tau) = e^{-\alpha|\tau|}\cos\beta\tau$；$\tau_0 = \frac{\alpha}{\alpha^2 + \beta^2}$

2.12　$R_X(\tau) = \frac{1}{4}e^{-2|\tau|} + \frac{1}{2}e^{-|\tau|}$，均方值为$\frac{3}{4}$

2.13　(1) 自相关函数 $R_{u1}(\tau) = \frac{A^2}{2}\cos\omega_0\tau$；

功率谱密度 $G_{u1}(f) = \frac{A^2}{4}[\delta(f - f_0) + \delta(f + f_0)]$

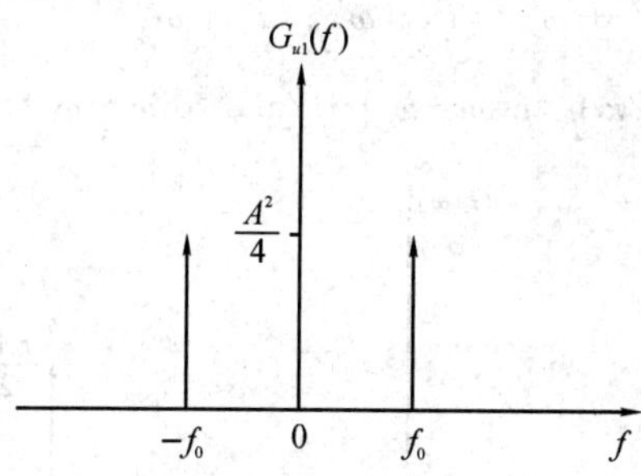

(2) 自相关函数 $R_{u2}(\tau) = \frac{A^4}{4}[1 + \frac{1}{2}\cos 2\omega_0\tau]$；

功率谱密度 $G_{u2}(f) = \frac{A^4}{4}\delta(f) + \frac{A^4}{16}[\delta(f - 2f_0) + \delta(f + 2f_0)]$

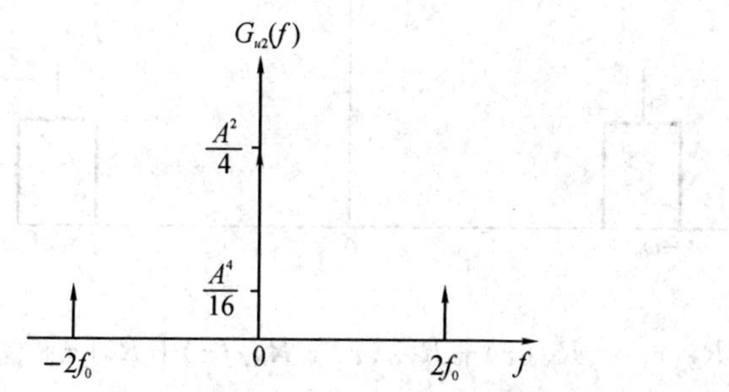

2.14　(略)

2.15　(1) 不是。因为 $G_1(\omega) \neq G_1(-\omega)$ 且 $G_1(\omega=-1) \to \infty$。

(2) 是。

(3) 不是。因为当 $1<\omega<3$ 时，$G_3(\omega)<0$。

(4) 不是。因为功率谱不能是复函数。

2.16　功率谱密度：

$$G_X(\omega) = 2\pi A^2 \delta(\omega) + \frac{\pi B^2}{2}[\delta(\omega+\omega_0) + \delta(\omega-\omega_0)]$$

总平均功率：

$$P = R_X(0) = A^2 + \frac{B^2}{2}$$

2.17　(1) 广义平稳；(2) $D[X(t)] = \frac{A^2}{2}$；$G_X(\omega) = \frac{A^2}{4}[p(\omega) + p(-\omega)]$

2.18　互谱密度 $G_{XY}(\omega) = 2\pi m_X m_Y \delta(\omega)$；$G_{XZ}(\omega) = G_X(\omega) + 2\pi m_X m_Y \delta(\omega)$

2.19　(略)

2.20　证明略

2.21　$f(x, n) = q\delta(x) + p\delta(x-1)$

$$f(x_1, x_2; n_1, n_2) = q^2\delta(x_1, x_2) + pq\delta(x_1-1, x_2) + pq\delta(x_1, x_2-1) + p^2\delta(x_1-1, x_2-1)$$

2.22　$E[Y(n)] = np$；$R_Y(n_1, n_2) = n_1 n_2 p^2 + \min(n_1, n_2) pq$

2.23　$R_Z(\tau) = e^{-(\alpha+\beta)|\tau|} + m_X^2 e^{-\beta|\tau|} + m_Y^2 e^{-\alpha|\tau|} + m_X^2 m_Y^2$

$$G_Z(\omega) = \frac{2(\alpha+\beta)}{(\alpha+\beta)^2+\omega^2} + \frac{2\beta m_X^2}{\beta^2+\omega^2} + \frac{2\alpha m_Y^2}{\alpha^2+\omega^2} + 2\pi m_X^2 m_Y^2 \delta(\omega)$$

2.24　(1) $G_Y(\omega) = \frac{1}{4}[2\pi A_0{}^2\delta(\omega+\omega_0) + 2\pi A_0{}^2\delta(\omega-\omega_0) + G_N(\omega+\omega_0) + G_N(\omega-\omega_0)]$

(2)

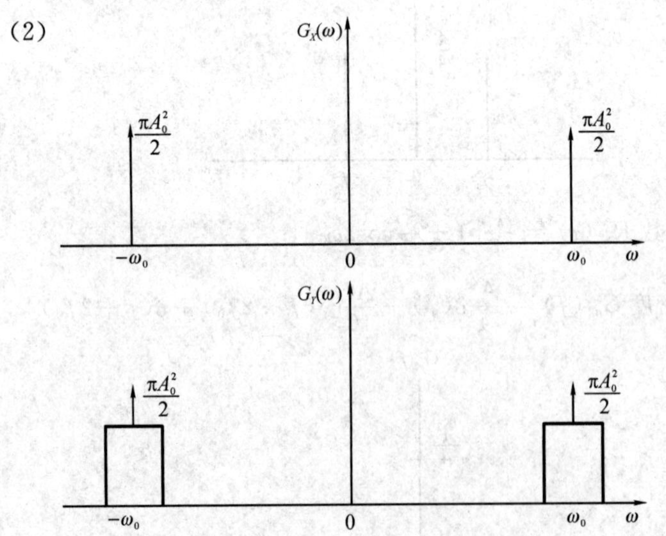

2.25　(略)

2.26　(1) $R_Z(\tau) = R_X(\tau) + R_{YX}(\tau) + R_{XY}(\tau) + R_Y[\tau]$

(2) $R_Z(\tau) = R_X(\tau) + 2m_X m_Y + R_Y[\tau]$

(3) $R_Z(\tau) = R_X(\tau) + R_Y(\tau)$

2.27　(1) 当 $E[X] = E[Y] = 0$，$E[XY] = E[YX]$ 且 $E[X^2] = E[Y^2]$ 时，$Z(t)$ 为一平稳过程。

(2) 当 X、Y 服从正态分布时，$Z(t)$ 服从正态分布。

在条件(1) 下 $Z(t)$ 的一维概率密度为

$$p_Z = \frac{1}{\sqrt{2\pi\sigma}} e^{-\frac{z^2}{2\sigma}}$$

2.28　(1) 随机过程 $Y(t)$ 为非正态分布，广义平稳。

(2) 随机过程 $Y(t)$ 为正态分布，非平稳。

2.29　0.3085

2.30　随机过程 $X(t)$ 的均值为 0，自相关函数为 $R_X(\tau) = \sum_{i=1}^{N} \sigma_i^2 \cos\omega_i \tau$，故 $X(t)$ 是平稳过程。

2.31　(略)

2.32　(略)

第 3 章

3.1　(略)

3.2　$E[Y_1(t_1)Y_2(t_2)] = \dfrac{dR_{X_1X_2}(t_1, t_2)}{dt_2}$

3.3　(1) $\dfrac{dY(t)}{dt} + \dfrac{R}{L}Y(t) = \dfrac{R}{L}X(t)$

(2) $E[Y(t)] = 0$，$R(\tau) = \dfrac{\alpha\sigma^2}{\beta^2 - \alpha^2}(\beta e^{-\alpha|\tau|} - \alpha e^{-\beta|\tau|})$

3.4　$G_Y(\omega) = \dfrac{G_X(\omega)}{\omega^2}$

3.5　$E[Y] = 1$，$D[Y] = \dfrac{1}{2}(1 + e^{-2})$

3.6　$R_Y(\tau) = \dfrac{a\sigma^2}{\beta^2 - a^2}(\beta e^{-a|\tau|} - a e^{-\beta|\tau|})$

3.7　$R_Y(\tau) = \dfrac{N_0}{2}[\delta(\tau) - \dfrac{a}{2} e^{-a|\tau|}]$，$\tau_0 = 0$，$\Delta\omega_n = \infty$

3.8　(略)

3.9　(略)

3.10　$P = \dfrac{\Omega N_0}{2\pi}$

3.11　$R_Y(\tau) = \dfrac{N_0}{2}[\delta(\tau) - \dfrac{a}{2} e^{-a|\tau|}]$，$a = \dfrac{R}{L}$

3.12　$p_1(y) = \dfrac{1}{\sqrt{2\pi}\sigma} e^{-\frac{y^2}{2\sigma^2}}$，$\sigma^2 = \dfrac{N_0\omega_0}{4}$

3.13　$S_Y(\omega)=\dfrac{4}{1.6561+1.62\cos 2\omega}$，$R_Y(m)=\dfrac{40000}{3439}(0.9)^{|m|}\cos\dfrac{\pi}{2}m$

3.14　$\Delta\omega_e=\pi(1-a)(1+a)^{-1}$

3.15　$P=\sigma_V^2\sum_{k=0}^{M}|a_k|^2+\sum_{i=1}^{L}|A_i|^2|H(e^{-j\omega_i})|^2$

3.16　（略）

3.17　$\tau\geqslant 0$ 时，$R_{Y_1Y_2}(\tau)=\dfrac{a_1a_2}{a_1+a_2}e^{-a_2\tau}$；$\tau<0$ 时，$R_{Y_1Y_2}(\tau)=\dfrac{a_1a_2}{a_1+a_2}e^{a_1\tau}$。图略。

3.18　$p(y)=\dfrac{1}{\sqrt{2\pi}\sigma}e^{-\frac{y^2}{2\sigma^2}}$

3.19　$R_Y(\tau)=\dfrac{N_0a^2}{4(a_2^2-a_1^2)}(a_2e^{-a_1|\tau|}-a_1e^{-a_2|\tau|})$，$\sigma_Y^2=R_Y(0)=\dfrac{a^2N_0}{4(a_1+a_2)}$，$E[Y(t)]=0$

3.20　系统输出的总平均功率和交变功率均为 8。

3.21　$R_{Y_1Y_2}(\tau)=R_X(\tau)\otimes h_2(\tau)\otimes h_1(-\tau)$，$G_{Y_1Y_2}(\omega)=G_X(\omega)H_1^*(\omega)H_2(\omega)$

3.22　$p_2(x,\dot{x})=\dfrac{1}{2\pi\sigma_X\sigma_{\dot{X}}\sqrt{1-r^2}}e^{-\frac{1}{2(1-r^2)}\left[\frac{(x-m_X)^2}{\sigma_X^2}+\frac{2r(x-m_X)\dot{x}}{\sigma_X\sigma_{\dot{X}}}+\frac{\dot{x}^2}{\sigma_{\dot{X}}^2}\right]}$

3.23　$H(\omega)=(1-e^{-j\omega T})\left[\dfrac{1}{j\omega}+\pi\delta(\omega)\right]$

$=\dfrac{(1-e^{-j\omega T})}{j\omega}+\pi(1-e^{-j\omega T})\delta(\omega)$，均方值为$\dfrac{N_0|T|}{2}$

3.24　（略）

第 4 章

4.1　$\tilde{X}(t)=\exp[j(\omega_0t-\pi/2)]$

4.2　$\hat{X}(t)=\dfrac{A}{\pi}\ln\left|\dfrac{t+T/2}{t-T/2}\right|$

4.3　（略）

4.4　（略）

4.5　（略）

4.6　$R_Y(\tau)=\dfrac{A^2\omega_0^2}{2}\cos\omega_0\tau$，$R_{XY}(\tau)=\dfrac{A^2\omega_0^2}{2}\sin\omega_0\tau$，$R_{YX}(\tau)=-\dfrac{A^2\omega_0^2}{2}\sin\omega_0\tau$

4.7　（略）

4.8　$E(u)=8$，$D(u)=16$

4.9　$p_2(A,\dot{A})=\dfrac{A}{\sqrt{2\pi}\sigma_n^3\omega_e}\exp\left(-\dfrac{A^2+A_s^2+\dot{A}^2/\omega_e^2}{2\sigma_n^2}\right)I_0\left(\dfrac{AA_s}{\sigma_n^2}\right)$，$A\geqslant 0$，

$$\omega_e^2=\frac{\int_{-\infty}^{\infty}\omega^2G_n(\omega)d\omega}{2\pi\sigma_n^2}$$

4.10　（略）

4.11　（略）

4.12 （略）

第5章

5.1 （略）

5.2 （略）

5.3 （略）

5.4 $R_Y(\tau)=b^2\sigma^4+2b^2\sigma^4r^2(\tau)+\cdots$

5.5 (1) 全波平方律：直流功率为σ^4，低频起伏功率为$R_0^2(0)=\sigma^4$，高频起伏功率为$R_0^2(0)\cos 0=\sigma^4$

(2) 半波线性律：直流功率为$\frac{\sigma^2}{2\pi}$，低频功率为$\frac{\sigma^2}{\pi}\left(\frac{2}{\pi}-\frac{1}{2}\right)$，高频功率为$\sigma^2\left(\frac{1}{2}-\frac{2}{\pi^2}\right)$。

5.6 (1) 普赖斯法：

$$R_Y(\tau)=\frac{a_0^2}{2\pi}\arcsin[r(\tau)]+\frac{a_0^2}{4}$$

(2) 厄密特多项式法：

$$R_Y(\tau)=\frac{a_0^2}{4}+\frac{a_0^2}{2\pi}r(\tau)+\frac{a_0^2}{2\pi}r^3(\tau)+\cdots$$

5.7 直流功率为$9b^2\sigma^8$，低频起伏功率为$45b^2\sigma^8$。

5.8 (1) 限幅特性 $y=\begin{cases}2, & x\geqslant 1\\ 2x, & -1<x<1\\ -2, & x\leqslant -1\end{cases}$

(2) 概率密度 $p(y)=\begin{cases}p, & y=2\\ \frac{1}{2\sqrt{2\pi}}\exp(-\frac{y^2}{8}), & -2<y<2,\ p=0.158655\\ p, & y=-2\end{cases}$

图略。

(3) $D(y)=8p+\int_{-2}^{2}\frac{y^2}{2\sqrt{2\pi}}\mathrm{e}^{-\frac{y^2}{8}}\mathrm{d}y$

5.9 $p(y-a)=\frac{k\sigma_{\mathrm{L}}}{\sigma}\exp\left[-\frac{x^2}{2}(\frac{1}{\sigma^2}-\frac{1}{\sigma_{\mathrm{L}}^2})\right]$, $y\in(a-\frac{1}{k}, a+\frac{1}{k})$

5.10 （略）

5.11 $R_Y(\tau)=\beta^2[1+(\alpha_1+\alpha_2)\sigma_X^2+\alpha_2^2\sigma_X^4+\alpha_1^2R_X(\tau)+2\alpha_2^2R_X^2(\tau)]$

5.12 （略）

第6章

（略）

参考文献

[1] 盛骤，谢式千，潘承毅. 概率论与数理统计. 3 版. 北京：高等教育出版社，2001.
[2] 何迎晖，钱伟民. 随机过程简明教程. 上海：同济大学出版社，2004.
[3] 王家生，刘嘉焜. 随机过程基础. 天津：天津大学出版社，2003.
[4] 章潜五. 随机信号分析. 西安：西北电讯工程学院出版社，1986.
[5] 葛余博. 概率论与数理统计. 北京：清华大学出版社，2005.
[6] 汪荣鑫. 随机过程. 西安:西安交通大学出版社，2006.
[7] 朱华，黄辉宁，李永庆，等. 随机信号分析. 北京：北京理工大学出版社，1990.
[8] 沈恒范. 概率论与数理统计教程. 4 版. 北京：高等教育出版社，2003.
[9] 毛用才，胡奇英. 随机过程. 西安：西安电子科技大学出版社，1998.
[10] 龙永红. 概率论与数理统计. 北京：高等教育出版社，2001.
[11] 王玉孝，孙洪祥. 概率论与随机过程. 北京：北京邮电大学出版社，2003.
[12] 王永德，王军. 随机信号分析. 北京：电子工业出版社，2013.
[13] 罗鹏飞，张文明. 随机信号分析与处理. 2 版. 北京：清华大学出版社，2012.
[14] 张立毅，张雄. 信号检测与估计. 北京：清华大学出版社，2010.
[15] 羊彦. 信号检测与估计. 西安：西北工业大学出版社，2014.
[16] 杨鉴，梁虹. 随机信号处理原理与实践. 北京：科学出版社，2010.
[17] 王仕奎. 随机信号分析理论与实践. 南京：东南大学出版社，2016.
[18] 潘仲明. 随机信号与系统习题解答及仿真程序集. 北京：国防工业出版社，2014.
[19] 李晓峰，周宁. 随机信号分析. 北京：电子工业出版社，2018.
[20] 李东海. 频谱估计理论与应用. 西安：西安电子科技大学出版社，2014.
[21] 严忠，肖彰仁，岳朝龙. 概率论与数理统计新编. 合肥：中国科学技术大学出版社，2003.
[22] 韩承姣，李林. QJISR 中自相关函数估计和异常谱对消算法研究[D]. 西安电子科技大学，2019.
[23] 李晶晶，姬红兵. 无人机通信信号检测与参数估计方法研究[D]. 西安电子科技大学，2019.